ARCHIBALD JOSEPH
MACINTYRE

MANUAL DE INSTALAÇÕES HIDRÁULICAS E SANITÁRIAS

O GEN | Grupo Editorial Nacional – maior plataforma editorial brasileira no segmento científico, técnico e profissional – publica conteúdos nas áreas de ciências exatas, humanas, jurídicas, da saúde e sociais aplicadas, além de prover serviços direcionados à educação continuada e à preparação para concursos.

As editoras que integram o GEN, das mais respeitadas no mercado editorial, construíram catálogos inigualáveis, com obras decisivas para a formação acadêmica e o aperfeiçoamento de várias gerações de profissionais e estudantes, tendo se tornado sinônimo de qualidade e seriedade.

A missão do GEN e dos núcleos de conteúdo que o compõem é prover a melhor informação científica e distribuí-la de maneira flexível e conveniente, a preços justos, gerando benefícios e servindo a autores, docentes, livreiros, funcionários, colaboradores e acionistas.

Nosso comportamento ético incondicional e nossa responsabilidade social e ambiental são reforçados pela natureza educacional de nossa atividade e dão sustentabilidade ao crescimento contínuo e à rentabilidade do grupo.

ARCHIBALD JOSEPH MACINTYRE

MANUAL DE INSTALAÇÕES HIDRÁULICAS E SANITÁRIAS

Archibald Joseph Macintyre

Ex-Professor da Pontifícia Universidade Católica do Rio de Janeiro (PUC-Rio)
e do Instituto Militar de Engenharia (IME).

Ex-Membro da Academia Nacional de Engenharia.

Atualizador

Carlos Alexandre Bastos de Vasconcellos

Professor do Instituto Militar de Engenharia (IME) do Exército Brasileiro,
da Escuela Superior Técnica (EST) do Exército Argentino
e do Centro Universitário Augusto Motta (UNISUAM).

2ª EDIÇÃO

- O atualizador deste livro e a editora empenharam seus melhores esforços para assegurar que as informações e os procedimentos apresentados no texto estejam em acordo com os padrões aceitos à época da publicação, *e todos os dados foram atualizados pelo atualizador até a data de fechamento do livro.* Entretanto, tendo em conta a evolução das ciências, as atualizações legislativas, as mudanças regulamentares governamentais e o constante fluxo de novas informações sobre os temas que constam do livro, recomendamos enfaticamente que os leitores consultem sempre outras fontes fidedignas, de modo a se certificarem de que as informações contidas no texto estão corretas e de que não houve alterações nas recomendações ou na legislação regulamentadora.

- Data do fechamento do livro: 16/11/2020

- O atualizador e a editora se empenharam para citar adequadamente e dar o devido crédito a todos os detentores de direitos autorais de qualquer material utilizado neste livro, dispondo-se a possíveis acertos posteriores caso, inadvertida e involuntariamente, a identificação de algum deles tenha sido omitida.

- **Atendimento ao cliente:** (11) 5080-0751 | faleconosco@grupogen.com.br

- Direitos exclusivos para a língua portuguesa
  Copyright © 2021 by
  LTC | Livros Técnicos e Científicos Editora Ltda.
  Uma editora integrante do GEN | Grupo Editorial Nacional
  Travessa do Ouvidor, 11
  Rio de Janeiro – RJ – 20040-040
  www.grupogen.com.br

- Reservados todos os direitos. É proibida a duplicação ou reprodução deste volume, no todo ou em parte, em quaisquer formas ou por quaisquer meios (eletrônico, mecânico, gravação, fotocópia, distribuição pela Internet ou outros), sem permissão, por escrito, da LTC | Livros Técnicos e Científicos Editora Ltda.

- Capa: Leonidas Leite
- Imagem de capa: © coffeekai | iStockphoto.com
- Editoração eletrônica: Arte & Ideia
- Ficha catalográfica

CIP-BRASIL. CATALOGAÇÃO NA PUBLICAÇÃO
SINDICATO NACIONAL DOS EDITORES DE LIVROS, RJ

M14m
2. ed.

    Macintyre, Archibald Joseph
        Manual de instalações hidráulicas e sanitárias / Archibald Joseph Macintyre ; atualizador Carlos Alexandre Bastos de Vasconcellos. – 2. ed. – Rio de Janeiro : LTC, 2021.

        Inclui bibliografia e índice
        ISBN 978-85-216-3726-4

        1. Instalações hidráulicas e sanitárias. I. Vasconcellos, Carlos Alexandre Bastos de. II. Título

20-65780   CDD: 696.1
                               CDU: 696.1

Leandra Felix da Cruz Candido – Bibliotecária – CRB-7/6135

Prefácio à 2ª Edição

Os avanços científicos e tecnológicos na área de Engenharia Civil, particularmente na área de instalações hidráulicas prediais, são constantes e ocorrem cada vez mais rapidamente. Isso conduz à necessidade de que os livros técnicos busquem permanente processo de revisão e atualização.

Nesse sentido, o Professor Archibald Joseph Macintyre sempre procurou, ao longo dos anos, manter a sua coleção de livros técnicos atualizados. No entanto, para este título isso acabou não ocorrendo, tendo, portanto, permanecido na sua 1ª edição, publicada em 1991.

Infelizmente, o Professor Macintyre veio a falecer; e a Editora LTC, no intuito de manter esta importante obra de engenharia disponível e atualizada para a comunidade técnico-científica, convidou a mim, ex-professor da disciplina de Instalações Prediais do curso de Engenharia de Fortificação do IME e ex-aluno do Professor Macintyre, para proceder à revisão técnica e à atualização completa do livro.

Este trabalho representou para mim uma grande honra e satisfação, pois tive a oportunidade de poder contribuir com uma das obras do Professor Macintyre, que fora meu professor em 1996.

Nesta 2ª edição, o livro passou por uma completa revisão das especificações técnicas de equipamentos e materiais, além de uma ampla atualização das diversas normas técnicas pertinentes aos itens abordados.

Quanto às aplicações práticas do livro, que incluem pequenos projetos e exercícios, estas também foram revisadas e atualizadas, procurando manter a originalidade do livro e retratar os casos concretos mais comuns da engenharia.

Agradeço aos fabricantes e às empresas que permitiram a inclusão, no livro, de informações e, principalmente, figuras que ilustram o presente volume.

Agradeço aos meus pais, José Carlos e Lúcia, por todo o esforço que tiveram na minha educação, que me permitiu alcançar os êxitos que estou tendo na vida pessoal e profissional.

Agradeço à minha esposa Viviane e aos meus filhos João Pedro e Luiz Henrique pela paciência, apoio e incentivo para cumprir este importante trabalho por quase dois anos, o que significou grande avanço na minha carreira de engenheiro e professor.

Por fim, meu principal agradecimento é elevado a Deus, Quem me garantiu saúde, amor, inteligência e fé na realização deste trabalho de atualização deste livro. A Ele toda honra e toda glória!

Prof. Vasconcellos.

Prefácio à 1ª Edição

Os assuntos tratados sob a designação de Instalações Hidráulicas abrangem um vasto campo de livros de Hidráulicas e Saneamento Básico, além de Normas, Regulamentos, Posturas Municipais e Catálogos de Fabricantes.

O objetivo deste Manual é proporcionar ao estudante, ao profissional e ao técnico as informações relacionadas com as Hidráulicas, que, de outro modo, teriam eles que reunir e coordenar, e isto, embora não seja difícil, demanda pesquisa e tempo, nem sempre disponível.

Um livro dessa natureza deve evitar incorrer em dois equívocos ou desvios: ceder à tentação de situar-se num nível que é normal em livros de Hidráulicas e, quiçá, em obras de Mecânica dos Fluidos, ou então, baixar ao patamar de uma coletânea de Normas, Regulamentos e Dados de Fabricantes.

O leitor tem o direito de esperar que, com o estudo da matéria apresentada no Manual, possa calcular, projetar, desenhar, especificar e executar as instalações nele expos-

tas. Procurei reunir e sintetizar uma longa experiência profissional e didática no ramo de instalações, esperando ser útil às classes profissional e estudantil.

Meus agradecimentos são dirigidos aos colegas e aos valorosos operários, encarregados, desenhistas e projetistas, com os quais, durante anos, trabalhei e aprendi. Este livro é um preito à sua competência, dedicação e honradez profissional. Não poderia deixar de externar meu reconhecimento também aos fabricantes, que permitiram a inclusão, no livro, de informações hidráulicas.

Um preito de gratidão a Vandinha, minha esposa, pela paciência, apoio e incentivo na consecução da meta de publicar este trabalho.

Meu principal agradecimento é elevado a Deus, a Quem rogo, humildemente, generosos benefícios aos leitores deste livro.

Prof. Macintyre.

Material Suplementar

Este livro conta com o seguinte material suplementar:

- Ilustrações da obra em formato de apresentação (restrito a docentes cadastrados).

O acesso ao material suplementar é gratuito. Basta que o leitor se cadastre e faça seu *login* em nosso *site* (www.grupogen.com.br), clicando em GEN-IO, no *menu* superior do lado direito.

O acesso ao material suplementar online fica disponível até seis meses após a edição do livro ser retirada do mercado.

Caso haja alguma mudança no sistema ou dificuldade de acesso, entre em contato conosco (gendigital@grupogen.com.br).

GEN-IO (GEN | Informação Online) é o ambiente virtual de aprendizagem do GEN | Grupo Editorial Nacional

Sumário

1 Instalações de Água Fria Potável — **1**

1.1 INTRODUÇÃO — 1

1.2 RAMAL DE ABASTECIMENTO — 1
- **1.2.1** Ramal predial ou externo — 2
  - **1.2.1.1** Ligação do ramal predial — 2
  - **1.2.1.2** Registro de passeio — 3
  - **1.2.1.3** Hidrômetro e penas-d'água — 3

1.3 SISTEMAS DE ABASTECIMENTO DE ÁGUA PREDIAL — 4
- **1.3.1** Sistema direto — 4
- **1.3.2** Sistema indireto — 5
  - **1.3.2.1** Sistema indireto sem bombeamento — 5
  - **1.3.2.2** Sistema indireto com bombeamento — 5
- **1.3.3** Sistema misto — 6
- **1.3.4** Ramal interno — 7

1.4 CONSUMO DE ÁGUA NOS PRÉDIOS — 9

1.5 NÚMERO MÍNIMO DE APARELHOS PARA DIVERSAS SERVENTIAS — 9

1.6 VAZÃO A SER CONSIDERADA NO DIMENSIONAMENTO DO ALIMENTADOR PREDIAL — 13

1.7 RESERVATÓRIOS — 13
- **1.7.1** Capacidade — 13
  - **1.7.1.1** Reservatório superior — 14
  - **1.7.1.2** Reservatório inferior — 14
- **1.7.2** Prescrições — 14

1.8 PERDAS DE CARGA — 16
- **1.8.1** Conceito — 16
- **1.8.2** Determinação da perda de carga — 17
  - **1.8.2.1** Perda de carga normal — 17
  - **1.8.2.2** Perdas de carga acidentais ou localizadas — 19

1.9 ELEVAÇÃO DA ÁGUA POR BOMBEAMENTO — 21
- **1.9.1** Bombas — 21
- **1.9.2** Bombas empregadas — 21

1.9.3		Constituição essencial de uma bomba centrífuga	22
	1.9.4	Acessórios	22
	1.9.5	Funcionamento da bomba	22
	1.9.6	Descarga a ser bombeada	24
	1.9.7	Comando de bomba	25
	1.9.8	Diâmetros das tubulações de aspiração e de recalque	25
	1.9.9	Velocidades na linha de recalque	26
	1.9.10	Determinação da altura manométrica	26
	1.9.11	Potência motriz	28
	1.9.12	Cavitação	29
	1.9.13	NPSH (*Net positive suction head*)	30
	1.9.14	Fator de cavitação	31
1.10	**DIMENSIONAMENTO DAS TUBULAÇÕES**		**33**
	1.10.1	Sub-ramais	33
	1.10.2	Ramais	34
		1.10.2.1 Método do máximo consumo possível	34
		1.10.2.2 Método do máximo consumo provável	35
	1.10.3	Colunas de alimentação	38
	1.10.4	Barrilete	49
		1.10.4.1 Sistema unificado	49
		1.10.4.2 Sistema ramificado	51
	1.10.5	Distribuição às peças de utilização	52
		1.10.5.1 Ligação de válvula de descarga	52
		1.10.5.2 Ligação de caixa de descarga	53
		1.10.5.3 Aparelhos de cozinha	54
		1.10.5.4 Aparelhos de área de serviço	54
		1.10.5.5 Aparelhos de banheiro	55
	1.10.6	Projeto da instalação de água fria e potável	55
1.11	**INSTALAÇÃO HIDROPNEUMÁTICA**		**63**
	1.11.1	Reservatório hidropneumático	63
	1.11.2	Dimensionamento do reservatório hidropneumático	63
1.12	**CAPTAÇÃO DE ÁGUA DE POÇOS**		**65**
	1.12.1	Bombas de emulsão de ar	65
		1.12.1.1 Vantagens e inconvenientes do sistema air-lift	67
		1.12.1.2 Pressão de ar	67
		1.12.1.3 Compressores	67
		1.12.1.4 Peças injetoras ou difusor e filtro	67
	1.12.2	Ejetores ou trompas de água	67

2 Instalações de Esgotos Sanitários — 70

2.1	**INTRODUÇÃO**	**70**
2.2	**SISTEMAS PÚBLICOS DE ESGOTOS**	**70**
2.3	**TIPOS DE ÁGUAS**	**70**
2.4	**ESGOTOS PRIMÁRIOS E SECUNDÁRIOS**	**71**
2.5	**DESCONECTOR**	**71**
2.6	**RALOS SIFONADOS E CAIXAS SIFONADAS**	**71**

2.7	VASOS SANITÁRIOS	72
2.8	SIMBOLOGIA	74
2.9	PEÇAS, DISPOSITIVOS, APARELHOS SANITÁRIOS E DE DESCARGA EMPREGADOS NAS INSTALAÇÕES DE ESGOTOS	74
	2.9.1 Tubos e conexões	74
	2.9.1.1 Ferro fundido	75
	2.9.1.2 PVC	78
	2.9.1.3 Outros materiais	83
2.10	APARELHOS SANITÁRIOS	84
	2.10.1 Vasos sanitários	84
	2.10.2 Mictórios	84
2.11	APARELHOS DE DESCARGA	85
	2.11.1 Caixa de descarga	85
	2.11.2 Caixa embutida	85
	2.11.3 Caixa silenciosa	86
	2.11.4 Válvula de descarga	86
2.12	DIMENSÕES DAS TUBULAÇÕES DE ESGOTOS	88
2.13	SISTEMA DE COLETA DOS DESPEJOS	90
2.14	ESGOTOS DE GORDURA	91
2.15	COLETORES PREDIAIS, SUBCOLETORES, RAMAIS DE ESGOTOS, RAMAIS DE DESCARGA E TUBOS DE QUEDA	92
2.16	VENTILAÇÃO SANITÁRIA	94
	2.16.1 Definições	94
	2.16.2 Prescrições fundamentais	94
2.17	TUBO DE QUEDA DE TANQUES E MÁQUINAS DE LAVAR ROUPA	101
2.18	INSTALAÇÕES SANITÁRIAS EM NÍVEL INFERIOR OU DA VIA PÚBLICA	102
2.19	TRATAMENTO DE ESGOTOS	104
	2.19.1 Natureza da questão	104
	2.19.2 Esgotos a serem tratados	105
	2.19.3 Processos de tratamento	105
	2.19.4 Terminologia	105
	2.19.5 Fossas sépticas	106
	2.19.5.1 Princípio de funcionamento	106
	2.19.5.2 Tipos de fossas	106
	2.19.5.3 Dimensionamento de fossas sépticas	106
	2.19.6 Disposição de efluente	114
	2.19.6.1 Valas de infiltração	114
	2.19.6.2 Sumidouros	116
	2.19.6.3 Valas de filtração	116
	2.19.6.4 Filtros anaeróbios	116
2.20	ELABORAÇÃO DE PROJETO DE ESGOTOS PREDIAIS	122
2.21	PROJETO DE UMA INSTALAÇÃO PREDIAL DE ESGOTOS	122

3   Instalações de Águas Pluviais   129

3.1	INTRODUÇÃO	129

3.2	ESTIMATIVA DE PRECIPITAÇÃO E VAZÃO		**129**
3.3	CALHAS E CANALETAS		**133**
	3.3.1	Dimensionamento das calhas	133
		3.3.1.1 Emprego das equações clássicas de hidráulica de canais	133
		3.3.1.2 Calhas ou canaletas de seção semicircular	134
		3.3.1.3 Calhas ou canaletas de seção retangular	135
3.4	CONDUTORES DE ÁGUAS PLUVIAIS		**136**
	3.4.1	Condutores verticais	136
	3.4.2	Condutores horizontais	138
3.5	RALOS		**139**
	3.5.1	Caixa do ralo	139
	3.5.2	Grelhas	140

4 Instalações de Proteção e Combate a Incêndio — **141**

4.1	GENERALIDADES		**141**
	4.1.1	Medidas de prevenção de incêndio	142
	4.1.2	Instalações contra incêndio	142
4.2	CLASSES DE INCÊNDIO		**142**
4.3	NATUREZA DA INSTALAÇÃO DE COMBATE A INCÊNDIO RELATIVAMENTE AO MATERIAL INCENDIADO		**142**
	4.3.1	Água	142
	4.3.2	Espuma	143
	4.3.3	Fréon 1301 (sistema Sphreonix)	143
	4.3.4	Halon 1301	143
	4.3.5	Gás carbônico (dióxido de carbono)	144
	4.3.6	Pó químico seco	144
4.4	CLASSIFICAÇÃO DAS EDIFICAÇÕES E ÁREAS DE RISCO		**144**
4.5	INSTALAÇÕES DE COMBATE A INCÊNDIO COM ÁGUA. CARACTERIZAÇÃO DOS SISTEMAS EMPREGADOS		**149**
	4.5.1	Sistema sob comando	149
		4.5.1.1 Hidrante ou tomada de incêndio	149
		4.5.1.2 Hidrante de passeio ou de recalque	149
		4.5.1.3 Hidrante urbano ou de coluna	150
		4.5.1.4 Mangueiras de incêndio	151
	4.5.2	Sistema automático	152
4.6	INSTALAÇÃO NO SISTEMA SOB COMANDO COM HIDRANTES		**152**
	4.6.1	Características gerais	152
	4.6.2	Requisitos gerais	155
	4.6.3	Agrupamentos de edificações residenciais multifamiliares	156
4.7	INDICAÇÕES SOBRE O EMPREGO DE MANGUEIRAS		**158**
4.8	BOMBA PARA COMBATE A INCÊNDIO		**160**
4.9	SISTEMA DE CHUVEIROS AUTOMÁTICOS		**162**
	4.9.1	Descrição geral do sistema	162
	4.9.2	Classificação	162
	4.9.3	Exigências quanto ao emprego de *sprinklers*	163

4.9.4	Rede de *sprinklers*	165
4.9.4.1	Riscos pequenos ou baixos	165
4.9.4.2	Riscos médios	165
4.9.4.3	Riscos grandes	166
4.9.5	Dimensionamento dos *sprinklers*	166
4.9.6	Disposição das colunas (*risers*), ramais (*cross mains*) e sub-ramais (*branch lines*)	167
4.9.7	Instalação típica de *sprinklers*	168
4.9.8	Fornecimento de água à rede de *sprinklers*	168

4.10 INSTALAÇÕES DE COMBATE A INCÊNDIO COM ESPUMA — 170

5 Instalações de Água Gelada — 172

5.1 INTRODUÇÃO — 172

5.2 NOÇÕES SOBRE O PROCESSO DE REFRIGERAÇÃO — 172

5.3 DIAGRAMA ENTRÓPICO — 174

5.4 EQUIPAMENTO PARA PRODUÇÃO DE ÁGUA GELADA — 175

5.4.1	Compressor	175
5.4.2	Condensador	175
5.4.2.1	Condensador de água	175
5.4.2.2	Condensador de ar	176
5.4.3	Evaporador	176

5.5 DADOS PARA ELABORAÇÃO DO PROJETO DE INSTALAÇÃO PARA ÁGUA GELADA POTÁVEL — 176

5.5.1	Número de bebedouros	177
5.5.2	Consumo de água gelada	177
5.5.3	Temperatura da água	177
5.5.4	Descarga nos bebedouros	177
5.5.5	Velocidade da água nos alimentadores na instalação central	177

5.6 REFRIGERAÇÃO INDIVIDUAL DA ÁGUA — 178

5.6.1	Instalação de bebedouros individuais do tipo gabinete	178

5.7 INSTALAÇÃO CENTRAL DE ÁGUA GELADA POTÁVEL — 178

5.7.1	Capacidade do reservatório de água gelada potável	178
5.7.1.1	Isolamento de tanque de água gelada	178
5.7.2	Ganho de calor nas linhas de água gelada	179
5.7.2.1	Por convecção natural	180
5.7.2.2	Por bombeamento	180
5.7.3	Bomba de circulação	180
5.7.4	Escolha do compressor frigorífico	180
5.7.5	Circuito de água filtrada	181
5.7.6	Especificação de uma instalação central de água gelada potável	181

5.8 INSTALAÇÕES COMPACTAS — 183

6 Instalações de Água Quente — 184

6.1 INTRODUÇÃO — 184

6.2 MODALIDADES DE INSTALAÇÃO DE AQUECIMENTO DE ÁGUA — 185

6.3 CONSUMO DE ÁGUA QUENTE — 185

xiv Sumário

6.4	VAZÃO DAS PEÇAS DE UTILIZAÇÃO	185
6.5	PEÇAS DE UTILIZAÇÃO E TUBULAÇÕES	185
6.5.1	Pressões mínimas de serviço	185
6.5.2	Pressão estática máxima	185
6.5.3	Velocidade máxima de escoamento da água	186
6.5.4	Perdas de carga	186
6.5.5	Diâmetro mínimo dos sub-ramais	186

6.6 PRODUÇÃO DE ÁGUA QUENTE — 186

6.7 AQUECIMENTO ELÉTRICO — 187
6.7.1 Tipos de aquecedores elétricos — 188
  6.7.1.1 Aquecedores elétricos de acumulação (*boilers*) — 188

6.8 AQUECIMENTO COM GÁS — 192
6.8.1 Aquecedores a gás individuais — 192
  6.8.1.1 Indicações para instalação de aquecedores a gás — 193

6.9 INSTALAÇÃO CENTRAL DE ÁGUA QUENTE — 194
6.9.1 Distribuição sem circulação — 194
6.9.2 Distribuição com circulação — 194

6.10 PRODUÇÃO DE ÁGUA QUENTE NAS INSTALAÇÕES CENTRAIS — 195
6.10.1 Aquecimento direto da água com gás de rua ou gás engarrafado — 195
6.10.2 Aquecimento direto da água com combustão de óleo — 196
6.10.3 Aquecimento da água com vapor — 196

6.11 CÁLCULO DAS INSTALAÇÕES DE ÁGUA QUENTE — 197
6.11.1 Capacidade do *storage* e potência calorífica da caldeira — 198
6.11.2 Dimensionamento dos encanamentos de água quente — 200

6.12 OBSERVAÇÕES QUANTO À INSTALAÇÃO DE ÁGUA QUENTE — 203
6.12.1 Material dos encanamentos — 203
6.12.2 Dilatação dos encanamentos — 204
6.12.3 Isolamento dos encanamentos — 204

6.13 AQUECEDORES COM ENERGIA SOLAR — 204
6.13.1 Circuito básico — 205
6.13.2 Sistema de absorção para resfriamento da água, aproveitando a energia solar — 207
6.13.3 Aquecedor solar — 207

7 Instalação de Gás Combustível — 209

7.1 INTRODUÇÃO — 209

7.2 TERMINOLOGIA E DEFINIÇÕES — 210

7.3 LOCALIZAÇÃO DE MEDIDORES — 212

7.4 DIMENSIONAMENTO — 215
7.4.1 Considerações gerais — 215
7.4.2 Parâmetros de cálculo — 216
7.4.3 Metodologia de cálculo — 217

7.5 CONDIÇÕES GERAIS PARA EXECUÇÃO E MANUTENÇÃO DA INSTALAÇÃO DAS TUBULAÇÕES DE GÁS COMBUSTÍVEL — 225
7.5.1 Materiais, equipamentos e dispositivos — 225

7.5.2	Construção e montagem	225
7.5.3	Dispositivos de segurança	227
7.5.4	Comissionamento	227
7.5.5	Manutenção: descomissionamento e recomissionamento	228
7.5.6	Instalação de aparelhos a gás	228
7.5.7	Conversão da rede de distribuição para uso de outro gás combustível	228

8 Instalação de Oxigênio — 229

8.1 INTRODUÇÃO — 229

8.2 APLICAÇÕES DO OXIGÊNIO — 230

8.3 INSTALAÇÃO DE SUPRIMENTO DE OXIGÊNIO — 230

   8.3.1 Oxigênio líquido — 231

8.4 DADOS PARA O PROJETO — 231

8.5 MATERIAL EMPREGADO — 231

8.6 DIMENSIONAMENTO DAS TUBULAÇÕES DE OXIGÊNIO — 231

   8.6.1 Velocidade — 231

   8.6.2 Vazão — 232

   8.6.3 Acessórios — 232

      8.6.3.1 Válvulas — 232

      8.6.3.2 Filtros — 233

      8.6.3.3 Instrumentos de controle — 233

8.7 TANQUES PARA ARMAZENAMENTO DE OXIGÊNIO LÍQUIDO — 233

8.8 VAPORIZAÇÃO DO OXIGÊNIO LÍQUIDO — 234

8.9 ESQUEMA BÁSICO DO SISTEMA DE ARMAZENAGEM DE OXIGÊNIO LÍQUIDO — 235

8.10 PROTEÇÃO DAS TUBULAÇÕES PARA OXIGÊNIO — 234

   8.10.1 Proteção mecânica — 235

   8.10.2 Proteção catódica — 235

8.11 INSTALAÇÃO HOSPITALAR TÍPICA — 235

9 Materiais Empregados em Instalações — 237

9.1 INTRODUÇÃO — 237

9.2 TUBOS — 237

   9.2.1 Tubos de aço-carbono para condução de líquidos (*pipes*) — 238

   9.2.2 Tubos de ferro fundido — 240

   9.2.3 Tubos de cobre — 244

   9.2.4 Tubos de PVC rígido — 244

   9.2.5 Tubos de CPVC e de polipropileno — 246

   9.2.6 Tubos de polietileno — 246

9.3 CONEXÕES OU ACESSÓRIOS (*FITTINGS*) — 247

   9.3.1 Conexões de ferro maleável e aço — 247

   9.3.2 Conexões de cobre — 250

   9.3.3 Conexões de ferro fundido e ferro dúctil — 250

   9.3.4 Conexões de polipropileno — 250

   9.3.5 Conexões de PVC e CPVC — 255

9.4 VÁLVULAS — 259

9.4.1 Classificação das válvulas — 259

9.4.2 Válvulas de bloqueio — 259

9.4.3 Válvulas de regulagem (*throttling valves*) — 262

9.4.4 Válvulas de controle da pressão de montante. Válvula de alívio (*relief valve*) e válvula de segurança (*safety valve*) — 263

9.4.5 Válvulas de controle simples — 263

9.4.6 Válvulas de redução de pressão — 264

9.4.7 Válvulas de retenção — 264

9.4.8 Registro automático de entrada de água em reservatórios — 264

9.5 TUBOS E CONEXÕES DIVERSAS — 265

Tabelas Úteis — 267

Bibliografia — 276

Índice Alfabético — 289

Instalações de Água Fria Potável

1.1 INTRODUÇÃO

Água fria potável é a água que atende às características para o consumo humano, definidas pela Resolução CONAMA n° 01/1986, sendo fornecida pela rede de abastecimento local.

Quando não houver possibilidade de alimentação de um prédio a partir de uma linha distribuidora de água do órgão próprio da municipalidade, recorre-se à captação em poços, ou a algum suprimento superficial (nascente, riacho, córrego ou rio). Nesses casos, a água deverá ser examinada para se verificar a necessidade de submetê-la a algum tratamento.

As instalações de água fria potável são regidas pela NBR 5626:1998 – *Instalação predial de água fria*, da Associação Brasileira de Normas Técnicas (ABNT). Esta Norma fixa as exigências técnicas mínimas quanto à higiene, segurança, economia e conforto dos usuários.

A instalação de água fria compreende as tubulações (encanamentos), hidrômetro, conexões, válvulas, equipamentos, reservatórios, aparelhos e peças de utilização que permitem o suprimento, a medição, o armazenamento, o comando, o controle e a distribuição de água aos pontos de utilização, tais como: torneiras, chuveiros, duchas higiênicas, vasos sanitários, lavatórios, pias etc.

1.2 RAMAL DE ABASTECIMENTO

O abastecimento de água aos prédios é feito a partir de uma tubulação da rede distribuidora de um sistema de abastecimento público, por meio de um *ramal predial*, o qual compreende:

- *Ramal predial propriamente dito* ou *ramal externo*. É o trecho da tubulação compreendida entre o distribuidor público de água localizado em frente ao prédio e a instalação predial caracterizada pelo aparelho medidor ou limitador de descarga, o qual é considerado parte integrante do ramal externo.
- *Ramal interno de alimentação* ou *alimentador predial*. É o trecho do encanamento que se estende a partir do aparelho medidor ou limitador de consumo até a primeira derivação ou até a válvula de flutuador (torneira de boia) à entrada de um reservatório.

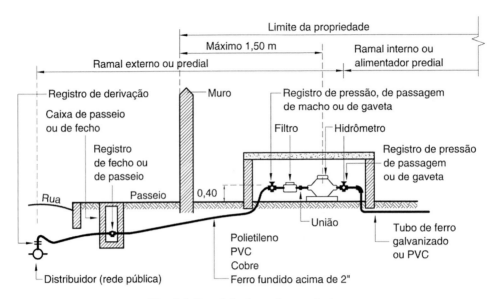

Fig. 1.1 Ramal de abastecimento de água.

O esquema de um ramal de abastecimento de água está apresentado na Fig. 1.1, na qual se podem observar as peças constitutivas do ramal externo e do ramal interno.

1.2.1 Ramal predial ou externo

1.2.1.1 Ligação do ramal predial

Quando do assentamento do distribuidor público após a construção de um prédio, ou seja, tratando-se de uma rede nova, a ligação pode ser feita com a colocação de um tê na própria rede. Isso acontece quando se instala um ramal novo ou de maior capacidade, após haver sido construído o prédio ou em decorrência da ampliação de suas instalações.

Se a tubulação da rede pública distribuidora já estiver instalada quando o prédio for construído, haverá várias soluções para inserção do ramal predial ou externo:

- Fechar os registros do distribuidor, isolando assim o trecho onde será executado o ramal; fazer um furo no distribuidor e, em seguida, abrir a rosca. Atarraxar depois o chamado *registro de derivação*. Este, se fechado, possibilita a reabertura dos registros do distribuidor enquanto se completa a ligação da tubulação do ramal predial.
- Com a tubulação da rede distribuidora pública em carga, pode-se usar uma máquina como a de Mueller Co., que fura, abre, rosqueia e adapta o registro de derivação. É necessário que a tubulação esteja em bom estado para possibilitar o rosqueamento. Podem-se fazer derivações, isto é, ramais com até 2 1/2" (60 mm) de diâmetro.
- Com a tubulação da rede distribuidora pública em carga, porém sem nele abrir rosca para inserir o registro de derivação. Nesta situação utiliza-se o *colar de tomada* (também chamado *bridge* ou *colar de luneta*), que permite fazer a colocação do registro de derivação sem necessitar interromper o abastecimento de água na rede pública. A Fig. 1.2 apresenta um ramal predial com colar de tomada de PVC.

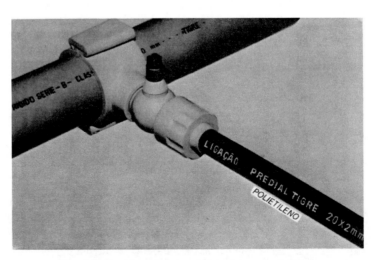

Fig. 1.2 Ramal predial com colar de tomada de PVC.

Do registro de derivação, também chamado de ferrule, parte o ramal predial externo. Para tubulações com diâmetros de até 2", o ramal pode ser executado em cobre, PVC ou polietileno. Para diâmetros acima de 2", o ramal é executado em ferro fundido, obrigando a inserção de um tê e um registro de gaveta.

Nas ligações de cobre, PVC ou polietileno à saída do registro de derivação, dá-se uma curvatura ao tubo ou utiliza-se uma peça pronta chamada *pescoço de ganso*. Essa peça evita que o ramal se rompa, mesmo com a trepidação devida ao tráfego e à acomodação do terreno, o que poderia ocorrer se o tubo estivesse esticado.

1.2.1.2 Registro de passeio

Em algumas municipalidades, um *registro de passeio* ou *registro de fecho* é adaptado ao ramal externo no trecho sob o passeio, sendo colocado em uma caixa de dimensões tais que a manobra do registro só pode ser realizada com uma chave de boca com haste longa e cruzeta na extremidade. A finalidade do registro de passeio é possibilitar o órgão competente desligar a água sem ter que entrar na propriedade particular. Algumas municipalidades aboliram o emprego do registro de passeio e optaram por recorrer à cobrança judicial em caso de não pagamento da taxa de água (ou saneamento) em vez de sumariamente cortarem o fornecimento de água.

1.2.1.3 Hidrômetro e penas-d'água

O aparelho que mede o consumo de água é o *hidrômetro*. É fornecido e instalado pelo Serviço de Águas da municipalidade, mas o usuário deverá preparar a instalação para recebê-lo. Para isso, as tubulações, conexões e registro são montados de modo a ser possível encaixar e fixar o hidrômetro. Essa armação é denominada *cavalete*.

Utiliza-se como solução provisória, por falta ocasional de hidrômetros ou de funcionários para efetuarem as medições mensais, a instalação de *limitadores de vazão* conhecidos como penas-d'água ou suplementos.

A *pena-d'água* é um tubo de pequeno comprimento com um estrangulamento tal que, pela perda de carga oferecida ao escoamento, sob a pressão da rede pública, limita a descarga que entra pelo ramal interno a valor fixado. Assim, com essa tubulação evidentemente não é possível efetuar uma medição, apenas limitar o consumo, em uma tentativa de evitar o desperdício.

O *suplemento* tem a mesma função. Trata-se de um tubo de bronze ou ferro fundido ao qual se pode adaptar um disco ou pastilha com um orifício central compatível com a descarga que o órgão público pretende proporcionar ao consumidor (Fig. 1.3). O comprimento do suplemento é o mesmo que o do hidrômetro padronizado que está provisoriamente substituindo, seja pela falta de hidrômetro, seja pela eventual retirada do mesmo para reparo, aferição ou revisão.

Cada municipalidade adota uma modalidade de cavalete para a instalação de hidrômetro ou suplemento. Um exemplo de um modelo de cavalete de cobre proposto pela NIBCO para a Cedae no Rio de Janeiro pode ser visto na Fig. 1.4 e um esquema correspondente a tubo de ferro galvanizado adotado pela Saneamento de Goiás S.A. (Saneago) está apresentado na Fig. 1.5.

A Hansen Industrial propõe uma solução prática para a instalação do hidrômetro ou do limitador de vazão até que esse seja instalado. É o denominado *Kit Cavalete Tigre*. Duas variantes desse cavalete para 1/2" e 3/4" com o emprego do mesmo número de peças estão apresentadas na Fig. 1.6. A seguir, o referido cavalete já com o hidrômetro instalado está apresentado na Fig. 1.7.

Em instalações prediais são empregados dois tipos:

- *Hidrômetros volumétricos*. Baseiam-se na medição direta do número de vezes que uma câmara de volume conhecido é enchida e esvaziada pela ação de um *êmbolo*

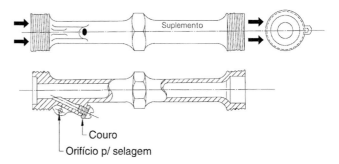

Fig. 1.3 Suplemento ou limitador de consumo.

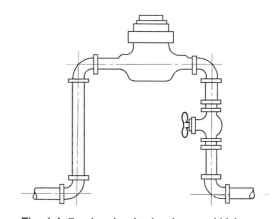

Fig. 1.4 Cavalete de tubo de cobre para hidrômetro.

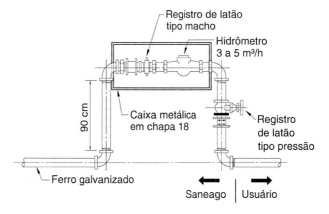

Fig. 1.5 Cavalete de tubo de ferro galvanizado para hidrômetro.

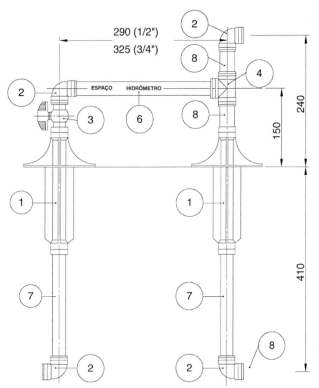

PEÇA Nº	QUANTIDADE	DISCRIMINAÇÃO
1	2	Tubo aletado RB 1/2" ou 3/4"
2	4	Joelho RB 90° 1/2" ou 3/4"
3	1	Registro de esfera com borboleta 1/2" ou 3/4"
4	1	Tê RB 90° 1/2" ou 3/4"
5	1	Cap 1/2" ou 3/4"
6	1	Tubo PVC rígido 1/2" × 250 mm ou 3/4" × 290 mm
7	2	Tubo PVC rígido 1/2" ou 3/4" × 230 mm
8	3	Tubo PVC rígido 1/2" ou 3/4" × 70 mm

Fig. 1.6 Cavalete de tubo de PVC para hidrômetro e limitador de consumo.

Fig. 1.7 "Kit Cavalete Tigre" com hidrômetro instalado.

dotado de movimento retilíneo alternativo, de um *disco rotativo*, ou, ainda, de um *disco oscilante*. Exigem água sem detritos ou substâncias estranhas. Os mais usados são os de disco oscilante e os de disco rotativos.
- *Hidrômetros taquimétricos*. Baseiam-se na dependência que existe entre descarga e velocidade de rotação do eixo de um rotor dotado de palhetas ou de um molinete (hélice axial) colocado em uma câmara de distribuição. Essa dependência é dada por um coeficiente obtido experimentalmente. São mais simples, de construção mais fácil, de menor custo que os volumétricos e, por isso, muito empregados.

Observa-se que os hidrômetros possuem grandezas próprias, tais como:

- *Descarga característica* (DC) ou *vazão de plena carga* de um hidrômetro é a descarga horária em escoamento uniforme, sob a carga de 10 metros de coluna de água (mca), que equivale a aproximadamente 100 kPa, indicando a capacidade do hidrômetro. Em instalações prediais, são usuais hidrômetros com descargas características de 3, 5, 7, 10, 20 e 30 m³/h.
- *Limite de sensibilidade* é a descarga (vazão horária) especificada sob a qual o hidrômetro entra em funcionamento.
- *Limite inferior de exatidão* é a descarga a partir da qual o hidrômetro começa a dar indicações de consumo que, sob o ponto de vista prático, podem ser consideradas como exatas.
- *Descarga real efetiva* é a descarga característica (DC) multiplicada por *fator de carga*. Sabe-se que existe certa descontinuidade no consumo de água da linha de distribuição e mesmo no próprio suprimento de água, de modo que a pressão com a qual a água penetra no prédio vinda pelo ramal também varia, o que afeta o valor da descarga efetiva, uma vez que a pressão atuante seria diferente daquela prevista na calibragem do hidrômetro e que proporcionava a DC. Por isso, para obter a descarga efetiva, multiplica-se a DC pelo fator de carga, que pode ser encontrado em tabelas utilizadas pelas entidades públicas às quais compete o fornecimento de água.

1.3 SISTEMAS DE ABASTECIMENTO DE ÁGUA PREDIAL

Os sistemas de abastecimento de água predial podem ser classificados em: sistema direto, sistema indireto e sistema misto.

1.3.1 Sistema direto

A alimentação de rede interna de distribuição do prédio é feita por ligação como distribuidor público, sem nenhum reservatório. Isso supõe abastecimento público com continuidade, abundância e pressão suficiente. Neste caso, a rede interna pode ser considerada uma extensão da rede pública e a distribuição interna é ascendente.

1.3.2 Sistema indireto

Nesse sistema adotam-se reservatórios para fazer frente à intermitência ou irregularidade no abastecimento de água e às variações de pressões na rede pública. No sistema indireto podem ser considerados os casos com e sem bombeamento.

1.3.2.1 Sistema indireto sem bombeamento

A pressão de rede pública é, em geral, suficiente para abastecer, no máximo, um reservatório colocado na parte mais alta de um prédio de três pavimentos. A distribuição é feita a partir deste reservatório denominado *caixa-d'água* (Fig. 1.8).

1.3.2.2 Sistema indireto com bombeamento

A pressão na rede pública é insuficiente para abastecer um reservatório elevado. Emprega-se um reservatório em cota reduzida, geralmente situada abaixo do nível do meio-fio, conhecido como *cisterna*, que armazena a água para ser bombeada para:

- um reservatório elevado, do qual partirá a rede de distribuição interna, por gravidade (Fig. 1.9);
- um reservatório metálico, onde a água ficará pressurizada e alimentará diretamente os aparelhos de consumo. Esta instalação é denominada *hidropneumática*.

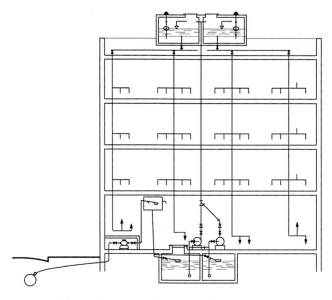

Fig. 1.9 Sistema indireto com bombeamento.

A NBR 5626:1998 preconiza que a pressão máxima permitida nos aparelhos de consumo é de 40 metros de coluna d'água (40 mca = 4 kgf/cm² = 400 kPa).

Isso significa que não podemos alimentar pelo reservatório superior mais de 13 pavimentos com o pé-direito de 3,10 m (13 × 3,10 = 39,30 m). Neste caso, pode-se adotar uma das soluções seguintes:

- construir reservatório(s) intermediário(s), de modo que cada um sirva no máximo a 12 ou 13 pavimentos (Fig. 1.10);
- utilizar *válvulas de redução de pressão*, de modo a impedir que a pressão na coluna atinja 40 mca.

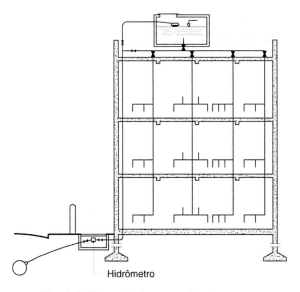

Fig. 1.8 Sistema indireto sem bombeamento.

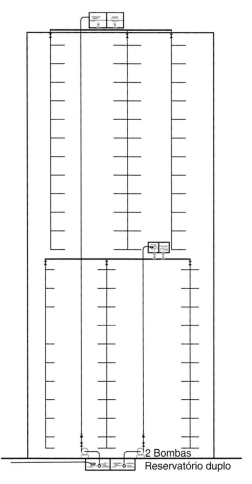

Fig. 1.10 Sistema indireto para fornecimento intermitente e sem pressão, com mais de um reservatório elevado.

A Niagara S.A., fabricante de válvulas, apresenta os esquemas da Fig. 1.11 para *estações de válvulas de redução de pressão*. A solução 1 coloca a referida estação entre os pavimentos 10º e 11º (no meio do edifício) e a solução 2

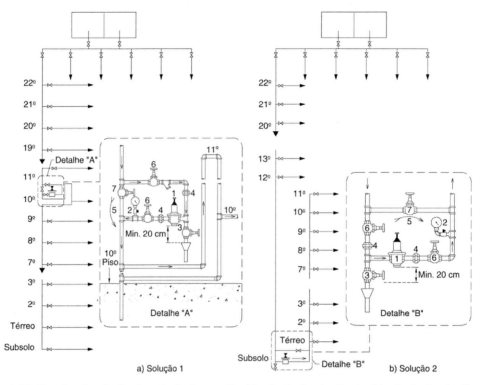

Fig. 1.11 Estações de válvulas de redução de pressão: (a) solução 1 e detalhe A; (b) solução 2 e detalhe B.

coloca a válvula de redução ao pé da coluna (entre o térreo e o subsolo), para facilitar a manutenção do sistema quando houver a necessidade de uma regulagem na válvula. Nos detalhes A e B, estão indicadas as seguintes conexões:

1. válvula automática de redução vertical (instalada na tubulação horizontal);
2. manômetro para a medição da pressão de saída;
3. registro de gaveta ou de globo para drenagem da linha;
4. uniões para permitir a desmontagem das peças;
5. desvios ("*by-pass*") para evitar a interrupção do suprimento de água à coluna durante a manutenção ou reparação do sistema;
6. registros de gaveta, normalmente abertos;
7. registros de gaveta, normalmente fechados.

Adota-se o *sistema hidropneumático* ou *de pressurização de água* quando não convém construir um reservatório elevado ou se necessita de pressão impossível de ser obtida com o reservatório colocado na cobertura do prédio. Consiste em um reservatório de aço; uma instalação de bombeamento do reservatório inferior para o reservatório de pressurização referido; uma rede de distribuição de água pressurizada; um dispositivo para repor no reservatório o ar que aos poucos se dissolve na água; pressostatos ou sensores de pressão ou eletrodos indicadores de nível; manômetro, equipamento elétrico necessário ao acionamento, proteção e controle do motor da bomba.

Quando o nível de água baixa no reservatório hidropneumático, um pressostato ou um sensor elétrico fecha um circuito elétrico, o que faz a bomba funcionar, enchendo o reservatório com a água do reservatório inferior. À medida que a água sobe, aumenta a pressão interna no reservatório e o colchão de ar superior se comprime, funcionando como um amortecedor e armazenando energia. Quando a água atinge certo nível que corresponde à maior pressão de serviço, um pressostato ou sensor elétrico desliga o circuito e a bomba para de funcionar. Ao ser atingido um nível superior prefixado, um sensor permite à corrente elétrica acionar o motor de um compressor de ar.

Instalações de médio e grande portes exigem a instalação do compressor de ar; ao passo que em instalação de pequeno porte, que possuem pequenas vazões, o compressor pode ser substituído por um *carregador de ar*.

A Fig. 1.12 mostra um esquema típico de instalação hidropneumática empregando um carregador de ar. A Jacuzzi do Brasil Ltda. fabrica o "*jet charge*", que deve ser ligado entre o reservatório de pressurização e a tubulação de aspiração da bomba.

A Fig. 1.13 apresenta uma solução empregando dois sistemas hidropneumáticos em um mesmo edifício, cada um para atender à faixa de pressão correspondente a determinado número de pavimentos. Para evitar que o barrilete e os registros das colunas fiquem em área de uso privativo, o barrilete dos andares superiores foi instalado na cobertura.

1.3.3 Sistema misto

Parte da instalação predial é ligada diretamente à rede pública, enquanto outra é ligada a um reservatório na cobertura do prédio.

Observa-se na Fig. 1.14 que as duas torneiras de limpeza (TL) no jardim recebem a água diretamente da rede pública, enquanto as demais peças são alimentadas pelo reservatório localizado no forro, o qual, por sua vez, é alimentado pelo ramal interno.

Instalações de Água Fria Potável 7

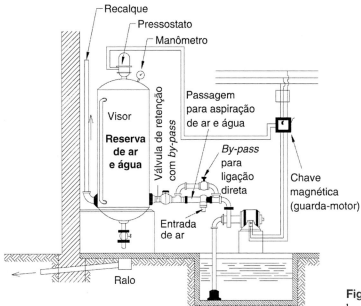

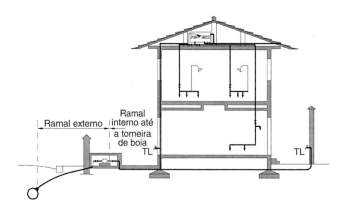

Fig. 1.12 Reservatório hidropneumático e instalação de bombeamento.

Fig. 1.14 Sistema misto de abastecimento de residência.

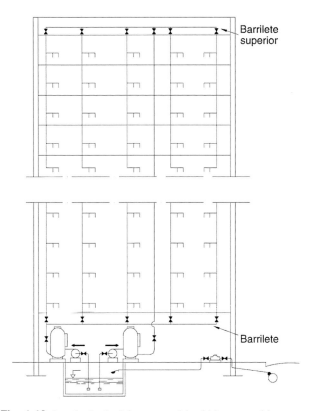

Fig. 1.13 Instalação de dois reservatórios hidropneumáticos em um edifício com grande número de pavimentos.

Em algumas indústrias, recorre-se à água da rede pública e, como medida de segurança ou complementação, capta-se água de um poço. A água da rede é bombeada para um castelo d'água, de onde, por gravidade, alimenta os pontos de consumo. A água de poço pode ser usada em instalação de combate a incêndio e, se devidamente tratada (caso necessário), pode servir como reforço da água potável e empregada em instalações industriais (Fig. 1.15).

1.3.4 Ramal interno

O ramal interno começa a partir do hidrômetro e se estende até a *torneira de boia* ou *válvula de flutuador* colocada na *caixa piezométrica* ou no reservatório do prédio.

A caixa piezométrica é uma caixa pequena, em geral de 200 a 300 litros, com entrada da água a 3,0 m acima do meio-fio. Essa caixa possui duas finalidades:

- regular o nível piezométrico de entrada da água no prédio, limitando, portanto, a vazão;
- impedir, no caso de reservatório abaixo do nível da rua, que, se a torneira de boia se quebrar, haja inundação do reservatório por água superficial e que, além disso, formando-se vácuo na rede pública, água poluída no reservatório seja conduzida à rede pública, contaminando-a (Fig. 1.16).

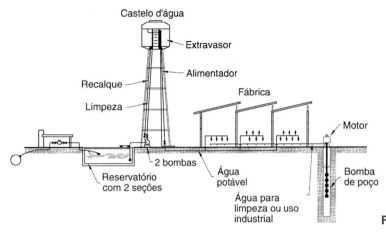

Fig. 1.15 Sistema misto de abastecimento de uma fábrica.

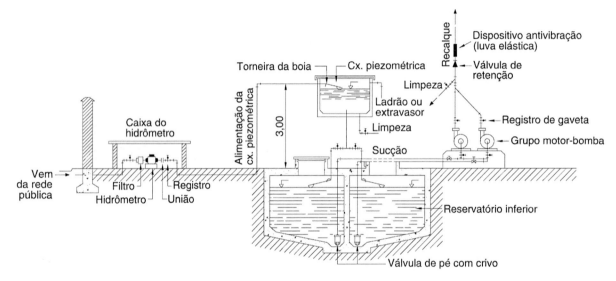

Fig. 1.16 Esquema do sistema de acumulação inferior utilizando caixa piezométrica.

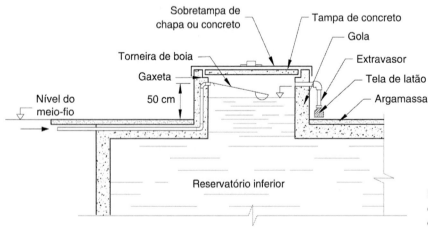

Fig. 1.17 Alimentação de reservatório inferior, com torneira de boia a 50 cm, no mínimo, acima do nível do meio-fio.

Em vez da caixa piezométrica, podem-se aplicar as seguintes soluções:

- Colocar a torneira de boia a pelo menos 50 cm acima do nível do meio-fio. Neste caso, a entrada para caixa deverá ter uma *gola*, a fim de impedir que alguma eventual inundação venha a poluir o reservatório. O reservatório deverá ter tampa, com *gaxetas de vedação* ou *caixilho de neoprene* e sobretampa (Fig. 1.17).
- Instalar uma coluna piezométrica, dotada de uma *ventosa* que impeça a formação de vácuo no ramal de alimentação (Fig. 1.18).

Instalações de Água Fria Potável 9

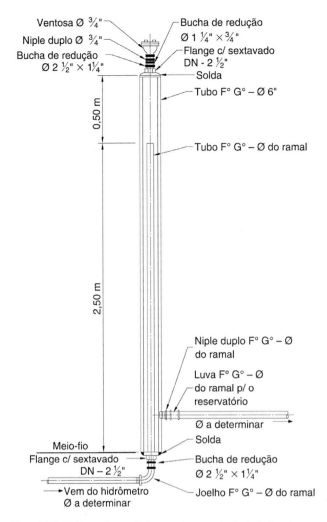

Fig. 1.18 Coluna piezométrica usada em substituição à caixa piezométrica.

Tabela 1.1 Taxa de ocupação de acordo com a natureza do local

Natureza do local	Taxa de ocupação
Prédio de apartamentos:	
– quarto social	Duas pessoas
– quarto de serviço	Uma pessoa
Prédio de escritórios de:	
– uma só entidade locadora	Uma pessoa por 7 m² e área
– mais de uma entidade locadora	Uma pessoa por 5 m² de área
– segundo o Código de Obras do RJ	6 litros por m² de área útil
Restaurantes	Uma pessoa por 1,50 m² de área
Teatros e cinemas	Uma cadeira para cada 0,70 m² de área
Lojas (pavimento térreo)	Uma pessoa por 2,5 m² de área
Lojas (pavimentos superiores)	Uma pessoa por 5,0 m² de área
Supermercados	Uma pessoa por 2,5 m² de área
Shopping center	Uma pessoa por 5,0 m² de área
Salões de hotéis	Uma pessoa por 5,5 m² de área
Museus	Uma pessoa por 5,5 m² de área

1.4 CONSUMO DE ÁGUA NOS PRÉDIOS

O consumo de água se baseia no conhecimento de duas grandezas:

- *Taxa de ocupação*, definida como o número de metros quadrados correspondentes a cada pessoa moradora ou ocupante do local. A Tabela 1.1 apresenta os valores da taxa de ocupação de acordo com a natureza do local.
- *Consumo* por pessoa ou por determinada utilização em litros/dia (L/dia). Para estimar esse consumo emprega-se a Tabela 1.2.

Algumas municipalidades, quando empregam o limitador de consumo por falta ocasional de hidrômetro, adotam, para efeito de cobrança da taxa de água, o consumo estimado de 250 L/dia por ocupante, para o caso de residências e edifícios de apartamentos. Desta forma, tem-se:

- sala e quarto: 500 L/dia – 15 m³/mês;
- sala 2 quartos: 1000 L/dia – 30 m³/mês;
- sala 3 quartos: 1500 L/dia – 45 m³/mês.

1.5 NÚMERO MÍNIMO DE APARELHOS PARA DIVERSAS SERVENTIAS

O autor de um projeto de arquitetura necessita prever números adequados de aparelhos sanitários. Deve-se sempre consultar o Código de Obras da municipalidade, para saber o que existe estabelecido a respeito.

Uma vez determinado o número de ocupantes do prédio, é necessário determinar quantos aparelhos sanitários deverão ser previstos. Como orientação, poderá usar a Tabela 1.3 —

Tabela 1.2 Estimativa de consumo diário de água

Tipo do prédio	Unidade	Consumo (L/dia)
1. Serviço doméstico		
Apartamentos em geral	*per capita*	200 a 250
Apartamentos de luxo	por dormitório	300 a 400
	por quarto de empregada	200
Residência de luxo	*per capita*	300 a 400
Residência de médio valor	*per capita*	150
Residências populares e rurais	*per capita*	120 a 150
Alojamentos provisórios de obra	*per capita*	80
Apartamento de zelador		600 a 1000
2. Serviço público		
Edifícios de escritórios e comerciais	por ocupante efetivo	50 a 80
Escolas, internatos	*per capita*	150
Escolas, externatos	por aluno	50
Escolas, semi-internatos	por aluno	100
Hospitais e casa de saúde	por leito	250
Hotéis com cozinha e lavanderia	por hóspede	250 a 350
Hotéis sem cozinha e lavanderia	por hóspede	120
Lavanderias	por kg de roupa seca	30
Quartéis	*per capita*	150
Cavalariças	por cavalo	100
Restaurantes	por refeição	25
Mercados	por m^2	5
Garagens e postos de serviços para automóveis	por automóvel	100 a 150
	por caminhão	200
Rega de jardins	por m^2	1,5
Cinemas, teatros	por lugar	2
Igrejas	por lugar	2
Ambulatórios	*per capita*	25
Creches	*per capita*	50
3. Serviço industrial		
Fábricas (uso pessoal)	por operário	70 a 80
Fábricas com restaurante	por operário	100
Usinas de leite	por litro de leite	5
Matadouros (para animais de grande porte)	por animal abatido	300
Matadouros (para animais de pequeno porte)	por animal abatido	150
4. Piscinas (domiciliares) – lâmina d'água de 2 cm por dia		

Tabela 1.3 Número mínimo de aparelhos para diversas serventias

Tipo de edifício ou ocupação	Lavatórios		Banheiras ou chuveiros	Bebedouros instalados fora dos compartimentos sanitários	Vasos sanitários		Mictórios
Residência ou apartamentos	1 para cada banheiro de residência ou apartamento e 1 para banheiro de empregada		1 chuveiro para cada banheiro de residência ou apartamento e chuveiro para serviço. Banheiro opcional	—	1 para cada residência ou apartamento e 1 para serviço		—
Escolas primárias	1 para cada 30 alunos		1 chuveiro para cada 20 alunos (caso haja Educação Física)	1 para cada 75 alunos	Meninos: 1 para cada 75 Meninas: 1 para cada 25		1 para cada 30 meninos
Escolas secundárias	1 para cada 50 alunos				Meninos: 1 para cada 75 Meninas: 1 para cada 35		
Escritórios ou edifícios públicos	Número de pessoas	Número de aparelhos	—	1 para cada 75 pessoas	Número de pessoas	Número de aparelhos	Quando há mictórios, instalar 1 vaso sanitário a menos para cada mictório, contanto que o número de vasos não seja reduzido a menos de 2/3 do especificado nesta tabela
	1-15 16-35 36-60 61-90 91-125	1 2 3 4 5			1-15 16-35 36-55 56-80 81-110 111-150	1 2 3 4 5 6	
	Acima de 125, adiciona 1 aparelho para cada 45 pessoas a mais				Acima de 150, adicionar 1 aparelho para cada 40 pessoas a mais		
Estabelecimentos industriais	Número de pessoas	Número de aparelhos	1 chuveiro para cada 15 pessoas dedicadas a atividades contínuas ou expostas a calor excessivo ou contaminação da pele com substâncias venenosas, infecciosas ou irritantes	1 para cada 75 pessoas	Número de pessoas	Número de aparelhos	Mesma especificação para os escritórios ou 1 para cada 50 operários
	1-100	1 para cada 10 pessoas			1-9 10-24 25-49 50-74 75-100	1 2 3 4 5	
	Mais de 100	1 para cada 15 pessoas ou 1 para cada 15 onde houver risco de agressão da pele por substâncias tóxicas ou irritantes			Acima de 100, adicionar 1 aparelho para cada 30 empregados		

continua

Tabela 1.3 Número mínimo de aparelhos para diversas serventias   (*Continuação*)

Tipo de edifício ou ocupação	Lavatórios		Banheiras ou chuveiros	Bebedouros instalados fora dos compartimentos sanitários	Vasos sanitários			Mictórios	
Cinemas, teatros, auditórios e locais de reunião	Número de pessoas	Número de aparelhos	—	1 para cada 100 pessoas	Número de pessoas	Número de aparelhos		Número de pessoas	Número de aparelhos
						H	M	h.	
					1-100 101-200 201-400			1-100 101-200 201-400	1 2 3
	1-200 201-400 401-750	1 2 3				1 2 3	1 2 3		
	Acima de 750, adicionar 1 aparelho para cada 500 pessoas				Acima de 400, adicionar 1 aparelho para cada 500 homens ou 300 mulheres			Acima de 400, adicionar 1 aparelho para cada 300 homens	
Dormitórios	1 para cada 12 pessoas. Acima de 12, adicionar um lavatório para cada 20 homens ou para cada 15 mulheres		1 para cada 8 pessoas. No caso de dormitório de mulheres, adicionar banheiras na razão de 1 para cada 30 pessoas	1 para cada 75 pessoas	Número de pessoas		Número de aparelhos		1 para cada 25 homens. Acima de 150 pessoas, adicionar 1 aparelho para cada 20 pessoas
					H	M	H	M	
					1-10 >10	1-8 <8	1 1/25 h. ad.	1 1/20 m. ad.	
Acampamento e inst. provisória			1 para cada 30 operários		1 para cada 30 operários				

Instalações de Água Fria Potável **13**

uma adaptação, aplicável aos nossos hábitos e usos, de uma tabela publicada no Uniform of Plumbing Code em 1955, do United States Department of Commerce.

1.6 VAZÃO A SER CONSIDERADA NO DIMENSIONAMENTO DO ALIMENTADOR PREDIAL

Para a avaliação da vazão a ser considerada no dimensionamento do alimentador predial, será considerado apenas o *sistema indireto com reservatórios*, que geralmente é o mais adotado nas municipalidades.

Admite-se, para simplificar, que o abastecimento pela rede seja contínuo e que a vazão que abastece o prédio seja suficiente para atender ao consumo diário no período de 24 horas, embora, evidentemente, o consumo do aparelho varie bastante ao longo do tempo.

Chamando-se de C_d o consumo diário em litros, a descarga mínima a considerar, $Q_{mín}$, em litros por segundo (L/s), será:

$$Q_{mín} = \frac{C_d}{86.400}$$

sendo 86.400 o número de segundos em 24 horas.

■ Exemplo 1.1

Um edifício residencial de padrão médio possui 4 pavimentos e 3 apartamentos por andar, cada qual com 3 quartos sociais e um de serviço, uma vaga de automóvel para cada apartamento e uma área ajardinada de 1000 m², além do apartamento do zelador. Estime o consumo diário.

Solução

a) Consumo referente às pessoas:
   – Cada apartamento: $2 \times 3 + 1 = 7$ pessoas (Tabela 1.1)
   – Cada pavimento: $3 \times 7 = 21$ pessoas
   – População do prédio (moradores): $4 \times 21 = 84$ pessoas
   – Consumo diário: 250 L/pessoa $\times$ dia (Tabela 1.2)
   – Consumo diário: $C_{d\,moradores} = 250 \times 84 = 21.000$ L/dia

b) Consumo do apartamento do zelador:
   – Consumo diário: 600 a 1000 L/dia (Tabela 1.2)
   – $C_{d\,zelador} = 600$ L/dia

c) Consumo referente à lavagem de automóveis:
   – Consumo diário: 100 a 150 L/automóvel $\times$ dia (Tabela 1.2)
   – Número de apartamentos: 4 pavimentos $\times$ 3 por andar $= 12$
   – Considera-se que o prédio possui 2 vagas por apartamento
   – $C_{d\,automóveis} = 24 \times 100$ L/automóvel $\times$ dia $= 2400$ L/dia

d) Consumo referente à irrigação dos jardins:
   – Consumo diário: 1,5 L/m² $\times$ dia (Tabela 1.2)
   – $C_{d\,irrigação} = 1000 \times 1,5 = 1500$ L/dia

e) Consumo total:
   – $C_{d\,total} = C_{d\,moradores} + C_{d\,zelador} + C_{d\,automóveis} + C_{d\,irrigação}$
   – $C_{d\,total} = 21.000 + 600 + 2400 + 1500 = 25.500$ L/dia

---

1.7 RESERVATÓRIOS

1.7.1 Capacidade

Para o dimensionamento de reservatórios será considerado o sistema indireto por gravidade, que geralmente é o sistema mais indicado na maioria das municipalidades. Esse sistema, como já mencionado, possui um reservatório infe-rior (cisterna) e um superior (caixa-d'água), que recebe a água bombeada do primeiro e a distribui aos aparelhos por gravidade.

A NBR 5626:1998 estabelece que a reservação total (V_{RT}), a ser acumulada nos reservatórios inferiores e superiores, *não pode ser inferior ao consumo diário*. Além disso, reco-menda-se que essa reservação não ultrapasse a três vezes o consumo diário, ou seja, $C_d \le V_{RT} \le 3 \times C_d$.

14   Capítulo 1

Sugere-se que, quando for conveniente reservação maior que o consumo diário, essa reserva a mais deve ser feita nos reservatórios inferiores com a seguinte distribuição:

- reservatório inferior: 3/5 do total;
- reservatório superior: 2/5 do total.

1.7.1.1 Reservatório superior

Adota-se para o dimensionamento da capacidade do reservatório superior o volume igual ao consumo diário, acrescido da reserva técnica de incêndio (*RTI*), como uma reserva de água para primeiro combate a incêndio, ou seja:

$$V_{RS} = C_d + RTI$$

Para o dimensionamento da *RTI*, de acordo com o Código de Segurança Contra Incêndio e Pânico (Coscip), considera-se:

- Para edificação com até 4 hidrantes: 6000 L
- Mais de 4 hidrantes: 6000 L, acrescido de 500 L por hidrante extra, sendo que o número de hidrantes é calculado de tal forma que a distância sem obstáculos entre cada caixa e os respectivos pontos mais distantes a proteger seja, no máximo, 30 metros.

Caso não exista o projeto de proteção e combate a incêndio, considera-se $RTI = 20\% \ C_d$. Assim, $V_{RS} = 1,2 \times C_d$.

1.7.1.2 Reservatório inferior

A NBR 5626:1998, referindo-se à capacidade mínima dos reservatórios, afirma que: "o volume de água reservado para uso doméstico deve ser, no mínimo, o necessário para 24 h de consumo normal no edifício, sem considerar o volume de água para combate a incêndio".

No entanto, pode haver interrupções no abastecimento de água por rompimento em adutoras e distribuidoras, reparos, ampliações na rede ou defeitos nas elevatórias, ou mesmo falta de fornecimento de energia ou apenas necessidade de manutenção.

As experiências têm mostrado que esses fatos acontecem frequentemente e que as interrupções podem exceder, em muito, as previsões teóricas. Por essa razão, muitas posturas municipais ou profissionais preveem o dimensionamento dos reservatórios inferiores com essas condições apresentadas, as quais se recomenda adotar sempre que possível como valores mínimos:

- uma vez e meia a capacidade do reservatório superior, ou seja:

$$V_{RI} = 1,5 \times V_{RS}, \text{ ou}$$

- uma vez e meia ou até duas vezes a previsão de consumo diário:

$$V_{RI} = 1,5 \times C_d \ \text{a} \ 2,0 \times C_d$$

Adotando que $V_{RS} = 1,2 \times C_d$, a capacidade do reservatório inferior é de $V_{RI} = 1,5 \times V_{RS} = 1,5 \times (1,2 \times C_d) = 1,8 \times C_d$. Neste caso, a reservação total será de $V_{RT} = 1,2 \times C_d + 1,8 \times C_d = 3,0 \times C_d$. Note que, o valor obtido atende a todas as considerações apresentadas.

■ EXEMPLO 1.2

Considerando o consumo diário obtido no Exemplo 1.1, calcule a capacidade dos reservatórios superior e inferior.

Solução

a) Cálculo da capacidade do reservatório superior:

$$V_{RS} = C_d + RTI = 1,2 \times C_d = 1,2 \times 25,5 \ \text{m}^3 = 30,6 \ \text{m}^3$$

b) Cálculo da capacidade do reservatório superior:

$$V_{RI} = 1,5 \times V_{RS} = 1,5 \times 30,6 = 45,9 \ \text{m}^3$$

c) Verificação das recomendações:
- $V_{RT} = V_{RS} + V_{RI} = 30,6 + 45,9 = 76,5 \ \text{m}^3 \ (V_{RT} \leq 3 \times C_d)$;
- reservatório inferior: $3/5 \times 76,5 \ \text{m}^3 = 45,9 \ \text{m}^3 \ (3/5 \times V_{RT})$;
- reservatório superior: $2/5 \times 76,5 \ \text{m}^3 = 30,6 \ \text{m}^3 \ (2/5 \times V_{RT})$.

1.7.2 Prescrições

- Os reservatórios de capacidade superior a 4000 L devem ser divididos em dois compartimentos iguais comunicantes, quando possível, por meio de um barrilete provido de registro de manobra, tipo gaveta, para facilitar a limpeza ou conserto de qualquer dos compartimentos, ficando o outro em uso.

- Cada compartimento do reservatório inferior deve conter uma canalização para bombeamento da água, possuindo na parte inferior uma válvula de pé com crivo, que deverá ficar pelo menos a 10 cm do fundo.

- Em residências, é muito comum usar-se para o reservatório superior (no forro ou cobertura) caixa de fibrocimento ou polietileno (Fig. 1.19). Quando se tem necessidade de mais de 1000 L, instalam-se duas ou mais, interligando-as como mostra a Fig. 1.20.
- As canalizações de esgotos devem ficar afastadas dos reservatórios enterrados e ser de ferro fundido ou PVC (em vez de manilhas), para evitar o risco de fuga de água, capaz de chegar ao reservatório.
- As tampas dos reservatórios enterrados devem estar elevadas a pelo menos 50 cm do piso acabado.
- O *extravasor*, conhecido como "ladrão", deve situar-se a uma altura tal que por ele não possa penetrar água de inundação no reservatório (ver Fig. 1.19). Caso o subsolo corra o risco de inundar-se, é necessário colocar-se uma válvula de retenção tipo leve, no trecho horizontal do extravasor.
- O extravasor deve escoar livremente no espaço em lugar visível, de modo a poder servir de advertência, e nunca em caixas de areia, ralos, calhas ou condutores de águas pluviais.
- A extremidade livre de saída do extravasor deve ser dotada de um crivo de tela de latão com 0,5 mm, no máximo, de malha com área total superior a seis vezes à da seção reta do extravasor.
- O diâmetro do extravasor deverá ser, no mínimo, de uma bitola comercial acima do diâmetro do tubo de entrada de água do reservatório e nunca inferior a 25 mm (1").
- Em reservatórios de concreto, para instalação das tubulações de saída de água, será necessária a utilização de conexões, tais como: flange, niple e união, conforme mostra a Fig. 1.21. Além disso, as saídas de água serão captadas do fundo quando forem destinadas para as tubulações de proteção e combate a incêndio ou de limpeza, e serão captadas em determinada cota acima do fundo quando forem destinadas à distribuição ao consumo, a fim de garantir a preservação da *RTI* (ver Fig. 1.21).

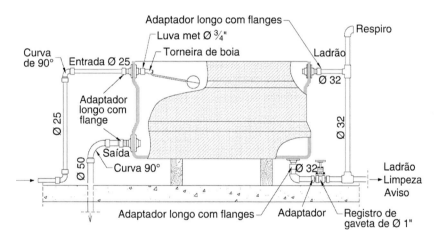

Fig. 1.19 Caixa-d'água.

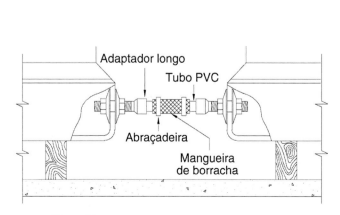

Fig. 1.20 Ligação de duas caixas de fibrocimento.

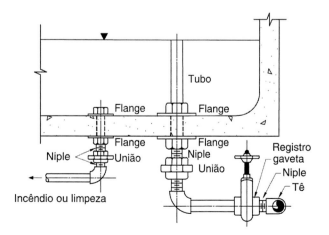

Fig. 1.21 Saídas de água em reservatório de concreto.

1.8 PERDAS DE CARGA

1.8.1 Conceito

Para o dimensionamento de qualquer tubulação, seja de alimentação, distribuição ou de bombeamento (recalque), supõe-se o cálculo da grandeza denominada *perda de carga*. Será apresentada uma breve revisão, de maneira sucinta, abordando seu conceito, representação e sua determinação.

Suponha-se um trecho de tubulação A-B (Fig. 1.22) ao longo do qual escoa um líquido de peso específico γ (peso da unidade de volume do líquido).

No ponto A, a velocidade de escoamento é de V_A e em B, é V_B. Em A reina a pressão p_A e em B, a pressão p_B. Considera-se um plano horizontal de referência (PHR) arbitrário, em uma cota zero ($h = 0$).

O ponto A se acha na cota z_A e o ponto B, na cota z_B. A energia que possui a unidade de peso de líquido ao escoar pela seção transversal do encanamento (veia líquida) em A é dada por:

$$H_A = z_A + \frac{p_A}{\gamma} + \frac{V_A^2}{2g}$$

em que o termo $\left(\dfrac{p_A}{\gamma}\right)$ é denominado *piezocarga* ou *altura representativa da pressão* em A, expressa em metros de coluna de líquido, cujo peso específico é γ, sendo que p_A pode ser dada em kPa, kgf/cm², lb/in² (psi) ou qualquer outra unidade de pressão. Recomenda-se a transformação de unidade para o sistema internacional (SI), que, no caso da pressão, é o Pascal (Pa ou N/m²); o termo $\left(\dfrac{V_A^2}{2g}\right)$ é denominado *taquicarga* ou *altura representativa da velocidade* no ponto A. É também expressa em metros de coluna de líquido; e H_A é denominada *carga hidráulica* em A.

O plano horizontal correspondente a essa energia unitária chama-se *plano energético* ou *plano de carga*.

As considerações que fizemos para o ponto A podem ser aplicadas ao ponto B (ou a outro ponto qualquer da linha média entre A e B). Portanto, o nível energético ou de carga em B será:

$$H_B = z_B + \frac{p_B}{\gamma} + \frac{V_B^2}{2g}$$

A diferença $(H_A - H_B)$ representa a energia cedida pela unidade de peso líquido para escoar de A para B, ou o valor de quanto a carga hidráulica diminuiu entre A e B. Por isso, essa grandeza recebe o nome de *perda de carga* entre A e B e é designada por J_{AB}, podendo ser escrita da seguinte forma:

$$J_{AB} = (z_A - z_B) + \frac{(p_A - p_B)}{\gamma} + \frac{(V_A^2 - V_B^2)}{2g}$$

Essa energia que o líquido cede é aplicada para vencer as resistências, devido à rugosidade das paredes da tubulação, ao atrito interno, à compressibilidade do líquido e às mudanças de direção dos filetes. A linha obtida ligando os pontos correspondentes aos valores $\left(z + \dfrac{p}{\gamma}\right)$ acima do PHR chama-se *linha piezométrica* ou *gradiente de pressão*.

A linha correspondente aos valores $\left(z + \dfrac{p}{\gamma} + \dfrac{V^2}{2g}\right)$ é a *linha energética, gradiente de energia* ou *linha de carga total*.

O desnível entre o plano energético em A e a linha energética fornece a *perda de carga* em cada ponto da linha. É o que se pode ver na Fig. 1.22, na qual, para o ponto C da tubulação, a perda de carga é J_{AC}. Em um tubo vertical colocado em C, o nível de água atingiria o ponto C' da linha piezométrica.

Caso o líquido escoe de A para B sem ceder ou receber energia, os planos e carga em A e B coincidiriam e, portanto, $J_{AC} = 0$. Ou seja, haveria a conservação da energia. Essa é uma das maneiras de se enunciar o Teorema de Bernoulli.

Por exemplo, suponha-se um tubo saindo de um reservatório e alimentando uma torneira de jardim, conforme mostrado na Fig. 1.23.

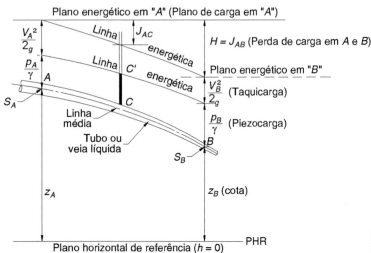

Fig. 1.22 Balanço energético entre dois pontos A e B de uma veia líquida em uma tubulação.

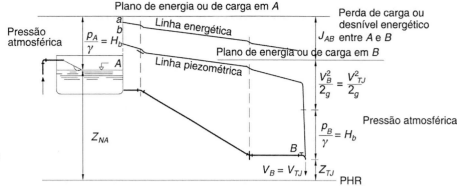

Fig. 1.23 Linha piezométrica e linha energética entre a superfície livre de água em um reservatório e uma torneira de jardim.

Da análise das parcelas da equação da energia, tem-se: z_A é a cota geométrica do nível d'água do reservatório em relação ao PHR (z_{NA}); p_A é a pressão reinante em A, que se trata da pressão atmosférica ambiente (ao nível do mar seria $H_B = 10,33$ mca); $V_A = 0$, porque pode-se admitir a água em A é como se estivesse praticamente em repouso; z_B é a cota geométrica da torneira de jardim em relação ao PHR (z_{TJ}); $p_B = p_{atm}$, pela mesma razão de p_A, assim a diferença de pressão é nula; $\left(\dfrac{V_B^2}{2g}\right)$ é a altura representativa da velocidade com a qual a água sai da torneira (V_{TJ}). Logo, a perda de carga entre o reservatório e a torneira de jardim é definida por:

$$J_{AB} = (z_{NA} - z_{TJ}) - \frac{V_{TJ}^2}{2g}$$

Na Fig. 1.24 observa-se que, no escoamento, a linha energética é sempre descendente, ao passo que a linha piezométrica pode elevar-se, caso a tubulação tenha sua seção transversal aumentada (trecho B-D). Aumentando-se a seção, a velocidade diminui; o mesmo se dando com termo que representa a taquicarga.

1.8.2 Determinação da perda de carga

1.8.2.1 Perda de carga normal

Os problemas de escoamento em tubulação envolvem as seguintes grandezas:

- descarga ou vazão Q (L/s; m³/s; m³/h);
- diâmetro D (cm, m, in);
- velocidade de escoamento V (cm/s, m/s);
- perda de carga unitária J_u, em metro ou centímetro de altura de coluna líquida por metro de encanamento (cm/m, m/m).

Essas grandezas não são interdependentes e a determinação da perda de carga normal, ou seja, ao longo de uma tubulação retilínea e uniforme, pode ser realizada por um dos seguintes métodos:

- *Método racional ou universal*: aplicável a quaisquer líquidos e tubulações. Emprega-se a equação de *Darcy-Weisbach* ou a *Colebrook-White*. Aplica um coeficiente de atrito f, que depende da rugosidade do encanamento e do *número de Reynolds*, que, por sua vez, é função da velocidade de escoamento, do diâmetro e do coeficiente de viscosidade cinemática. Empregando-se os *diagramas de Moody* ou de *Hunter-Rouse*, obtém-se a perda de carga unitária, J_u:

$$J_u = \frac{f}{D} \times \frac{V^2}{2g} = \frac{8f}{\pi^2 g} \times \frac{Q^2}{D^5}$$

- *Método empírico*: consiste em aplicar fórmulas empíricas utilizáveis para água e determinado tipo de material e diâmetros de tubulação. São muitas as fórmulas utilizadas na hidráulica disponíveis na literatura, entre as quais se destacam as seguintes:

- Fórmula de *Fair-Whipple-Hsiao* (FWH), para aço galvanizado e ferro fundido até o diâmetro de 100 mm (4"):

$$Q = 27,1111 \times J^{0,632} \times D^{2,596} \text{ ou } J_u = 0,002021 \frac{Q^{1,88}}{D^{4,88}}$$

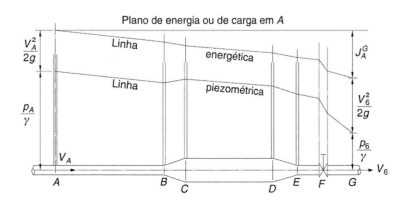

Fig. 1.24 Variação das linhas piezométrica e energética ao longo de um tubo reto, horizontal, com alargamento, redução e registro entre A e G.

18 Capítulo 1

e, para PVC ou cobre até 100 mm (4"):

$$Q = 55{,}934 \times J^{0{,}571} \times D^{2{,}714} \text{ ou } J_u = 0{,}0008695 \frac{Q^{1{,}75}}{D^{4{,}75}}$$

– Fórmula de *Hazen-Williams* (HW), para diâmetros de 50 mm até 2400 mm e vários tipos de material de tubo e de revestimento:

$$Q = 0{,}278531 \times C \times J^{0{,}51} \times D^{2{,}63} \text{ ou } J_u = \frac{10{,}641}{C^{1{,}85}} \times \frac{Q^{1{,}85}}{D^{4{,}87}}$$

em que C é igual a:

- 100, para ferro fundido após 15 a 20 anos de uso;
- 110, para aço soldado com 10 anos de uso;
- 90, para ferro fundido usado ou aço soldado com 20 anos de uso;
- 75, para aço soldado com 30 anos de uso;
- 125, para aço galvanizado com costura;
- 130, para aço soldado novo;
- 130, para aço soldado com revestimento especial;
- 130, para cobre e latão; 125, para PVC até 50 mm de diâmetro;
- 135, para PVC de 75 mm e 100 mm de diâmetro;
- 140, para PVC com mais de 100 mm de diâmetro;
- 130, para cimento-amianto;
- e 120, para ferro fundido revestido de cimento.

As fórmulas de Fair-Whipple-Hsiao (FWH) são recomendadas pela NBR 5626:1998.

■ **EXEMPLO 1.3**

Determinar o diâmetro e a perda de carga em um tubo de PVC rígido com 25 m de comprimento, considerando uma vazão de 3,0 L/s e uma velocidade de escoamento de 1,6 m/s.

Solução:

Utilizando a equação da continuidade, pode-se determinar o diâmetro da tubulação:

$$Q = A \times V \implies \frac{\pi D^2}{4} = \frac{3{,}0 \times 10^{-3}}{1{,}6}$$

$$\implies D = \sqrt{\frac{7{,}5 \times 10^{-3}}{\pi}} \cong 0{,}04886 \text{ m}$$

Logo, o diâmetro será de 50 mm (2").

Então, aplica-se a fórmula de FWH para tubos de PVC:

$$J_u = 0{,}0008695 \frac{\left(3{,}0 \times 10^{-3}\right)^{1{,}75}}{\left(50 \times 10^{-3}\right)^{4{,}75}} \cong 0{,}051 \text{ m/m}$$

Para o comprimento $L = 25$ m, a perda total será de:

$$J = J_u \times L = 0{,}051 \times 25 \cong 1{,}28 \text{ mca (metros de coluna d'água)}.$$

Utilizando a fórmula de HW, tem-se:

$$J_u = \frac{10{,}641}{(125)^{1{,}85}} \times \frac{\left(3{,}0 \times 10^{-3}\right)^{1{,}85}}{\left(50 \times 10^{-3}\right)^{4{,}87}} = 0{,}065 \text{ m/m}$$

Para o comprimento $L = 25$ m, a perda total será de:

$$J = J_u \times L = 0{,}066 \times 25 = 1{,}64 \text{ mca}$$

Observe que foi encontrada uma diferença de aproximadamente 28% entre o cálculo efetuado pelas duas fórmulas. Considerando que a tubulação é de 50 mm, limite de validade da fórmula de HW, e segundo a recomendação da NBR 5626:1998, adotou-se como resultado mais preciso o valor obtido pela fórmula FWH.

1.8.2.2 Perdas de carga acidentais ou localizadas

O líquido perde energia ao entrar e sair em tubulações e ao escoar ao longo de joelhos, curvas, tês, reduções, alargamentos, válvulas, enfim, peças e dispositivos intercalados ao longo do encanamento. Essas perdas de carga são denominadas *acidentais* ou *localizadas*. Ao ser calculada a perda de carga *normal*, isto é, ocorrida ao longo da tubulação, deve-se adicionar as perdas de carga correspondentes a cada uma dessas peças, conexões e válvulas. Obtém-se, assim, a chamada *perda de carga total*.

Neste livro será considerado apenas o método dos *comprimentos equivalentes* ou *virtuais*, o qual se baseia no seguinte: cada peça especial ou conexão acarreta uma perda de carga igual à que produziria certo comprimento de encanamento com o mesmo diâmetro. Este comprimento de encanamento equivale *virtualmente*, sob o ponto de vista de perda de carga, à perda que produz a peça considerada.

Assim, um registro de gaveta de 3" (75 mm), todo aberto, acarreta a mesma perda de carga que 0,5 m de tubo de aço galvanizado de 3". Logo, o comprimento da tubulação equivalente ao registro de 3" todo aberto é de 0,5 m (ver Fig. 1.25). Adicionando-se os comprimentos virtuais equivalentes de todas as peças (ΣL_{eq}) ao comprimento real (L_{real}), tem-se um comprimento total final (L_{total}), que será usado como se existisse apenas uma tubulação retilínea sem peças especiais e outras singularidades. Desta forma, pode-se escrever:

$$L_{total} = L_{real} + \Sigma L_{eq}$$

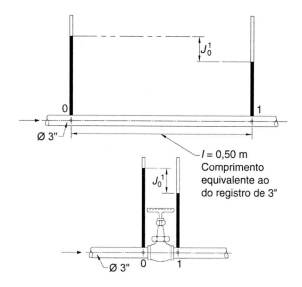

Fig. 1.25 A perda de carga no registro de 3" equivalente à de tubo de ferro galvanizado com 0,50 m e mesmo diâmetro.

Os valores dos comprimentos equivalentes de conexões e válvulas podem ser obtidos em tabelas como as da Fig. 1.26, quando se considera tubo de aço galvanizado e ferro fundido, ou da Fig. 1.27, aplicável a tubo de cobre ou de PVC rígido. A Fig. 1.28, retirada de uma publicação da Crane Corporation, é também bastante usada quando a tubulação considerada é de aço galvanizado.

Diâmetro nominal D mm	(ref) pol	1 Cotovelo 90° Raio longo	2 Cotovelo 90° Raio médio	3 Cotovelo 90° Raio curto	4 Cotovelo 45°	5 Curva 90° R/D 1 1/2	6 Curva 90° R/D - 1	7 Curva 45°	8 Entrada normal	9 Entrada de borda	10 Registro de gaveta aberto	11 Registro de globo aberto	12 Registro de ângulo aberto	13 Tê de passagem direta	14 Tê de saída de lado	15 Tê de saída bilateral	16 Válvula de pé e crivo	17 Saída da canalização	18 Válvula de retenção tipo leve	19 Válvula de retenção tipo pesada
13	1/2	0,3	0,4	0,5	0,2	0,2	0,3	0,2	0,2	0,4	0,1	4,9	2,6	0,3	1,0	1,0	3,6	0,4	1,1	1,6
19	3/4	0,4	0,6	0,7	0,3	0,3	0,4	0,2	0,2	0,5	0,1	6,7	3,6	0,4	1,4	1,4	5,6	0,5	1,6	2,4
25	1	0,5	0,7	0,8	0,4	0,3	0,5	0,2	0,3	0,7	0,2	8,2	4,6	0,5	1,7	1,7	7,3	0,7	2,1	3,2
32	1 1/4	0,7	0,9	1,1	0,5	0,4	0,6	0,3	0,4	0,9	0,2	11,3	5,6	0,7	2,3	2,3	10,0	0,9	2,7	4,0
38	1 1/2	0,9	1,1	1,3	0,6	0,5	0,7	0,3	0,5	1,0	0,3	13,4	6,7	0,9	2,8	2,8	11,6	1,0	3,2	4,8
50	2	1,1	1,4	1,7	0,8	0,6	0,9	0,4	0,7	1,5	0,4	17,4	8,5	1,1	3,5	3,5	14,0	1,5	4,2	6,4
63	2 1/2	1,3	1,7	2,0	0,9	0,8	1,0	0,5	0,9	1,9	0,4	21,0	10,0	1,3	4,3	4,3	17,0	1,9	5,2	8,1
75	3	1,6	2,1	2,5	1,2	1,0	1,3	0,6	1,1	2,2	0,5	26,0	13,0	1,6	5,2	5,2	20,0	2,2	6,3	9,7
100	4	2,1	2,8	3,4	1,5	1,3	1,6	0,7	1,6	3,2	0,7	34,0	17,0	2,1	6,7	6,7	23,0	3,2	8,4	12,9
125	5	2,7	3,7	4,2	1,9	1,6	2,1	0,9	2,0	4,0	0,9	43,0	21,0	2,7	8,4	8,4	30,0	4,0	10,4	16,1
150	6	3,4	4,3	4,9	2,3	1,9	2,5	1,1	2,5	5,0	1,1	51,0	26,0	3,4	10,0	10,0	39,0	5,0	12,5	19,3
200	8	4,3	5,5	6,4	3,0	2,4	3,3	1,5	3,5	6,0	1,4	67,0	34,0	4,3	13,0	13,0	52,0	6,0	16,0	25,0
250	10	5,5	6,7	7,9	3,8	3,0	4,1	1,8	4,5	7,5	1,7	85,0	43,0	5,5	16,0	16,0	65,0	7,5	20,0	32,0
300	12	6,1	7,9	9,5	4,6	3,6	4,8	2,2	5,5	9,0	2,1	102,0	51,0	6,1	19,0	19,0	78,0	9,0	24,0	38,0
350	14	7,3	9,5	10,5	5,3	4,4	5,4	2,5	6,2	11,0	2,4	120,0	60,0	7,3	22,0	22,0	90,0	11,0	28,0	45,0

Fig. 1.26 Comprimentos equivalentes a perdas localizadas, em metros de tubulação de aço galvanizado e ferro fundido (NBR 5626:1998).

20 Capítulo 1

Diâmetro nominal		Joelho 90°	Joelho 45°	Curva 90°	Curva 45°	Tê de 90° passagem direta	Tê de 90° saída de lado	Tê de 90° saída bilateral	Entrada normal	Entrada de borda	Saída de canalização	Válvula de pé e crivo	Válvula de retenção		Registro de globo aberto	Registro de gaveta aberto	Registro de ângulo aberto
DN	mm												Tipo leve	Tipo pesado			
(ref)	(-)																
15 (1/2)		1,1	0,4	0,4	0,2	0,7	2,3	2,3	0,3	0,9	0,8	8,1	2,5	3,6	11,1	0,1	5,9
20 (3/4)		1,2	0,5	0,5	0,3	0,8	2,4	2,4	0,4	1,0	0,9	9,5	2,7	4,1	11,4	0,2	6,1
25 (1)		1,5	0,7	0,6	0,4	0,9	3,1	3,1	0,5	1,2	1,3	13,3	3,8	5,8	15,0	0,3	8,4
32 (1 1/4)		2,0	1,0	0,7	0,5	1,5	4,6	4,6	0,6	1,8	1,4	15,5	4,9	7,4	22,0	0,4	10,5
40 (1 1/2)		3,2	1,3	1,2	0,6	2,2	7,3	7,3	1,0	2,3	3,2	18,3	6,8	9,1	35,8	0,7	17,0
50 (2)		3,4	1,5	1,3	0,7	2,3	7,6	7,6	1,5	2,8	3,3	23,7	7,1	10,8	37,9	0,8	18,5
60 (2 1/2)		3,7	1,7	1,4	0,8	2,4	7,8	7,8	1,6	3,3	3,5	25,0	8,2	12,5	38,0	0,9	19,0
75 (3)		3,9	1,8	1,5	0,9	2,5	8,0	8,0	2,0	3,7	3,7	26,8	9,3	14,2	40,0	0,9	20,0
100 (4)		4,3	1,9	1,6	1,0	2,6	8,3	8,3	2,2	4,0	3,9	28,6	10,4	16,0	42,3	1,0	22,1
125 (5)		4,9	2,4	1,9	1,1	3,3	10,0	10,0	2,5	5,0	4,9	37,4	12,5	19,2	50,9	1,1	26,2
150 (6)		5,4	2,6	2,1	1,2	3,8	11,1	11,1	2,8	5,6	5,5	43,4	13,9	21,4	56,7	1,2	28,9

Fig. 1.27 Comprimentos equivalentes a perdas localizadas, em metros de tubulação de PVC rígido ou cobre (NBR 5626:1998).

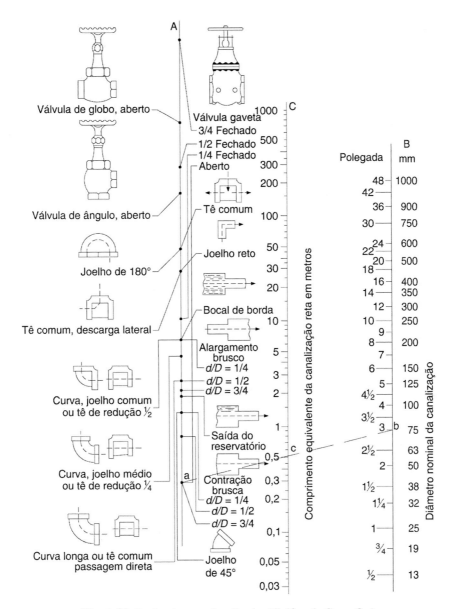

Fig. 1.28 Perdas de carga localizadas (Gráfico da Crane Co.).

■ Exemplo 1.4

Qual a perda de carga de uma contração brusca $d/D = 3/4$ (na realidade, trata-se de contração de 4" para 3").

Solução:

Na Fig. 1.28, traça-se a linha de tracejada correspondente à figura da contração brusca, $d/D = 3/4$ (ponto a) situado na linha vertical A. Ligando-se a ao diâmetro 3", no ponto b da linha B, acha-se o comprimento equivalente igual a 0,51 m no ponto c da reta vertical C.

Logo, a perda de carga de uma contração brusca de aço galvanizado de 4" para 3" é de aproximadamente 0,51 m.

1.9 ELEVAÇÃO DA ÁGUA POR BOMBEAMENTO

1.9.1 Bombas

As bombas são máquinas geratrizes hidráulicas que transformam o trabalho mecânico que recebem de um motor em *energia hidráulica* sob as formas que o líquido é capaz de absorver, ou seja, *energia potencial de pressão* e *energia cinética*.

1.9.2 Bombas empregadas

Entre a grande variedade de bombas disponíveis, as *bombas centrífugas* são as empregadas em instalação predial de bombeamento de água, em virtude das vantagens que elas apresentam sobre as demais.

1.9.3 Constituição essencial de uma bomba centrífuga

A bomba centrífuga consiste essencialmente em:

- um *rotor*, destinado a conferir aceleração à massa líquida, para que adquira energia cinética e de pressão, e assim se realize a transformação da energia mecânica comunicada pelo motor;
- um *difusor* ou *coletor*, que pode ser uma caixa em forma de caracol (ver Fig. 1.29) — a *voluta* —, que recebe o líquido que sai do rotor e transforma parte considerável da energia cinética do mesmo em energia de pressão, que é a forma mais adequada ao escoamento em tubulações.

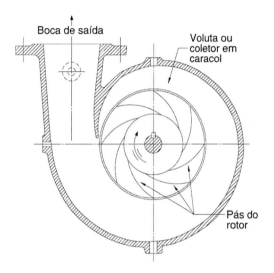

Fig. 1.29 Bomba centrífuga com caixa em caracol.

Algumas bombas possuem *pás diretrizes* entre o rotor e a voluta. Nas bombas de múltiplos estágios, para pressões elevadas, as pás diretrizes são indispensáveis (ver Fig. 1.30).

O eixo do motor elétrico que aciona a bomba pode ser ligado ao rotor da bomba por uma luva ou "junta". Quando a carcaça do motor é aparafusada à da bomba, esta é denominada "monobloco" — usada em modelos de pequena capacidade (ver Fig. 1.31).

1.9.4 Acessórios

Uma instalação típica de bombeamento está representada na Fig. 1.32.

Na base da linha de aspiração existe uma *válvula de retenção com um crivo* para reter detritos. A válvula retém o líquido impedindo que escoe para o reservatório ao se encher ("escorvar") a bomba.

No início da linha de recalque são instaladas: uma *válvula de gaveta* (ou registro de gaveta), para controle de descarga; e uma *válvula de retenção*, que evita a propagação, para o interior da bomba, da onda de sobrepressão ("golpe de aríete") que se verifica ao longo da massa líquida em escoamento, quando o motor da bomba é desligado. Nessas condições, a velocidade de escoamento cai para zero, e, como a energia cinética não pode se anular, haverá um aumento na energia de pressão capaz, em certos casos, de danificar a bomba.

1.9.5 Funcionamento da bomba

As pás do rotor imprimem às partículas líquidas forças que fazem descrever trajetórias do centro para a periferia, formando-se uma rarefação na entrada do rotor e da própria

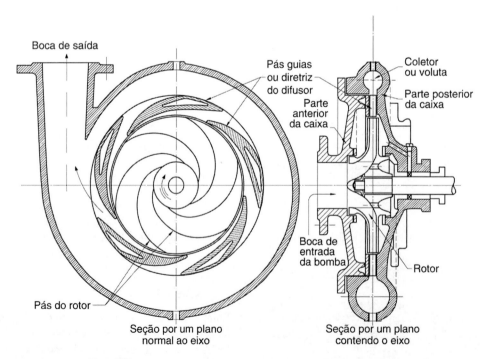

Fig. 1.30 Bomba centrífuga com pás guias, bipartida radialmente.

Fig. 1.31 Bomba centrífuga KSB Meganorm, linha MegaCPK.

caixa da bomba. Pode demonstrar-se que, pela ação das pás, o líquido recebe energia sob a forma de energia de pressão e de energia cinética. A energia, expressa em metros de coluna líquida de peso específico, chama-se genericamente *altura de elevação*. Assim:

- *altura útil de elevação* (H_u) é a energia ganha pela unidade de peso de líquido em sua passagem pela bomba, desde a boca de entrada (índice "0"), até a boca de saída (índice "3"). Devido a essa energia, o líquido se desloca entre duas cotas, vencendo as resistências passivas ao longo da tubulação, e sai da tubulação de recalque com energia cinética $\dfrac{V_4^2}{2g}$; "i" é o desnível da boca de saída da bomba ao centro da mesma (Fig. 1.32);

$$H_u = \left(\frac{p_3}{\gamma} + i\right) - \frac{p_0}{\gamma} + \frac{V_3^2 - V_0^2}{2g}$$

- *altura manométrica de elevação* (H) é o ganho de energia de pressão do líquido desde a entrada até a saída da bomba. Tem essa designação porque pode ser medida com manômetro $\left(\dfrac{p_3}{\gamma}\right)$ e com vacuômetro $\left(\dfrac{p_0}{\gamma}\right)$ quando a instalação está em funcionamento.

$$H_m = \frac{p_3}{\gamma} + i - \frac{p_0}{\gamma}$$

A escolha da bomba utilizando catálogos de fabricantes se baseia no conhecimento da descarga Q e da altura manométrica H_m.

Para calcular o valor de H, aplica-se a equação de conservação da energia na linha de aspiração e na linha de recalque, e, conforme indicado na Fig. 1.32, tem-se, para a altura manométrica, supondo que a pressão atmosférica H_b seja a mesma em "s" e em "4".

$$H = h_s + J_s + \frac{V_0^2}{2g} + h_r + J_r$$

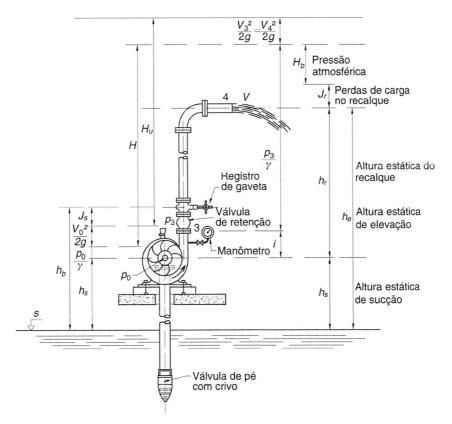

Fig. 1.32 Instalação típica de bomba centrífuga.

Fazendo-se:

$$h_s + h_r = h_e$$

em que h_e é o desnível entre "4" e "a", e

$$J_s + J_r = \Sigma J$$

em que ΣJ é a soma das perdas de carga de sucção e de recalque. Logo, a equação da altura manométrica pode ser reescrita como:

$$H = h_e + \Sigma J + \frac{V_0^2}{2g}$$

– potência do motor que aciona a bomba (*potência motriz*) é calculado pela seguinte expressão:

$$P = \frac{1000 \times Q \times H_m}{75 \times \eta}$$

sendo η o *rendimento total* da bomba, que varia de 30 a 80 %, conforme o tipo e a qualidade da bomba e as condições de Q e H_m nas quais a referida bomba opera. Nos gráficos de fabricantes de bombas hidráulicas, pode-se encontrar o valor de η.

Um esquema de instalação de bombas para um prédio com reservatório inferior e reservatório elevado está apresentado na Fig. 1.33.

1.9.6 Descarga a ser bombeada

A *vazão mínima* a ser admitida para a estação elevatória será aquela que exija o funcionamento do conjunto elevatório durante 6,66 horas por dia, ou seja, a *vazão horária mínima* deverá ser igual a 15 % do *consumo diário*.

No entanto, tem sido prática usual adotar-se como base os seguintes tempos de funcionamento a cada 24 horas:

– prédio de apartamentos e hotéis: três períodos de 1 hora e 30 minutos cada;
– prédios de escritórios: dois períodos de 2 horas cada;
– hospitais: três períodos de 2 horas cada;
– indústrias: dois períodos de 2 horas.

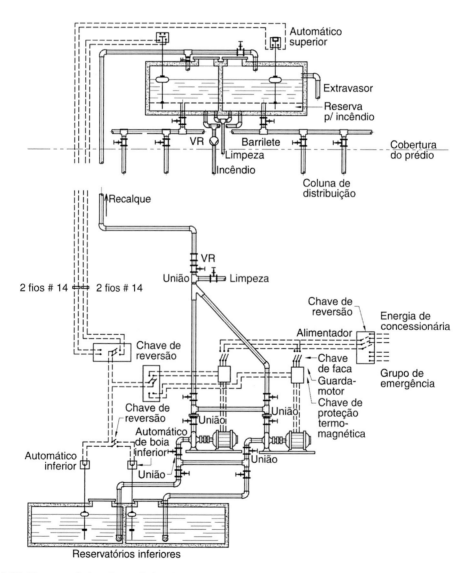

Fig. 1.33 Esquema de instalação de bombas para um prédio com reservatório inferior e reservatório elevado.

■ EXEMPLO 1.5

Um prédio de apartamentos tem 72 apartamentos com sala, três quartos, quarto de empregada, apartamento de zelador e 72 vagas de garagem. Quais as capacidades dos reservatórios e a vazão a considerar para a bomba?

Solução:

a) Consumo diário do edifício:
- apartamentos: 72 aptos. × [(3 qt. × 2 pessoas) + (1 qt. empreg. × 1 pes.)] × 200 L/pessoa/dia = 100.800 L;
- apartamento de zelador: 1000 L;
- lavagem de carros: 72 carros × 50 L/carro = 3600 L.

Logo, o consumo total diário é C_d = 105.400 L.

b) Capacidade dos reservatórios:

Segundo a NBR 5626:1998, as capacidades *mínimas* serão:
- reservatório inferior: 3/5 × 105.400 = 63.240 L;
- reservatório superior: 2/5 × 105.400 = 42.160 L.

Segundo o uso corrente:
- reservatório inferior: 1,5 × 105.400 = 158.100 L;
- reservatório superior 1,0 × 105.400 = 105.400 L.

Incluindo "reserva para incêndio" de 20 %, tem-se:
- reservatório inferior: 158.100 + (0,20 × 158.100) = 189.720 L;
- reservatório superior: 105.400 + (0,20 × 105.400) = 126.480 L.

c) Capacidade da bomba (descarga):
- Considerando 15 % do consumo diário: Q = 0,15 × 105.400 = 15.810 L/h;
- Considerando três períodos de 1 hora e 30 minutos cada: Q = 105.400 ÷ 4,5 = 23.422 L/h.

1.9.7 Comando de bomba

O acionamento do motor elétrico pode ser feito:

- manualmente, ou
- automaticamente, empregando-se "chaves de boia" ou "automáticos de boia" ou, ainda, "chaves de nível".

A Fig. 1.34 mostra quatro situações típicas, podendo-se ver que, se o reservatório inferior não dispuser de água, mesmo que se feche o contato na chave superior, o circuito não se completa no inferior e o motor não é ligado (terceiro caso).

1.9.8 Diâmetros das tubulações de aspiração e de recalque

O diâmetro econômico da tubulação de recalque é calculado pela fórmula de *Forchheimer*:

$$D_r = 1,3 \times \sqrt[4]{X} \times \sqrt{Q}$$

em que D_r é o diâmetro nominal da tubulação de recalque (em m), Q é a descarga da bomba (em m³/s), X é o número de horas de funcionamento da bomba no período de 24 horas, ou seja, $X = \dfrac{n}{24}$, sendo n em horas.

Pode-se adotar n = 6,66 h ou o critério prático indicado na Seção 1.9.6.

Para o diâmetro da linha de sucção (D_s), em geral se adota um diâmetro imediatamente maior na bitola comercial de fabricação de tubos.

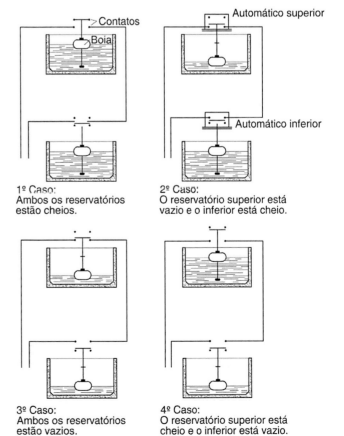

Fig. 1.34 Esquema de funcionamento dos automáticos de boia.

■ Exemplo 1.6

Para a descarga obtida no Exemplo 1.5, determinar os diâmetros de recalque e de aspiração de tubo de aço galvanizado pela fórmula de *Forchheimer*.

Solução:

$$Q = 23.422 \text{ L/h} = 23,4 \text{ m}^3/\text{h}$$

$$Q = 23.422 \div 3600 = 6,51 \text{ L/s} = 0,00651 \text{ m}^3/\text{s}$$

$$X = \frac{4,5 \text{ h/cada 24 h}}{24} = 0,187$$

$$D_r = 1,3 \times \sqrt[4]{X} \times \sqrt{Q} = 1,3 \times \sqrt[4]{0,187} \times \sqrt{0,00651} \cong 0,069 \text{ m}$$

O tubo de PVC roscável de 2½" tem diâmetro nominal de 0,073 m.

Assim, com $Q = 6,51$ L/s e $D_r = 2½$", utilizando a equação da continuidade, obtém-se a velocidade média do escoamento:

$$V = \frac{4Q}{\pi D_r^2} = \frac{4 \times 0,00651}{\pi \times (0,060)^2} = 2,30 \text{ m/s} \quad (< 3,0 \text{ m/s, logo, atende à NBR 5626:1998})$$

Para a tubulação de sucção, pode-se adotar o tubo de PVC roscável de 3" com diâmetro nominal de 0,089 m.

1.9.9 Velocidades na linha de recalque

A NBR 5626:1998, em seu item 5.3.4, afirma que: *"As tubulações devem ser dimensionadas de modo que a velocidade da água, em qualquer trecho de tubulação, não atinja valores superiores a 3 m/s."*

Assim, pode-se afirmar que a velocidade média do escoamento na linha de recalque do Exemplo 1.6 atende ao item da referida norma; e, portanto, o dimensionamento da tubulação está adequado.

1.9.10 Determinação da altura manométrica

Para a determinação da altura manométrica e determinação da bomba hidráulica de recalque será considerada a representação isométrica da Fig. 1.35, que se trata de um esquema padrão de uma instalação de bombeamento predial de um reservatório inferior (cisterna) para um reservatório superior (caixa-d'água). Considerando os dados do Exemplo 1.5 e os resultados obtidos nos Exemplos 1.5 e 1.6, será calculada a altura manométrica.

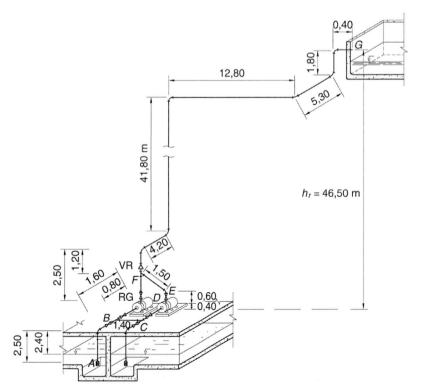

Fig. 1.35 Representação isométrica da instalação de bombeamento.

Será considerada separadamente a linha de sucção e a de recalque, pois essas tubulações possuem diâmetros diferentes. Assim:

$$H_m = \left(h_s + J_s + \frac{V_0^2}{2g} \right) + (h_r + J_r)$$

ou

$$H_m = H_s + H_r$$

em que H_s é a altura manométrica de sucção e H_r é a altura manométrica de recalque.

Para mostrar o cálculo dessas grandezas, será utilizado o exemplo que se segue.

■ EXEMPLO 1.7

Utilizando os resultados obtidos no Exemplo 1.6, determine a altura manométrica do sistema do sistema elevatório.

Solução:

a) Determinação de H_s (tubulação de aço galvanizado com diâmetro de 3"):

a.1) Altura estática de sucção: $h_s = 2,40$ m

a.2) Perda de carga na sucção:
− Comprimento real da tubulação: $L_{real} = 2,50 + 0,80 + 1,40 + 0,80 = 5,50$ m.
− Comprimentos equivalentes ou virtuais da tubulação (Fig. 1.26):
  ▪ 1 válvula de pé com crivo: 20,00 m;
  ▪ 1 joelho de 90° raio médio: 2,10 m;
  ▪ 2 registros de gaveta: $2 \times 0,50 = 1,00$ m;
  ▪ 2 tês de saída lateral: $2 \times 5,20 = 10,40$ m.

− Comprimentos total: $L_{total} = L_{real} + \sum L_{eq} = 5,50 + 33,50 = 39,00$ m.

− Perda de carga unitária: $J_u = 0,002021 \times \dfrac{(0,00651)^{1,88}}{(0,075)^{4,88}} \cong 0,048$ m/m.

− Perda de carga na sucção: $J_s = J_u \times L = 0,048 \times 39,00 = 1,87$ m.

a.3) Altura representativa da velocidade:
− Velocidade média do escoamento:

$$V_s = \frac{4Q}{\pi D_s^2} = \frac{4 \times 0,00651}{\pi \times (0,075)^2} = 1,47 \text{ m/s}$$

$$\text{Logo, } \frac{V_0^2}{2g} = \frac{(1,47)^2}{2 \times 9,81} \cong 0,11 \text{ m}$$

a.4) Altura manométrica de sucção:

$$H_s = h_s + J_s + \frac{V_0^2}{2g} = 2,40 + 1,87 + 0,11 = 4,38 \text{ m}$$

b) Determinação de H_r (tubulação de aço galvanizado com diâmetro de 2½"):

b.1) Altura estática de recalque: $h_r = 46,50$ m

b.2) Perda de carga no recalque:
− Comprimento real da tubulação: $L_{real} = 0,60 + 1,50 + 1,20 + 4,20 + 41,80 + 12,80 + 5,30 + 1,80 + 0,40 = 69,60$ m.
− Comprimentos equivalentes ou virtuais da tubulação (Fig. 1.26):
  ▪ 1 registro de gaveta: 0,40 m;
  ▪ 1 válvula de retenção vertical: 8,10 m;
  ▪ 6 joelhos de 90° raio médio: $6 \times 1,7 = 10,20$ m;
  ▪ 1 joelho de 45°: 1,00 m;
  ▪ 1 tê de saída lateral: 4,30 m;
  ▪ 1 saída de tubulação: 1,90 m.

continua

- Comprimentos total: $L_{total} = L_{real} + \Sigma L_{eq} = 69,60 + 25,90 = 95,50$ m.

- Perda de carga unitária: $J_u = 0,002021 \dfrac{(0,00651)^{1,88}}{(0,060)^{4,88}} \cong 0,143$ m/m.

- Perda de carga no recalque: $J_r = J_u \times L = 0,143 \times 95,50 = 13,66$ m.

b.3) Altura manométrica de recalque:

$$H_r = h_r + J_r = 46,50 + 13,66 = 60,16 \text{ m}$$

Desta forma, a altura manométrica será dada por:

$$H_m = H_s + H_r = 4,38 + 60,16 = 64,54 \text{ m}$$

1.9.11 Potência motriz

Quando não se dispõe de catálogos de fabricantes, pode-se calcular a potência de motor fazendo-se uma estimativa para o rendimento total η e aplicando-se a fórmula de potência já apresentada. No caso, arbitrando-se $\eta = 0,50$ (50 %), obtém-se:

$$P = \frac{1000 \times Q \times H_m}{75 \times \eta} = \frac{1000 \times 0,00651 \times 64,54}{75 \times 0,5} = 11,20 \text{ cv}$$

O motor seria de 15 cv, o valor comercial por excesso mais próximo.

Usando-se catálogos de fabricantes, os dados são fornecidos em tabelas ou gráficos que dão a potência em função de Q e H_m para determinado modelo de bomba:

- *Diagrama de quadrículos*

Utilizando-se o diagrama de quadrículos apresentado na Fig. 1.36, entrando com $Q = 23$ m³/h e $H_m = 64$ m, vê-se que a bomba Meganorm, da KSB, aplicável ao caso, será a

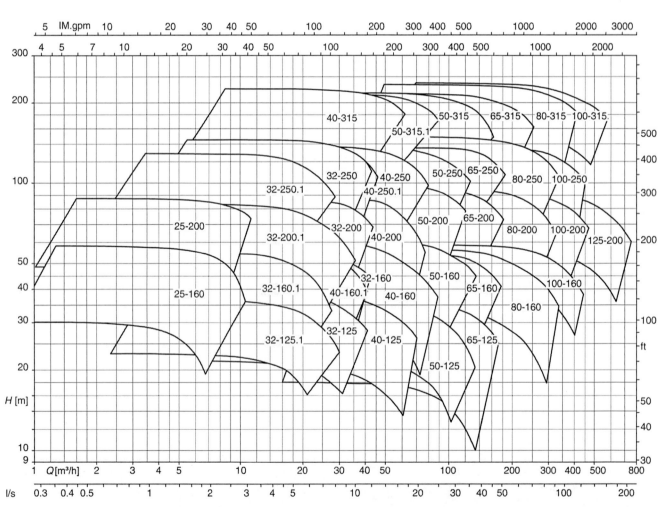

Fig. 1.36 Gráfico de quadrículos para a bomba KSB Meganorm.

32-200.1 com 3500 rpm (32 mm de diâmetro de recalque, 200 mm de diâmetro do rotor e um rotor).

– *Gráfico H_m em função de Q*

A Fig. 1.37 mostra que, com $Q = 23$ m³/h e $H = 64$ m, a bomba Etanorm 32-200.1, da KSB, com rotor de 203 mm, opera com $\eta = 47$ % e a potência é de aproximadamente 12 cv. Logo, o motor comercial seria de 15 cv.

1.9.12 Cavitação

No deslocamento das pás de turbobombas ocorre inevitavelmente rarefação no líquido, isto é, pressões reduzidas devidas à própria natureza do escoamento ou ao movimento que as peças imprimem ao líquido.

Se a pressão absoluta baixar até atingir o valor da pressão de vapor do líquido na temperatura em que se encontra,

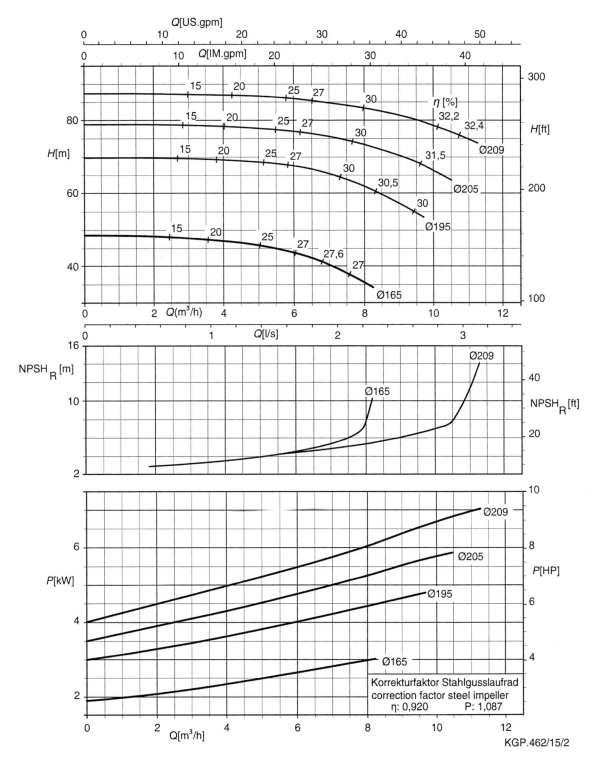

Fig. 1.37 Curvas NPSH $= f(Q)$, $H = f(Q)$ e $n = f(Q)$ para vários diâmetros de rotor.

inicia-se um processo de vaporização. Inicialmente, nas regiões mais rarefeitas, como no dorso das pás e na entrada do rotor e da bomba, formam-se alvéolos, bolsas, bolhas ou cavidades (daí o nome *cavitação*), contendo em seu interior líquido vaporizado. Em seguida, induzidas pela corrente líquida ou pelo movimento do órgão propulsor e com grande velocidade atingem regiões de elevada pressão, processando-se o colapso das bolhas, com a condensação do vapor e o retorno ao estado líquido.

As partículas líquidas formadas pela condensação chocam-se muito rapidamente umas com as outras e de encontro às superfícies que anteponham ao seu deslocamento. As superfícies nas quais se chocam as diminutas partículas resultantes da condensação são oriundas da energia dessas partículas e que produzem percussões, desagregando elementos de material de menor coesão, formando então pequenas cavidades, orifícios, que, com o prosseguimento do fenômeno, dão à superfície um aspecto poroso, esponjoso, rendilhado e corroído. É a *erosão por cavitação*.

Os efeitos da cavitação são visíveis, mensuráveis e até audíveis, parecendo um martelamento com frequência elevada.

As consequências da cavitação são:

- queda no rendimento da bomba;
- marcha irregular, trepidação e vibração da máquina pelo desbalanceamento que provoca;
- ruído provocado pelo fenômeno de "implosão" pelo qual o líquido se condensa nos vacúolos quando a pressão circundante é superior à pressão interna dos mesmos;
- corrosão, desgaste e até destruição do rotor e da região de entrada da bomba.

Devem ser adotadas precauções na instalação da bomba de modo a evitar a cavitação e seus efeitos danosos ao funcionamento e à durabilidade da mesma.

1.9.13 NPSH (*Net positive suction head*)

Considere a Fig. 1.38, na qual estão representadas as parcelas do balanceamento energético entre a superfície livre do líquido e a "entrada da bomba" (ponto "0"). O Teorema de Bernoulli nesses dois pontos pode ser escrito da seguinte forma:

$$0 + H_b + 0 = \left(h_a + \frac{p_0}{\gamma} + \frac{V_0^2}{2g} \right) + J_a$$

Reagrupando os termos, a equação anterior pode ser reescrita como:

$$H_b - h_s - J_s = \frac{p_0}{\gamma} + \frac{V_0^2}{2g}$$

Isso significa que a energia de pressão atuante sobre a superfície do líquido (por hipótese, atmosférica H_b), menos o desnível (h_s) e as perdas de carga (J_s), fornece o valor da energia residual disponível com o qual o líquido penetra na bomba e que é o termo $\left(\frac{p_0}{\gamma} + \frac{V_0^2}{2g} \right)$, composto de uma parcela de energia de pressão, $\left(\frac{p_0}{\gamma} \right)$, e de uma energia cinética, $\left(\frac{V_0^2}{2g} \right)$.

Designa-se por NPSH (*net positive suction head*) o valor da diferença entre energia total absoluta $\left(\frac{p_0}{\gamma} + \frac{V_0^2}{2g} \right)$ do líquido à entrada da bomba e o valor da pressão de vapor, h_v, do líquido na temperatura em que está sendo bombeado. Ou seja, o NPSH é definido como a altura positiva líquida de sucção, ou também a altura de sucção absoluta.

Portanto, o NPSH, tal como foi definido, se refere à disponibilidade de energia do líquido ao entrar na bomba, a qual depende da maneira como foi projetada a instalação.

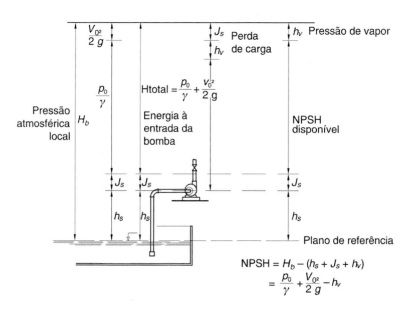

Fig. 1.38 Indicação da determinação do NPSH disponível.

Por isso, é designado por *NPSH available*, isto é, disponível por parte da instalação.

$$NPSH_{disponível} = \left(\frac{p_0}{\gamma} + \frac{V_0^2}{2g} \right) - h_v$$

ou

$$NPSH_{disponível} = H_b - \left(h_s + J_s + h_v \right)$$

A bomba para operar sem risco de cavitação necessita que o líquido possua uma energia residual mínima. Essa energia requerida, demandada, ou melhor, exigida pela bomba, chama-se *NPSH required*, ou simplesmente NPSH da bomba, como costumam chamar os fabricantes.

A bomba deve ter seu $NPSH_{req.}$ inferior ao $NPSH_{disp.}$ pela instalação, para que opere em condições favoráveis de aspiração, isto é, não cavite.

$$NPSH_{req.} < NPSH_{disp.}$$

ou

$$NPSH_{disp.} - NPSH_{req.} > 0$$

O NPSH da bomba é calculável e determinável em ensaios de laboratório. Os fabricantes, em seus catálogos, apresentam as curvas do NPSH das bombas de sua procedência e por eles ensaiadas.

■ Exemplo 1.8

Considere os dados referentes ao Exemplo 1.6. Suponha que seja escolhida determinada bomba em cujo catálogo de fabricantes conste que, para a vazão de 23,4 m³/h, o valor de NPSH requerido é de 2,1 m. Supondo a água a 20 °C, verificar se esta determinada bomba atende ao $NPSH_{disp.}$

Solução:

No caso: $H_b = 10,33$ m; $h_s = 1,40$ m; $J_s = 1,87$ m e $h_v = 0,236$ m a 20 °C (2,3 kPa). Logo, tem-se:

$$NPSH_{disp.} = 10,33 - (2,40 + 1,87 + 0,236) = 5,824 \text{ m}$$

Segurança à cavitação: $NPSH_{disp.} - NPSH_{req.} = 5,824 - 2,100 = 3,724$ m
Logo, não há risco de cavitação.

Suponhamos que tivéssemos uma instalação de água quente na temperatura de 80 °C. A pressão de vapor nesta temperatura é $h_v = 0,5$ kgf/cm² , isto é, de 5,0 mca.

$$NPSH_{disp.} = 10,33 - (2,40 + 1,87 + 5,00) = 1,06 \text{ m}$$

$$NPSH_{disp.} - NPSH_{req.} = 1,06 - 2,10 = -1,04 \text{ m}$$

O saldo negativo indica que, nesse caso, haverá cavitação. Para corrigir o problema, deve ser reduzida a altura estática no valor do referido saldo negativo. Assim,

$$h_s = 2,40 - 1,04 = 1,36 \text{ m}$$

1.9.14 Fator de cavitação

Quando não se dispõe de curva de NPSH, pode-se calculá-lo partindo da grandeza *s* ou *u* denominado "fator de cavitação" de Thoma.

$$\sigma = \frac{NPSH}{H_m}$$

ou

$$\sigma = \frac{H_b + h_s - J_s - h_v - \dfrac{V_0^2}{2g}}{H_m}$$

Se o valor de σ é conhecido, pode-se calcular o maior valor a adotar para a altura estática de aspiração h_s, da seguinte forma:

$$h_s \leq H_b - \left(J_s + h_v + \frac{V_0^2}{2g} + \sigma H_m \right)$$

Mas, para calcular H_m, é necessário conhecer h_s, e vice-versa, de modo que o problema é resolvido por aproximações sucessivas. Arbitra-se um valor para h_s e calcula-se H_m, e daí novamente h_a pela fórmula anterior. Se o valor encontrado for menor que o arbitrado, a questão está resolvida. Caso contrário, tem-se que adotar h_a menor e refazer a operação.

No entanto, para determinar o fator de Thoma σ é necessário conhecer a grandeza n_s denominada *velocidade específica*, que é o número específico de rotações por minuto da bomba, que, por sua vez, depende dos valores de Q, H_m e n, da seguinte forma:

$$n_s = 3,65 \times \frac{n\sqrt{Q}}{\sqrt[4]{H_m^3}}$$

Conhecido o valor de n_s, fica especificada a forma do rotor da turbobomba, utilizando-se catálogos de fabricantes adequados.

Existem várias fórmulas empíricas para se calcular σ em função de n_s. A Fig. 1.39 apresenta dois gráficos propostos por Cardinal von Widdern e George F. Wislicenus.

Se o valor de h_s for negativo, a bomba deverá ser instalada na forma *afogada*, como mostra a Fig. 1.40.

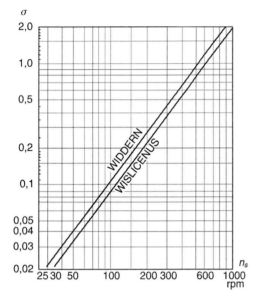

Fig. 1.39 Gráfico para obtenção do fator de cavitação σ em função da velocidade específica n_s.

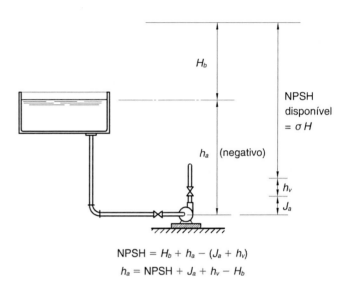

$$NPSH = H_b + h_a - (J_a + h_v)$$
$$h_a = NPSH + J_a + h_v - H_b$$

Fig. 1.40 Esquema de instalação de uma bomba afogada.

■ **Exemplo 1.9**

Qual o máximo valor para a altura estática de aspiração de uma bomba centrífuga, sabendo-se que: $Q = 0,0053$ m³/s²; $H_m = 65$ m; $n = 3.550$ rpm; $V_0 = 1,4$ m/s; e $J_a = 1,80$ mca. Considere as temperaturas $t = 20$ °C ($h_v = 0,236$ mca) e $t = 75$ °C ($h_v = 3,10$ mca).

Solução:

a) Velocidade específica:

$$n_s = 3,65 \times \frac{n\sqrt{Q}}{\sqrt[4]{H_m^3}} = \frac{3,65 \times 3.550 \times \sqrt{0,0053}}{\sqrt[4]{65^3}} = 41,2 \text{ rpm}$$

$n_s = 41,2$ rpm (corresponde a uma bomba centrífuga radial).

b) Fator de Thoma:
Na curva de Wislicenus, com o valor $n_s = 41,2$ rpm, obtém-se: $\sigma = 0,025$.

c) Altura estática de sucção máxima:
Para $t = 20$ °C:

$$h_s \leq 10,33 - \left(1,8 + 0,236 + \frac{1,4^2}{2 \times 9,81} + 0,025 \times 65\right) = 6,569 \text{ m}$$

Logo, $h_{s\,máx} = 6,569$ m.
Para $t = 75$ °C:

$$h_s \leq 10,33 - \left(1,8 + 3,10 + \frac{1,4^2}{2 \times 9,81} + 0,025 \times 65\right) = 3,705 \text{ m}$$

Assim, $h_{s\,máx} = 3,705$ m.

1.10 DIMENSIONAMENTO DAS TUBULAÇÕES

A distribuição de água para um prédio, partindo de um reservatório superior de acumulação, é feita por meio de um sistema de tubulações, que compreende:

- *Barrilete de distribuição.* Trata-se de uma tubulação que liga entre si as duas seções do reservatório superior, ou dois reservatórios superiores, e do qual partem ramificações para as colunas de distribuição. Com isso, evita-se o inconveniente de fazer a ligação de uma grande quantidade de encanamento diretamente ao reservatório.
- *Colunas de alimentação* ou *prumadas de alimentação.* Derivam do barrilete e descem verticalmente para alimentar os diversos pavimentos.
- *Ramais.* São tubulações derivadas da coluna de alimentação e que servem a conjuntos de aparelhos.
- *Sub-ramais.* São tubulações que ligam os ramais às peças de utilização ou aos aparelhos sanitários. Portanto, um ramal pode alimentar vários sub-ramais.

O dimensionamento de uma rede de distribuição que compreende sub-ramais, ramais, colunas de alimentação e barrilete segue essa ordem, cujas velocidades e vazões máximas constam na Tabela 1.4.

1.10.1 Sub-ramais

Cada sub-ramal atende a apenas uma peça de utilização ou aparelho sanitário, e é dimensionado segundo tabelas elaboradas a partir de resultados obtidos em ensaios realizados com os mesmos.

Tabela 1.4 Velocidades e vazões máximas para determinados diâmetros nominais

Diâmetro nominal (DN)		Velocidade máxima	Vazão máxima
(mm)	(")	(m/s)	(L/s)
15	(1/2)	1,60	0,2
20	(3/4)	1,95	0,6
25	(1)	2,25	1,2
32	(1 1/4)	2,50	2,5
40	(1 1/2)	2,50	4,0
50	(2)	2,50	5,7
60	(2 1/2)	2,50	8,9
75	(3)	2,50	12,0
100	(4)	2,50	18,0
125	(5)	2,50	31,0
150	(6)	2,50	40,0

Em geral, os fabricantes dos aparelhos fornecem em seus catálogos os diâmetros que recomendam para os sub-ramais. Essas informações são de importância, principalmente no caso de equipamentos especiais, como os de cozinhas, lavanderias, laboratórios, instalações hospitalares e industriais.

Pode-se utilizar a Tabela 1.5 para a escolha do diâmetro de um sub-ramal.

Tabela 1.5 Diâmetros mínimos dos sub-ramais

Peças de utilização	Aço galvanizado		Cobre ou PVC	
	DN (diâmetro nominal)	(Referência)	DN (diâmetro nominal)	(Referência)
	(mm)	(")	(mm)	(")
Aquecedor de baixa pressão	20	(3/4)	20	(3/4)
Aquecedor de alta pressão	15	(1/2)	15	(1/2)
Bacia sanitária com caixa de descarga	15	(1/2)	15	(1/2)
Bacia sanitária com válvula de descarga de DN 20 mm (3/4)	32	(1 1/4)	31	(1 1/4)
Bacia sanitária com válvula de descarga de DN 25 mm (1)	32	(1 1/4)	31	(1 1/4)
Bacia sanitária com válvula de descarga de DN 32 mm (1 1/4)	40	(1 1/2)	40	(1 1/2)
Bacia sanitária com válvula de DN 38 mm (1 1/2)	40	(1 1/2)	40	(1 1/2)

continua

Tabela 1.5 Diâmetros mínimos dos sub-ramais   (*Continuação*)

Peças de utilização	Aço galvanizado		Cobre ou PVC	
	DN (diâmetro nominal)	(Referência)	DN (diâmetro nominal)	(Referência)
	(mm)	(")	(mm)	(")
Banheira	20	(3/4)	15	(1/2)
Bebedouro	15	(1/2)	15	(1/2)
Bidê	15	(1/2)	15	(1/2)
Chuveiro	20	(3/4)	15	(1/2)
Filtro de pressão	15	(1/2)	15	(1/2)
Lavatório	15	(1/2)	15	(1/2)
Máquina de lavar pratos	20	(3/4)	20	(3/4)
Máquina de lavar roupas	20	(3/4)	20	(3/4)
Mictório de descarga contínua por metro ou aparelho	15	(1/2)	15	(1/2)
Mictório autoaspirante	25	1	25	1
Pia de cozinha	20	(3/4)	15	(1/2)
Pia de despejo	20	(3/4)	20	(3/4)
Tanque de lavar roupa	20	(3/4)	20	(3/4)

1.10.2 Ramais

O dimensionamento de um ramal poderá ser realizado conforme uma das seguintes hipóteses:

- admitir que há *consumo simultâneo máximo possível* de todos os aparelhos.
- considerar o consumo simultâneo máximo provável dos aparelhos.

1.10.2.1 Método do máximo consumo possível

Admite-se que os diversos aparelhos servidos pelo ramal sejam utilizados simultaneamente, de modo que a descarga total no início do ramal seria a soma das descargas em cada um dos sub-ramais.

Esta hipótese ocorre, em geral, em instalações de estabelecimentos em que há horários rigorosos para a utilização da água, principalmente de chuveiros e lavatórios, como é o caso de fábricas, estabelecimentos de ensino e quartéis.

Para facilitar a escolha dos diâmetros, toma-se como base ou unidade o tubo de 15 mm (1/2") e referem-se a ele os diâmetros dos demais trechos, de tal modo que a seção do ramal em cada trecho seja equivalente, sob o ponto de vista de escoamento hidráulico, à soma das seções dos sub-ramais por ele alimentados.

A Tabela 1.6 fornece, para os diversos diâmetros, o número de encanamento de 15 mm (1/2") que seria necessário para a mesma descarga.

Tabela 1.6 Correspondência de tubos de diversos diâmetros com o de 15 mm (1/2")

Diâmetro do encanamento		Número de encanamentos de 15 mm (1/2") com a mesma capacidade
(mm)	(")	
15	1/2	1
20	3/4	2,9
25	1	6,2
32	1 1/4	10,9
40	1 1/2	17,4
50	2	37,8
60	2 1/2	65,5
75	3	110,5
100	4	189,0
150	6	527,0
200	8	1.200,0

Exemplo 1.10

Dimensione um ramal alimentando cinco chuveiros e cinco lavatórios de uma indústria.

Solução:

No caso de uma indústria, o consumo nos aparelhos será considerado simultâneo. Para fins de ilustração, considere a representação do ramal da Fig. 1.41.

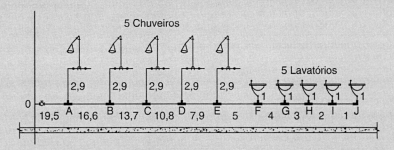

Fig. 1.41 Ramal de alimentação de chuveiros e lavatórios.

Consultando-se a Tabela 1.5, dos diâmetros de sub-ramais, encontra-se, para os lavatórios, o diâmetro de 1/2" e, para os chuveiros, o diâmetro de 3/4".

Pela Tabela 1.6, verifica-se que a seção da tubulação de 3/4" é equivalente a 2,9 vezes a capacidade da tubulação de 1/2"; que a tubulação de 1" é equivalente a 6,2 vezes a capacidade da tubulação de 1/2"; e assim por diante.

A equivalência e os diâmetros adotados nos diversos trechos do ramal em questão estão apresentados na Tabela 1.7.

Tabela 1.7 Dimensionamento do ramal do Exemplo 1.10

Trechos	Equivalência	Diâmetros (")
JI	1	1/2
IH	2	3/4
HG	3	3/4
GF	4	1
FE	5	1
ED	7,9	1 1/4
DC	10,8	1 1/4
CB	13,7	1 1/2
BA	16,6	1 1/2
AO	19,5	2

1.10.2.2 Método do máximo consumo provável

Esta hipótese baseia-se no fato de ser pouco provável o funcionamento simultâneo dos aparelhos de um mesmo ramal (salvo os casos previstos na primeira hipótese) e em que a probabilidade de funcionamento simultâneo diminui com o aumento do número de aparelhos. Com base no cálculo das probabilidades e em condições recomendadas pela prática e observadas em grande número de instalações em perfeito funcionamento, pode-se estabelecer um fator de utilização para o ramal, pelo qual, multiplicando-se o valor do *consumo máximo possível*, se possa obter o *consumo máximo provável* dos aparelhos funcionando simultaneamente.

Evidente que os diâmetros encontrados serão menores que no caso anterior, pois a seção hidráulica do ramal será inferior à soma dos correspondentes aos sub-ramais.

A dificuldade na aplicação deste método reside na falta de informações precisas sobre a máxima provável utilização dos aparelhos para certos tipos de edificações em que a probabilidade de consumo varia conforme os tipos de aparelhos

36 Capítulo 1

utilizados, os agrupamentos de aparelhos em um compartimento, os horários de funcionamento e até mesmo com o clima, a localização e a época do ano. Deve-se, pois, ter cuidado ao usar certos ábacos, curvas e tabelas estabelecidas para países de hábitos, clima e outras condições diversas das cidades brasileiras.

Procurando uma solução de fácil aplicação para o dimensionamento dos ramais e colunas de alimentação para os prédios, a NBR 5626:1998 adota um método baseado na probabilidade de uso simultâneo dos aparelhos e peças, onde não faz distinção quanto à natureza do prédio, tipo de ocupação e regime de horário.

O método semelhante ao chamado método alemão consiste no seguinte:

– Atribuem-se *pesos* às várias peças de utilização para definir suas demandas, como se pode ver na Tabela 1.8.
– Somam-se os pesos das diversas peças de utilização: ΣP.
– Calcula-se a raiz quadrada da soma dos pesos: $\sqrt{\Sigma P}$.
– Multiplica-se o valor de $\sqrt{\Sigma P}$ pelo coeficiente de descarga C, sendo adotado $C = 0,30$ L/s (segundo a NBR 5626:1998), para obter a descarga em L/s.
– Uma vez obtida a descarga, procede-se da mesma forma anterior para dimensionar a tubulação.

– Pode-se usar o gráfico da Fig. 1.42 para obter diretamente a descarga e o diâmetro em função da soma dos pesos (ΣP).

Assim, por exemplo:

$P = 40$ corresponde a 1,91 L/s;
$P = 100$ corresponde a 3,0 L/s;
$P = 400$ corresponde a 6,0 L/s.

Observações:

– O peso é função apenas da demanda. Não se levam em consideração os tempos e os intervalos de funcionamento do aparelho ao estabelecê-lo.
– Pelo processo da norma, *nunca se somam vazões*, mas, sim, *apenas pesos* para todos os trechos de rede de distribuição. Somente depois de determinado o *peso* correspondente a um dado trecho é que se passa ao cálculo da vazão correspondente.
– Os aparelhos sanitários, bem como suas instalações e ramais internos, devem ser de tal forma que não provoquem *retrossifonagem* (refluxo de águas servidas, poluídas ou contaminadas, para o sistema de consumo, em decorrência de pressões negativas), como mostra a Fig. 1.43.

Tabela 1.8 Pesos relativos e vazão de projeto de aparelhos sanitários e peças de utilização (NBR 5626:1998)

Aparelhos sanitários	Peças de utilização	Vazão de projeto (L/s)	Peso relativo
Bacia sanitária (BS)	Caixa de descarga (CD)	0,15	0,3
	Válvula de descarga (VD)	1,70	32,0
Banheira (Bn)	Misturador (água fria) (Mist AF)	0,30	1,0
Bebedouro (Bb)	Registro de pressão (RP)	0,10	0,1
Bidê (Bd) ou ducha higiênica (DH)	Misturador (água fria)	0,10	0,1
Chuveiro (Ch) ou ducha (D)	Misturador (água fria)	0,20	0,4
Chuveiro elétrico (Ch Ele)	Registro de pressão	0,10	0,1
Lavadora de pratos (LP) ou de roupas (LR)	Registro de pressão	0,30	1,0
Lavatório (Lv)	Torneira ou misturador (água fria)	0,15	0,3
Mictório cerâmico (Mi) com sifão integrado (Si)	Válvula de descarga	0,50	2,8
Mictório cerâmico (Mi) sem sifão integrado (Si)	Caixa de descarga, registro de pressão ou válvula de descarga para mictório	0,15	0,3
Mictório tipo calha (Mi Ca)	Caixa de descarga ou registro de pressão	0,15 por metro de calha	0,3
Pia (P)	Torneira (T) ou misturador (água fria)	0,25	0,7
	Torneira elétrica	0,10	0,1
Tanque (Tq)	Torneira	0,25	0,7
Torneira de jardim (TJ) ou lavagem em geral	Torneira	0,20	0,4

Instalações de Água Fria Potável

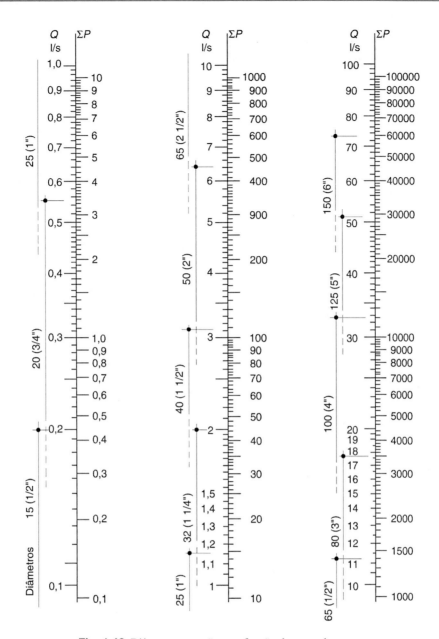

Fig. 1.42 Diâmetros e vazões em função da soma dos pesos.

- Se, entretanto, houver aparelhos que possam provocar retrossifonagem, pode-se adotar uma das seguintes soluções:
1) instalar esses aparelhos em coluna, barrilete e reservatório independentes, previstos com a finalidade exclusiva de abastecê-los;
2) instalar os referidos aparelhos em coluna, barrilete e reservatório comuns a outros aparelhos ou peças, desde que seu sub-ramal esteja protegido por dispositivo quebrador de vácuo;
3) instalar os referidos aparelhos em coluna, barrilete e reservatório comuns a outros aparelhos ou peças, desde que a coluna logo abaixo do registro correspondente em sua parte superior seja dotada de tubulação de ventilação, executada com as seguintes características:

a) ter diâmetro igual ou superior ao da coluna de onde deriva;
b) ser ligada à coluna, a jusante do registro de passagem que a serve;
c) haver uma para cada coluna que serve a aparelho passível de provocar retrossifonagem;
d) ter sua extremidade livre acima do nível máximo admissível do reservatório superior.

Os fabricantes de modernas válvulas de descarga cujo êmbolo fecha tanto a favor quanto contra o fluxo da água afirmam não haver nenhum risco de retrossifonagem com o emprego das mesmas. Comprovando-se tal tecnologia, são dispensadas quaisquer das providências recomendadas pela norma para "aparelhos que possam provocar retrossifonagem".

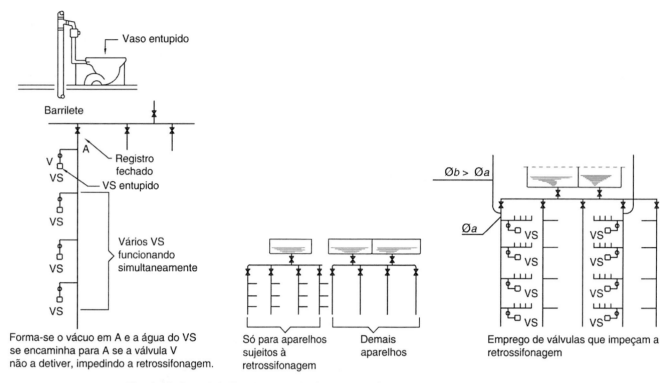

Fig. 1.43 Croquis indicando a ocorrência de retrossifonagem e soluções para impedi-la.

Ainda com relação às válvulas de descarga, existem tipos para funcionar com uma só bitola de sub-ramal de alimentação, podendo ser reguladas para pressões desde 1,40 até 40,0 m.

Quando se fecha o registro no início de uma coluna e se dá descarga a um ou mais vasos, a água, ao esvaziar o trecho superior da coluna, provoca uma rarefação (vácuo); de modo que, se não houver válvula adequada, a água poderá sair do vaso e seguir para a coluna de alimentação onde se formou vácuo. A solução (3), vista na Fig. 1.43, considerada de baixo custo, permite a entrada de ar na coluna mesmo com o registro fechado e impede a formação de vácuo. Havendo dúvida sobre a eficiência da válvula contra retrossifonagem, convém que essa solução seja adotada.

1.10.3 Colunas de alimentação

As colunas, ou prumadas de alimentação, são tubulações que derivam do barrilete e descem verticalmente para alimentar os diversos pavimentos pelos ramais.

Para o dimensionamento da tubulação das colunas de alimentação recomenda-se o uso da *planilha de cálculo de instalações prediais de água fria* proposta pela NBR 5626:1998. A sequência abaixo mostra como se deve preenchê-la:

1) Marca-se o número de cada coluna de água.
2) Indicam-se os trechos compreendidos entre cada dois ramais a partir da primeira derivação, que é a do barrilete.
3) Somam-se os pesos em cada pavimento. No caso, trata-se apenas do vaso, cujo peso é 40.
4) Calculam-se os pesos acumulados, contados de baixo para cima.
5) Calculam-se as vazões correspondentes aos pesos acumulados, usando-se a fórmula: $Q = 0,30 \times \sqrt{\Sigma P}$.
6) Com os valores das vazões, recorre-se à fórmula de Fair-Whipple-Hsiao, para a escolha dos diâmetros e verificação das perdas de carga unitária, J_u. Para isso, procura-se manter as velocidades abaixo de 2,5 m/s, embora a velocidade máxima imposta pela NBR 5626:1998 seja de 3,0 m/s.

Note que a cada novo pavimento corresponde um desnível de 3,00 a 3,15 m, o qual normalmente supera a perda de carga entre os dois pavimentos, quando se adotam valores razoáveis para os diâmetros.

É conveniente manter-se a velocidade em torno de 2,0 m/s a 2,5 m/s e, nessa faixa, dimensionar-se a tubulação. Haverá, de pavimento para pavimento, um acréscimo de pressão devido ao desnível, apesar da perda de carga entre cada dois pavimentos. A NBR 5626:1998 indica que para o bom funcionamento das peças de utilização a pressão de serviço máximo é de 40 mca (400 kPa).

A Tabela 1.9, da Norma, indica a "pressão dinâmica" para várias peças de utilização. Nos livros de Hidráulica, é designada por pressão efetiva, isto é, a pressão no ponto

Instalações de Água Fria Potável **39**

Tabela 1.9 Pressões dinâmicas nas peças de utilização

Pontos de utilização para	Diâmetro nominal		Pressão dinâmica de serviço	
	DN	Referência	Mínima	Máxima
	(mm)	(")	(m)	(m)
Aquecedor a gás	Função da vazão de dimensionamento		Depende das características do aparelho	
Aquecedor elétrico Alta pressão Baixa pressão	Função da vazão de dimensionamento		0,50 0,50	40,0 4,0
Bebedouro	15	(1/2)	2,0	40,0
Chuveiro	15 20	(1/2) (3/4)	2,0 1,0	40,0 40,0
Torneira	10 15 20 25	(3/8) (1/2) (3/4) (1)	0,5	40,0
Válvula de flutuador de caixa de descarga (torneira de boia)	15 20	(1/2) (3/4)	1,5 0,5	40,0 40,0
Válvula de flutuador de caixa de água (torneira de boia)	Função de vazão de funcionamento		0,5	40,0
Válvula de descarga	20 25 32 38	(3/4) (1) (1 1/4) (1 1/2)	11,5 6,5 2,5 1,2	24,0 15,0 7,0 4,0

(Observação: 1 mca = 10 kPa = 0,1 kgf/cm²)

considerado, obtida deduzindo-se do desnível topográfico entre o nível superior da água e o ponto, a altura representativa das perdas de carga e a altura representativa da velocidade de entrada no tubo.

A Norma propôs uma tabela para as "pressões estáticas" nas peças de utilização (Tabela 1.10). Representam o desnível da água no reservatório superior em relação à cota onde se acha a peça considerada.

Tabela 1.10 Pressões estáticas nas peças de utilização

Pontos de utilização	Pressão estática	
	Mínima	Máxima
	(m)	(m)
Aquecedor elétrico de alta pressão	1	40
Aquecedor elétrico de baixa pressão	1	5
Válvula de descarga DN 20 mm (3/4)	12	40
Válvula de descarga DN 25 mm (1)	10	40
Válvula de descarga DN 32 mm (1 1/4)	3	15
Válvula de descarga DN 38 mm (1 1/2)	2	6

■ Exemplo 1.11

Considere um prédio de 12 pavimentos mostrado na Fig. 1.44. A coluna de aço galvanizado nº 1 atende a 12 vasos sanitários providos de válvula de descarga. Dimensione esta coluna segundo a NBR 5626:1998.

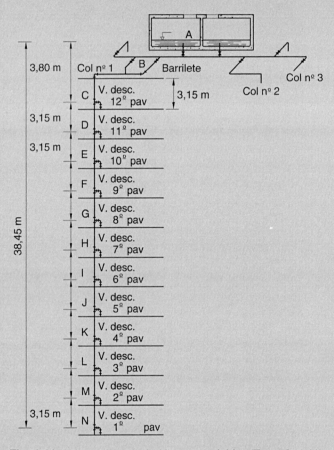

Fig. 1.44 Coluna alimentando 12 vasos sanitários (Exemplo 1.11).

Solução:

O dimensionamento será apresentado na Tabela 1.11. O cálculo é realizado de cima para baixo, ou seja, do barrilete até o 1º pavimento.

Trecho BC:

Inicialmente, calculam-se os pesos e as vazões dos ramais:

- Ramal de um pavimento: $P = 40$, logo para 12 pavimentos, a soma dos pesos é de: $\Sigma P = 12 \times 40 = 480$. Logo, a vazão será de: $Q = 0{,}30 \times \sqrt{480} = 6{,}57 \text{ L/s}$.

Em uma primeira tentativa, utilizando a fórmula de FWH, observa-se que, para a vazão de 6,57 L/s no trecho BC, adotando-se uma tubulação de 2 1/2", a velocidade será 2,32 m/s e a perda unitária será de 0,146 m/m, o que daria uma perda total muito elevada nesse primeiro trecho (ou seja, 0,146 × 15 m = 2,19 m), no qual só se dispõe de um desnível de 3,80 m, e precisamos de, no mínimo, 2,00 m para atender à válvula no ramal em C (Fig. 1.45).

Então, no trecho BC, será adotado um diâmetro de 3". Desta forma, tem-se:

- Comprimento real de B a C: $L_r = 15{,}00 \text{ m}$.
- Comprimentos equivalentes (aço galvanizado):
    - 1 registro de 3": 0,50 m
    - 1 tê de saída lateral de 3": 5,20 m

continua

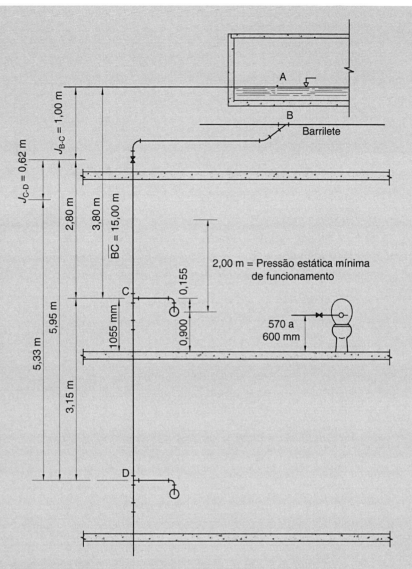

Fig. 1.45 Balanço de pressões no último pavimento.

- 1 tê de passagem direta de 3": 1,60 m
- $L_{eq.} = 0{,}50 + 5{,}20 + 1{,}60 = 7{,}30$ m

– Comprimento total: $L_{BC} = 15{,}00 + 7{,}30 = 22{,}30$ m.

– A velocidade no trecho será: $V = \dfrac{4 \times (0{,}00657)}{\pi \times (0{,}075)^2} = 1{,}49$ m/s (< 3,0 m/s).

– Determinação da perda de carga unitária: utilizando a fórmula de FWH, tem-se que para $Q = 6{,}57$ L/s e $D = 75$ mm, encontra-se: $J_u = 0{,}002021 \dfrac{(0{,}00657)^{1,88}}{(0{,}075)^{4,88}} = 0{,}049$ m/m.

– Perda de carga total do trecho BC: $J_{BC} = 0{,}049$ m/m $\times$ 22,30 = 1,10 m.

A pressão disponível para fazer funcionar a válvula será o desnível do reservatório até o ramal em C, menos as perdas, isto é: $\left(\dfrac{p}{\gamma}\right)_{disp.} = 3{,}80 - 1{,}10 = 2{,}70$ m.

Este valor seria, na realidade, um pouco menor, porque no barrilete será perdido cerca de 0,20 mca, o que, no entanto, pode ser desprezado, pois a pressão necessária no vaso sanitário é 2,00 m (ver Tabela 1.10).

continua

42 Capítulo 1

Trecho CD:

– Neste trecho, a soma dos pesos é de: $\Sigma P = 11 \times 40 = 440$. Logo, a vazão será de: $Q = 0,30 \times \sqrt{440} = 6,29$ L/s.

– Admitindo-se um diâmetro de $D = 60$ mm (2 1/2"), utilizando a fórmula de FWH, determina-se que

$$J_u = 0,002021 \frac{(0,00629)^{1,88}}{(0,060)^{4,88}} = 0,135 \text{ m/m.}$$

– A velocidade no trecho será: $V = \dfrac{4 \times (0,00629)}{\pi \times (0,060)^2} = 2,23$ m/s ($< 3,0$ m/s).

– Comprimento real: $L_r = 3,15$ m.

– Comprimento equivalente (aço galvanizado):
  - 1 tê de passagem direta de 2 1/2": 1,30 m.

– Comprimento total: $L_{CD} = 3,15 + 1,30 = 4,45$ m.

– Perda de carga total do trecho CD: $J_{CD} = 0,135$ m/m $\times 4,45 = 0,60$ m.

– Pressão a jusante de D: $\left(\dfrac{p}{\gamma}\right)_{disp.} = 2,70 + 3,15 - 0,60 = 5,25$ m.

Trecho DE:

– Neste trecho, a soma dos pesos é de: $\Sigma P = 10 \times 40 = 400$. Logo, a vazão será de: $Q = 0,30 \times \sqrt{400} = 6,00$ L/s.

– Admitindo-se um diâmetro de $D = 60$ mm (2 1/2"), utilizando a fórmula de FWH, determina-se que

$$J_u = 0,002021 \frac{(0,0060)^{1,88}}{(0,060)^{4,88}} = 0,123 \text{ m/m.}$$

– A velocidade no trecho será: $V = \dfrac{4 \times (0,0060)}{\pi \times (0,060)^2} = 2,12$ m/s ($< 3,0$ m/s).

– Comprimento real: $L_r = 3,15$ m.

– Comprimento equivalente (aço galvanizado):
  - 1 tê de passagem direta de 2 1/2": 1,30 m.

– Comprimento total: $L_{DE} = 3,15 + 1,30 = 4,45$ m.

– Perda de carga total do trecho DE: $J_{DE} = 0,123$ m/m $\times 4,45 = 0,55$ m.

– Pressão a jusante de E: $\left(\dfrac{p}{\gamma}\right)_{disp.} = 5,25 + 3,15 - 0,55 = 7,85$ m.

Trecho EF:

– Neste trecho, a soma dos pesos é de: $\Sigma P = 9 \times 40 = 360$. Logo, a vazão será de: $Q = 0,30 \times \sqrt{360} = 5,69$ L/s.

– Admitindo-se um diâmetro de $D = 60$ mm (2 1/2"), utilizando a fórmula de FWH, determina-se que

$$J_u = 0,002021 \frac{(0,00569)^{1,88}}{(0,060)^{4,88}} = 0,112 \text{ m/m.}$$

– A velocidade no trecho será: $V = \dfrac{4 \times (0,00569)}{\pi \times (0,060)^2} = 2,01$ m/s ($< 3,0$ m/s).

– Comprimento real: $L_r = 3,15$ m.

– Comprimento equivalente (aço galvanizado):
  - 1 tê de passagem direta de 2 1/2": 1,30 m.

continua

- Comprimento total: $L_{EF} = 3,15 + 1,30 = 4,45$ m.
- Perda de carga total do trecho EF: $J_{EF} = 0,112$ m/m $\times 4,45 = 0,50$ m.
- Pressão a jusante de F: $\left(\dfrac{p}{\gamma}\right)_{disp.} = 7,85 + 3,15 - 0,50 = 10,50$ m.

A pressão em F atingiu um valor que permite o uso de válvulas que funcionam com 8,0 mca. Desta forma, pode-se experimentar agora reduzir o diâmetro para 2" (50 mm).

Trecho FG:

- Neste trecho, a soma dos pesos é de: $\Sigma P = 8 \times 40 = 320$. Logo, a vazão será de: $Q = 0,30 \times \sqrt{320} = 5,37$ L/s.
- Admitindo-se um diâmetro de $D = 50$ mm (2"), utilizando a fórmula de FWH, determina-se que

$$J_u = 0,002021 \frac{(0,00537)^{1,88}}{(0,050)^{4,88}} = 0,243 \text{ m/m.}$$

- A velocidade no trecho será: $V = \dfrac{4 \times (0,00537)}{\pi \times (0,050)^2} = 2,73$ m/s ($< 3,0$ m/s).
- Comprimento real: $L_r = 3,15$ m.
- Comprimento equivalente (aço galvanizado):
  - 1 tê de passagem direta de 2": 1,10 m.
- Comprimento total: $L_{FG} = 3,15 + 1,10 = 4,25$ m.
- Perda de carga total do trecho FG: $J_{FG} = 0,243$ m/m $\times 4,25 = 1,03$ m.
- Pressão a jusante de G: $\left(\dfrac{p}{\gamma}\right)_{disp.} = 10,50 + 3,15 - 1,03 = 12,62$ m.

Trecho GH:

- Neste trecho, a soma dos pesos é de: $\Sigma P = 7 \times 40 = 280$. Logo, a vazão será de: $Q = 0,30 \times \sqrt{280} = 5,02$ L/s.
- Admitindo-se um diâmetro de $D = 50$ mm (2"), utilizando a fórmula de FWH, determina-se que

$$J_u = 0,002021 \frac{(0,00502)^{1,88}}{(0,050)^{4,88}} = 0,215 \text{ m/m.}$$

- A velocidade no trecho será: $V = \dfrac{4 \times (0,00502)}{\pi \times (0,050)^2} = 2,56$ m/s ($< 3,0$ m/s).
- Comprimento real: $L_r = 3,15$ m.
- Comprimento equivalente (aço galvanizado):
  - 1 tê de passagem direta de 2": 1,10 m.
- Comprimento total: $L_{GH} = 3,15 + 1,10 = 4,25$ m.
- Perda de carga total do trecho GH: $J_{GH} = 0,215$ m/m $\times 4,25 = 0,91$ m.
- Pressão a jusante de H: $\left(\dfrac{p}{\gamma}\right)_{disp.} = 12,62 + 3,15 - 0,91 = 14,86$ m.

Trecho HI:

- Neste trecho, a soma dos pesos é de: $\Sigma P = 6 \times 40 = 240$. Logo, a vazão será de: $Q = 0,30 \times \sqrt{240} = 4,65$ L/s.
- Admitindo-se um diâmetro de $D = 50$ mm (2"), utilizando a fórmula de FWH, determina-se que

$$J_u = 0,002021 \frac{(0,00465)^{1,88}}{(0,050)^{4,88}} = 0,186 \text{ m/m.}$$

continua

– A velocidade no trecho será: $V = \dfrac{4 \times (0{,}00465)}{\pi \times (0{,}050)^2} = 2{,}37$ m/s $(< 3{,}0$ m/s$)$.

– Comprimento real: $L_r = 3{,}15$ m.

– Comprimento equivalente (aço galvanizado):
  ▪ 1 tê de passagem direta de 2": 1,10 m.

– Comprimento total: $L_{HI} = 3{,}15 + 1{,}10 = 4{,}25$ m.

– Perda de carga total do trecho HI: $J_{HI} = 0{,}186$ m/m $\times 4{,}25 = 0{,}79$ m.

– Pressão a jusante de I: $\left(\dfrac{p}{\gamma}\right)_{disp.} = 14{,}86 + 3{,}15 - 0{,}79 = 17{,}22$ m.

Trecho IJ:

– Neste trecho, a soma dos pesos é de: $\Sigma P = 5 \times 40 = 200$. Logo, a vazão será de: $Q = 0{,}30 \times \sqrt{200} = 4{,}24$ L/s.

– Admitindo-se um diâmetro de $D = 50$ mm (2"), utilizando a fórmula de FWH, determina-se que

$$J_u = 0{,}002021 \dfrac{(0{,}00424)^{1{,}88}}{(0{,}050)^{4{,}88}} = 0{,}157 \text{ m/m}.$$

– A velocidade no trecho será: $V = \dfrac{4 \times (0{,}00424)}{\pi \times (0{,}050)^2} = 2{,}16$ m/s $(< 3{,}0$ m/s$)$.

– Comprimento real: $L_r = 3{,}15$ m.

– Comprimento equivalente (aço galvanizado):
  ▪ 1 tê de passagem direta de 2": 1,10 m.

– Comprimento total: $L_{IJ} = 3{,}15 + 1{,}10 = 4{,}25$ m.

– Perda de carga total do trecho IJ: $J_{IJ} = 0{,}157$ m/m $\times 4{,}25 = 0{,}67$ m.

– Pressão a jusante de J: $\left(\dfrac{p}{\gamma}\right)_{disp.} = 17{,}22 + 3{,}15 - 0{,}67 = 19{,}70$ m.

Trecho JK:

– Neste trecho, a soma dos pesos é de: $\Sigma P = 4 \times 40 = 160$. Logo, a vazão será de: $Q = 0{,}30 \times \sqrt{160} = 3{,}79$ L/s.

– Admitindo-se um diâmetro de $D = 50$ mm (2"), utilizando a fórmula de FWH, determina-se que

$$J_u = 0{,}002021 \dfrac{(0{,}00379)^{1{,}88}}{(0{,}050)^{4{,}88}} = 0{,}127 \text{ m/m}.$$

– A velocidade no trecho será: $V = \dfrac{4 \times (0{,}00379)}{\pi \times (0{,}050)^2} = 1{,}93$ m/s $(< 3{,}0$ m/s$)$.

– Comprimento real: $L_r = 3{,}15$ m.

– Comprimento equivalente (aço galvanizado):
  ▪ 1 tê de passagem direta de 2": 1,10 m.

– Comprimento total: $L_{JK} = 3{,}15 + 1{,}10 = 4{,}25$ m.

– Perda de carga total do trecho JK: $J_{JK} = 0{,}127$ m/m $\times 4{,}25 = 0{,}54$ m.

– Pressão a jusante de K: $\left(\dfrac{p}{\gamma}\right)_{disp.} = 19{,}70 + 3{,}15 - 0{,}54 = 22{,}31$ m.

continua

Trecho KL:

– Neste trecho, a soma dos pesos é de: $\Sigma P = 3 \times 40 = 120$. Logo, a vazão será de: $Q = 0,30 \times \sqrt{120} = 3,29$ L/s.

– Admitindo-se um diâmetro de $D = 40$ mm (1 1/2"), utilizando a fórmula de FWH, determina-se que

$$J_u = 0,002021 \frac{(0,00329)^{1,88}}{(0,040)^{4,88}} = 0,288 \text{ m/m.}$$

– A velocidade no trecho será: $V = \dfrac{4 \times (0,00320)}{\pi \times (0,040)^2} = 2,62$ m/s ($<3,0$ m/s).

– Comprimento real: $L_r = 3,15$ m.
– Comprimento equivalente (aço galvanizado):
  ■ 1 tê de passagem direta de 1 1/2": 0,90 m.
– Comprimento total: $L_{KL} = 3,15 + 0,90 = 4,05$ m.
– Perda de carga total do trecho KL: $J_{KL} = 0,288$ m/m $\times 4,05 = 1,17$ m.
– Pressão a jusante de L: $\left(\dfrac{p}{\gamma}\right)_{\text{disp.}} = 22,31 + 3,15 - 1,17 = 24,30$ m.

Trecho LM:

– Neste trecho, a soma dos pesos é de: $\Sigma P = 2 \times 40 = 80$. Logo, a vazão será de: $Q = 0,30 \times \sqrt{80} = 2,68$ L/s.

– Admitindo-se um diâmetro de $D = 40$ mm (1 1/2"), utilizando a fórmula de FWH, determina-se que

$$J_u = 0,002021 \frac{(0,00268)^{1,88}}{(0,040)^{4,88}} = 0,197 \text{ m/m.}$$

– A velocidade no trecho será: $V = \dfrac{4 \times (0,00268)}{\pi \times (0,040)^2} = 2,14$ m/s ($<3,0$ m/s).

– Comprimento real: $L_r = 3,15$ m.
– Comprimento equivalente (aço galvanizado):
  ■ 1 tê de passagem direta de 1 1/2": 0,90 m.
– Comprimento total: $L_{LM} = 3,15 + 0,90 = 4,05$ m.
– Perda de carga total do trecho LM: $J_{LM} = 0,197$ m/m $\times 4,05 = 0,80$ m.
– Pressão a jusante de M: $\left(\dfrac{p}{\gamma}\right)_{\text{diop.}} = 24,30 + 3,15 - 0,80 = 26,65$ m.

Trecho MN:

– Neste trecho, a soma dos pesos é de: $\Sigma P = 1 \times 40 = 40$. Logo, a vazão será de: $Q = 0,30 \times \sqrt{40} = 1,90$ L/s.

– Admitindo-se um diâmetro de $D = 32$ mm (1 1/4"), utilizando a fórmula de FWH, determina-se que

$$J_u = 0,002021 \frac{(0,00190)^{1,88}}{(0,032)^{4,88}} = 0,304 \text{ m/m.}$$

– A velocidade no trecho será: $V = \dfrac{4 \times (0,00190)}{\pi \times (0,032)^2} = 2,36$ m/s ($<3,0$ m/s).

– Comprimento real: $L_r = 3,15$ m.
– Comprimento equivalente (aço galvanizado):
  ■ 1 joelho de 1 1/4": 1,10 m.

continua

46 Capítulo 1

– Comprimento total: $L_{MN} = 3,15 + 1,10 = 4,25$ m.

– Perda de carga total do trecho MN: $J_{MN} = 0,304$ m/m $\times$ 4,25 = 1,29 m.

– Pressão a jusante de N: $\left(\dfrac{p}{\gamma}\right)_{disp.} = 26,65 + 3,15 - 1,29 = 28,51$ m.

Observe que o desnível do reservatório à última derivação é de 38,45 m (3,80 + 11 pavimentos $\times$ 3,15 = 38,45 m). Por outro lado, a pressão residual somada com as perdas totais também resulta 38,45 m (28,51 + 9,94 = 38,45 m), o que mostra que o dimensionamento está coerente.

Por fim, com os valores aqui obtidos, pode-se completar a Tabela 1.11.

Tabela 1.11 Dimensionamento da coluna do Exemplo 1.11

Coluna	Trecho	Pesos		Vazão	Diâmetro		Veloc.	Comprimentos			Pressão disponível	Perda de carga		Pressão a jusante		Observações
								Real	Equiv.	Total		Unit.	Total			
		Unit.	Acum.	(L/s)	(mm)	(")	(m/s)	(m)	(m)	(m)	(mca)	(mca/m)	(mca)	(mca)	(kPa)	
Col. nº 1	BC	40	480	6,57	75	3	1,49	15	7,3	22,30	3,80	0,049	1,10	2,70	27,0	Desnível do reservatório à última derivação: 3,80 + (11 pav. $\times$ 3,15) = **38,45 m** e Pressão residual somada com as perdas totais: 28,51 + 9,94 = **38,45 m**.
	CD	40	440	6,29	60	2 1/2	2,23	3,15	1,3	4,45	5,85	0,135	0,60	5,25	52,5	
	DE	40	400	6,00	60	2 1/2	2,12	3,15	1,3	4,45	8,40	0,123	0,55	7,85	78,5	
	EF	40	360	5,69	60	2 1/2	2,01	3,15	1,3	4,45	11,00	0,112	0,50	10,50	105,0	
	FG	40	320	5,37	50	2	2,73	3,15	1,1	4,25	13,65	0,243	1,03	12,62	126,2	
	GH	40	280	5,02	50	2	2,56	3,15	1,1	4,25	15,77	0,215	0,91	14,86	148,6	
	HI	40	240	4,65	50	2	2,37	3,15	1,1	4,25	18,01	0,186	0,79	17,22	172,2	
	IJ	40	200	4,24	50	2	2,16	3,15	1,1	4,25	20,37	0,157	0,67	19,70	197,0	
	JK	40	160	3,79	50	2	1,93	3,15	1,1	4,25	22,85	0,127	0,54	22,31	223,1	
	KL	40	120	3,29	40	1 1/2	2,62	3,15	0,9	4,05	25,46	0,288	1,17	24,30	243,0	
	LM	40	80	2,68	40	1 1/2	2,14	3,15	0,9	4,05	27,45	0,197	0,80	26,65	266,5	
	MN	40	40	1,90	32	1 1/4	2,36	3,15	1,1	4,25	29,80	0,304	1,29	28,51	285,1	
												9,94	28,51	28,51	285,1	< 400 kPa

■ EXEMPLO 1.12

Dimensione, segundo a NBR 5626:1998, a coluna de alimentação (nº 2) de banheiro completo (chuveiro, lavatório, banheira e ducha higiênica e vaso sanitário com caixa de descarga), para um edifício de apartamentos com 12 pavimentos, apresentado na Fig. 1.46. Sabe-se que o comprimento real da tubulação entre B e C é de 16,27 m.

Solução:

– Para calcular o consumo em cada banheiro, os "pesos" a considerar são:
  - 1 chuveiro: 0,5
  - 1 lavatório: 0,5
  - 1 ducha higiênica: 0,1

continua

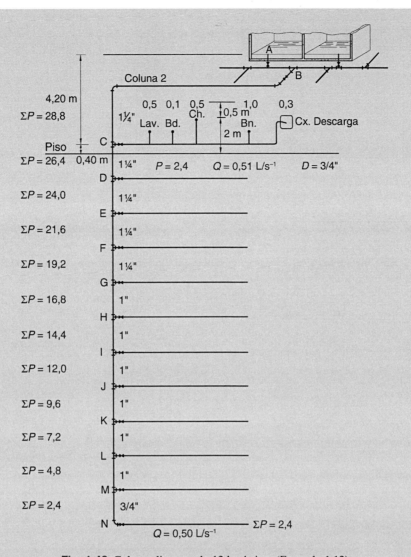

Fig. 1.46 Coluna alimentando 12 banheiros (Exemplo 1.12).

- 1 vaso sanitário com caixa de descarga: 0,3
- 1 banheira: 1,0

Logo, $\Sigma P = 2,4$. Assim, a descarga no ramal será de $Q = 0,3 \times \sqrt{2,4} \cong 0,5$ L/s. Assim, o diâmetro da tubulação do ramal será de 20 mm (3/4").

Observe na Fig. 1.46 que o chuveiro se encontra a 2,0 m acima do piso do banheiro e necessita de pressão mínima de serviço igual a 0,5 mca. Note que o desnível entre o nível inferior do reservatório e o chuveiro é de 2,60 m (4,20 + 0,40 − 2,00 = 2,60 m). Logo, para atender às perdas de carga nos ramais, ter-se-á: 2,10 m (2,60 − 0,50 = 2,10 m).

− A soma total dos pesos no ponto B: $\Sigma P = 12$ pav. $\times 2,4 = 28,8$.

− A descarga será: $Q = 0,3 \times \sqrt{28,8} = 1,61$ L/s.

− Admitindo-se um diâmetro de $D = 40$ mm, utilizando a fórmula de FWH para aço galvanizado, tem-se:

$$J_u = 0,002021 \frac{(0,00161)^{1,88}}{(0,040)^{4,88}} = 0,075 \text{ m/m}.$$

− A velocidade no trecho será: $V = \dfrac{4 \times (0,00161)}{\pi \times (0,040)^2} = 1,28$ m/s ($< 3,0$ m/s).

continua

48 Capítulo 1

Então, no trecho BC, será adotado um diâmetro de 1 1/2". Desta forma, tem-se:

- Comprimento real de B a C: $L_r = 16,27$ m.

- Comprimentos equivalentes ou virtuais (aço galvanizado):
  - 1 registro de gaveta de 1 1/2": 0,30 m;
  - 1 tê de saída lateral de 1 1/2": 2,80 m;
  - 1 tê de passagem direta de 1 1/2": 0,90 m;
  - 2 joelhos de 90° curto de 1 1/2": $2 \times 1,3 = 2,6$ m;
  - $L_{eq.} = 0,30 + 2,80 + 0,90 + 2,60 = 6,60$ m.

- Comprimento total: $L_{BC} = 16,27 + 6,60 = 22,87$ m.

- Perda de carga total do trecho BC: $J_{BC} = 0,075$ m/m $\times 22,87 = 1,72$ m.

Observe que a pressão necessária para permitir o funcionamento do chuveiro no 12º pavimento é de 0,50 mca. O desnível estático é de 2,60 m. Subtraindo desse valor as perdas $J_{BC} = 1,72$, tem-se 0,88 m, o que dará para atender à pressão de 0,50 m exigida para o chuveiro e às perdas que ocorrerem no trecho entre o ponto C e o chuveiro.

Como a perda no ramal é de 3/4" e a descarga de 0,47 L/s é igual a 0,214 m/m, e como temos uma disponibilidade de 0,88 mca, essa disponibilidade daria para uma extensão de encanamento igual a: $L_{ramal} = \dfrac{0,88}{0,214} = 4,11$ m. Logo, esse comprimento será suficiente para ligar o chuveiro à coluna.

Na Tabela 1.12, acham-se calculadas as grandezas de modo análogo ao que foi feito anteriormente para a coluna com vasos dotados de válvula de descarga.

Tabela 1.12 Dimensionamento da coluna do Exemplo 1.12

Coluna	Trecho	Pesos		Vazão	Diâm.		Veloc.	Comprimentos			Pressão disponível	Perda de carga		Pressão a jusante		Observações
								Real	Equiv.	Total		Unit.	Total			
		Unit.	Acum.	(L/s)	(mm)	(")	(m/s)	(m)	(m)	(m)	(mca)	(mca/m)	(mca)	(mca)	(kPa)	
Col. nº 2	BC	2,4	28,8	1,61	40	1 1/2	1,28	16,27	6,6	22,87	4,20	0,075	1,72	2,48	24,8	Desnível do reservatório à última derivação: 4,20 + (11 pav. $\times$ 3,15) = **38,85 m** e Pressão residual somada com as perdas totais: 29,23 + 9,62 = **38,85 m**.
	CD	2,4	26,4	1,54	32	1 1/4	1,92	3,15	0,7	3,85	5,63	0,206	0,79	4,84	48,4	
	DE	2,4	24,0	1,47	32	1 1/4	1,83	3,15	0,7	3,85	7,99	0,188	0,72	7,26	72,6	
	EF	2,4	21,6	1,39	32	1 1/4	1,73	3,15	0,7	3,85	10,41	0,171	0,66	9,76	97,6	
	FG	2,4	19,2	1,31	32	1 1/4	1,63	3,15	0,7	3,85	12,91	0,153	0,59	12,32	123,2	
	GH	2,4	16,8	1,23	32	1 1/4	1,53	3,15	0,7	3,85	15,47	0,135	0,52	14,95	149,5	
	HI	2,4	14,4	1,14	32	1 1/4	1,42	3,15	0,7	3,85	18,10	0,116	0,45	17,65	176,5	
	IJ	2,4	12,0	1,04	25	1	2,12	3,15	0,5	3,65	20,80	0,327	1,19	19,61	196,1	
	JK	2,4	9,6	0,93	25	1	1,89	3,15	0,5	3,65	22,76	0,265	0,97	21,79	217,9	
	KL	2,4	7,2	0,80	25	1	1,64	3,15	0,5	3,65	24,94	0,203	0,74	24,20	242,0	
	LM	2,4	4,8	0,66	25	1	1,34	3,15	0,5	3,65	27,35	0,138	0,50	26,84	268,4	
	MN	2,4	2,4	0,46	20	3/4	1,48	3,15	0,4	3,55	29,99	0,214	0,76	29,23	292,3	
												9,62	29,23	292,3		< 400 kPa

1.10.4 Barrilete

A ligação da extremidade superior das colunas de alimentação diretamente ao reservatório na cobertura ofereceria sérios inconvenientes, pois haveria casos em que o reservatório teria dezenas dessas inserções, de estanqueidade problemática. O barrilete, ou colar de distribuição, é a solução adotada para se limitar as ligações ao reservatório. Trata-se de uma tubulação ligando as duas seções do reservatório superior, e da qual partem as derivações correspondentes às diversas colunas de alimentação.

São duas as opções no projeto do barrilete:

- sistema unificado ou central;
- sistema ramificado.

1.10.4.1 Sistema unificado

Esse sistema consiste em uma tubulação ligando as duas seções do reservatório de onde partem diretamente todas as ramificações, correspondendo cada qual a uma coluna de alimentação, conforme mostra a Fig. 1.47.

Colocam-se dois registros que permitem isolar uma ou outra seção do próprio reservatório. Cada ramificação para a coluna correspondente tem seu registro próprio. Desse modo, o controle e a manobra de abastecimento, bem como o isolamento das diversas colunas, são feitos em um único local da cobertura. Se o número de colunas for muito grande, prolonga-se o barrilete além dos pontos de inserção no reservatório (Fig. 1.47(b)).

Além disso, no caso de existência de apartamento de cobertura, devido principalmente a problemas de baixas pressões, pode ser adotado um reservatório auxiliar em cota superior ao reservatório superior do prédio, conforme mostrado na Fig. 1.48.

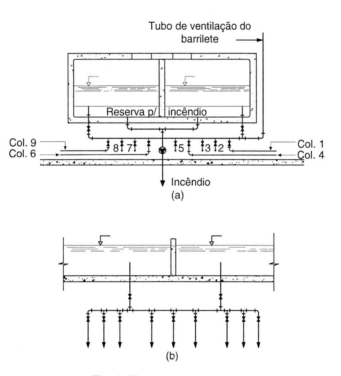

Fig. 1.47 Barriletes unificados.

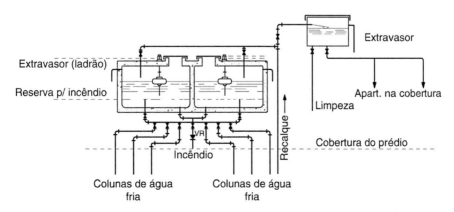

Fig. 1.48 Reservatório superior e reservatório auxiliar para apartamento na cobertura.

■ Exemplo 1.13

Considere um barrilete que alimenta quatro colunas de um prédio de escritórios, com 22 pavimentos, servindo duas delas a dois vasos sanitários com válvula de descarga em cada pavimento e as outras duas colunas, a um vaso sanitário também com válvula de descarga em cada pavimento, conforme mostra a Fig. 1.49. Dimensionar o referido barrilete.

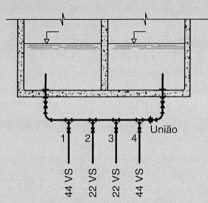

Fig. 1.49 Barrilete unificado com quatro derivações.

Solução:

Considere os diâmetros iniciais das colunas, dimensionados conforme a NBR 5626:1998, de forma análoga aos Exemplos 1.11 e 1.12.

A Tabela 1.13 mostra um resumo do cálculo prévio já realizado.

Tabela 1.13 Barrilete do tipo unificado – solução do Exemplo 1.13

Coluna	Número de VS c/ VD	Peso (P)	Vazão (Q) (L/s)	Diâmetro inicial da coluna (D) ('')
1	44	1760	12,58	3
2	22	880	8,89	2 1/2
3	22	880	8,89	2 1/2
4	44	1760	12,58	3
ΣP		5280		

A descarga correspondente ao peso será: $Q = 0,3 \times \sqrt{5.280} = 21,8$ L/s.

A partir daí, considera-se que cada seção do reservatório fornece a metade dessa descarga. Ocasionalmente, durante a limpeza do reservatório, poderá funcionar apenas uma seção, quando então as condições de funcionamento deixarão de ser aquelas consideradas ideais.

A descarga a considerar será, pois: $q = Q \div 2 = 21,8 \div 2 = 10,91$ L/s.

A perda de carga que, em geral, se admite é a adotada por Hunter, isto é, $J_p = 8$ m/100 m.

A fórmula de Fair-Whipple-Hsiao colocando o diâmetro em evidência, pode ser escrita como:

$$D = 0,280454 \frac{Q^{0,385}}{J_u^{0,205}} = 0,280454 \frac{(0,0109)^{0,385}}{(0,08)^{0,205}} = 0,08263 \text{ m} = 82,63 \text{ mm}$$

Logo, o diâmetro comercial mais próximo será o de **100 mm (4'')**, que fornecerá ao escoamento uma velocidade de 1,35 m/s. A perda de carga com esse diâmetro, mantida a mesma descarga, será de:

$$J_u = 0,002021 \frac{Q^{1,88}}{D^{4,88}} = 0,002021 \frac{(0,0109)^{1,88}}{(0,1)^{4,88}} = 0,031 \text{ m/m}$$

Observação: alguns projetistas dimensionam o barrilete de modo tal que a descarga total possa ser suprida por qualquer uma das seções do reservatório.

1.10.4.2 Sistema ramificado

Do barrilete saem os ramais, os quais, por sua vez, dão origem a derivações secundárias para as colunas de alimentação. Ainda nesse caso na parte superior da coluna, ou no ramal do barrilete próximo à descida da coluna, coloca-se um registro.

Esse sistema, usado por questões de economia de tubulações, dispersa os pontos de controle por registro, e, quando se trata de terraço, obriga a construir caixas na camada de isolamento térmico da laje, para se colocar os registros. Tecnicamente, a solução do barrilete unificado é a mais considerada.

■ Exemplo 1.14

A Fig. 1.50 representa um barrilete ramificado de um edifício de 12 pavimentos com dois apartamentos por andar, cada um com dois banheiros completos, banheiro de empregada, cozinha com duas pias, área de serviço com tanque e máquina de lavar roupa.

Na Tabela 1.14, acham-se indicados os compartimentos e as peças neles instaladas. A coluna da cozinha serve também a um tanque e a do banheiro de empregada, à máquina de lavar roupa. Dimensionar esse barrilete.

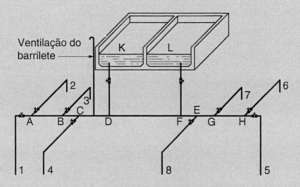

Fig. 1.50 Barrilete ramificado do Exemplo 1.14.

Solução:

A memória de cálculo do dimensionamento das colunas 1 a 8 e do barrilete estão apresentados na Tabela 1.14.

Tabela 1.14 Barrilete do tipo ramificado – solução do Exemplo 1.14

Coluna	Compartimentos e peças	Pesos	Trecho	Descarga (L/s)	Diâmetro (mm)	Diâmetro (")
1	Banheiro social: (1 Bn + 1 Lv + 1 BS c/ CD + 1 DH + 1 Ch)	12 × 2,8 = 33,6	1-A	1,74	32	1 1/4
2	Cozinha: (2 P + 1 Tq)	12 × 3,0 = 36,0	2-A	1,80	32	1 1/4
		69,6	A-B	2,50	40	1 1/4
3	Banheiro de empregada e máquina de lavar: (1 Ch + 1 Lv + 1 BS c/ CD + 1 LR)	12 × 2,8 = 33,6	3-B	1,74	32	1 1/4
		103,2	B-C	3,05	40	1 1/2
4	Banheiro social: (1 Bn + 1 Lv + 1 BS c/ CD + 1 DH + 1 Ch)	12 × 2,8 = 33,6	4-C	1,74	32	1 1/4
		136,8	C-D	3,51	50	2
5	Banheiro social: (1 Bn + 1 Lv + 1 BS c/ CD + 1 DH + 1 Ch)	12 × 2,8 = 33,6	5-H	1,74	32	1 1/4

continua

Tabela 1.14 Barrilete do tipo ramificado - solução do Exemplo 1.14 (*Continuação*)

Coluna	Compartimentos e peças	Pesos	Trecho	Descarga (L/s)	Diâmetro (mm)	(")
6	Cozinha: (2 P + 1 Tq)	12 × 3,0 = 36,0	6-H	1,80	32	1 1/4
		69,6	H-G	2,50	40	1 1/2
7	Banheiro social: (1 Bn + 1 Lv + 1 BS c/ CD + 1 DH + 1 Ch)	12 × 2,8 = 33,6	7-G	1,74	32	1 1/4
		103,2	G-E	3,05	40	1 1/2
8	Banheiro social: (1 Bn + 1 Lv + 1 BS c/ CD + 1 DH + 1 Ch)	12 × 2,8 = 33,6	8-F	1,74	32	1 1/4
		136,8	E-F	3,51	50	2
	Barrilete KDFL	120,0	D-K	3,51	50	2
		120,0	F-L	3,51	50	2
		120,0	D-F	3,51	50	2

Usando o nomograma da Fig. 1.42, determinam-se os diâmetros de cada coluna e de cada trecho. Assim, por exemplo, para achar o diâmetro do trecho AB, soma-se os pesos das colunas 1 e 2. Para determinar o do trecho CD, somamos os pesos da coluna 1, 2, 3 e 4.

Admite-se que, pela simetria na distribuição, a descarga no barrilete é fornecida metade por KD e metade por LF; portanto, o trecho DF tem o mesmo diâmetro que os dois citados trechos verticais.

No caso de se desejar prever que toda a descarga possa ser fornecida por apenas uma das seções do reservatório, ter-se-á que considerar, para os trechos KD e LF, a descarga de 4,65 L/s, correspondente à soma de pesos 120 + 120 = 240. Logo, pode concluir que o diâmetro do referido barrilete é de **50 mm (2")**, conforme se pode verificar usando o gráfico da Fig. 1.42.

1.10.5 Distribuição às peças de utilização

A distribuição realiza-se pelos ramais e sub-ramais, cuja altura acima ou abaixo do piso irá depender: do tipo de aparelho; de haver piso rebaixado ou teto falso abaixo da laje; e das razões de ordem prática que orienta o projetista.

Serão considerados alguns casos de usos frequentes, a fim de serem verificadas as alturas acima dos ramais e dos pontos dos sub-ramais nos quais se efetua a ligação ao aparelho.

Essa ligação pode ser direta, como no caso de um chuveiro e um aquecedor, ou pode ser feita com pequeno trecho de tubulação, como nos lavatórios, bidês, duchas higiênicas e mictórios.

1.10.5.1 Ligação de válvula de descarga

A Fig. 1.51 mostra a altura do sub-ramal para a válvula de descarga, supondo que as válvulas sejam à prova de retrossifonagem.

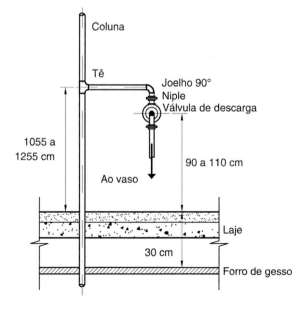

Fig. 1.51 Medidas para instalação de válvula de descarga.

Alguns modelos da válvula de botão dispensam o registro no sub-ramal, pois já contêm um combinado com a própria válvula.

Caso a válvula seja passível de sofrer retrossifonagem do vaso, a altura do sub-ramal acima da borda e transbordamento do vaso é, no mínimo, de 40 cm.

1.10.5.2 Ligação de caixa de descarga

Pode ser feita com o sub-ramal a 20 ou 30 cm acima do piso ou acima da caixa, como mostra a Fig. 1.52. Nesta figura, a caixa de descarga é do tipo embutida, mas ela também pode ser externa ou acoplada à bacia sanitária, conforme mostram as Figs. 1.53 e 1.54, respectivamente.

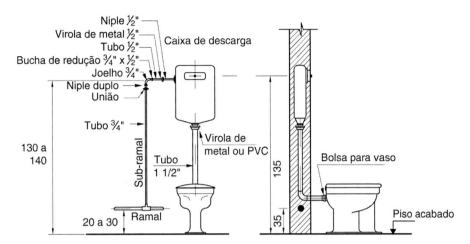

Fig. 1.52 Medidas para instalação de bacia sanitária com caixa de descarga embutida.

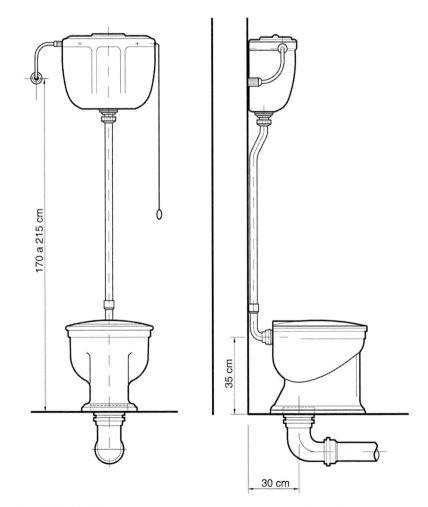

Fig. 1.53 Medidas para instalação de bacia sanitária com caixa de descarga externa.

1.10.5.3 Aparelhos de cozinha

De forma geral, havendo água fria e água quente, a torneira de água fria é colocada à direita de quem a utiliza.

O ramal da cozinha e o registro são, às vezes, instalados a 1,40 do piso, e não a 0,40 m, pois neste caso geralmente o registro fica localizado dentro dos armários de cozinha, conforme mostra a Fig. 1.55.

1.10.5.4 Aparelhos de área de serviço

As Figs. 1.56(a) e 1.56(b) mostram as peças de utilização e as medidas de instalação necessárias para a instalação de um tanque de lavar roupas e de uma máquina de lavar, respectivamente, além de um detalhe de ligação de um registro de pressão, que pode ser utilizada em instalação de chuveiros e outros.

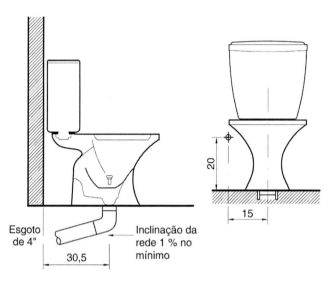

Fig. 1.54 Medidas para instalação de bacia sanitária com caixa de descarga acoplada.

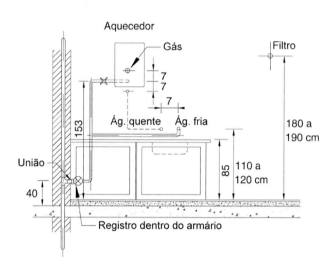

Fig. 1.55 Instalação de água fria em cozinha.

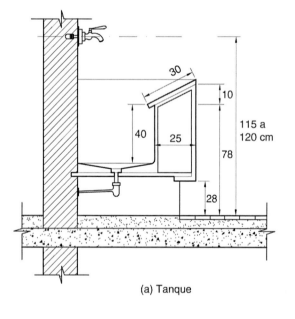

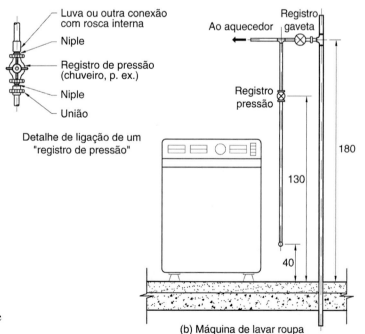

Fig. 1.56 Instalação de água fria para tanque (a) e máquina de lavar roupa com detalhe de ligação de registro de pressão (b).

A Fig. 1.57 mostra as peças de utilização e as medidas de instalação de água fria necessárias para a instalação de um aquecedor a gás, que deve ser instalado na área de serviço, e não nos banheiros sociais.

1.10.5.5 Aparelhos de banheiro

As peças de utilização e as medidas de instalação necessárias para a instalação de diversos aparelhos de banheiro, tais como lavatório, chuveiro, banheira, bacia sanitária, ducha higiênica e bidê, estão ilustradas na Fig. 1.58. Cabe ressaltar que o bidê se encontra em desuso, por ser considerada anti-higiênica, e está sendo substituído pela ducha higiênica, que é instalada próxima à bacia sanitária e utilizada junto com a mesma.

Além disso, em banheiros públicos e coletivos masculinos é usual serem instalados mictórios, que podem ser cerâmicos ou metálicos, individuais ou em calha, instalados em paredes. Um exemplo é mostrado na Fig. 1.59.

O ramal derivado de uma coluna de distribuição acha-se representado na Fig. 1.60 com o registro de gaveta e as diversas conexões.

Para a montagem do misturador de água fria e quente para chuveiro ou banheira, pode-se adotar, por exemplo, os arranjos representados nas Figs. 1.61(a) e 1.61(b).

1.10.6 Projeto da instalação de água fria e potável

Para ilustrar as explicações dadas neste capítulo, acha-se representada a instalação de água fria de um edifício de 12 pavimentos, com subsolo, tendo dois apartamentos por pavimento e um na cobertura para o zelador, além de duas lojas e garagem (representada parcialmente).

A Fig. 1.62 mostra o esquema vertical de água fria, podendo-se observar os reservatórios e o sistema de elevação de água, o barrilete e as colunas verticais de distribuição. Foram previstas válvulas à prova de retrossifonagem, nas quais o êmbolo fecha tanto a favor quanto contra o fluxo (refluxo) da água.

As Figs. 1.63 a 1.66 indicam a distribuição nos pavimentos (subsolo, térreo e apartamento tipo) e na cobertura, enquanto as Figs. 1.67 e 1.68 mostram, além das plantas baixas de distribuição na cozinha e nos banheiros, as representações isométricas e esquemas para indicação das alturas dos ramais e das "saídas" para as peças de utilização.

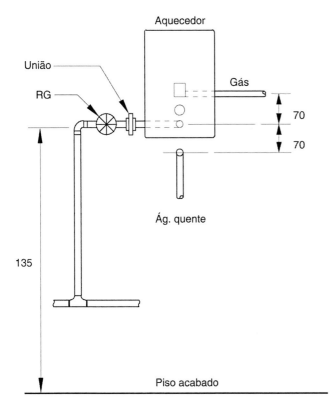

Fig. 1.57 Instalação de água fria para aquecedor a gás.

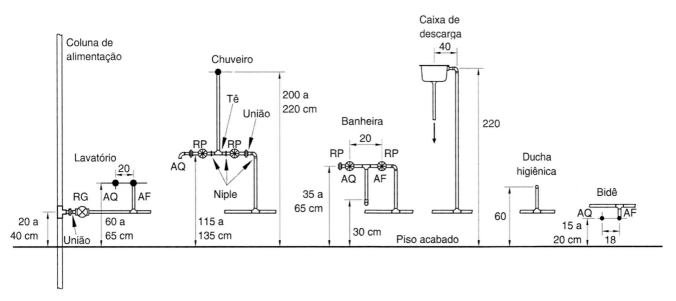

Fig. 1.58 Altura dos pontos de utilização dos aparelhos e peças de banheiros.

56 Capítulo 1

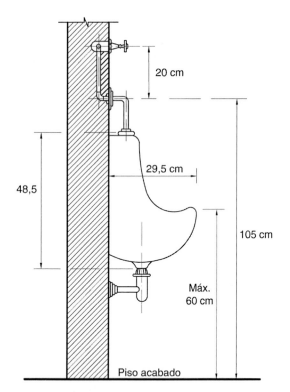

Fig. 1.59 Instalação de mictórios de parede.

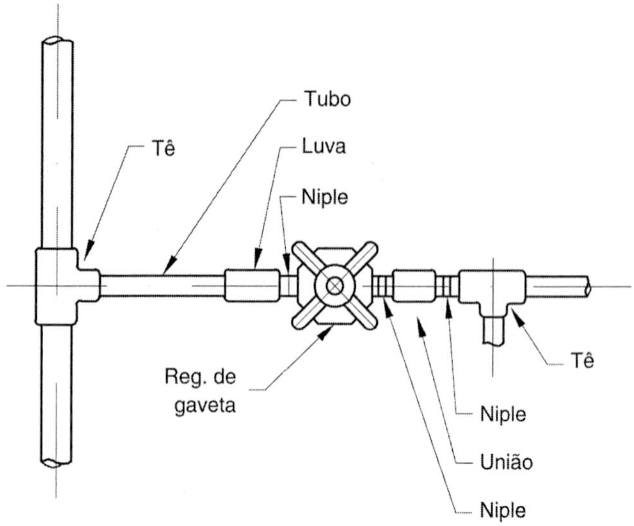

Fig. 1.60 Ramal de uma coluna com registro de gaveta.

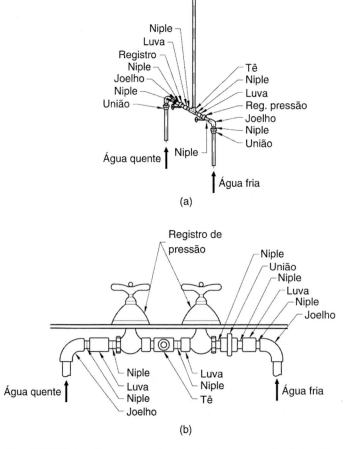

Fig. 1.61 Misturador para um chuveiro (a) ou para uma banheira (b).

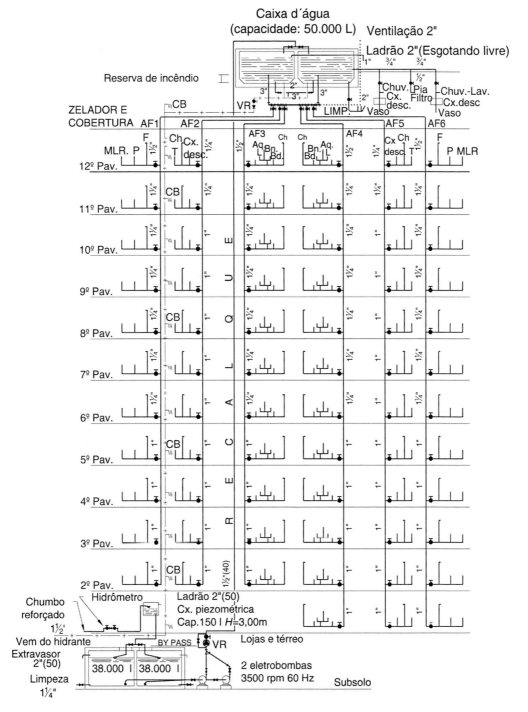

Fig. 1.62 Esquema vertical de água fria.

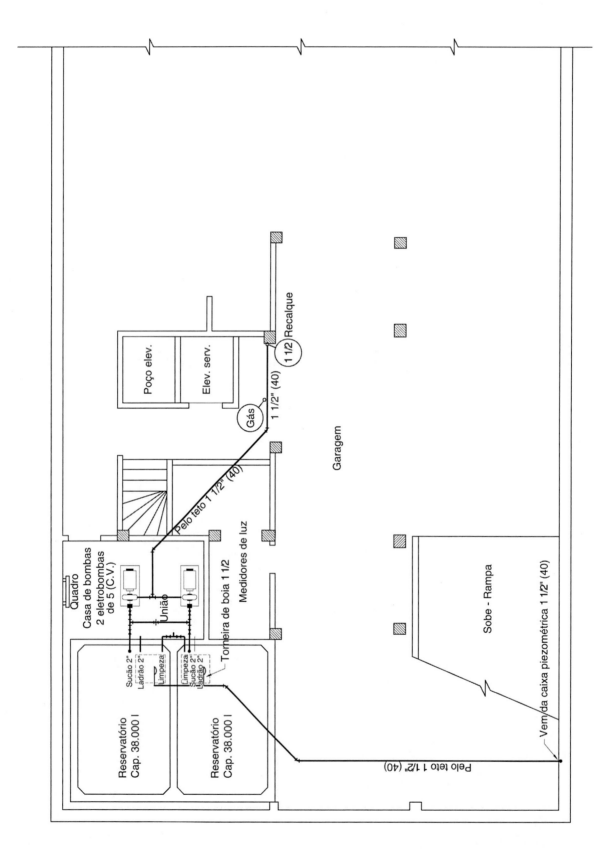

Fig. 1.63 Instalação de água e gás (subsolo).

Instalações de Água Fria Potável 59

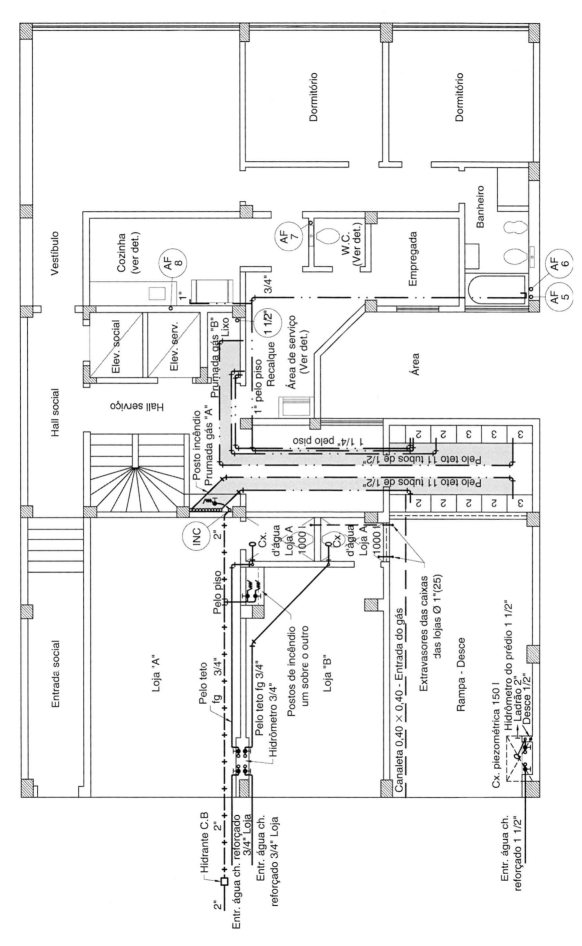

Fig. 1.64 Instalação de água fria e gás (pavimento térreo).

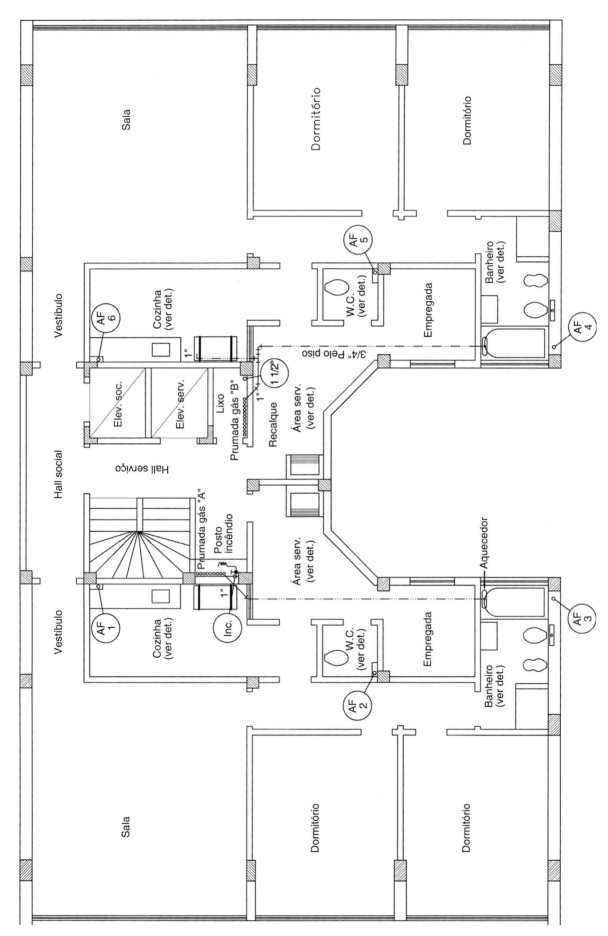

Fig. 1.65 Instalação de água fria e gás (pavimento tipo).

Instalações de Água Fria Potável 61

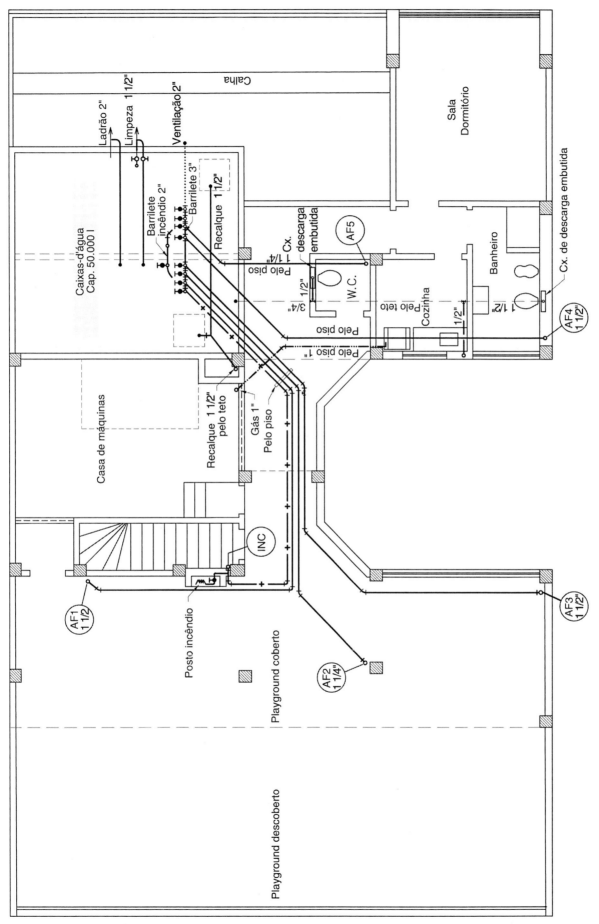

Fig. 1.66 Instalação de água fria e gás (cobertura e apartamento do porteiro).

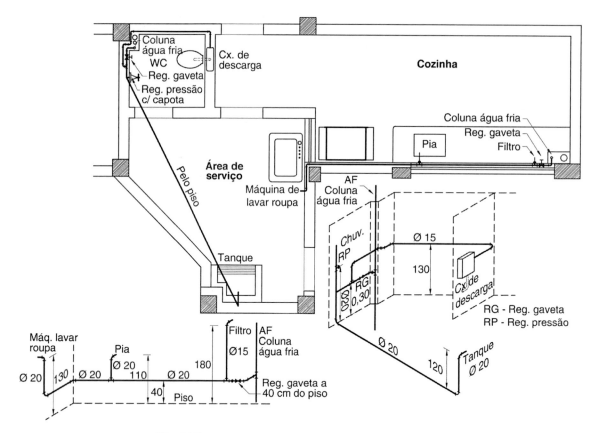

Fig. 1.67 Instalação de água fria (cozinha e área de serviço).

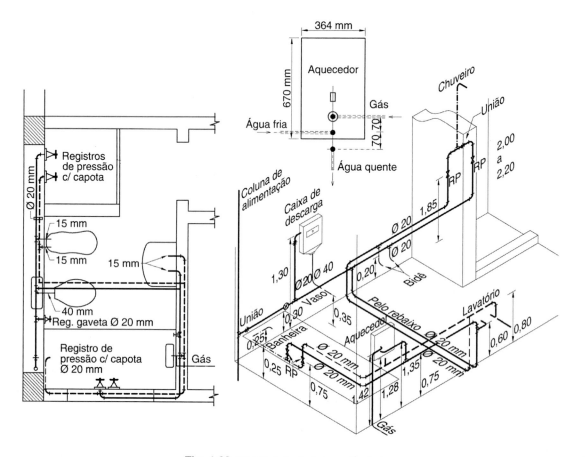

Fig. 1.68 Distribuição de água no banheiro.

1.11 INSTALAÇÃO HIDROPNEUMÁTICA

A instalação hidropneumática é um sistema de fornecimento de água pressurizada, no qual, no início da tubulação de recalque de uma bomba ou um sistema de bombas, intercala-se um reservatório metálico, em cujo interior o líquido comprime uma camada de ar durante o funcionamento do sistema. O volume de ar se comprime proporcionalmente à pressão manométrica de instalação, permitindo um escoamento sujeito à pulsação de reduzidas amplitudes.

O sistema hidropneumático possui as seguintes vantagens:

- apresenta menor custo inicial, quando comparado às instalações com castelos d'água;
- espaço ocupado reduzido;
- pode ser instalado em qualquer área;
- permite uma modulação no sistema, proporcionando um aumento de produção no abastecimento, de acordo com o aumento da demanda, podendo-se acrescentar novas unidades à instalação.

Em sistemas de distribuição hidropneumática, os aparelhos passíveis de provocar retrossifonagem só podem ser instalados com o seu sub-ramal protegido por um quebrador de vácuo. A tomada d'água do sub-ramal que alimenta aparelhos passíveis de retrossifonagem deve ser feita em um ponto da coluna no mínimo 0,40 m acima da borda de transbordamento do aparelho servido.

1.11.1 Reservatório hidropneumático

O reservatório hidropneumático é empregado em certas instalações prediais, geralmente de edifícios de grande número de pavimentos, ou poucos pavimentos com áreas muito extensas, em últimos pavimentos de edifícios, em estabelecimentos industriais, estações subterrâneas de metrô, galerias de mineração, navios, instalações de proteção e combate contra incêndio, em máquinas de lavar, duchas etc. Sua finalidade é substituir o reservatório elevado que normalmente abastece os pontos de consumo, mas que nos casos citados, por questões próprias a cada um, não podem ou não convêm serem construídos.

Para se conseguir a pressão desejada, bombeia-se a água no interior de um reservatório, geralmente cilíndrico e de eixo vertical, a qual comprime certo volume de ar que, pela sua compressibilidade, funcionará como acumulador de energia e amortecedor das oscilações de descarga nas peças de consumo. O reservatório armazena certo volume de água, que é enviado à rede caso ocorra uma demanda. Não é, rigorosamente, um reservatório de acumulação de água no sentido em que se costuma designá-lo, pois, quando o consumo se prolonga, a água se esgota e a bomba se encarrega de ir abastecendo o reservatório, enquanto persiste a demanda e o reservatório vai alimentando a rede interna.

Uma instalação ou *estação hidropneumática* consiste em uma ou mais bombas centrífugas, um ou mais reservatórios formando baterias, e controles para manter uma relação adequada entre água e ar para a pressão desejada, além de equipamento para enviar ar sob pressão ao reservatório.

No caso da instalação que será denominada *convencional*, com um reservatório e uma bomba (e naturalmente outra de reserva), não apenas se deve prever que em curtos períodos possa ocorrer eventualmente uma demanda que seja a máxima possível, como também, para atender a essa situação, considerar uma reserva de segurança de água acima da boca de saída do recalque do reservatório, a qual é da ordem de 20 % do volume total do reservatório. Isso evita que a boca de recalque fique exposta ao ar comprimido, que iria para a tubulação, com sérios inconvenientes para um funcionamento regular.

O reservatório é dimensionado para um consumo de V_u litros entre duas ligações sucessivas da bomba, isto é, por ciclo de operação, de modo que a bomba funcione de 6 a 20 vezes por hora.

Há duas maneiras de dimensionar o reservatório:

- a primeira supõe que a bomba recalque a água no reservatório onde o ar se encontra sob pressão atmosférica, comprimindo-o até atingir o volume correspondente à pressão desejada;
- a segunda prevê um compressor de ar ou dispositivo adequado que introduza ar no reservatório ou na água ao ser bombeada e proporcione uma pressão interna que corresponda à pressão inicial da bomba. A vantagem, no caso, é a redução nas dimensões de reservatório.

Após certo tempo de operação, o ar no interior do reservatório acaba se dissolvendo na água, diminuindo, portanto, o volume do colchão de ar, caso não seja injetado ar comprimido. Em condições normais de temperatura e pressão, a água pode absorver 1,8 % de seu volume em ar. Uma vez operando em regime, o compressor deverá funcionar automaticamente, repondo o ar perdido pela dissolução na água.

1.11.2 Dimensionamento do reservatório hidropneumático

O princípio básico de funcionamento de um reservatório hidropneumático é a *Lei de Boyle-Mariotte*, que se pode enunciar assim: *"A temperatura se mantendo constante, os volumes ocupados por gás variam inversamente com as pressões a que estão submetidos"*. Isto é:

$$P_1 V_1 = P_2 V_2 = \text{constante}$$

Considere o reservatório hidropneumático e as respectivas grandezas apresentadas na Fig. 1.69.

As grandezas a serem consideradas são:

- Q: descarga da bomba ou consumo máximo provável em L/min. Deve ser tomada como igual à descarga correspondente ao consumo máximo provável da instalação servida pelo sistema, multiplicada por um fator de segurança igual a 1,15 a 1,25. Pode-se, na falta de elementos mais precisos, adotar para $Q = 20$ a 30 % do consumo total diário (C_d). Como a frequência máxima de ligações ocorre quando há um sistema de consumo constante e igual à metade da capacidade da bomba,

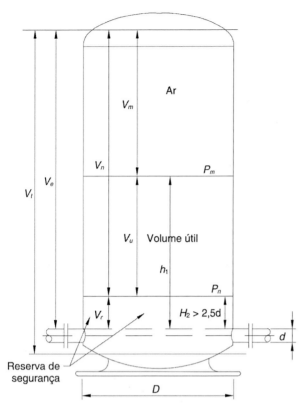

Fig. 1.69 Reservatório hidropneumático.

alguns projetistas adotam como capacidade da bomba o dobro do consumo máximo horário.
- número de ligações da bomba a cada hora.
- P_n: pressão absoluta de partida da bomba (atmosferas). É igual à pressão manométrica p_n, acrescida de uma atmosfera.
- P_m: pressão absoluta de parada da bomba (atmosferas). É igual à pressão manométrica p_m, acrescida de uma atmosfera.
- V_t: volume total do reservatório hidropneumático (m³).
- V_r: volume morto ou residual. É o volume de segurança compreendido entre o nível de água correspondente a P_n

e o fundo do reservatório. Deve ser adotado para este volume 20 % do volume total, isto é, $V_r = 0{,}20 \times V_t$.
- V_m: volume de ar correspondente à pressão máxima P_m.
- V_n: volume de ar correspondente à pressão mínima P_n.
- V_u: volume útil de água no reservatório, compreendido entre níveis correspondentes a P_m e P_n. É o volume de água introduzido no reservatório durante o tempo em que a pressão do ar interior aumenta de P_n a P_m, ou seja, entre a ligação e o desligamento da bomba. Funciona como uma reserva para suprimento quando a rede demandar e a bomba ainda estiver parada ou durante pequenos intervalos de tempo.
- h_2: altura correspondente ao limite de segurança de utilização do líquido do reservatório para evitar que entre ar na linha de recalque. Corresponde à altura do volume morto V_r residual. Deve ser maior que 2,5 vezes o diâmetro do tubo de recalque d: $h_2 > 2{,}5 \times d$.

Aplicando-se a *Lei de Boyle-Mariotte* à expansão do ar do volume V_m a V_n, chega-se à expressão para o volume útil V_u:

$$V_u = \frac{V_n(P_m - P_n)}{P_m} = \frac{V_m\left[(p_m + 1) - (p_n + 1)\right]}{(p_m + 1)}$$

Note que p_m e p_n são as pressões manométricas ou relativas expressas em atmosfera, diferenças entre as pressões absolutas e a pressão atmosférica.

Considerando-se o volume morto $V_r = 0{,}20 \times V_t$, segue-se que: $V_n = 0{,}8 \times V_t$. Logo, o volume útil pode ser escrito como:

$$V_u = \frac{0{,}8 \times V_t (p_m - p_n)}{p_m + 1}$$

Assim, o *volume total do reservatório* V_t pode ser determinado com a seguinte expressão:

$$V_t = \frac{24\text{h}}{0{,}8} \times \frac{Q}{N} \times \frac{(p_m + 1)}{(p_m - p_n)} = 30 \times \frac{Q}{N} \times \frac{(p_m + 1)}{(p_m - p_n)}$$

Adota-se $N = 6$, para instalações onde for aplicável a NBR 5626:1998; e $N = 6$ a 10, para água destinada a instalações industriais.

■ Exemplo 1.15

Considere a descarga $Q = 2{,}5$ L/s $= 150$ L/min. Além disso, adota-se:
- pressão relativa de desligamento: $P_m = 4$ atm;
- pressão relativa de ligação: $P_n = 2$ atm;
- número de ligações da bomba por hora: $N = 8$.

Dimensionar o sistema hidropneumático.

Solução:

a) Volume total do reservatório:

$$V_t = 30 \times \frac{150}{8} \times \frac{(4+1)}{(4-2)} = 1406 \text{ L}$$

continua

b) Volume útil:

$$V_u = \frac{0,8 \times 1406 \times (4 - 2)}{4 + 1} = 450 \text{ L}$$

c) Relação entre o volume útil e total:

$$\frac{V_u}{V_t} = \frac{450}{1406} = 0,32$$

d) Volume morto ou residual, ou de segurança:

$$V_r = 0,2 \times V_t = 0,2 \times 1406 = 281 \text{ L}$$

e) Volume do reservatório ocupado pelo ar
   - ao se desligar a bomba: $V_m = V_t - (V_u + V_r) = 1406 - (450 + 281) = 645$ L;
   - ao se ligar a bomba: $V_n = 0,8 \times V_t = 0,8 \times 1406 = 1125$ L.

Logo, $V_n + V_r = V_t$ ou $V_t = 1125 + 281 = 1406$ L.

Adotando-se um reservatório cilíndrico e fixando-se o valor da altura $h = 1,80$ m compatível com o pé direito do local da instalação, calcula-se o diâmetro D:

$$D = \sqrt{\frac{4 \times V_t}{\pi \times h}} = \sqrt{\frac{4 \times 1406}{\pi \times 1,8}} = 0,99 \text{ m}$$

A altura h_1 da camada de água correspondente ao volume útil mais a reserva será:

$$h_1 = \frac{4 \times (V_u + V_r)}{\pi \times D^2} = \frac{4 \times 0,731}{3,14 \times (0,99)^2} = 0,950 \text{ m}$$

1.12 CAPTAÇÃO DE ÁGUA DE POÇOS

Em localidades onde não existe rede pública de abastecimento de água, ou quando se pretende reforçar o volume de água de abastecimento, usa-se retirar a água do lençol subterrâneo por meio de bombeamento da água de poços. As instalações de captação de poços vão desde as modestas instalações para residências isoladas até as grandes instalações que servem a indústrias, quartéis, hotéis, escolas e comunidades habitacionais.

A água que se infiltra no solo, atravessando a *camada de húmus*, a *faixa de transição* e a *franja de capilaridade*, atingindo a chamada zona de saturação, constitui um *lençol freático*, também chamado *aquífero livre*. Os poços que atingem esse lençol são chamados de *poços freáticos*. Com a escavação ou perfuração de poços e a utilização de recursos apropriados, esta água pode ser retirada e utilizada.

Quando a camada permeável encharcada se encontra entre duas camadas de rochas impermeáveis, ela é denominada lençol artesiano ou *aquífero confinado*. Os poços que atingem esse lençol são conhecidos como *poços artesianos*.

A Fig. 1.70 ilustra um perfil do solo contendo um poço freático, um poço artesiano e um poço surgente ou jorrante.

Conforme as condições de pressão do aquífero artesiano, uma vez aberto o poço, a água pode jorrar livremente, dispensando qualquer bombeamento. Trata-se de *poços surgentes*. Se o nível piezométrico do aquífero se situar abaixo da superfície do solo, dever-se-á bombear a água. Este é o caso mais comum.

Ao se perfurar um poço, após certo tempo, a água vem a enchê-lo até uma cota que corresponde ao *nível estático do lençol*. Quando se procede ao bombeamento, a água vai baixando até que se estabeleça o equilíbrio entre a água retirada e a que se infiltra para o interior do poço. Então, o nível se estabiliza e se denomina *nível dinâmico do poço*.

Em geral, o nível dinâmico do poço, mesmo no caso dos lençóis freáticos, que são em geral menos profundos, é bastante profundo para impedir o uso de uma bomba colocada na superfície do terreno, pois a máxima altura estática de aspiração, pelos condicionamentos analisados, não pode ser em geral superior a 6 ou 7 m. Torna-se necessário recorrer a modalidades especiais de instalação.

Entre essas modalidades, faremos breve referência apenas às instalações que empregam:

   - ar comprimido, chamadas bombas de emulsão de ar;
   - bombas e ejetores.

1.12.1 Bombas de emulsão de ar

Esse sistema, conhecido como *air-lift*, não é propriamente uma instalação de bomba, mas um sistema misto de bombeamento a ar.

Utiliza ar comprimido que é conduzido em um tubo que permite injetar o ar em um tubo maior, até uma profundidade

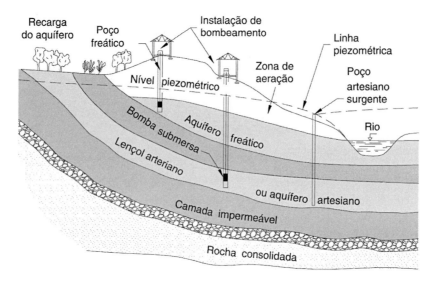

Fig. 1.70 Sistema de captação de água em poços.

considerável. O tubo de ar comprimido pode ser colocado externa ou internamente ao tubo por onde se elevará a água.

O ar, saindo do tubo por um *aspersor* (tubo com grande número de orifícios), ao penetrar no tubo de aspiração (tubo adutor), mistura-se com a água e esta mistura ou *emulsão água-ar*, possuindo menor peso específico que o da água, é recalcada pela própria água do poço em virtude da diferença de pressões hidrostáticas fora e dentro do tubo.

Em uma instalação de poço, qualquer que seja seu tipo, é usual a seguinte nomenclatura, que pode ser aplicada ao poço representado na Fig. 1.71:

- submergência estática (S);
- altura de elevação ou desnível topográfico (C);
- submergência dinâmica (A);
- rebaixamento do lençol (D);

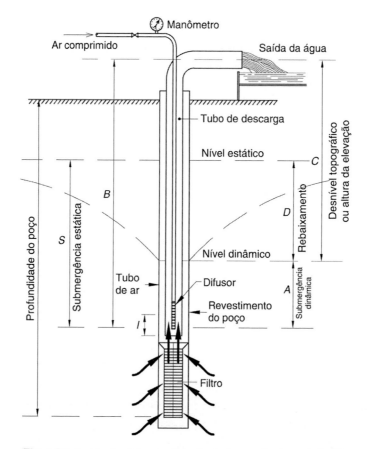

Fig. 1.71 Instalação típica de elevação da água pelo sistema *air-lift*.

Tabela 1.15 Descarga para diversos valores de submergência e diâmetros dos tubos de água e de ar

Diâmetro dos tubos (mm)		Submergência (A/B)					
		33 %	43 %	50 %	55 %	60 %	66 %
Água	Ar	Descarga elevada (L/min)					
38	13	40	52	58	60	68	71
50	19	65	95	113	140	150	162
63	25	120	160	200	210	225	243
75	25	230	350	380	390	396	404
88	25	320	425	490	500	512	530
100	30	430	550	600	650	655	662
125	38	720	900	1100	1140	1170	1205
150	38	940	1300	1500	1550	1600	1670

- submersão (A/B);
  - submergência relativa (A/C).

A descarga retirada do poço é tanto maior quanto maior for a submergência dinâmica A em relação à altura B, isto é, a submersão (A/B).

A experiência mostra que os melhores resultados com o sistema *air-lift* são obtidos para uma submergência (A/B) da ordem de 65 %. Excepcionalmente, atinge-se a 75 % e se desce a 33 %.

A Tabela 1.15 fornece a descarga para diversos valores de submergência e diâmetros dos tubos de água e de ar.

1.12.1.1 *Vantagens e inconvenientes do sistema* air-lift

O sistema é muito utilizado em instalações provisórias, ou quando a água contém substâncias abrasivas capazes de danificar as bombas, principalmente quando já existir instalações de ar comprimido, devido à extrema facilidade de instalação e segurança de funcionamento.

O rendimento referido à potência do compressor é baixo, da ordem de 0,25 a 0,50.

1.12.1.2 *Pressão de ar*

A pressão de ar necessária para a partida correspondente à submergência estática S, isto é, ao comprimento do tubo imerso, quando o compressor começa a funcionar.

A pressão de serviço corresponde à submergência dinâmica A, à qual deve ser acrescida uma pequena margem de segurança.

1.12.1.3 *Compressores*

Costuma-se empregar o compressor de 105 cfm (178 m³/h). A pressão máxima usual desses compressores é de 120 psi,

isto é, 8,4 kgf/cm², permitindo o funcionamento de um poço com submergência estática de 82,8 m. Para poços de pequena profundidade, o compressor de 100 psi (7,0 kgf/cm²) pode ser usado.

1.12.1.4 *Peças injetoras ou difusor e filtro*

Para que o ar penetre no tubo de água formando bolhas de minúsculas dimensões, a extremidade do tubo pode terminar em uma peça onde se faz grande número de orifícios — o difusor. Em instalações mais simples, os furos são feitos no próprio tubo de ar.

A distância l entre os orifícios e o fundo do tubo de água varia de 0,50 m (para $A/B = 0,75$) a 2,00 m (para $A/B = 0,25$).

Na extremidade inferior do tubo de água, pode-se utilizar, com vantagem, um filtro apropriado.

1.12.2 Ejetores ou trompas de água

Em poços com lençol freático pouco profundo, emprega-se muito o *ejetor* na instalação de bombeamento com bomba centrífuga comum, ou com ele acoplado diretamente à própria bomba.

Os *ejetores*, também chamados *trompas ou edutores*, funcionam segundo uma aplicação imediata do princípio de Bernouille e são dispositivos que consistem essencialmente em um bocal convergente alimentando um local convergente-divergente.

A água motriz (a que vai produzir a elevação desejada) vem da bomba e atravessa o bocal convergente e, em seguida, o bocal divergente. Na passagem do bocal convergente para o divergente na seção estrangulada, a velocidade é máxima e, por conseguinte, a pressão é baixa. A depressão que se forma no ejetor, aliada à velocidade considerável da veia

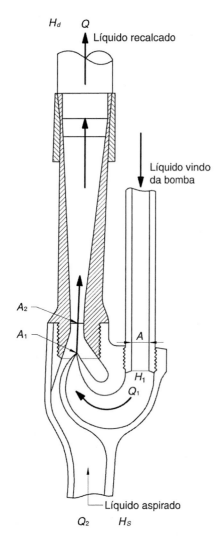

Fig. 1.72 Corte longitudinal do ejetor.

líquida, produz o arraste do ar existente no encanamento e, em seguida, do próprio líquido que se pretende aspirar, seguindo ambos pelo tubo de recalque.

Considere o ejetor, cujo corte longitudinal está mostrado na Fig. 1.72. As grandezas da figura são:

- pressão da água à entrada do ejetor (H_s);
- pressão da água bombeada à entrada do ejetor (H_l);
- pressão do líquido à saída do ejetor (H_d).

Define-se o coeficiente R como a razão entre as áreas A_1 e A_2 indicadas na Fig. 1.72. Assim, $R = \dfrac{A_1}{A_2}$.

Para valores de R de 0,25 a 0,625, o rendimento do ejetor é dado por:

$$\eta = \frac{Q_2}{Q_1} \times \frac{(H_d - H_s)}{(H_l - H_d)}$$

que é da ordem de 35 %.

A descarga que sai do ejetor é dada pela equação:

$$M = \frac{Q_2}{Q_1} = \frac{\text{descarga aspirada}}{\text{descarga da bomba}}$$

e

$$Q = C \times A_1 \times \sqrt{2gH_1} \times (M+1)$$

sendo $Q = Q_1 + Q_2$ e C um coeficiente experimental dependente das características do ejetor.

Na instalação para retirada de água de poços freáticos com bomba e ejetor, pode-se adotar a disposição indicada na Fig. 1.73.

Um pequeno reservatório (500 a 1000 L) serve para escorvar a bomba e deixar sedimentar as impurezas trazidas pela água recalcada, principalmente areia fina, que desgastaria rapidamente a bomba. Para esse fim, colocam-se divisórias ou *chicanas* no reservatório.

No início do funcionamento, o registro 2 será aberto e o registro 1, fechado. A água circula do reservatório para a bomba e volta ao reservatório. Aos poucos, abre-se o registro 1, fechando-se o registro 2. A água atua no ejetor e produz depressão própria a permitir à aspiração.

Uma parte da água bombeada sai pela tubulação A até seu destino, enquanto outra parte é enviada ao ejetor.

Às vezes, executa-se a instalação simplificada, sem reservatório decantador de areia (Fig. 1.74). Neste caso, depois de escorvar a bomba, fecham-se os registros 1 e 3 e abre-se o registro 2. Uma vez posta a bomba a funcionar, a água estabelece um circuito fechado do poço à bomba e de novo ao poço. Vai se abrindo lentamente o registro 1 ao mesmo tempo que se vai fechando um pouco o registro 2. Assim, parte da água segue pelo tubo de recalque, enquanto outra parte desce para atuar no ejetor.

No início do tubo de recalque, coloca-se uma válvula de retenção.

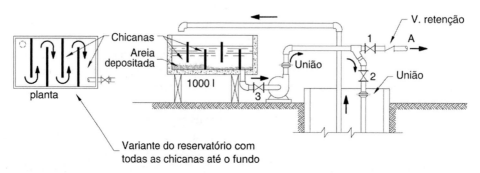

Fig. 1.73 Instalação de bombeamento com ejetor, com reservatório auxiliar de *decantação*.

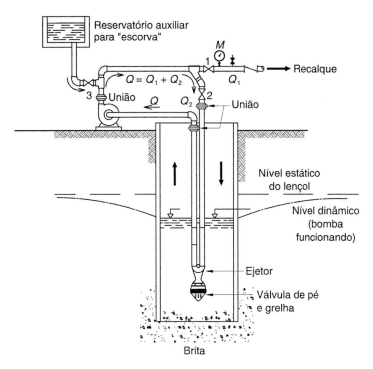

Fig. 1.74 Instalação de bombeamento com ejetor, com reservatório auxiliar para *escorva*.

2

Instalações de Esgotos Sanitários

2.1 INTRODUÇÃO

As prescrições relativas às instalações prediais de esgotos sanitários seguem a NBR 8160:1999 – *Sistemas prediais de esgoto sanitário*, da ABNT. Desta forma, o presente capítulo será baseado nesta Norma, sendo acrescentados alguns subsídios e desenhos que possam auxiliar o esclarecimento de certos pontos.

2.2 SISTEMAS PÚBLICOS DE ESGOTOS

Os esgotos prediais devem ser lançados nos sistemas de rede de esgotos sanitários das cidades. Esta rede pode ser caracterizada pelos seguintes sistemas:

- **Sistema unitário**: no qual as águas pluviais e as águas residuárias e de infiltração são conduzidas em uma mesma canalização ou galeria.
- **Sistema separador absoluto**: no qual há duas redes públicas inteiramente independentes: uma para águas pluviais e outra somente para as águas residuárias (e de infiltração). No Brasil é o sistema adotado, devido às vantagens que apresenta.

2.3 TIPOS DE ÁGUAS

Para efeito de remoção e tratamento, podem-se considerar as águas como:

- **Águas residuárias.** São os líquidos residuais ou efluentes de esgotos, que compreendem as águas residuárias domésticas, as águas residuárias industriais e as águas de infiltração.
- **Águas residuárias domésticas ou despejos domésticos.** São os despejos líquidos das habitações, prédios ou estabelecimentos comerciais, industriais, hospitais, hotéis e outros edifícios. Podem ser divididas em *águas imundas* ou *negras* e *águas servidas*.
- **Águas imundas.** São águas residuárias contendo dejetos (matéria fecal), elevada quantidade de matéria orgânica instável, putrescível, com grande quantidade de micro-organismos.
- **Águas servidas.** São as resultantes de operações de lavagem e limpeza de cozinhas, banheiros e tanques.

- **Águas de infiltração.** São representadas pela parcela das águas do subsolo que penetra nas canalizações de esgotos na falta de estanqueidade das juntas das mesmas. É da ordem de 0,0002 a 0,0008 L/s por metro de coletor.
- **Águas residuárias industriais.** Podem ser: orgânicas; tóxicas ou agressivas; e inertes.

Neste capítulo serão tratadas apenas as águas residuárias domésticas.

2.4 ESGOTOS PRIMÁRIOS E SECUNDÁRIOS

Instalação de esgoto primário é o trecho conectado ao coletor público da qual têm acesso os gases provenientes desse coletor, ou de uma fossa. Compreende:

- coletor predial, subcoletores e caixas de inspeção;
- tubos de queda;
- ramais de descarga (que servem a um único aparelho);
- ramais de esgotos (que servem a mais de um aparelho);
- tubos ventiladores e colunas de ventilação sanitária;
- desconectores — dispositivos que impedem o acesso dos gases da rede primária aos aparelhos sanitários. Compreendem os *ralos sifonados*, as *caixas sifonadas*, os *sifões* e as *caixas retentoras*. Separam os esgotos primários dos esgotos secundários.

Instalação de esgoto secundário compreende os trechos de ramais de descarga e de esgoto, separados da rede primária por um desconector, de modo que a eles não tenham acesso os gases. São os ramais dos aparelhos ou conjuntos de aparelhos com exceção de vasos sanitários e mictórios. Fazem também parte dos esgotos secundários os tubos de esgotamento de pias de cozinha (tubos de gordura), de tanques e de máquinas de lavar roupa.

2.5 DESCONECTOR

Desconector é um dispositivo dotado de fecho hídrico que tem o objetivo de impedir o acesso de gases ao ambiente.

Fecho hídrico é a camada líquida que, em um desconector, veda a passagem dos gases. A *altura de fecho hídrico* (*H*) é a profundidade da camada líquida, medida entre o nível de saída do desconector e o ponto mais baixo da parede ou colo inferior, que separa os compartimentos ou ramos de entrada e saída do aparelho (Fig. 2.1). Os vasos sanitários possuem o fecho hídrico, como mostra a Fig. 2.2.

2.6 RALOS SIFONADOS E CAIXAS SIFONADAS

Esses equipamentos possuem um *septo* que forma um fecho hídrico. A desobstrução dos mesmos se faz por uma tampa removível no interior do ralo.

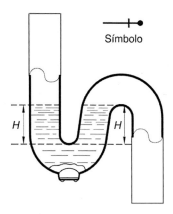

Fig. 2.1 Indicação da altura de fecho hídrico em um sifão.

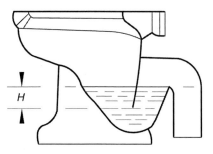

Fig. 2.2 Indicação da altura de fecho hídrico em um vaso sanitário.

Os ralos sifonados e as caixas sifonadas possuem grelha, porta-grelha, anel de fixação ou prolongamento, algumas entradas e uma saída, conforme mostra a Fig. 2.3.

Os ralos sifonados e caixas sifonadas, que fazem parte do esgoto primário, recebem água de lavagem do piso e afluentes da instalação de esgoto secundário dos aparelhos (com exceção do vaso sanitário) de um mesmo pavimento. São fabricados em PVC (Fig. 2.4), latão, cobre, ferro fundido (Fig. 2.5), fibrocimento, cerâmica vitrificada e em concreto, sendo mais comum os de PVC (Fig. 2.6).

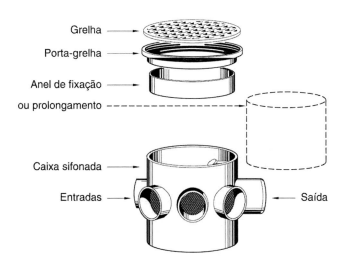

Fig. 2.3 Ralo sifonado.

Fig. 2.4 Ralos sifonados de PVC, da Amanco (Ø 150 mm).

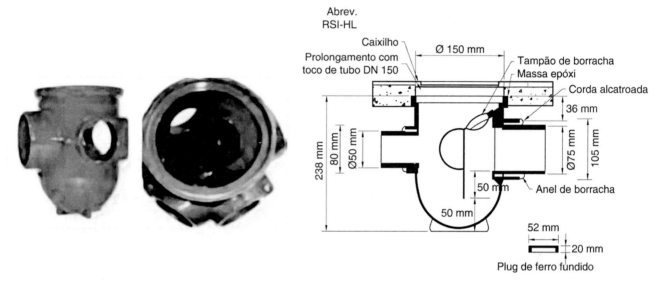

Fig. 2.5 Ralo sifonado de ferro fundido, da Saint-Gobain Canalização – Linha Predial Tradicional.

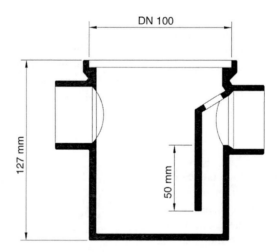

Fig. 2.6 Ralo sifonado de ferro fundido para banheiro de serviço (Ø 100 mm).

2.7 VASOS SANITÁRIOS

Os vasos sanitários (VS) ou bacias sanitárias (BS) são aparelhos sanitários dotados de fecho hídrico e que recebem dejetos humanos.

Os vasos sanitários podem ser de dois tipos:

- **Comuns ou não aspirantes**: que se caracterizam por obter o arrastamento dos despejos somente pela ação da água de lavagem. Podem ser de sifão externo e de sifão interno (Fig. 2.8).
- **Autoaspirantes ou autossifonados**: nos quais o arrastamento dos despejos, além de ser provocado pelas descargas da água de lavagem, é reforçado por uma aspiração ocasionada pela disposição dos canais internos ao vaso (Fig. 2.9). Não possuem abertura para ligação de tubo ventilador.

Instalações de Esgotos Sanitários **73**

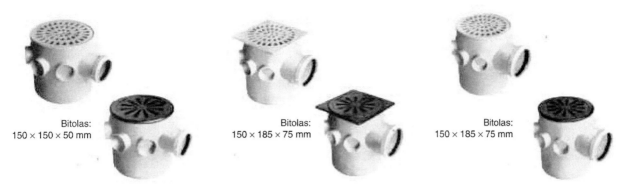

Fig. 2.7 Caixas sifonadas monobloco em PVC, da Tigre, com grelhas de PVC ou aço inox, quadradas ou redondas.

Os vasos sanitários autossifonados podem ser de dois tipos: com canal dianteiro e com canal posterior (Fig. 2.10).

No vaso de "arraste", ao acionar-se a descarga, a água é injetada neste canal de maneira a expulsar totalmente o ar que ali se encontra quando o vaso não está sendo utilizado. Como o volume de água contida nas partes descendente e horizontal é maior do que aquele da parte ascendente, ao escoar-se, exerce uma ação sifônica, ou seja, produz uma rarefação que possibilita a entrada da água contida no poço do vaso, pela ação da pressão atmosférica. Isso, somado ao impulso da água injetada no poço, produz um forte fluxo, que permite uma remoção rápida e vigorosa do conteúdo da bacia. Esses vasos têm um fecho hídrico mais profundo do que o dos vasos comuns, dispensando a ventilação (externa), e por isso são ditos *autossifonados*.

Nos vasos sanitários sifonados "de arraste", a água é injetada no interior do vaso na área "a", provocando um impulso que arrasta o conteúdo pelo canal interno e pela barreira em "b" (Fig. 2.11).

Esses vasos são de construção simples, com passagens internas mais amplas, reduzindo a possibilidade de bloqueio, no caso de uso inadequado. Existem vasos sanitários com saída horizontal, permitindo sua ligação ao tubo de queda por meio de um tê sanitário (Fig. 2.12).

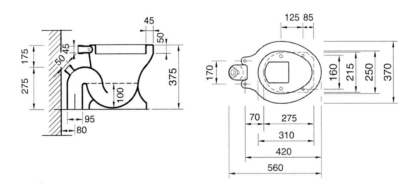

Fig. 2.8 Vaso sanitário comum com sifão externo.

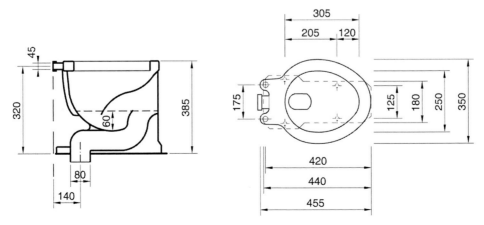

Fig. 2.9 Vaso sanitário autossifonado.

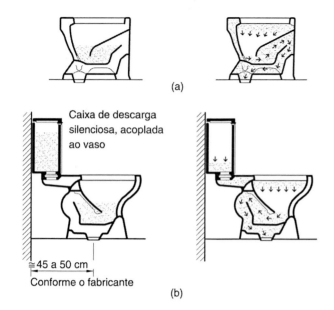

Fig. 2.10 Vaso autossifonado com canal dianteiro (a) e com o canal posterior (b).

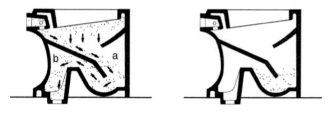

Fig. 2.11 Vaso sifonado de "arraste".

Para que o fecho hídrico não se rompa pelo arraste da água em virtude da diferença entre a pressão atmosférica e a depressão que se forma com esse arraste, é necessário colocar o colo superior do sifão (ou o ramal do ralo sifonado ou vaso sanitário não sifonado) em contato com o ar, o que é feito com um *ramal de ventilação*, ligado a um *tubo ventilador vertical*.

Quando o VS é autossifonado, basta ventilar o ramal de esgoto do ralo sifonado ou o sifão (Fig. 2.13). Caso contrário, também o VS deverá ser ventilado (Fig. 2.14).

A solução da Fig. 2.13 é preferível à da Fig. 2.14, pois neste último caso forma-se um "dado" de alvenaria para cobrir a junção do ramal de esgoto do ralo sifonado. As tubulações de esgoto sanitário e ventilação em um banheiro podem ser observadas em planta na Fig. 2.15.

Sugere-se que as tubulações verticais fiquem em um poço (*shaft*) dentro da parede (se não houver viga) ou junto à parede e recoberta com placas removíveis. Com isso, tem-se acesso fácil às tubulações e elimina-se o forro falso ou teto rebaixado.

2.8 SIMBOLOGIA

A NBR 8160:1999 adota a simbologia para dispositivos, aparelhos, canalizações e colunas conforme estão indicadas nas Figs. 2.16 a 2.20.

2.9 PEÇAS, DISPOSITIVOS, APARELHOS SANITÁRIOS E DE DESCARGA EMPREGADOS NAS INSTALAÇÕES DE ESGOTOS

2.9.1 Tubos e conexões

Na instalação predial de esgotos sanitários podem ser empregados tubos e conexões de ferro fundido, aço galvanizado, chumbo, cerâmica vitrificada, cimento-amianto e PVC. O uso

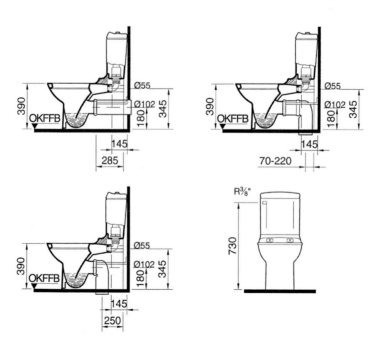

Fig. 2.12 Vaso sanitário com saída horizontal.

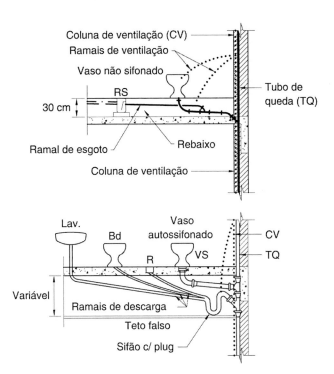

Fig. 2.13 Desconectores instalados em um forro rebaixado e sobre um teto falso.

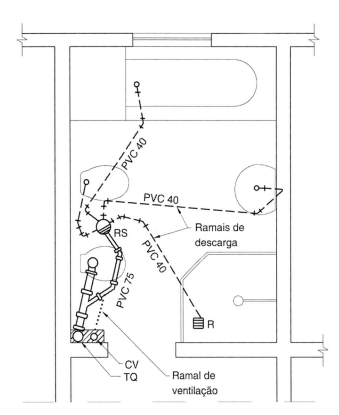

Fig. 2.15 Esgotos sanitários e ventilação em um banheiro.

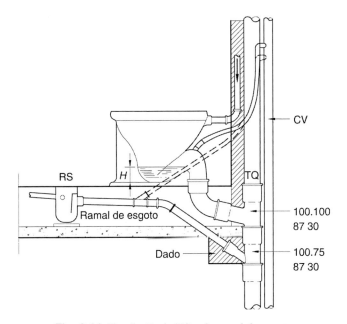

Fig. 2.14 Ventilação do VS e do ramal de esgoto.

de tubulações de PVC e ferro fundido fez com que o chumbo e cimento-amianto, outrora bastante usados, caíssem em desuso em instalações de esgoto predial.

2.9.1.1 Ferro fundido

O ferro fundido é um produto siderúrgico resultante da associação do ferro e do carbono.

Fig. 2.16 Convenção gráfica dos principais aparelhos sanitários.

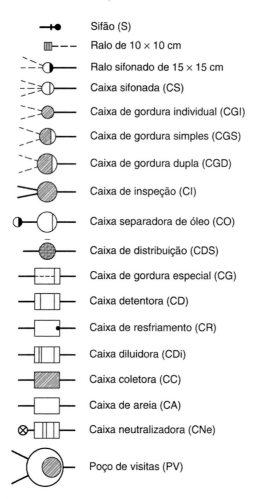

Fig. 2.17 Convenção gráfica dos principais dispositivos sanitários.

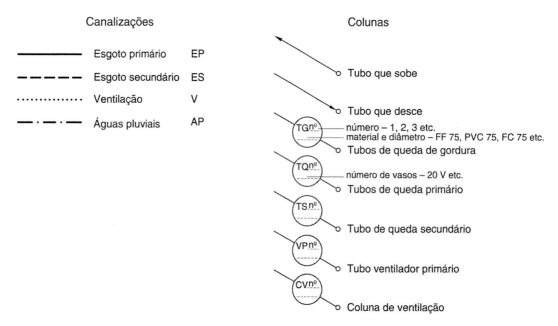

Fig. 2.18 Convenções gráficas de canalizações e colunas.

Instalações de Esgotos Sanitários 77

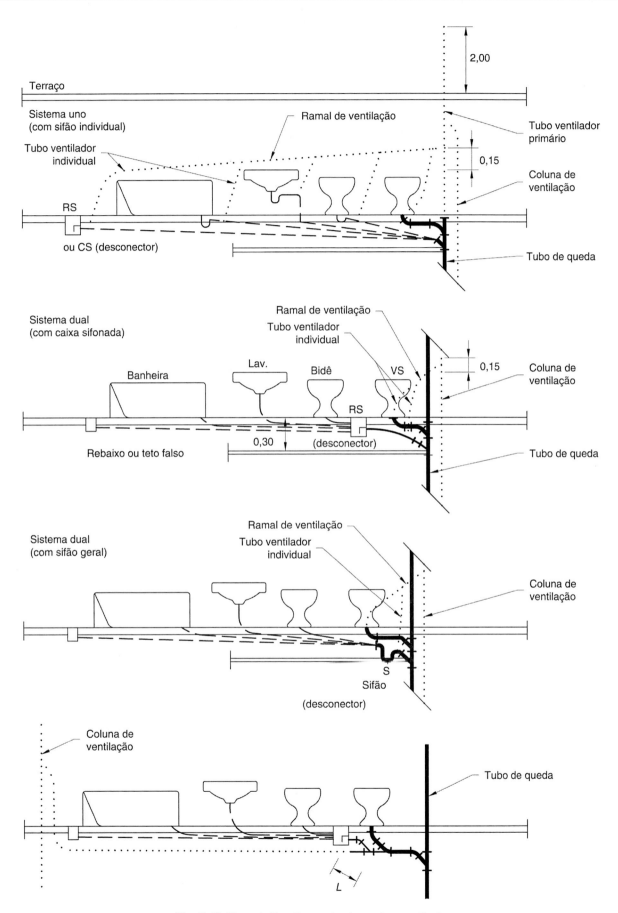

Fig. 2.19 Tipos de ligação ao tubo de queda e ventilação.

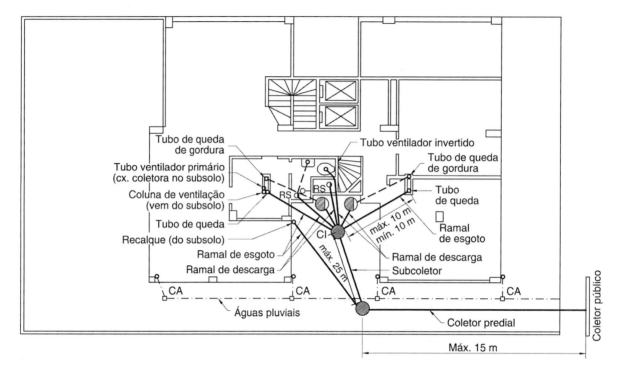

Fig. 2.20 Pavimento térreo. Instalação de esgotos.

Nas instalações de esgotos e águas pluviais emprega-se o ferro cinzento, contendo de 3,8 % a 4,2 % de carbono, além de pequenas quantidades de silício, enxofre e fósforo.

A antiga Cia. Brasileira de Metalurgia, posteriormente denominada Barbará S.A. e, a partir de 2000, conhecida como Saint-Gobain Canalização Ltda., fabrica tubos e conexões de ferro cinzento na chamada Linha Predial, e em ferro dúctil na Linha de Pressão para água, recalque de bombas, irrigação, esgotos urbanos, adutoras e subadutoras, redes de incêndio etc.

Os tubos da Linha Predial são revestidos interiormente com tinta epóxi betuminosa com dois componentes (resina epóxi e alcatrão de hulha) com espessura média de 100 micra, e exteriormente com uma pintura antiferruginosa.

Os tubos podem ser do tipo ponta-ponta, usando-se luvas bipartidas para ligá-las, ou do tipo ponta-bolsa, quando se usa o contraflange para maior segurança da junta (ver Fig. 2.21).

São empregadas juntas elásticas de borracha para união entre tubos e conexões ou entre conexões, para atender a esforços térmicos e mecânicos. O ferro fundido da Linha Predial da Saint-Gobain obedece às exigências da norma NBR 9651:1986 — *Tubo e conexão de ferro fundido para esgoto*.

Os tubos de textura nodular de juntas elásticas com anéis de elastômero especial são muito empregados em redes públicas de esgoto e em redes particulares sujeitas a tráfego pesado ou condições desfavoráveis do terreno.

Esses tubos, com 3, 6 ou 7 m de comprimento, são revestidos internamente com cimento, o que lhes assegura menor rugosidade e maior durabilidade, e externamente com pintura betuminosa. São fabricados em diâmetros de 50 até 1200 mm para coleta e afastamento de esgotos, e de 50 a 600 mm para tubos e conexões de instalações prediais de esgoto.

2.9.1.2 PVC

O PVC — cloreto de polivinila ou polivinil clorado — é um composto vinílico termoplástico, rígido ou flexível, resistente a impactos, abrasão e a inúmeros produtos químicos. Os tubos fabricados com PVC por extrusão oferecem ainda as vantagens de possuírem baixo peso, reduzido coeficiente de perda de carga, serem flexíveis, atóxicos, incombustíveis e de fácil e rápida instalação. Existem, contudo, restrições que o projetista não deve ignorar, sob pena de sérios problemas. Essas limitações correspondem:

- ao alto coeficiente de dilatação do PVC, cerca de seis vezes superior ao do aço. Isso obriga a utilizar os tubos com líquidos em temperatura no máximo até cerca de 60 °C;
- à baixa resistência mecânica. Não devem ficar embutidos em estrutura de concreto. Enterrados, devem receber um recobrimento adequado.

Os tubos de PVC e de polietileno para esgotos são fabricados nos tipos ponta-bolsa nos diâmetros de 40, 50, 75, 100 e 150 mm (4"), em comprimentos de 1, 2 e 3 m, e no tipo pontas lisas (sem bolsas) com comprimento de 6 m.

É grande o número de fabricantes de tubos de PVC no Brasil, como a Tigre Participações S.A., a Amanco, entre outros.

As Figs. 2.22 e 2.23 apresentam os tubos e conexões de PVC mais comumente empregados nas instalações de esgotos primários e secundários, respectivamente.

Tubo ponta-ponta – TPSMU

DN	Ø ext	Referência	L	e	Massa
	mm		metro	mm	kg
50	58	300128	3,0	3,5	12,5
75	83	300172	3,0	3,5	18,3
100	110	300237	3,0	3,5	24,3
125	135	300306	3,0	4,0	34,3
150	160	300332	3,0	4,0	40,7

Tubo ponta-bolsa – TPSME

DN	Ø ext	Referência	L	e	Massa
	mm		metro	mm	kg
100	110	300035	3,0	3,5	26,3
150	160	300036	3,0	4,0	44,3

Anel de borracha TPB – ATPB

DN	Referência	Massa
		kg
100	300124	0,09
150	300126	0,13

Utilização: Somente nas bolsas dos tubos ponta e bolsa.

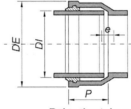

Bolsa dos tubos

DN	DE	DI	P
nº	mm	mm	mm
100	145	110	66
150	202	160	70

Importante: O tubo encaixado deve ficar a alguns milímetros do fundo da bolsa para não haver contato.

CONEXÕES SIMPLES

Joelho 87°30' – J87SBB

DN	L	H	Massa
	mm	mm	kg
50	151	67	1,5
75	173	77	2,7
100	196	87	3,3
150	259	121	5,6

Joelho 45° – J45SBB

DN	L	H	Massa
	mm	mm	kg
50	105	15	1,12
75	135	20	1,6
100	167	26	2,3
150	225	35	4,3

Fig. 2.21 Tubos e conexões de ferro fundido, da Saint-Gobain Canalização – Linha Predial. *(Continua)*

CONEXÕES COM DERIVAÇÃO E/OU REDUÇÃO

Junção 45° – YSBB

DN	dn	L	C	Massa
		mm	mm	kg
50	50	159	176	2,40
75	50	184	176	2,75
	75	202	211	3,50
100	50	210	176	3,60
	75	227	211	4,70
	100	245	244	5,60
150	75	272	216	5,70
	100	291	252	6,50
	150	329	321	10,00

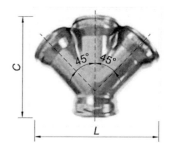

Junção dupla 45° – YDSBB

DN	dn	L	C	Massa
		mm	mm	kg
100	100	352	244	6,4

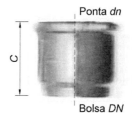

Bucha de redução – BRSBB

DN	dn	C	Massa
		mm	kg
75	50	58	0,70
100	75	58	0,85
150	100	65	4,20

Luva Bipartida – LBISBB

DN	Massa
nº	kg
50	0,9
75	1,15
100	1,7
150	3,1

Utilização: Permite a transição do tubo de ferro fundido (antigo Barbará – vermelho interna e externamente) com o tubo de PVC.

Joelho com visita 87°30' – JV87SBB

DN	dn	L	C	Massa
		mm	mm	kg
100	50	196	205	4,2

Fig. 2.21 Tubos e conexões de ferro fundido, da Saint-Gobain Canalização – Linha Predial. *(Continuação)*

Tê de inspeção curto 87°30' – TI87SBB

DN	dn	L	C	Massa
		mm	mm	kg
75	50	117	149	1,80
100	75	143	174	2,45

Tê sanitário 87°30' – TS87SBB

DN	dn	L	C	Massa
		mm	mm	kg
50	50	128	149	2,05
75	50	153	149	2,40
	75	153	174	2,75
100	50	179	149	2,80
	75	179	174	3,30
	100	179	200	4,20
150	100	227	210	5,50
	150	232	258	6,40

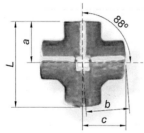

Cruzeta 88° – X SMU

DN	L	a	b	c	Massa
	mm	mm	mm	mm	kg
100	230	105	115	117	3,2

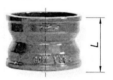

Luva bolsa e bolsa – LBBSBB

DN	L	Massa
	mm	kg
50	85	1,0
75	85	1,3
100	85	1,8
150	95	2,3

Placa cega – PCSBB

DN	L	Massa
	mm	kg
50	119	0,5
75	144	0,8
100	170	0,9
150	218	1,5

Fig. 2.21 Tubos e conexões de ferro fundido, da Saint-Gobain Canalização – Linha Predial. *(Continuação)*

Esgoto primário

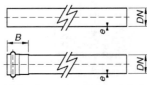

Tubo de ponta e bolsa c/ virola

Diâmetro		b	e	Peso aprox.
DN mm	Ref. pol.	mm	mm	kgf/m
50	2	43	1,3	0,265
75	3	45	1,6	0,470
100	4	48	1,8	0,705

Observações:
Os tubos são fornecidos em barras de 1, 2 e 3 m de comprimento útil, na cor branca. Outras medidas, sob encomenda.

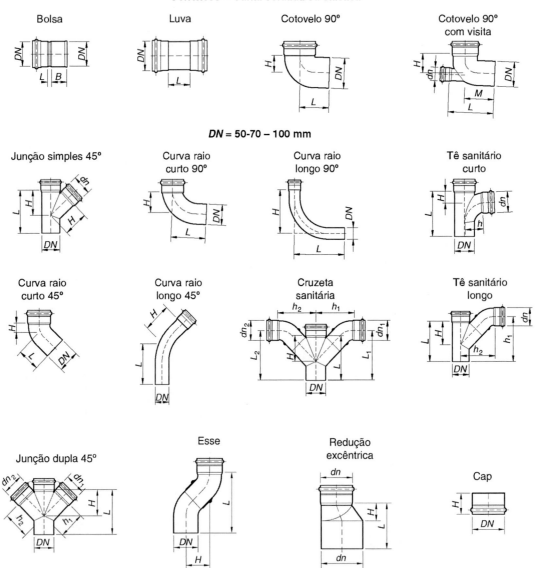

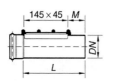
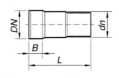

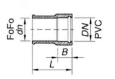

Fig. 2.22 Conexões para tubos de PVC para esgotos primários.

Esgoto secundário

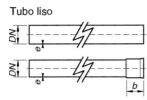

Tubo liso

Tubo com ponta e bolsa

Diâmetro		b	e	Peso aprox.
DN mm	Ref. pol.	mm	mm	kgf/m
40	1 ½	26	1,2	0,190

Observações:
Os tubos são fornecidos em barras de 1, 2 e 3 m de comprimento útil, na cor branca. Outras medidas, sob encomenda.

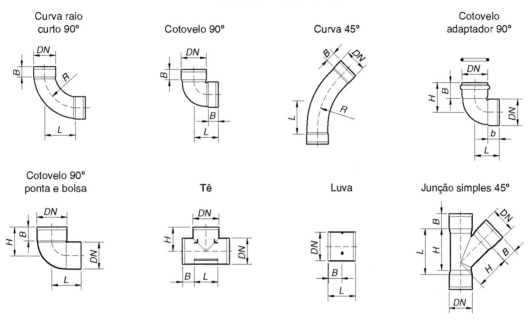

Fig. 2.23 Conexões para tubos de PVC para esgotos secundários.

2.9.1.3 Outros materiais

O esgotamento de certos produtos ou resíduos em indústrias e laboratórios pode exigir tubulações e peças fabricadas com materiais capazes de oferecer a necessária resistência à ação agressiva de tais substâncias. Além dos materiais já mencionados, encontram, portanto, também aplicação:

- tubos *polyarm*;
- vidro, usado em geral em laboratórios e como revestimento interno de tubos, conexões e válvulas;
- porcelana, constituindo tubos e peças ou usada como esmalte e aplicada em vários metais;
- esmaltes à base de silício;
- poliestireno, material rígido que resiste a temperaturas de até 100 °C;
- poliuretano, material duro e resistente usado como revestimento protetor e isolante térmico e acústico;
- policloropreno (neoprene), usado nos anéis das juntas elásticas de tubos de ponta-bolsa, juntas de dilatação, na impermeabilização de caixas e na fabricação de reservatórios e tubos;

- hidrocarbonetos fluorados (*teflon e viton*), resistem bem a praticamente todos os produtos químicos, exceto o ácido fluorídrico;
- *polissiloxano* (*silicone*), resistem a óleos e às temperaturas baixas (−50 °C) e elevadas (até 200 °C).

A Aflon Plásticos Industriais Ltda. fabrica tubos e conexões de aço revestido com o produto designado PTEE. Além disso, faz tubos de PTEE à base de flúor associado à resina poliéster FRP. São altamente resistentes à corrosão.

A Companhia Hansen Industrial fabrica tubos e conexões *Tigrefibra em PVC* associados à fibra de vidro e resina poliéster. Para redes de esgotos, fabrica o tubo *Tigrefibra de RPVC* (PVC reforçado) com junta elástica, possuindo uma estrutura monolítica, composta de um núcleo de PVC reforçado externamente com fios contínuos de vidro e resina de poliéster, à qual é incorporada carga de alumina tri-hidratada e recebendo externamente um tratamento de *vermiculita* expandida.

A luta contra a erosão de tubulações e equipamentos tem alcançado excelentes resultados com pinturas de tintas epóxicas e, principalmente, com projeção eletrostática sobre o material a proteger, de resinas plásticas em pó. Com esse processo pode-se conseguir excelente proteção de epóxi, náilon, PVC e polietileno. É o processo empregado pela Pulvitec Indústria e Comércio Ltda.

Para coletores públicos e prediais de esgoto, a Tigre apresenta a série Vinilfort em PVC com sistema de junta elástica integrada, indicada na Fig. 2.23.

2.10 APARELHOS SANITÁRIOS

Aparelhos sanitários são aparelhos conectados às instalações prediais destinados ao uso da água para fins higiênicos ou receber dejetos e águas servidas. Neste capítulo serão considerados apenas os que se enquadram neste último caso, isto é, os vasos sanitários e os mictórios.

Os aparelhos sanitários deverão ser feitos de material cerâmico e satisfazer às exigências das especificações próprias da ABNT para cada tipo de aparelho.

2.10.1 Vasos sanitários

Foram feitas referências aos mesmos na Seção 2.7. Na Fig. 2.24 pode-se observar o funcionamento esquemático de um vaso autossifonado.

Os vasos sanitários autossifonados com válvula de descarga de alavanca não são mais fabricados, mas ainda podem ser encontrados em edificações antigas. Esse tipo de vaso sanitário pode ser visualizado no esquema da Fig. 2.25.

2.10.2 Mictórios

Os mictórios podem ser de duas categorias:

- **Para uso individual.** Neste caso, existe o tipo de parede, que pode ser de louça, ferro fundido esmaltado ou aço inoxidável, e o tipo de pedestal de louça. É claro que se pode construir uma bateria de mictórios individuais, como é usual em espetáculos, aeroportos, estações de passageiros, colégios, fábricas, restaurantes etc.

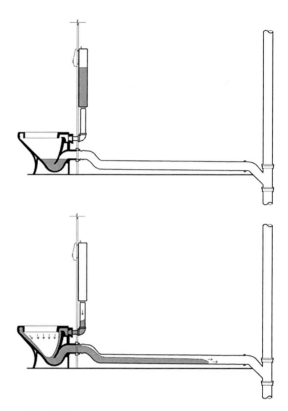

Fig. 2.24 Vaso autossifonado em funcionamento.

- **Para uso coletivo.** São calhas feitas de aço inoxidável ou canaletas de alvenaria revestidas com material resistente à urina, como a cerâmica de grês vitrificada ou azulejos. A argamassa de rejuntamento, que é o ponto fraco, está sendo substituída por massas epóxicas apropriadas. Esse tipo de mictório é instalado em fábricas, restaurantes de categoria discutível e em outras instalações modestas.

Os mictórios deverão ser necessariamente protegidos pelo fecho hídrico, proporcionado pela maneira como é disposto o canal de saída do esgoto, ou então devem receber um sifão desconector.

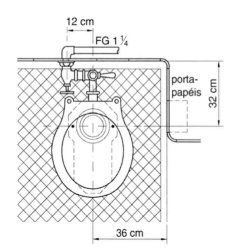 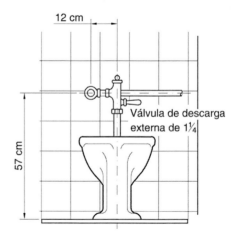

Fig. 2.25 Vaso autossifonado com válvula de descarga de alavanca.

Fig. 2.26 Mictório individual de louça com sifão integrado, da Deca.

Fig. 2.27 Mictório coletivo de aço inoxidável.

O esgoto do mictório é conduzido a um ralo sifonado ou caixa sifonada. O ramal de esgoto desse ralo sifonado deve ser ventilado e a tampa do ralo, cega. Existem mictórios fabricados com dispositivo de autoaspiração ou sifonados.

A alimentação de água nos mictórios individuais é proporcionada por caixa de descarga provocada ou acionada automaticamente, instalada geralmente a 2,20 m do piso ou por válvula de descarga. Quando usados em grupos, para uso coletivo, deverão ser lavados por aparelhos de descarga automáticos. Esta obrigatoriedade tem sido interpretada para o caso apenas dos mictórios coletivos.

2.11 APARELHOS DE DESCARGA

Os aparelhos de descarga para os vasos sanitários podem ser dos seguintes tipos:

- caixas de descarga suspensas;
- caixas embutidas na parede;
- caixas silenciosas acopladas no vaso sanitário;
- válvulas de descarga de fluxo ou pressão, também chamadas de válvulas fluxíveis (*flush-valves*).

2.11.1 Caixa de descarga

Antes eram fabricadas de ferro fundido, pintada ou esmaltada, porcelana vitrificada, ou cimento-amianto plástico reforçado. Atualmente, são de plástico, como o polietileno, com capacidade regulável entre 6,5 e 9,0 litros, geralmente instalada a 2,20 m do piso, cujo funcionamento pode ser visualizado na Fig. 2.28.

2.11.2 Caixa embutida

É uma caixa de espessura tal que possa ser colocada no interior da alvenaria (cerca de 90 mm). É fabricada atualmente em plástico e o sistema de alimentação, também embutido, é semelhante à caixa de descarga embutida.

A descarga é acionada por meio de um botão, que, apertado, desloca uma alavanca, a qual eleva um obturador que veda a saída de água ao vaso, permitindo que essa escoe.

A caixa é colocada com sua parte inferior a pelo menos 0,75 m de piso. A tubulação da descarga deve ser de 40 mm (1 1/2"), em geral de PVC.

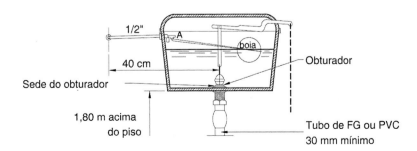

Fig. 2.28 Caixa de descarga suspensa.

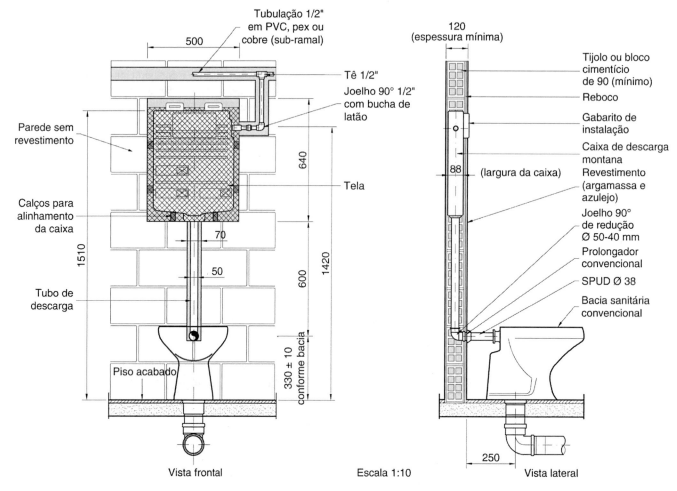

Fig. 2.29 Caixa de embutir da Montana Hidrotécnica – modelo clássico.

Por serem embutidas na parede do banheiro permitem a instalação da bacia sanitária mais próxima à parede, obtendo significativo ganho de espaço nos banheiros. Como exemplos, citam-se as caixas de descarga de embutir da Montana Hidrotécnica, cuja instalação é apresentada na Fig. 2.29.

2.11.3 Caixa silenciosa

É também conhecida como caixa acoplada. É uma caixa externa à parede, adaptada ao vaso sanitário no mínimo à altura do bordo superior do vaso ou à parede, cerca de 50 cm acima do piso (Fig. 2.30). Seu emprego obriga a um afastamento maior do vaso da parede. A capacidade mínima é de 15 litros. Geralmente é de porcelana vitrificada.

O mecanismo de funcionamento pode ser visualizado na Fig. 2.31. Para reduzir o ruído da água ao entrar na caixa, o tubo G de alimentação da caixa mergulha na água. O desempenho e os ensaios de protótipos de caixas de descarga são regidos pela NBR 15491:2007 – *Caixa de descarga para limpeza de bacias sanitárias*.

2.11.4 Válvula de descarga

É uma válvula de acionamento por botão, placa ou alavanca, de fechamento automático, instalada no sub-ramal de alimentação de bacias sanitárias ou de mictórios, destinada a permitir a utilização da água para limpeza dessas peças.

O desempenho de válvulas de descarga é regido pela NBR 12905:1993 – *Válvula de descarga – verificação de desempenho*.

A válvula de descarga ou de fluxo (*flush-valve*) deverá ser de bronze ou de metal não ferroso, com acabamento niquelado ou cromado, de alavanca ou de botão, e a instalação de modo que seja alimentada por uma coluna d'água que garanta a pressão indispensável ao seu bom funcionamento.

Considere-se a válvula representada esquematicamente na Fig. 2.32 para fins de compreensão do mecanismo de funcionamento. A água penetra pelo encanamento (1) e sai pelo (2). De (1) passa pelo orifício (3) e pela passagem (4) até a câmara (5) e comprime para baixo a válvula (6) que fecha a passagem entre (1) e (2). Ao se apertar o botão (7), abre-se a válvula (8), passando a água da câmara (5) ao tubo (2) através dele (9). Com isso, diminui a pressão que a água de (5) exerce sobre a válvula (6), e esta se eleva em virtude da

Instalações de Esgotos Sanitários 87

Fig. 2.30 Vaso sanitário com caixa silenciosa, da Deca – Linha CP-525 Vogue Plus.

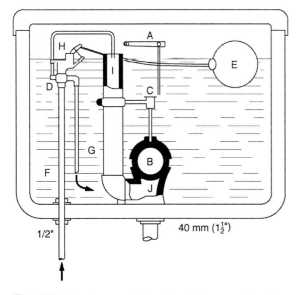

Fig. 2.31 Funcionamento da caixa de descarga silenciosa ou acoplada.

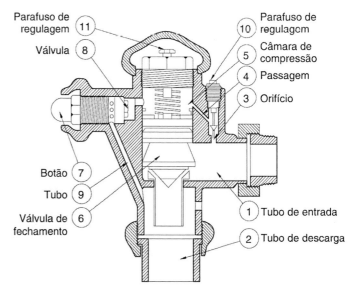

Fig. 2.32 Corte esquemático de válvula de descarga de botão.

pressão da água de (1) e abre a comunicação entre (1) e (2), produzindo-se a descarga. Enquanto se dá a descarga, a água vai entrando novamente na câmara (5) e comprime a válvula que desce e fecha de novo a saída, interrompendo a descarga.

O comportamento das variações de pressão (P) e vazão (Q) que ocorrem com o fechamento brusco, gradativo e lento das válvulas fluxíveis podem ser visualizadas na Fig. 2.33.

As válvulas de descarga devem ter funcionamento hidráulico adequado, de tal forma que, mesmo quando desreguladas, não provoquem, nas manobras de abertura, queda de pressão (*subpressão*) tal que a pressão instantânea no ponto crítico da instalação fique inferior a 0,5 mca (5 kPa), e, nas manobras de fechamento, não provoquem aumento de pressão (*sobrepressão*), em qualquer ponto da instalação, que supere em mais de 20 mca (200 kPa) a pressão estática nesse mesmo ponto.

Alguns fabricantes apresentam os seguintes valores para a pressão estática (em metros de coluna d'água) na válvula, em função da dimensão do diâmetro de entrada da válvula, conforme mostra a Tabela 2.1. A pressão residual na válvula é a diferença entre o desnível e as perdas de carga.

A Docol Metais Sanitários fabrica válvulas com bitola de 1 1/4" para alta pressão (10 e 40 mca) e de 1 1/2" para baixa pressão (1,5 e 15 mca). Apresenta a vantagem de provocar pequena subpressão de 2,0 mca até o máximo 8,0 mca sobre o valor da pressão estática, sob a qual funciona, isto é, torna desprezível o golpe de aríete.

Tabela 2.1 Valores para pressão estática na válvula em função do diâmetro de entrada da válvula de descarga

Pressão residual na válvula (mca)	Diâmetro nominal da válvula (")
1,80 a 8,00	1 1/2
8,00 a 25,00	1 1/4
25,00 a 50,00	1

Indicações semelhantes são aplicáveis às válvulas *Silenteflux* da Fabrimar S.A., aprovada para o uso em banheiros para deficiente pela facilidade de acionamentos. Possui ainda a característica de ser silenciosa, adaptar-se às paredes mais estreitas de blocos pré-moldados e permitir ao usuário regular externamente a vazão e o tempo de descarga.

2.12 DIMENSÕES DAS TUBULAÇÕES DE ESGOTOS

O dimensionamento dos tubos de queda, coletores, prediais subcoletores, ramais de esgotos e ramais de descarga é estabelecido em função das *Unidades Hunter de Contribuição* (UHC) atribuídas aos aparelhos sanitários contribuintes. A NBR 8160:1999 fixa os valores dessas unidades para os aparelhos mais comumente utilizados.

Os dados da Tabela 2.2, baseados na descarga de um lavatório como unidade igual a 28 L/min, representam o número de UHC correspondente a cada aparelho sanitário, conforme a NBR 8160:1999.

Quando se emprega tubo de PVC, o diâmetro mínimo é de 40 mm, e, se o material for de ferro fundido, é de 50 mm.

Além disso, é importante notar que as municipalidades possuem regulamentos próprios, que complementam e, em certos casos, divergem da NBR 8160:1999.

Para os ramais de descarga, devem ser adotados, no mínimo, os diâmetros apresentados na Tabela 2.2. Para os aparelhos não relacionados nesta tabela, devem ser estimadas as UHC correspondentes, sendo o dimensionamento feito com os valores indicados na Tabela 2.3.

Para dimensionamento dos ramais de esgoto, a NBR 8160:1999 apresenta a Tabela 2.4. No caso dos coletores prediais é adotada a Tabela 2.5 para se obter o diâmetro do coletor em função do número de Unidades Hunter de Contribuição e da declividade.

O tubo de queda deverá ter diâmetro uniforme e, sempre que possível, ser instalado em um único alinhamento reto. Quando não for possível evitar mudanças de direção, estas devem ser feitas com curvas de ângulo central superior a 90° e raio grande ou duas curvas de 45°. Em todas essas mudanças de alinhamento reto deverão ser instaladas peças de inspeção (tubo operculado, tubo radial com inspeção, placa cega HL e/ou bujão).

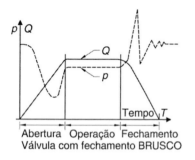

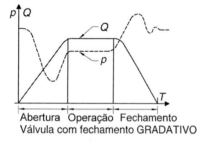

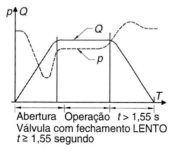

Fig. 2.33 Golpe de aríete com o fechamento de válvulas fluxíveis.

Tabela 2.2 Unidades Hunter de Contribuição (UHC) dos aparelhos sanitários e diâmetro nominal mínimo dos ramais de descarga

Aparelho sanitário		Número de UHC	$DN_{mínimo}$ (mm)
Bacia sanitária		6	100[1]
Banheira de residência		2	40
Bebedouro		0,5	40
Bidê		1	40
Chuveiro	De residência	2	40
	Coletivo	4	40
Lavatório	De residência	1	40
	De uso geral	2	40
Mictório	Válvula de descarga	6	75
	Caixa de descarga	5	50
	Descarga automática	2	40
	De calha	2[2]	50
Pia de cozinha residencial		3	50
Pia de cozinha industrial	Preparação	3	50
	Lavagem de panelas	4	50
Tanque de lavar roupas		3	40
Máquina de lavar louças		2	50[3]
Máquina de lavar roupas		3	50[3]

[1] Pode ser reduzido para DN 75, caso justificado pelo cálculo de dimensionamento pelo método hidráulico (anexo B da NBR 6452:1985 revisada – Aparelhos sanitários de material cerâmico).
[2] Por metro de calha – considerar como ramal de esgoto (ver Tabela 2.4).
[3] Devem ser consideradas as recomendações dos fabricantes.

Tabela 2.3 Unidades Hunter de Contribuição (UHC) para aparelhos não relacionados na Tabela 2.2

Diâmetro nominal do ramal de descarga DN (mm)	Número máximo de Unidades Hunter de Contribuição (UHC)
40	2
50	3
75	5
100	6

Tabela 2.4 Dimensionamento de ramais de esgoto

Diâmetro nominal do ramal de esgoto DN (mm)	Número máximo de Unidades Hunter de Contribuição (UHC)
40	3
50	6
75	20
100	160

Tabela 2.5 Dimensionamento de subcoletores e coletor predial

Diâmetro nominal do tubo DN (mm)	Número máximo de UHC em função das declividades mínimas (%)			
	0,5	1	2	4
100	–	180	216	250
150	–	700	840	100
200	1400	1600	1920	2300
250	2500	2900	3500	4200
300	3900	4600	5600	6700
400	7000	8300	10.000	12.000

Para determinar o diâmetro de um tubo de queda utiliza-se a Tabela 2.6, entrando com a soma das unidades de descarga que afluem ao mesmo, por pavimento, ou em todo o tubo de queda.

Ao apresentarem desvios na vertical, os tubos de queda devem ser dimensionados da seguinte forma:

- Quando o desvio formar ângulo igual ou inferior a 45° com a vertical, o tubo de queda é dimensionado com os valores da Tabela 2.6.
- Quando o desvio formar ângulo superior a 45° com a vertical, deve-se dimensionar:
  - a parte do tubo de queda acima do desvio como um tubo de queda independente, com base no número de Unidades Hunter de Contribuição dos aparelhos acima do desvio, de acordo com os valores da Tabela 2.6;
  - a parte horizontal do desvio de acordo com os valores da Tabela 2.5;
  - a parte do tubo de queda abaixo do desvio, com base no número de Unidades Hunter de Contribuição de todos os aparelhos que descarregam nesse tubo de

Tabela 2.6 Dimensionamento de tubos de queda

Diâmetro nominal do tubo de queda DN (mm)	Número máximo de UHC	
	Prédio de até 3 pavimentos	Prédio com mais de 3 pavimentos
40	4	8
50	10	24
75	30	70
100	240	500
150	960	1900
200	2200	3600
250	3800	5600
300	6000	8400

queda, de acordo com os valores da Tabela 2.6, não podendo, neste caso, o diâmetro nominal adotado ser menor do que a parte horizontal.

A Tabela 2.6 está sujeita às seguintes restrições:

- nenhum vaso sanitário poderá descarregar em um tubo de queda de diâmetro inferior a 100 mm;
- nenhum tubo de queda poderá ter diâmetro inferior ao da maior canalização a ele ligada;
- nenhum tubo de queda que recebe descarga de pias de copa e cozinha, ou pias de despejo, deverá ter o diâmetro inferior de 75 mm, excetuando-o caso de tubos de queda que recebem até seis Unidades Hunter de Contribuição em prédios de até dois pavimentos, quando pode então ser usado o diâmetro nominal DN 50.

2.13 SISTEMA DE COLETA DOS DESPEJOS

A instalação predial de esgotos sanitários, como parte integrante do sistema separador absoluto, não receberá, em hipótese alguma, águas pluviais provenientes de telhados, terraços, áreas ou pátios calçados, nem substâncias estranhas em suas canalizações.

Para coletar os despejos de lavatórios, bidês e banheiras, chuveiros e tanques de lavagem, colocados em andar térreo, assim como as águas servidas provenientes de lavagem de pisos cobertos deste pavimento, serão instalados, em posições adequadas, ralos sifonados com grelha, ligados, sempre que possível, diretamente a uma caixa de inspeção, ou, então, em junção com uma canalização primária.

Os ralos sifonados com grelha só poderão ser usados para receber as águas de lavagem dos pisos de banheiros, copas e cozinhas, bem como o efluente de banheiros, chuveiros, bebedouros, bidês, lavatórios, tanques de lavagem e depósitos de lixo residenciais (Fig. 2.34).

Para coletar as águas de chuveiro e de lavagem de pisos, também poderão ser usados os ralos simples, os quais deverão ser ligados diretamente aos ralos sifonados ou aos sifões, ou caixas sifonadas.

Os ralos sifonados ou caixas sifonadas devem ser instalados em locais que permitam fácil inspeção.

Não será permitido canalizar aparelhos sanitários de um pavimento para os ralos de outro pavimento. Sempre que possível, os despejos de andares superpostos deverão ser conduzidos para ralos sifonados ou sifões colocados nos respectivos andares ou, então, ser descarregados em tubo de queda independente que, por sua vez, será ligado à caixa sifonada, instalada no andar térreo.

Nos pavimentos superpostos, acima do andar térreo, ou andares dos edifícios, os ralos sifonados poderão ser de ferro fundido ou PVC, e diretamente ligados a tubos de queda ou ramais de descarga, em junções apropriadas.

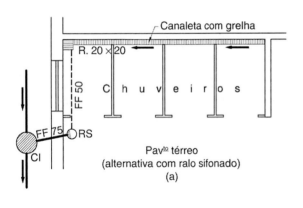

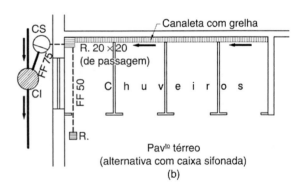

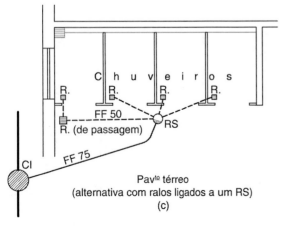

Fig. 2.34 Ligações de ralos a caixas sifonadas e a caixas de inspeções no pavimento.

2.14 ESGOTOS DE GORDURA

Os despejos domésticos que contiverem resíduos gordurosos, provenientes das pias de copas e cozinhas, serão conduzidos para caixas de gordura, instaladas nas áreas descobertas do andar térreo, internas ou externas, nas garagens dos edifícios ou, excepcionalmente, nas passagens ou recuo do prédio.

Nos casos de andares superpostos, as pias de cozinha deverão descarregar em tubo de queda de ferro fundido revestido internamente de tinta de base epóxica, o qual conduzirá os despejos para caixas de gordura.

Não é permitida, em hipótese alguma, a instalação de caixas de gordura, para coleta de despejos de andares superpostos, dentro dos recintos de lojas.

A instalação de caixas de gordura nas próprias cozinhas dos apartamentos é proibida, segundo a NBR 8160:1999, certamente pelos problemas de falta de higiene que normalmente provocam (Fig. 2.35).

Segundo a NBR 8160:1999, as caixas de gordura podem ser dos seguintes tipos:

- Pequena (CGP), cilíndrica, com as seguintes dimensões mínimas:
  - diâmetro interno: 0,30 m;
  - parte submersa do septo: 0,20 m;
  - capacidade de retenção: 18 L;
  - diâmetro nominal da tubulação de saída: DN 75 mm.
- Simples (CGS), cilíndrica, com as seguintes dimensões mínimas:
  - diâmetro interno: 0,40 m;
  - parte submersa do septo: 0,20 m;
  - capacidade de retenção: 31 L;
  - diâmetro nominal da tubulação de saída: DN 75 mm.
- Dupla (CGD), cilíndrica, com as seguintes dimensões mínimas:
  - diâmetro interno: 0,60 m;
  - parte submersa do septo: 0,35 m;
  - capacidade de retenção: 120 L;
  - diâmetro nominal da tubulação de saída: DN 100 mm.
- Especial (CGE), prismática, de base retangular, com as seguintes dimensões mínimas:
  - diâmetro mínimo entre o septo e a saída: 0,20 m;
  - volume da câmara de retenção de gordura obtido pela fórmula: $V = 20$ litros $+ (N \times 2$ litros$)$, sendo N o número de pessoal servido pelas cozinhas que contribuem para a caixa de gordura no turno em que existe maior fluxo e V o volume em litros;
  - altura molhada: 0,60 m;
  - parte submersa do septo: 0,40 m;
  - diâmetro nominal mínimo da tubulação de saída: DN 100 mm.

Para coletar despejos gordurosos e provenientes de apenas uma cozinha, pode ser usada a CGP (ver Fig. 2.36) ou a CGS. Para duas cozinhas, pode ser usada a CGS ou a CGD. Para a coleta de três até 12 cozinhas, deve ser usada a CGD (ver Fig. 2.37).

E, finalmente, para a coleta de mais de 12 cozinhas, ou ainda, para cozinhas de restaurantes, escolas, hospitais, quartéis, etc., devem ser previstas CGE.

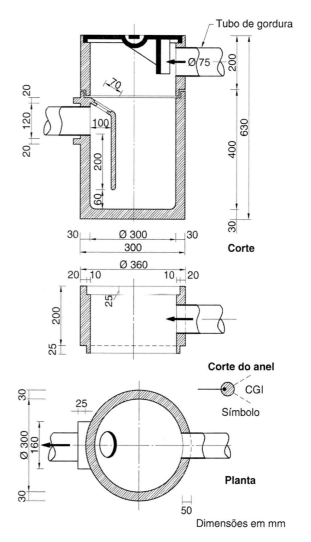

Fig. 2.36 Caixa de gordura individual pequena (CGP), usada para uma cozinha.

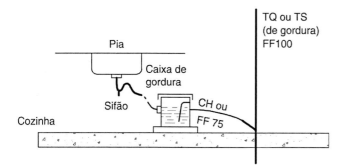

Fig. 2.35 Caixa de gordura sob uma pia de cozinha (solução proibida).

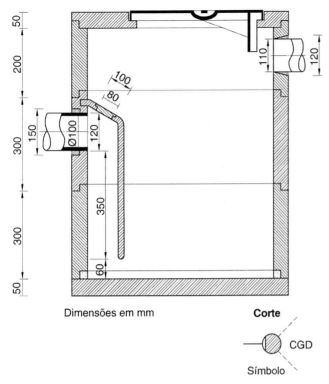

Dimensões em mm   Corte

Fig. 2.37 Caixa de gordura dupla (CGD), usada para de três até 12 cozinhas.

2.15 COLETORES PREDIAIS, SUBCOLETORES, RAMAIS DE ESGOTOS, RAMAIS DE DESCARGA E TUBOS DE QUEDA

O coletor predial e o subcoletor serão construídos sempre que possível na parte não edificada do terreno. Quando for inevitável sua construção em área edificada, as caixas de inspeção (CI) deverão ser localizadas de preferência em áreas livres.

O traçado das canalizações deverá ser de preferência retilíneo, tanto em planta como em perfil, sendo obrigatória nas deflexões impostas pela configuração do terreno ou do prédio a colocação de CI para limpeza e desobstrução dos trechos adjacentes (Fig. 2.38).

Nas mudanças de direção horizontal para vertical só será permitido o emprego de curvas de raio grande. A inserção de um ramal de descarga ou de esgoto no coletor predial, subcoletor ou outro ramal de esgoto deverá ser feita de preferência mediante caixa de inspeção ou, então, com junção simples de ângulo não superior a 45°, devendo neste último caso ser o mesmo ramal provido de peça de inspeção (Fig. 2.39).

Nas interligações de tubulações horizontais com verticais, devem ser empregadas junções a 45° simples ou duplas ou tês sanitários, sendo vedado o uso de cruzetas sanitárias (Fig. 2.40).

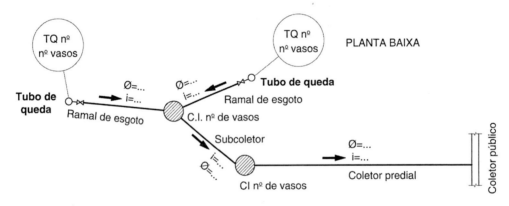

Fig. 2.38 Ligação de tubos de queda a caixas de inspeção no pavimento térreo.

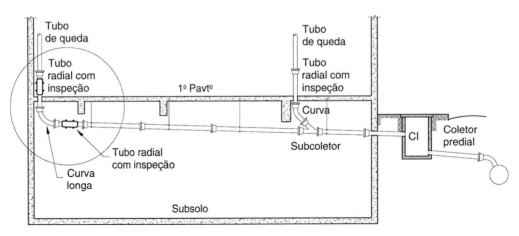

Fig. 2.39 Ligação de tubos de queda a subcoletor no teto de um subsolo.

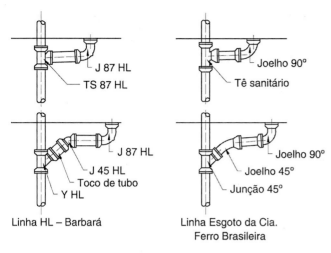

Linha HL – Barbará   Linha Esgoto da Cia. Ferro Brasileira

Fig. 2.40 Ligação de um sub-ramal de vaso sanitário a um tubo de queda.

O coletor predial e o subcoletor terão o diâmetro mínimo de 100 mm, o qual será aumentado se a declividade disponível ou o volume de despejos a esgotar assim o exigirem.

As declividades mínimas adotadas para coletores prediais, subcoletores, ramais de esgotos e ramais de descarga, segundo a NBR 8160:1999, estão listadas na Tabela 2.7.

Os vasos sanitários, quando ligados em série ou baterias a um mesmo ramal de esgoto, deverão ter essas ligações horizontais em junção 45° (conhecidas como "ao chato"), com curvas ou joelhos de 90° tipo longo ou verticalmente com joelhos de 45° (Fig. 2.41).

Os tubos operculados (tubos radiais com inspeção) deverão ser instalados junto às curvas de queda (curvas de 90° de raio grande), na base dos tubos de queda, sempre que elas forem inatingíveis pelas varas ou elementos de limpeza introduzidos pelas caixas de inspeção ou por outras peças de inspeção existentes na instalação (Fig. 2.42).

Os ramais de descarga de pias de copa e cozinha, e de pias de despejo de cozinha, deverão ser ligados a caixas de gordura ou a tubos de queda que descarreguem nas referidas caixas.

Os ramais de descarga de vasos sanitários, caixas ou ralos sifonados, caixas detentoras e sifões deverão ser ligados, sempre que possível, diretamente a uma caixa de inspeção ou, então, a outra canalização primária (Fig. 2.43) perfeitamente inspecionável.

Os ramais de descarga, ou de esgoto, de aparelhos sanitários, caixas ou ralos sifonados, caixas detentoras e sifões só poderão ser ligados a desvios horizontais (balanços) de tubos de queda que recebem efluentes sanitários de até quatro pavimentos superpostos (Fig. 2.44) e de mais de quatro pavimentos (Fig. 2.45), sendo a declividade mínima de 1 %.

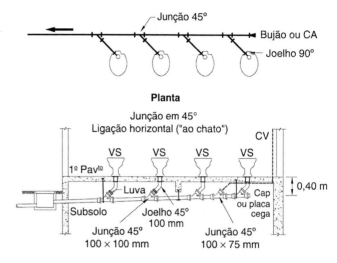

Fig. 2.41 Ligação vertical de bateria de vasos a um ramal de esgotos no teto de um subsolo.

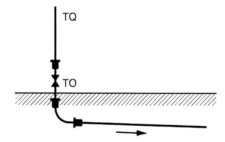

Fig. 2.42 Tubo operculado (TO) na base de tubo de queda.

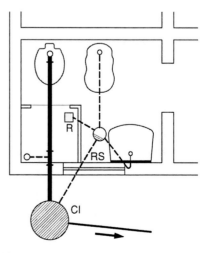

Fig. 2.43 Ligação das peças de um banheiro no primeiro pavimento a uma caixa de inspeção.

Tabela 2.7 Declividades para canalização

Diâmetro (mm)	Declividade mínima	
	(m/m)	(%)
≤ 75	0,02	2
≥ 100	0,01	1

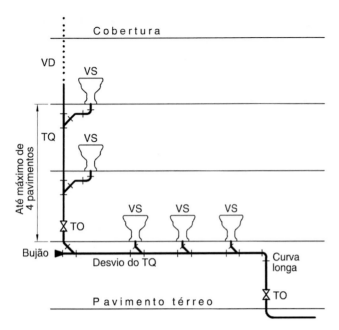

Fig. 2.44 Vasos sanitários ligados a um desvio de um tubo de queda. Prédio com até quatro pavimentos.

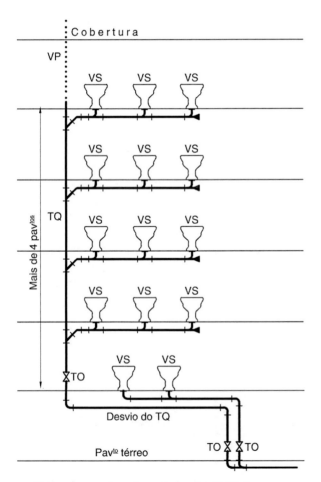

Nota: não se acha representada a "ventilação"

Fig. 2.45 Vasos sanitários ligados a um tubo de queda. Prédio com mais de quatro pavimentos.

2.16 VENTILAÇÃO SANITÁRIA

2.16.1 Definições

- **Coluna de ventilação (CV)** é a coluna vertical destinada à ventilação dos desconectores situados em pavimentos superpostos. Sua extremidade superior é aberta à atmosfera, ou ligada ao tubo ventilador primário ou ao barrilete de ventilação.
- **Ramal de ventilação (RV)** é o tubo ventilador interligando o desconector ou ramal de descarga ou de esgoto de um ou mais aparelhos sanitários a uma coluna de ventilação ou a um ventilador primário.
- **Tubo ventilador primário (VP)** é o tubo ventilador em prologamento do tudo de queda acima do ramal mais alto a ele ligado, tendo uma extremidade aberta, situado acima da cobertura do prédio.
- **Tubo ventilador (TV)** é a tubulação ascendente destinada a permitir o acesso de ar atmosférico ao interior das canalizações de esgotos, e a saída dos gases dessas canalizações, bem como impedir a ruptura de fecho hídrico dos desconectores.
- **Tubo ventilador secundário (VSe)** é o tubo ventilador tendo a extremidade superior ligada a um tubo ventilador primário, a uma coluna de ventilação ou a outro tubo ventilador secundário.
- **Tubo ventilador individual (VI)** é o tubo ventilador secundário ligado ao desconector ou ao ramal de descarga de um aparelho sanitário.

A Fig. 2.46 apresenta esquematicamente diagrama vertical das tubulações de esgoto e as respectivas ventilações.

2.16.2 Prescrições fundamentais

É obrigatória a ventilação das instalações prediais de esgotos primários, a fim de que os gases emanados dos coletores sejam encaminhados convenientemente para a atmosfera, acima das coberturas, sem a menor possibilidade de entrarem no ambiente interno dos edifícios, e também para evitar a ruptura do fecho hídrico dos desconectores, por aspiração ou compressão.

A ventilação da instalação predial de esgotos primários é feita, de modo geral, da seguinte maneira:

a) Em prédio de *um só pavimento*, pelo menos por um tubo ventilador primário ligado diretamente à caixa de inspeção, ou em junção ao coletor predial, subcoletor ou ramal de descarga de um vaso sanitário prolongado acima da cobertura desse prédio (Fig. 2.47).
b) Em prédio de *dois* ou *mais pavimentos*, os tubos de queda serão prolongados até acima da cobertura, e todos os vasos sanitários sifonados, sifões e ralos serão providos de ventiladores individuais ligados à coluna de ventilação (Figs. 2.47 e 2.48).

Toda coluna de ventilação deverá ter:

c) diâmetro uniforme;

Instalações de Esgotos Sanitários 95

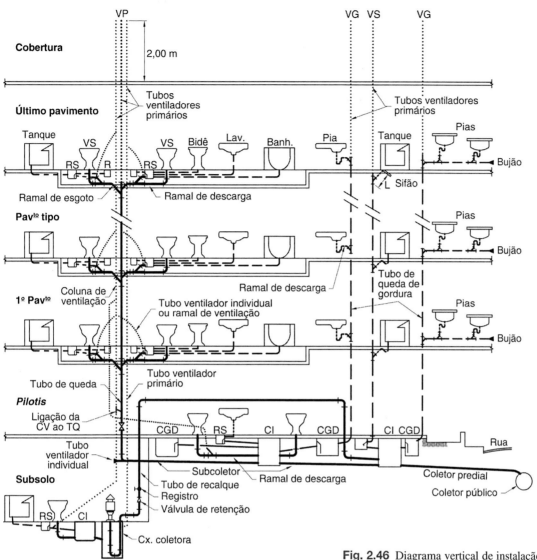

Fig. 2.46 Diagrama vertical de instalação de esgotos e ventilação.

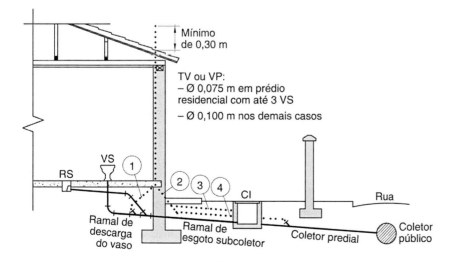

1) Ao ramal de descarga de um vaso sanitário
2) Ao ramal de esgoto
3) A uma caixa de inspeção
4) A um coletor predial

Fig. 2.47 Alternativas para ligação do tubo ventilador de um pavimento.

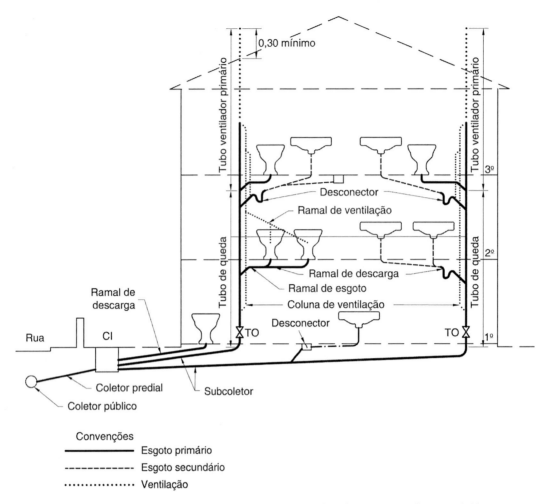

Fig. 2.48 Caso de vasos sifonados e sifões ligados a tubos de queda. Ventilação sanitária.

d) a extremidade inferior ligada a um subcoletor (Fig. 2.49) ou a um tubo de queda, em ponto situado abaixo da ligação do primeiro ramal de esgoto ou de descarga (Fig. 2.50) ou neste ramal de esgoto ou de descarga (Fig. 2.51).

Nos desvios de tubo de queda que formem ângulo maior que 45° com a vertical, deve ser prevista ventilação de acordo com uma das alternativas seguintes (ver Fig. 2.52):

a) considerar o tubo de queda como dois tubos de queda separados, um acima e outro abaixo do desvio (Fig. 2.52(a)); ou
b) fazer com que a coluna de ventilação acompanhe o desvio do tubo de queda, conectando o tubo de queda à coluna de ventilação, através de tubos ventiladores de alívio, acima e abaixo do desvio.

Desde que os diâmetros dos ramais de esgoto que descarregam no tubo de queda acima e abaixo do desvio sejam maiores ou iguais a DN 75, é permitida a ligação dos tubos ventiladores de alívio aos ramais de esgoto, em vez de ligá-los no próprio tubo de queda, como fixado na alternativa (b). É o que mostra a Fig. 2.52(b).

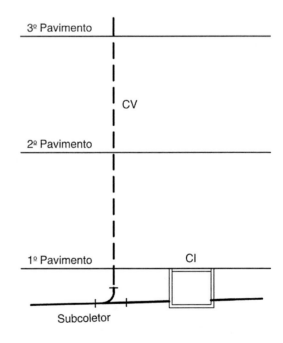

Fig. 2.49 Ligação da CV a um subcoletor.

Instalações de Esgotos Sanitários

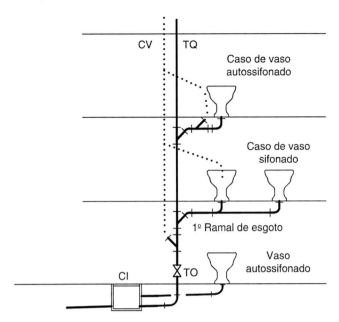

Fig. 2.50 Ventilação de vasos sifonados em prédios de três pavimentos.

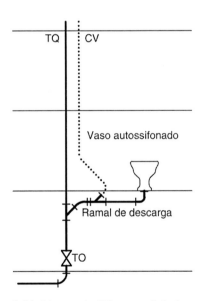

Fig. 2.51 Ligação da CV ao ramal de descarga.

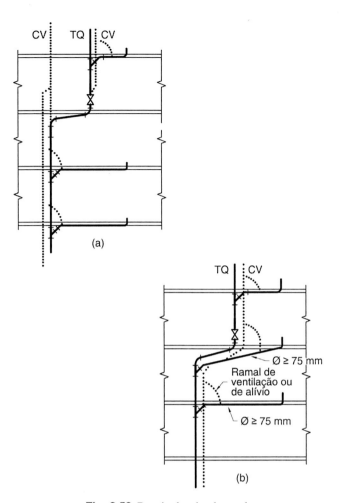

Fig. 2.52 Desvio de tubo de queda.

Em edifícios cuja instalação de esgoto sanitário já possua pelo menos um tubo ventilador primário de 100 mm, será dispensado o prolongamento até acima da cobertura de todo tubo de queda que preencha as seguintes condições (Fig. 2.53):

- o comprimento não exceda de 1/4 da altura total do prédio, medida na vertical do referido tubo;
- não receba mais de 36 Unidades Hunter de Contribuição;
- tenha a coluna de ventilação prolongada até acima da cobertura ou em conexão com outra existente, respeitados os limites da Tabela 2.8 de colunas de ventilação.

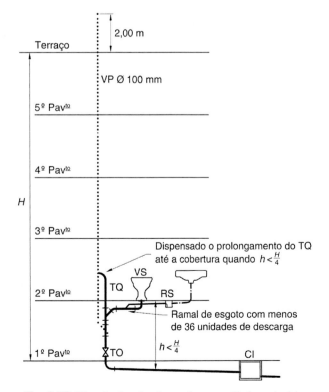

Fig. 2.53 Ligação do tubo de queda ao ventilador primário.

Tabela 2.8 Colunas e barrilete de ventilação

Diâmetro nominal do tubo de queda ou ramal de esgoto DN (mm)	Número de Unidades Hunter de Contribuição (UHC)	Diâmetro nominal mínimo do tubo de ventilação							
		40	50	75	100	150	200	250	300
		Comprimento máximo permitido (m)							
40	8	46	–	–	–	–	–	–	–
40	10	30	–	–	–	–	–	–	–
50	12	23	61	–	–	–	–	–	–
50	20	15	46	–	–	–	–	–	–
75	10	13	46	317	–	–	–	–	–
75	21	10	33	247	–	–	–	–	–
75	53	8	29	207	–	–	–	–	–
75	102	8	26	189	–	–	–	–	–
100	43	–	11	76	299	–	–	–	–
100	140	–	8	61	229	–	–	–	–
100	320	–	7	52	195	–	–	–	–
100	530	–	6	46	177	–	–	–	–
150	500	–	–	10	40	305	–	–	–
150	1100	–	–	8	31	238	–	–	–
150	2000	–	–	7	26	201	–	–	–
150	2900	–	–	6	23	183	–	–	–
200	1800	–	–	–	10	73	286	–	–
200	3400	–	–	–	7	57	219	–	–
200	5600	–	–	–	6	49	186	–	–
200	7600	–	–	–	5	43	171	–	–
250	4000	–	–	–	–	24	94	293	–
250	7200	–	–	–	–	18	73	225	–
250	11.000	–	–	–	–	16	60	192	–
250	15.000	–	–	–	–	14	55	174	–
300	7300	–	–	–	–	9	37	116	287
300	13.000	–	–	–	–	7	29	90	219
300	20.000	–	–	–	–	6	24	76	186
300	26.000	–	–	–	–	5	22	70	152

O trecho de um ventilador primário situado acima da cobertura do edifício deverá medir no mínimo 0,30 m, no caso de telhado ou simples laje de cobertura, e 2,00 m, no caso de laje utilizada para outros fins além da cobertura, devendo ser, neste último caso, devidamente protegido contra choques ou acidentes que possam danificá-lo (Fig. 2.54).

Serão adotadas as seguintes normas para a fixação do diâmetro dos tubos ventiladores, de acordo com a NBR 8160:1999:

- *Tubos ventiladores de alívio*: diâmetro nominal igual ao diâmetro da coluna de ventilação a que estiver ligado.
- *Ramal de ventilação*: diâmetro não inferior aos limites determinados pela Tabela 2.9.
- *Tubos ventiladores de circuito*: diâmetro não inferior aos limites determinados na Tabela 2.10.
- *Tubos ventiladores suplementares*: diâmetro não inferior à metade do diâmetro do ramal de esgoto a que estiver ligado.
- *Colunas de ventilação*: diâmetro de acordo com as indicações da Tabela 2.8. Inclui-se no comprimento da coluna de ventilação o trecho ventilador primário entre o ponto de inserção da coluna e a extremidade aberta do tubo ventilador.

Tabela 2.9 Ramais de ventilação

Grupos de aparelhos sem bacias sanitárias		Grupos de aparelhos com bacias sanitárias	
Número de Unidades Hunter de Contribuição (UHC)	Diâmetro nominal do ramal de ventilação DN (mm)	Número de Unidades Hunter de Contribuição (UHC)	Diâmetro nominal do ramal de ventilação DN (mm)
Até 12	40	Até 17	50
13 a 18	50	18 a 60	75
19 a 36	75	–	–

Tabela 2.10 Distância máxima L de um desconector à ligação de um tubo ventilador do ramal de descarga

Diâmetro nominal do ramal de descarga DN (mm)	Distância máxima (m)
40	1,00
50	1,20
75	1,80
100	2,40

São considerados adequadamente ventilados os desconectores de pias, lavatórios e tanques (ralos sifonados ou sifões) quando ligados a um tubo de queda que não receba efluentes de vasos sanitários, mictórios e sejam observadas as distâncias indicadas na Tabela 2.10.

Além disso, serão adequadamente ventilados o ramal de descarga das caixas retentoras, as caixas sifonadas e os ralos sifonados, quando instalados em pavimentos térreos ligados diretamente a um subcoletor devidamente ventilado, ou nas condições indicadas na Fig. 2.55.

As extremidades superiores dos tubos ventiladores individuais (ramais de ventilação) poderão ser ligadas a um *barrilete* cujas extremidades se elevem 2 m acima da cobertura. Com isso, evita-se instalação de elevado número de tubulações de ventilação no terraço. O diâmetro deve ser uniforme, não inferior a 150 mm, e ligado a um tubo ventilador primário do mesmo diâmetro (Fig. 2.56).

O diâmetro nominal de cada trecho do barrilete segue a Tabela 2.5. O número de Unidades Hunter de Contribuição de cada trecho é a soma das unidades de todos os tubos de queda servidos pelo trecho, e o comprimento a considerar é o mais extenso, desde a base da coluna de ventilação mais afastada da extremidade aberta do barrilete até essa extremidade.

Será dispensada a ventilação do ramal de descarga do vaso sanitário autossifonado, quando houver qualquer desconector ventilado com tubo ventilador individual, no mínimo, de 50 mm, ligado a, no máximo, 2,40 m do vaso sanitário (Fig. 2.57).

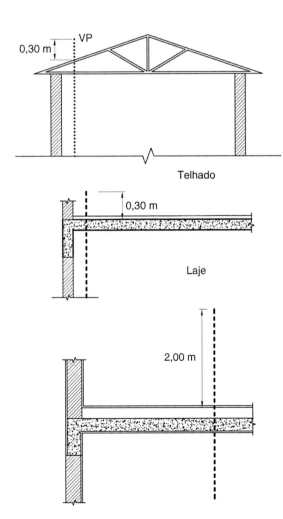

Fig. 2.54 Extremidade do ventilador primário para os casos de telhado, laje e terraço.

No caso de os vasos sanitários instalados em série ou bateria serem do tipo autossifonado, será adotada a *ventilação em circuito* (VC), devendo para isso ser ventilado o ramal de descarga entre os dois aparelhos sanitários mais afastados do tubo de queda (Fig. 2.58).

Na ventilação em circuito, um tubo ventilador só poderá servir no máximo a um grupo de oito vasos sanitários. Os vasos sanitários que excederem de oito em bateria no mesmo ramal de esgoto deverão ser dotados de um tubo ventilador, instalado nas condições estabelecidas no parágrafo precedente.

Na ventilação em circuito, será indispensável a instalação de um *tubo ventilador suplementar* (VSu), desde que, em pavimentos superpostos ao que se considere, exista vaso sanitário ligado ao mesmo tubo de queda. A extremidade inferior

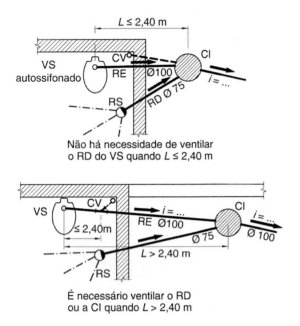

Fig. 2.55 Ventilação de CI e ramal de esgotos no pavimento térreo.

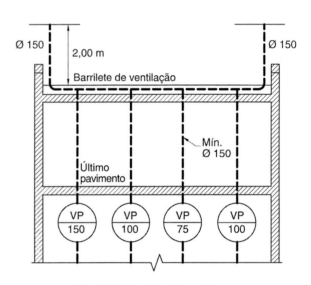

Fig. 2.56 Barrilete de ventilação.

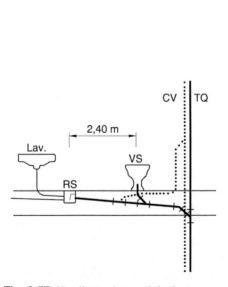

Fig. 2.57 Ventilação do ramal de descarga do RS. Pavimentos superpostos.

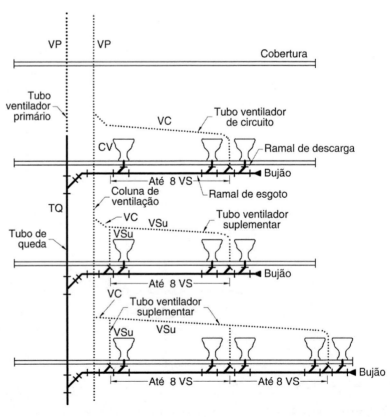

Fig. 2.58 Ventilação em circuito (vasos autossifonados).

do tubo ventilador suplementar deverá ser ligada ao ramal de esgoto, entre o tubo de queda e o aparelho mais próximo, e a extremidade superior ligada ao tubo ventilador de circuito (Figs. 2.58 e 2.59).

Os tubos de queda que recebam descargas em mais de 10 andares devem ser ligados à coluna de ventilação por meio de tubo ventilador de alívio, a cada 10 pavimentos, contados a partir do andar mais alto (Fig. 2.60). A extremidade inferior do tubo ventilador de alívio deve ser ligada ao tubo de queda pela junção de 45° em ponto imediatamente abaixo do ramal de descarga ou de esgoto. A extremidade superior deve ser ligada à coluna de ventilação pela junção a 45° colocada a 15 cm ou mais acima do nível de transbordamento do aparelho mais alto servido pelo ramal de esgoto ou de descarga.

2.17 TUBO DE QUEDA DE TANQUES E MÁQUINAS DE LAVAR ROUPA

Nos edifícios de dois ou mais pavimentos, nas instalações que recebem detergentes que provoquem a formação de espuma, é necessário evitar a ligação de aparelhos ou tubos ventiladores nos andares inferiores, em trechos da instalação considerados zonas de pressão de espuma.

Esses trechos são os seguintes (Fig. 2.61):

a) O trecho do tubo de queda de comprimento igual a 40 diâmetros imediatamente a montante de desvio para a horizontal (a), o trecho horizontal de comprimento igual a 10 diâmetros imediatamente a jusante do mesmo desvio (b) e o trecho horizontal igual a 40 diâmetros imediatamente a montante do próximo desvio (c).

b) O trecho do tubo de queda de comprimento igual a 40 diâmetros do coletor ou subcoletor de comprimento igual a 10 diâmetros imediatamente a jusante da mesma base (e).

c) Os trechos a montante (f) e a jusante (g) da primeira curva do coletor ou subcoletor, respectivamente com 40 e 10 diâmetros de comprimento.

d) O trecho da coluna de ventilação de comprimento igual a 40 diâmetros, a partir da ligação da base da coluna ou tubo de queda ou ramal de esgoto (h).

Consegue-se solução satisfatória usando-se colunas independentes para máquinas de lavar roupa e para tanques. Próximo ao pé da coluna coloca-se uma caixa sifonada de dimensões grandes ou uma CI antes da caixa sifonada. Essa CI ou CS deve ser ventilada, de modo que a espuma que suba pelo tubo, ao sair pela extremidade superior, não caia em local indesejável.

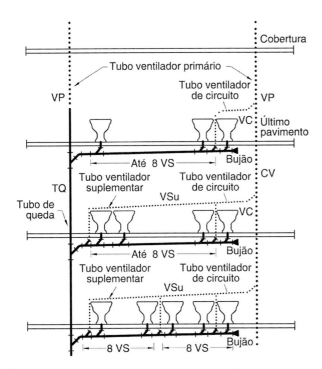

Fig. 2.59 Ventilação em circuito (vasos autossifonados). Variante.

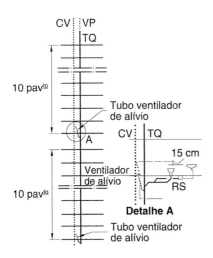

Fig. 2.60 Emprego do ventilador de alívio a cada 10 pavimentos.

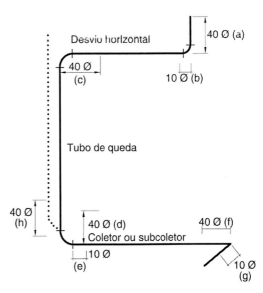

Fig. 2.61 Zonas de pressão de espuma.

2.18 INSTALAÇÕES SANITÁRIAS EM NÍVEL INFERIOR OU DA VIA PÚBLICA

O efluente de aparelhos sanitários e dispositivos instalados em nível inferior ao da via pública deverá ser reunido em uma *caixa coletora*, colocada de modo a receber esses despejos por gravidade; dessa caixa, os despejos serão recalcados para o coletor predial por meio de bombas centrífugas ou ejetoras (Fig. 2.62).

Nenhum aparelho sanitário, caixa sifonada, ralo sifonado, caixa detentora etc. deverá descarregar diretamente na caixa coletora, e sim em uma ou mais caixas de inspeção, as quais serão ligadas à caixa coletora (Fig. 2.63).

A ventilação da instalação sanitária, situada em nível inferior ao da via pública, poderá ser ligada à ventilação da instalação situada acima do nível do mesmo logradouro.

A caixa coletora, que funcionará como poço para bombeamento, deverá ter sua capacidade calculada de modo a evitar a frequência exagerada de partidas e paradas das bombas, bem como a ocorrência de estado séptico.

Deverá também ter a profundidade mínima de 90 cm, a contar do nível da canalização afluente mais baixa, e o fundo deverá ser suficientemente inclinado para impedir a deposição de matérias sólidas, quando a caixa for esvaziada completamente. Caso a caixa coletora não receba efluentes de bacias sanitárias, a profundidade mínima deve ser igual a 60 cm. Além disso, deverá ser perfeitamente impermeabilizada e provida de tampa impermeável aos gases e de dispositivos adequados para inspeção e limpeza. Também deverá ser ventilada por um tubo ventilador primário que vai até acima

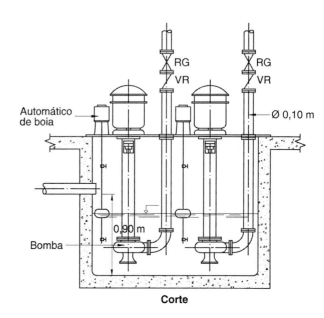

Fig. 2.62 Bombas de esgoto, rotor imerso em uma caixa coletora.

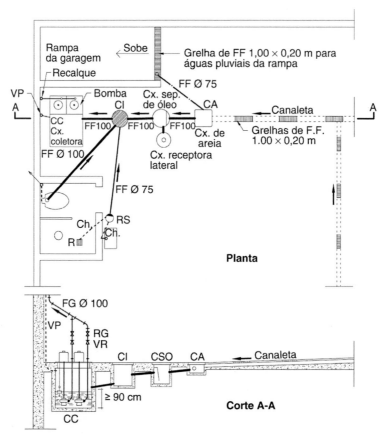

Fig. 2.63 Instalação típica de esgotos em subsolo.

da cobertura do prédio e independente de qualquer outra ventilação da instalação de esgoto sanitário do prédio, cujo diâmetro não poderá ser inferior ao da tubulação de recalque.

Será obrigatória a instalação de, *pelo menos*, *dois grupos de bombas*, para funcionamento alternado. As bombas deverão ser de baixa rotação, de rotor imerso e de construção especial com poucas pás, à prova de entupimento, para águas servidas, massas e líquidos viscosos.

No caso de instalação que inclua vasos sanitários, as bombas deverão permitir a passagem de esferas de 60 mm (2 1/2") de diâmetro, e o diâmetro mínimo da canalização de recalque deverá ser de 75 mm (3"), sendo, porém, aconselhado usar tubo de 100 mm.

As bocas de aspiração deverão ser independentes, isto é, uma para cada bomba, assim como possuir diâmetros nunca inferiores aos das canalizações de recalque.

O funcionamento das bombas deverá ser automático, comandado por chaves magnéticas, conjugadas com chaves de boia. Adicionalmente, deverão ser equipadas com um dispositivo de alarme que poderá ser comandado pela própria haste, sendo posto a funcionar sempre que as bombas falharem em operação.

A canalização de recalque deverá atingir um nível superior ao do logradouro e nela deverão ser instalados registro e válvula de retenção.

Quando não houver vasos sanitários, não há necessidade de caixa de inspeção, e as bombas deverão permitir a passagem de esferas de apenas 18 mm de diâmetro, e o diâmetro nominal mínimo da tubulação de recalque deve ser DN 40.

O dimensionamento da instalação de recalque deve ser feito considerando-se os seguintes aspectos:

- capacidade da bomba, que deve atender à vazão máxima provável de contribuição dos aparelhos e dos dispositivos instalados que possam estar em funcionamento simultâneo;
- tempo de detenção do esgoto na caixa;
- intervalo de tempo entre duas partidas consecutivas do motor.

De acordo com a NBR 8160:1999, o volume útil da caixa coletora pode ser determinado pela seguinte expressão:

$$V_u = \frac{Q \times t}{4}$$

em que V_u é o volume compreendido entre o nível máximo e o nível mínimo de operação da caixa (m³); Q é a capacidade da bomba determinada em função da vazão efluente de esgoto à caixa coletora (m³/min); e t é o intervalo de tempo entre duas partidas consecutivas do motor (min).

O intervalo entre duas partidas consecutivas do motor não deve ser inferior a 10 minutos, para preservar os equipamentos de frequentes esforços de partida. Recomenda-se que a capacidade da bomba seja, no mínimo, igual a duas vezes a vazão de afluente de esgoto sanitário. Além disso, o tempo de detenção do esgoto, segundo a NBR 8160:1999, não deve ultrapassar 30 minutos, para que não haja comprometimento das condições de aerobiose do esgoto.

■ EXEMPLO 2.1

Dimensione os tubos de queda, os subcoletores e o coletor para um edifício comercial de escritórios com quatro tubos de queda atendendo às peças indicadas na Fig. 2.64.

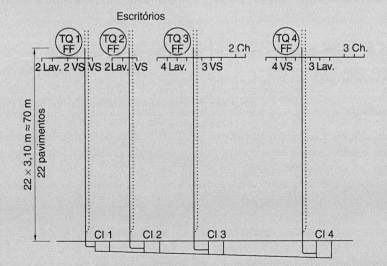

Fig. 2.64 Instalações de esgoto sanitário de um edifício comercial – croqui do esquema vertical.

continua

Solução:

- Dimensionamento dos tubos de queda (ver Tabela 2.6):
  - TQ1: (3 VS) × 6 + (2 LAV) × 1 = 20 UHC
    20 UHC × 22 pavimentos = 440 UHC
    De 70 até 500 UHC, usa-se: Ø 100 mm
  - TQ2: (1 VS) × 6 + (2 LAV) × 1 = 8 UHC
    UHC × 22 pavimentos = 176 UHC
    De 70 a 500 UHC, usa-se: Ø 100 mm
  - TQ3: (3 VS) × 6 + (4 LAV) × 1 + (2 CH) × 2 = 26 UHC
    26 UHC × 22 pavimentos = 572 UHC
    De 500 a 1900 UHC, usa-se: Ø 150 mm
  - TQ4: (4 VS) × 6 + (3 LAV) × 1 + (3 CH) × 2 = 33 UHC
    33 UHC × 22 pavimentos = 726 UHC
    De 500 a 1900 UHC, usa-se: Ø 150 mm

- Dimensionamento dos subcoletores (ver Tabela 2.5):
  - Trecho CI-1 para CI-2: 440 UHC
    Com $i = 1\%$, de 180 até 700 UHC, usa-se: Ø 150 mm
  - Trecho CI-2 para CI-3: 440 + 176 = 616 UHC
    Com $i = 1\%$, de 180 até 700 UHC, usa-se: Ø 150 mm
  - Trecho CI-3 para CI-4: 616 + 572 = 1188 UHC
    Com $i = 1\%$, de 700 até 1600 UHC, usa-se: Ø 200 mm

- Dimensionamento do coletor (ver Tabela 2.5):
  - Trecho após CI-4: 1188 + 726 = 1914 UHC
    Com $i = 2\%$, de 180 até 1920 UHC, usa-se: Ø 200 mm

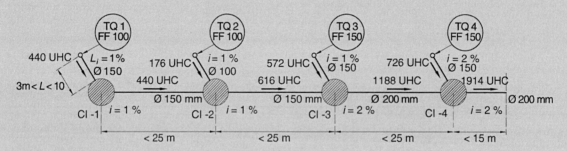

Fig. 2.65 Dimensionamento das instalações de esgoto sanitário de um edifício comercial – croqui em planta.

2.19 TRATAMENTO DE ESGOTOS

2.19.1 Natureza da questão

As instalações de esgotos sanitários prediais usualmente possuem seus coletores prediais ligados a coletores públicos, onde os esgotos são lançados e têm sua destinação imposta pela municipalidade. Assim, conforme as circunstâncias, os esgotos seriam conduzidos a uma estação de tratamento.

No entanto, aqui será considerado o caso de não haver coletor público para coleta dos esgotos prediais, tornando-se necessário proceder a uma depuração ou tratamento, de modo a ser possível lançar o efluente tratado em uma galeria de águas pluviais em valas de drenagem, rios, riachos ou lagoas.

Outro fator a ser considerado é a conveniência de se procurar a absorção do terreno do efluente tratado previamente, empregando-se valas de infiltração, ou, preferencialmente, valas de filtração, a partir das quais, sem risco, o efluente possa ser lançado em um rio ou galeria de águas pluviais.

Ao projetista de instalações cabe solucionar os problemas de uma destinação adequada dos esgotos, sejam para residências isoladas, edifícios comerciais, residências, indústrias, conjuntos habitacionais e complexos industriais, quando se verifica a inexistência do coletor público, ou quando há esgotos industriais que exigem tratamento antes de sua destinação final.

Cabe ressaltar que nem todos os sistemas de depuração de esgotos domésticos aconselham o lançamento do efluente tratado em valas abertas, sarjetas ou galerias de águas pluviais, uma vez que solucionam apenas parcialmente o problema da eliminação dos agentes patogênicos, micro-organismos existentes nos esgotos.

2.19.2 Esgotos a serem tratados

Os esgotos que se objetiva tratar são os despejos domésticos, isto é, águas residuárias domésticas. Os esgotos industriais, pela sua grande diversificação, devem ser submetidos a tratamentos específicos para cada caso de resíduo industrial e, evidentemente, demandarão estudos especializados e mais complexos.

Sabe-se que o esgoto fresco contém aproximadamente 99% de água e possui certa quantidade de matéria sólida em suspensão, além do oxigênio contido no ar dissolvido. Além disso, os esgotos sanitários contêm enorme quantidade de bactérias.

As bactérias coliformes, sempre existentes em grande número, em si não oferecem maior risco, do ponto de vista sanitário, mas, quando do gênero *Enterobacter*, normalmente apresentam-se associadas a micro-organismos patogênicos existentes nas fezes ou na urina provenientes de pessoas doentes ou portadoras de doenças infecciosas. Assim, representam um indicador da possibilidade da presença desses micro-organismos.

Pelo esgoto, portanto, podem ser transmitidas graves enfermidades como cólera, hepatite infecciosa, tuberculose, poliomielite, febre tifoide, gastroenterite, entre muitas outras.

As bactérias encontradas nos esgotos podem ser de um dos seguintes tipos:

- *Bactérias aeróbias.* São as que retiram o oxigênio contido no ar, seja diretamente da atmosfera, ou seja, do ar dissolvido na água. Essa ação bacteriana é chamada oxidação ou decomposição aeróbia. A matéria orgânica sob a ação dessas bactérias é transformada em alimento para as mesmas, processando-se ações bioquímicas com a formação de produtos estáveis.
- *Bactérias anaeróbias.* Retiram o oxigênio de que necessitam não do ar, mas a partir de ações sobre compostos orgânicos ou inorgânicos que contêm oxigênio, os quais perdem, portanto, o oxigênio de suas moléculas. O processo que assim se desenvolve é a putrefação ou decomposição anaeróbia.
- *Bactérias facultativas.* Podem viver tanto em meios dos quais possam retirar o oxigênio como retirar esse oxigênio de substância que o contém.

As bactérias aeróbias necessitam para sobreviver e realizar sua prodigiosa multiplicação poder transformar a matéria orgânica em alimento, oxidando os compostos nitrogenados e carbonados, dando lugar a compostos estáveis.

Sem oxigênio não há condição para a estabilização da matéria orgânica existente no esgoto. Essa avidez de oxigênio para atender ao metabolismo das bactérias e a transformação da matéria orgânica chama-se demanda bioquímica de oxigênio (DBO).

A DBO é, assim, um índice de concentração de matéria orgânica presente em um volume de água e, por consequência, um indicativo dos seus efeitos na poluição. Portanto, quanto maior a poluição por esgotos, maior será a demanda de oxigênio para estabilizá-la. À medida que ocorre a estabilização da matéria orgânica, diminui evidentemente a DBO.

Sua determinação se realiza medindo-se a quantidade de oxigênio consumida em uma amostra do líquido a 20 °C, durante cinco dias, que simbolicamente se representa por $DBO_{5,20°C}$. Por exemplo, uma $DBO_{5,20°C} = 280$ mg/L ou 280 ppm (partes por milhão) significa dizer que os esgotos considerados retiram 280 miligramas de oxigênio por litro. Nos esgotos domésticos, a $DBO_{5,20°C}$ varia entre 100 e 300 mg/L, e quando o tratamento é eficiente a redução pode situar a $DBO_{5,20°C}$ entre 20 e 30 mg/L.

2.19.3 Processos de tratamento

Em uma instalação convencional de tratamento de esgotos, realiza-se um processo biológico, isto é, um processo em que se manifesta a ação de micro-organismos existentes nos esgotos. São dois os principais processos:

1) *digestão do lodo* (ação aeróbia e anaeróbia conforme ocorre nas fossas sépticas);
2) *oxidação biológica* (filtros biológicos, lodos ativados, valos de oxidação, lagoas de estabilização etc.).

2.19.4 Terminologia

Adota-se a seguinte terminologia para os elementos de uma instalação de esgoto por meio de fossa séptica:

- **Câmara de decantação.** Compartimento da fossa séptica onde se processa o fenômeno de decantação da matéria em suspensão dos despejos.
- **Câmara de digestão.** Espaço da fossa séptica destinado à acumulação e digestão das matérias decantadas.
- **Câmara de escuma.** Espaço da fossa séptica destinado à acumulação e digestão das matérias sobrenadantes nos despejos.
- **Dispositivos de entrada e saída.** Peças instaladas no interior da fossa séptica, à entrada e à saída dos despejos, destinadas a garantir a distribuição uniforme do líquido e a impedir a saída da escuma.
- **Escuma.** Matéria constituída por graxas e sólidos em mistura com gases que flutuam no líquido em tratamento no interior da fossa séptica.
- **Lodo.** Material acumulado na zona de digestão do tanque séptico, por sedimentação de partículas sólidas suspensas no esgoto.
- **Lodo digerido.** Lodo estabilizado por processo de digestão.
- **Lodo fresco.** Lodo instável, em início de processo de digestão.
- **Período de armazenamento.** Intervalo de tempo entre duas operações consecutivas de remoção do lodo digerido da fossa séptica, excluído o tempo de digestão.
- **Período de detenção dos despejos.** Intervalo de tempo em que se verifica a passagem dos despejos pela fossa séptica.
- **Período de digestão.** Tempo necessário à digestão do lodo fresco.
- **Sumidouro.** Poço seco escavado no chão e não impermeabilizado, que orienta a infiltração de água residuária no solo.

106 Capítulo 2

- **Valas de filtração.** Valas providas de material filtrante e tubulações convenientemente instaladas, destinadas a filtrar o efluente da fossa séptica, antes de seu lançamento em águas de superfície.

2.19.5 Fossas sépticas

2.19.5.1 Princípio de funcionamento

São unidades de tratamento primário de esgotos domésticos que detêm os despejos por um período que permita a decantação dos sólidos e a retenção do material graxo, transformando-os em compostos estáveis.

Consistem essencialmente em uma camada ou unidade de decantação ou sedimentação e uma de digestão, na qual o líquido cloacal passa pelo fenômeno bioquímico de digestão, que, em resumo, consiste no seguinte.

Os micro-organismos, no caso as bactérias aeróbias e anaeróbias, que se encontram sempre nos esgotos cloacais, como já vimos, retiram o oxigênio do ar ou das substâncias orgânicas existentes nos esgotos e decompõem a matéria orgânica em uma ação de oxidação.

Nessa ação, o nitrogênio existente no esgoto fresco, nas proteínas e na ureia combina-se com o hidrogênio, formando amônia e compostos amoniacais.

Esses compostos amoniacais dão origem aos ácidos nitroso e nítrico, que se combinam com os sais dissolvidos ou em suspensão, formando então nitritos e nitratos, sais minerais, portanto, imputrescíveis e em si inócuos (fenômeno de nitrificação). A matéria resultante apresenta-se sob a forma de lodo ou lama, no fundo da fossa. Fenômeno análogo ocorre em relação ao carbono, ao enxofre e ao fósforo, com a formação de carbonatos, sulfetos e sulfatos e fosfatos.

Outra parte constituída de substâncias graxas leves, mas insolúveis, adquire a forma de escuma ou crosta que flutua sobre o líquido cloacal da fossa.

Uma terceira parcela é constituída de hidrogênio, o qual é libertado dos ácidos graxos e, se ainda sob a ação dos micro-organismos, combina com o oxigênio formando água. Ocorre também no processo a formação de metano (CH_4) e anidrido carbônico (CO_2).

A finalidade da fossa é proporcionar condições favoráveis à ação rápida das bactérias aeróbias e principalmente das anaeróbias, e uma fossa será tanto mais perfeita e eficaz quanto mais depressa e integralmente realizar a transformação da matéria cloacal do afluente, em sedimentos ou lamas imputrescíveis e inócuas, permitindo, assim, que o efluente possa, sem riscos de contaminação e o inconveniente do mau odor, ser lançado em um sumidouro, em uma vala de infiltração ou filtração, ou, ainda, excepcionalmente, em um curso d'água.

Deve-se observar que o emprego de fossas por particulares deve ser encarado como uma solução incompleta do problema de tratamento, aplicável, evidentemente, quando não existe rede pública de coleta de esgotos, até que esta exista.

Compreende-se que, não sendo uma estação de tratamento completa, as fossas não possuem grades, caixas de areia ou outros detentores de material não suscetível de sofrer a ação microbiológica.

Por isso, não devem, por exemplo, ser encaminhadas à fossa substâncias gordurosas (que devem ser retidas em caixas de gordura) nem óleos minerais (a serem retidos nas caixas de óleo).

Uma excessiva quantidade de detergentes e sabão pode prejudicar a ação das bactérias ou destruí-las em maior ou menor escala. Por esta razão, alguns projetistas preferem não lançar os esgotos dos tanques e máquinas de lavar roupa diretamente na fossa, mas em uma caixa de inspeção e desta ao sumidouro.

Em uma instalação de fossa bem projetada e construída, podem-se atingir os seguintes resultados:

- remoção de sólidos em suspensão: 50 a 70 %;
- redução de bacilos coliformes: 40 a 60 %;
- redução da DBO: 30 a 60 %;
- redução de graxas e gorduras: 70 a 90 %.

Pode-se observar que a redução no número de coliformes (e de germes patogênicos, outros bacilos e vírus) é bem menor que o desejável. Por isso, o efluente da fossa deve receber uma destinação na qual não possa ocorrer contaminação de águas de poços, plantações de verdura etc.

As condições técnicas mínimas exigidas à construção e instalação de fossas sépticas e à disposição dos efluentes seguem a NBR 7229:1993 – *Projeto, construção e operação de sistemas de tanques sépticos*.

2.19.5.2 Tipos de fossas

A NBR 7229:1993 prevê o emprego dos seguintes tipos de fossas sépticas:

- de *câmara única*;
- de *câmaras em série*.

Fossas sépticas de câmara única são as constituídas de um só compartilhamento, no qual se processam, conjuntamente, os fenômenos de decantação e digestão (Fig. 2.66).

Fossas sépticas de câmaras em série são as constituídas de dois ou mais compartilhamentos interligados, nos quais se processam, conjuntamente, os fenômenos de decantação e digestão. Elas podem ser prismáticas ou cilíndricas, conforme mostram as Figs. 2.67 e 2.68, respectivamente.

2.19.5.3 Dimensionamento de fossas sépticas

No cálculo da *contribuição de despejos*, deverá ser observado o seguinte:

- o número de pessoas a serem atendidas;
- oitenta por cento (80 %) do consumo local de água. Em casos plenamente justificados, podem ser adotados percentuais diferentes de 80 % e, na falta de dados locais relativos ao consumo, são adotadas as vazões e contribuições constantes na Tabela 2.11;
- nos prédios em que houver, ao mesmo tempo, ocupantes permanentes e temporários, a vazão total de contribuição resulta da soma das vazões correspondentes a cada tipo de ocupante.

Para a *contribuição do lodo fresco*, na ausência de dados locais, deverão ser considerados os valores mínimos em litros por dia constantes na Tabela 2.11.

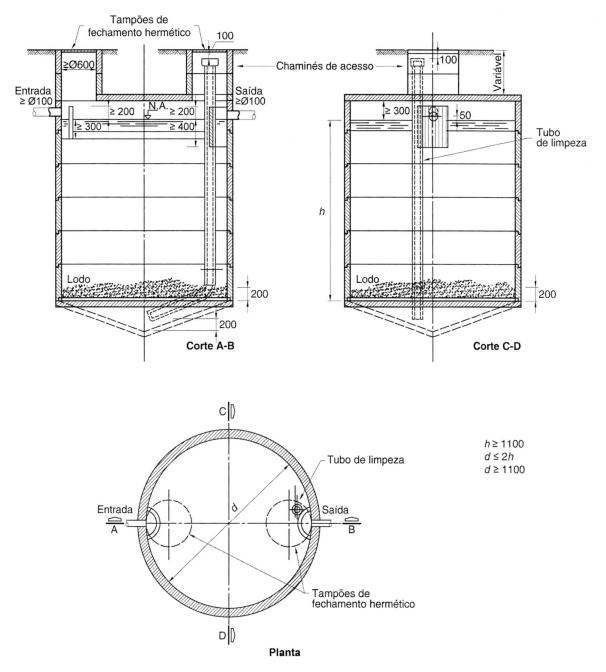

Fig. 2.66 Fossa séptica de câmara única cilíndrica (MACINTYRE, 2010).

Em relação ao *período de detenção dos despejos*, as fossas sépticas deverão ser projetadas considerando-se os períodos mínimos de detenção de despejos da Tabela 2.12, e a *taxa de acumulação do lodo* deve ser obtida na Tabela 2.13, em função de:

- volumes de lodo digerido e em digestão, produzidos por cada usuário, em litros;
- faixas de temperatura ambiente (média do mês mais frio, em graus Celsius);
- intervalos entre limpeza, em anos.

O volume útil total do tanque séptico deve ser calculado pela seguinte fórmula:

$$V = 1000 + N \times (C \times T + K \times L_f)$$

em que V é o volume útil, em litros; N é o número de pessoas ou unidades de contribuição; C é a contribuição de despejos, em litros/unidade $\times$ dia (Tabela 2.11); T é o período de detenção, em dias (Tabela 2.12); K é a taxa de acumulação do lodo digerido, em dias, equivalente ao tempo de acumulação de lodo fresco (Tabela 2.13); e L_f é a contribuição do lodo fresco, em litros/unidade $\times$ dia (Tabela 2.11).

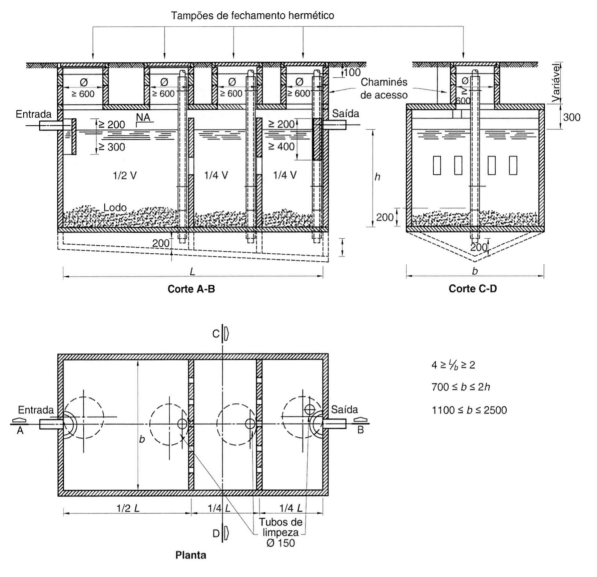

Fig. 2.67 Fossa séptica de câmara em série prismática retangular de três compartimentos (MACINTYRE, 2010).

Em relação à geometria dos tanques sépticos, eles podem ser cilíndricos ou prismáticos, cujas medidas internas devem obedecer ao que se segue:

- profundidade útil: de acordo com os valores mínimos e máximos da Tabela 2.14, em função do volume útil;
- diâmetro interno mínimo: 1,10 m;
- largura interna mínima: 0,80 m;
- relação comprimento/largura (para tanques prismáticos retangulares): mínimo 2:1; máximo 4:1.

Os detalhes e dimensões de tanques sépticos prismáticos e cilíndricos estão apresentados nas Figs. 2.69 e 2.70.

Para melhor eficiência quanto à qualidade dos efluentes, a NBR 7229:1993 recomenda os seguintes números de câmaras:

- para tanques cilíndricos: três câmaras em série;
- para tanques prismáticos retangulares: duas câmaras em série.

A proporção entre as câmaras deverá ser de 2:1 em volume, da entrada para a saída. A intercomunicação entre as câmaras e as relações de medida das aberturas deverá obedecer ao preconizado na Fig. 2.70.

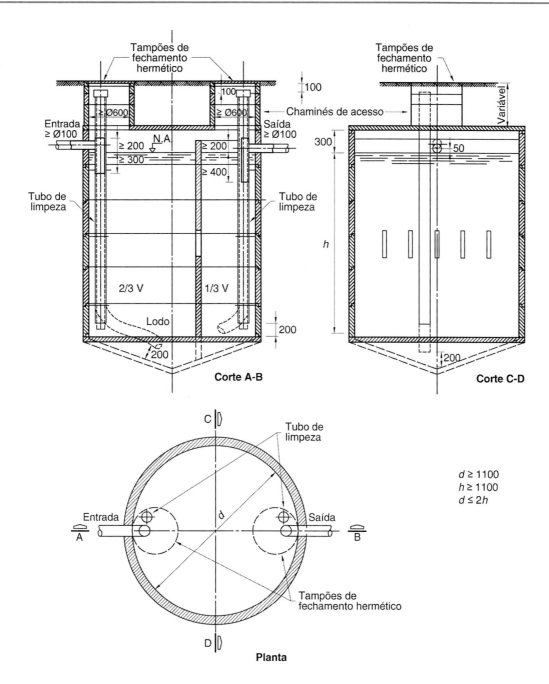

Fig. 2.68 Fossa séptica de câmara em série cilíndrica de dois compartimentos (MACINTYRE, 2010).

As aberturas de inspeção dos tanques sépticos devem ter número e disposição tais que permitam a remoção do lodo e da escuma acumulados, bem como a desobstrução dos dispositivos internos. A disposição e as dimensões das aberturas podem ser vistas na Fig. 2.71.

Todo tanque deve ter pelo menos uma abertura com a menor dimensão igual ou superior a 0,60 m, que permita acesso direto ao dispositivo de entrada do esgoto no tanque.

Em relação à manutenção, o lodo e a escuma acumulados nos tanques devem ser removidos a intervalos equivalentes ao período de limpeza do projeto, conforme a Tabela 2.13.

Tabela 2.11 Contribuição diária de esgoto (C) e de lodo fresco (L_f) por tipo de prédio e de ocupante

Prédio		Unidade	Contribuição de esgoto (C)	Lodo fresco (L_f)
			$\left(\dfrac{\text{litro}}{\text{unidade} \times \text{dia}}\right)$	
Ocupantes permanentes				
Residência	padrão alto	pessoa	160	1
	padrão médio	pessoa	130	1
	padrão baixo	pessoa	100	1
Hotel (exceto lavanderia e cozinha)		pessoa	100	1
Alojamento provisório		pessoa	80	1
Ocupantes temporários				
Fábrica em geral		pessoa	70	0,30
Escritório		pessoa	50	0,20
Edifícios públicos ou comerciais		pessoa	50	0,20
Escolas (externatos) e locais de longa permanência		pessoa	50	0,20
Bares		pessoa	6	0,10
Restaurantes e similares		refeição	25	0,10
Cinemas, teatros e locais de curta permanência		lugar	2	0,02
Sanitários públicos		bacia sanitária	480	4,0

Tabela 2.12 Período de detenção dos despejos, por faixas de contribuição diária

Contribuição diária (L)	Tempo de detenção (T)	
	Dias	Horas
Até 1500	1,00	24
De 1501 a 3000	0,92	22
De 3001 a 4500	0,83	20
De 4501 a 6000	0,75	18
De 6001 a 7500	0,67	16
De 7501 a 9000	0,58	14
Mais de 9000	0,50	12

Tabela 2.13 Taxa de acumulação total de lodo (K), em dias, por intervalo entre limpezas e temperatura do mês mais frio

Intervalo entre limpezas (anos)	Valores de K por faixa de temperatura ambiente (t) (em °C)		
	$t < 10$	$10 \leq t \leq 20$	$t > 20$
1	94	65	57
2	134	105	97
3	174	145	137
4	214	185	177
5	254	225	217

No caso de tanques utilizados para o tratamento de esgotos não exclusivamente domésticos, como estabelecimentos de saúde e hotéis, é obrigatória a remoção por equipamento mecânico de sucção e caminhão-tanque.

O lodo e escuma que são removidos dos tanques não podem ser lançados em corpos d'água ou galerias de águas pluviais.

A disposição do efluente de fossas sépticas diretamente em águas de superfície somente poderá ser feita a juízo da autoridade sanitária competente.

As fossas sépticas deverão ser construídas de concreto, alvenaria, cimento-amianto, fibra de vidro, PVC ou outro material que atenda às condições de segurança, durabilidade, estanqueidade e resistência a agressões químicas dos des-

Tabela 2.14 Profundidade útil mínima e máxima, por faixa de volume útil

Volume útil (m³)	Profundidade útil mínima (m)	Profundidade útil máxima (m)
Até 6,0	1,20	2,20
De 6,0 a 10,0	1,50	2,50
Mais que 10,0	1,80	2,80

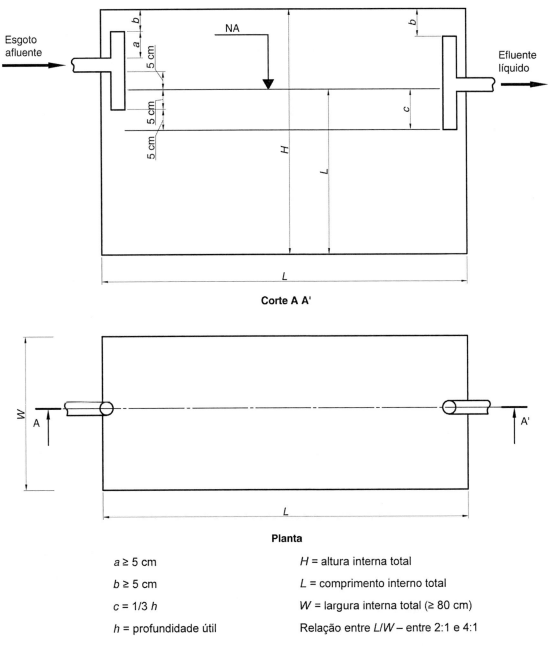

$a \geq 5$ cm

$b \geq 5$ cm

$c = 1/3\ h$

h = profundidade útil

H = altura interna total

L = comprimento interno total

W = largura interna total (≥ 80 cm)

Relação entre L/W – entre 2:1 e 4:1

Fig. 2.69 Detalhes e dimensões de um tanque séptico de câmara única (NBR 7229:1993).

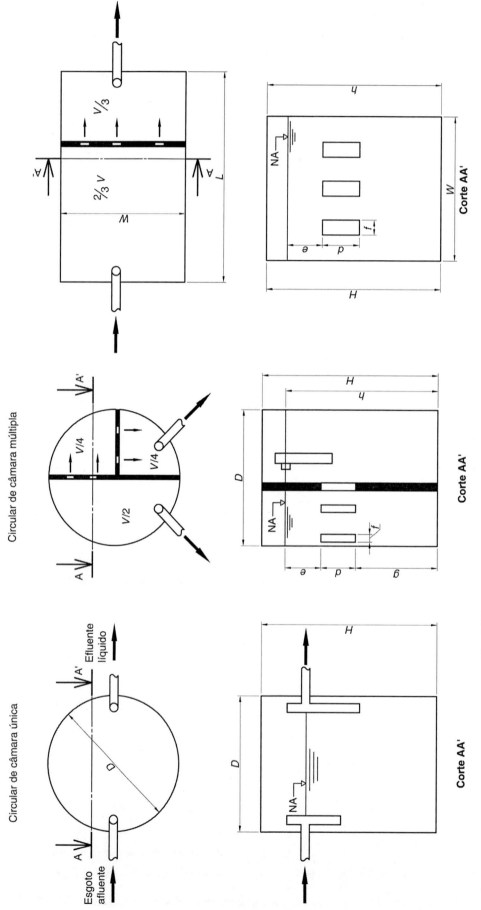

Fig. 2.70 Detalhes e dimensões dos tanques sépticos e aberturas (NBR 7229:1993).

Instalações de Esgotos Sanitários 113

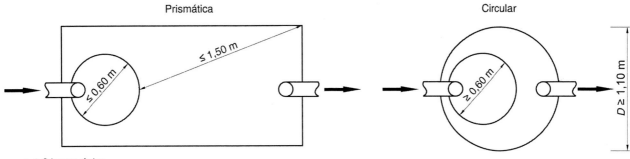

a-1 Câmara única

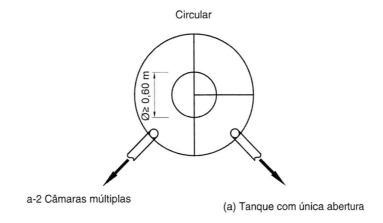

a-2 Câmaras múltiplas

(a) Tanque com única abertura

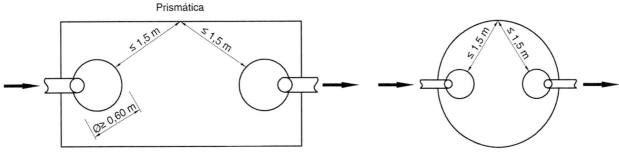

b-1 Câmara única

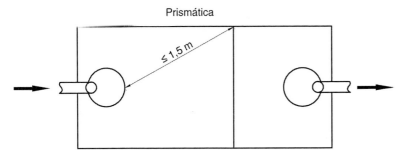

b-2 Câmaras múltiplas

(b) Tanque com múltiplas aberturas

Fig. 2.71 Disposição das aberturas para tanques sépticos (NBR 7229:1993).

pejos, observadas as normas de cálculo e execução a eles concernentes.

De acordo com a NBR 7229:1993, as fossas sépticas devem observar as seguintes disposições horizontais mínimas:

- 1,50 m de construções, limites de terreno, sumidouros, valas de infiltração e ramais prediais de água.
- 3,00 m de árvores e de qualquer fonte de rede pública de abastecimento de água;
- 15,00 m de poços freáticos e de corpos d'água de qualquer natureza.

No entanto, recomenda-se que a distância das fossas e sumidouros a qualquer fonte ou poço de água potável seja de 20 a 40 m, de acordo com a velocidade de filtração do lençol d'água, que não deve ser superior a 1,20 m/dia.

A instalação da fossa séptica deve ser realizada de modo a permitir, no futuro, a ligação do coletor predial com o coletor público, conforme mostra a Fig. 2.72.

2.19.6 Disposição de efluente

Os efluentes de fossas sépticas poderão ser assim dispostos:

- no solo, por irrigação subsuperficial, através de *valas de infiltração*;
- no solo, por infiltração subterrânea, através de *sumidouros*;
- em *valas de filtração*, antes do lançamento em águas de superfície;
- em *filtros anaeróbios*.

A irrigação subsuperficial, feita através de valas de infiltração, constitui melhor forma de disposição quando se dispuser de áreas adequadas ou o solo for suficientemente permeável, caso contrário recomenda-se o filtro anaeróbio. A Tabela 2.15 apresenta a eficiência dos sistemas de tratamento.

2.19.6.1 Valas de infiltração

Essa forma de disposição consiste em distribuir o efluente da fossa séptica no terreno por meio de tubulação adequada e

Tabela 2.15 Eficiência dos sistemas de tratamento

Sistema de tratamento	Eficiência na redução da $DBO_{5,20°C}$
Fossa séptica de câmara única ou de câmaras superpostas	30 a 50 %
Fossa séptica de câmara em série	35 a 55 %
Fossa séptica + valas de filtração	80 a 98 %
Fossa séptica + filtro anaeróbio	75 a 95 %

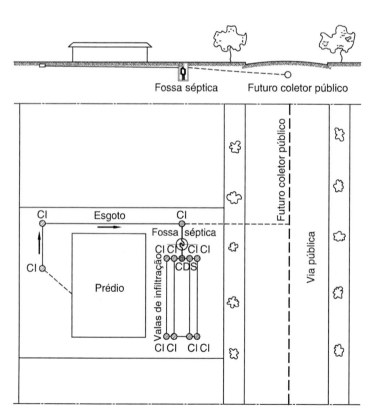

Fig. 2.72 Instalação de fossas sépticas.

convenientemente instalada, conforme a Fig. 2.73, devendo ser observado o seguinte:

- não recomendadas para solos saturados de água;
- devem ser dimensionadas considerando a mesma vazão adotada para o cálculo do tanque séptico;
- os tubos de distribuição no interior da vala devem ter o diâmetro de 100 mm, com furos laterais de diâmetro 0,01 m;
- os materiais de enchimento da vala de infiltração podem ser britas até o número 4 ou pedras com características correspondentes;
- deve ser mantida uma distância mínima vertical entre o fundo da vala de infiltração e o nível máximo de superfície do aquífero de 1,5 m;
- devem ser construídas e operadas de modo a manter condição aeróbia em seu interior;

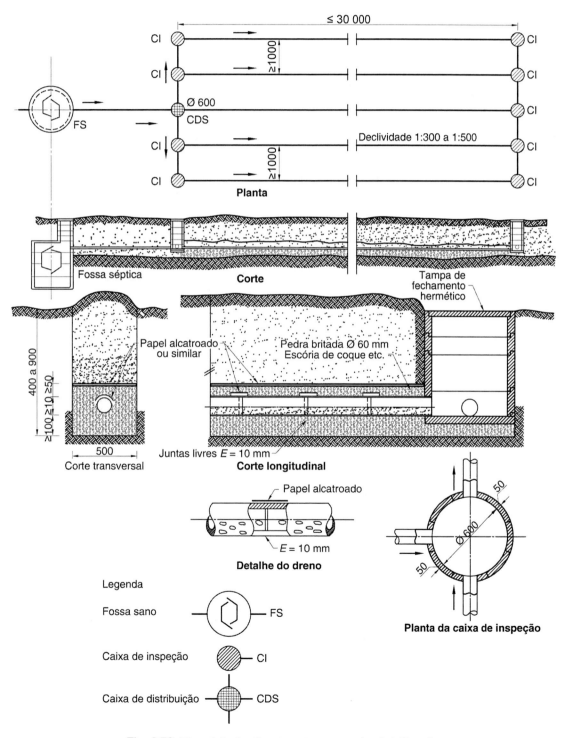

Fig. 2.73 Disposição do efluente no terreno – valas de infiltração.

- a tubulação deverá ser envolvida em camada de pedra britada, pedregulho ou escória de coque, sobre a qual deverá ser colocado papel alcatroado. Folha de neoprene ou similar antes de ser efetuado o enchimento restante da vala com terra;
- a declividade da tubulação deverá ser de 0,003 m/m, quando a tubulação das valas de infiltração for alimentada intermitentemente;
- deverá haver, no mínimo, duas valas de infiltração para disposição do efluente de uma fossa séptica;
- o comprimento máximo de cada vala de infiltração deverá ser de 30 m;
- o espaçamento mínimo entre os eixos de duas valas de infiltração deverá ser de 2,0 m;
- a tubulação do efluente entre a fossa e os tubos instalados nas valas de infiltração terá juntas tomadas;
- o comprimento total das valas de infiltração será determinado em função da capacidade de absorção do terreno, devendo ser considerada como superfície útil de absorção a do fundo da vala e as áreas laterais das valas abaixo da tubulação de distribuição do efluente.

2.19.6.2 Sumidouros

Essa forma de disposição consiste em distribuir o efluente da fossa séptica no terreno por meio de sumidouros, conforme a Fig. 2.74, devendo ser observado o seguinte:

- deverão ter as paredes revestidas de alvenaria de tijolos, assentes com juntas livres, ou anéis pré-moldados de concreto convenientemente furados, podendo ter ou não enchimento de cascalho, pedra britada, coque, com recobrimento de areia grossa;
- as lajes de cobertura deverão ficar ao nível do terreno. Serão de concreto armado e dotadas de abertura de inspeção com tampão de fechamento hermético;
- o menor diâmetro interno do sumidouro deve ser de 0,30 m, em região não arenosa (condutividade hidráulica maior do que 500 m/min);
- as dimensões serão determinadas em função da capacidade de absorção do terreno, devendo ser considerada como superfície útil de absorção a do fundo e das paredes laterais até o nível de entrada do efluente da fossa;
- seu uso é favorável somente nas áreas nas quais o aquífero é profundo, onde possa garantir que uma distância mínima de 1,50 m (exceto areia) entre seu fundo e o nível máximo do aquífero;
- em região não arenosa, a distância mínima entre as paredes dos poços múltiplos deve ser de 1,50 m;
- sempre que possível, será recomendada a construção de dois sumidouros para funcionamento alternado.

2.19.6.3 Valas de filtração

A disposição do efluente de fossas sépticas só poderá ser feita em águas de superfície, diretamente ou após tratamento complementar em valas de filtração, a juízo da autoridade sanitária. Essa forma de disposição, conforme mostra a Fig. 2.75, consiste em:

- vala de 1,20 a 1,50 m com 0,30 m de largura na soleira;
- tubulação receptora com diâmetro de 0,10 m, preferencialmente do tipo furado, assente no fundo da vala com juntas livres e recobertas na parte superior com papel alcatroado ou similar;
- tubulação de distribuição do efluente da fossa séptica, com diâmetro de 0,10 m, preferencialmente do tipo furado;
- meio filtrante onde podem ser usados, conjunta ou separadamente, a areia com diâmetro efetivo na faixa de 0,25 mm a 1,2 mm e índice de uniformidade inferior a 4, bem como pedregulho ou pedra britada;
- uma camada de cascalho, pedra britada, colocada sobre a tubulação de distribuição;
- uma camada de terra, que completará o enchimento da vala.

Nos terminais das valas de filtração deverão ser instaladas caixas de inspeção. O efluente da fossa séptica deverá ser conduzido às valas de filtração por meio de tubulação, com diâmetro mínimo de 0,10 m, assente com juntas tomadas e dotada de caixas de inspeção nas deflexões, cujas declividades deverão ser de 1:300 a 1:500.

Conforme as características geológicas do local, a vala de filtração deve ter as paredes do fundo e laterais protegidas com material impermeável, tipo mantas de PVC, de modo a não contaminar o aquífero. Para permitir a digestão de material retido na vala de filtração e desobstrução dos poros do meio filtrante, as valas de filtração devem ser operadas alternadamente. Além disso, o efluente da fossa séptica deverá ser distribuído equitativamente pelas valas.

As valas de filtração deverão ter a extensão mínima de 6,0 m por pessoa ou equivalente, não sendo admissível menos de duas valas para o atendimento de uma fossa séptica.

2.19.6.4 Filtros anaeróbios

O *filtro anaeróbio de fluxo ascendente*, ou somente filtro anaeróbio, trata-se de um reator biológico de fluxo ascendente onde o esgoto é depurado por meio de micro-organismos não aeróbios, dispersos no espaço vazio do reator e nas superfícies do meio filtrante.

Esse sistema consiste em um tanque prismático ou circular que apresenta um fundo falso por onde entra o efluente da fossa séptica. Este efluente atravessa um meio filtrante geralmente de pedras, de modo que, com o tempo, se forme um filme biológico na superfície do material filtrante. O efluente tratado pelo filtro sai pela parte deste, por meio de uma calha coletora, conforme mostra a Fig. 2.76.

Quanto ao dimensionamento desse filtro, seguem-se as prescrições da NBR 13969:1997 – *Tanques sépticos: unidades de tratamento complementar e disposição final dos efluentes líquidos*, que determina que o volume útil mínimo do leito filtrante deve ser de 1000 litros. A altura do leito

Instalações de Esgotos Sanitários 117

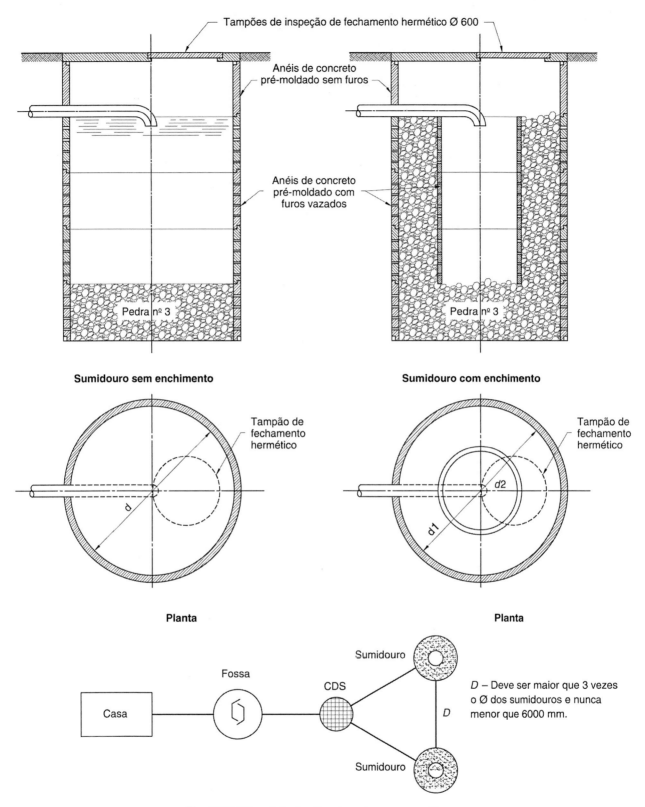

Fig. 2.74 Disposição do efluente no terreno – sumidouro.

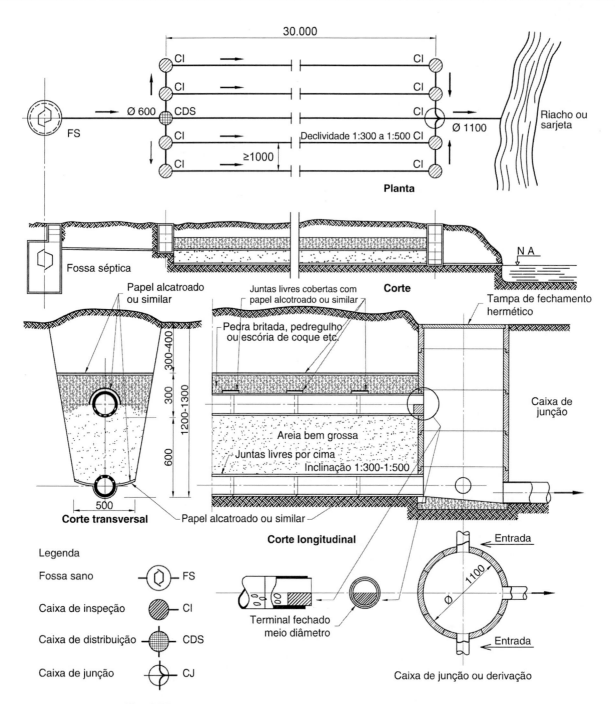

Fig. 2.75 Disposição do efluente em águas de superfície – valas de filtração.

filtrante, já incluindo a altura do fundo falso, deve ser limitada a 1,20 m. A altura do fundo falso deve ser limitada a 0,60 m, já incluindo a espessura da laje. Logo, a altura total do filtro anaeróbio é obtida pela equação:

$$H = h + h_1 + h_2$$

em que H é a altura total interna do filtro anaeróbio; h é a altura total do leito filtrante; h_1 é a altura da calha coletora (lâmina livre); e h_2 é a altura sobressalente variável (vão livre).

A perda de carga hidráulica entre o nível mínimo da fossa ou tanque séptico e o nível máximo no filtro deve ser de 0,10 m.

A distribuição do esgoto afluente no fundo do filtro pode ser feita por tubos verticais com bocais perpendiculares ao fundo plano ou por tubos perfurados instalados sobre o fundo inclinado.

A coleta de efluentes na parte superior do filtro anaeróbio pode ser por caneletas ou tubos perfurados.

Instalações de Esgotos Sanitários **119**

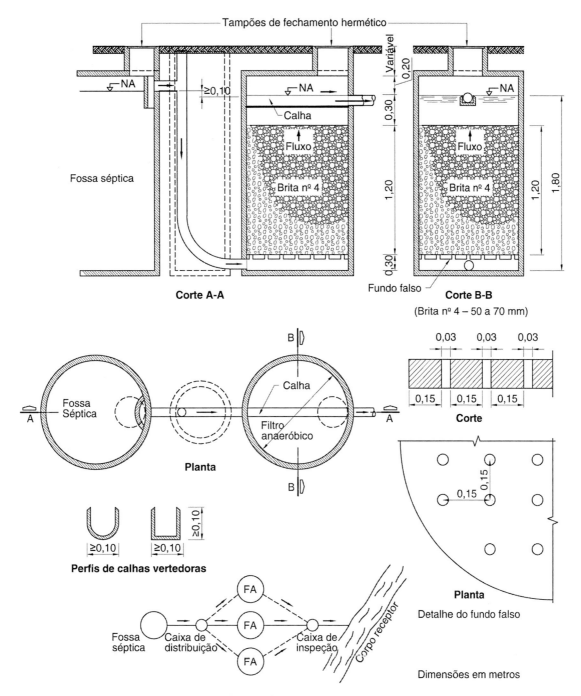

Fig. 2.76 Filtro anaeróbio.

Além disso, os filtros devem possuir dispositivo que permita a drenagem dos mesmos pelo fluxo descendente, o que pode ser realizada com o uso de tubos-guia de PVC com diâmetros 150 mm para cada 3 m² de área de fundo, ou por meio de declividade de 1 % do fundo em direção a um poço de drenagem.

O material filtrante deve ser construído de brita nº 4 ou 5, com dimensões uniformes, ou de peças de plástico (em anéis ou estruturados) ou outros materiais resistentes ao meio agressivo.

No fundo falso, o diâmetro dos furos deve ser de 2,5 cm, sendo que a soma da área dos furos deve ser de, no mínimo, 5 % da área do fundo falso. No caso do uso de tubos perfurados, os furos devem ter diâmetro de 1,0 cm.

Os detalhes dos filtros anaeróbios dos tipos retangular e circular podem ser visualizados nas Figs. 2.77 e 2.78.

Para o dimensionamento do filtro anaeróbio, a NBR 13969:1997 recomenda o seguinte cálculo para o volume útil (V_u):

$$V_u = 1,60 \times N \times C \times T$$

sendo N o número de contribuintes; C a contribuição de despejos, em litros × habitantes/dia (Tabela 2.11); e T o período de detenção, em dias (Tabela 2.12). O volume útil corresponde à soma dos volumes do meio filtrante e do fundo falso.

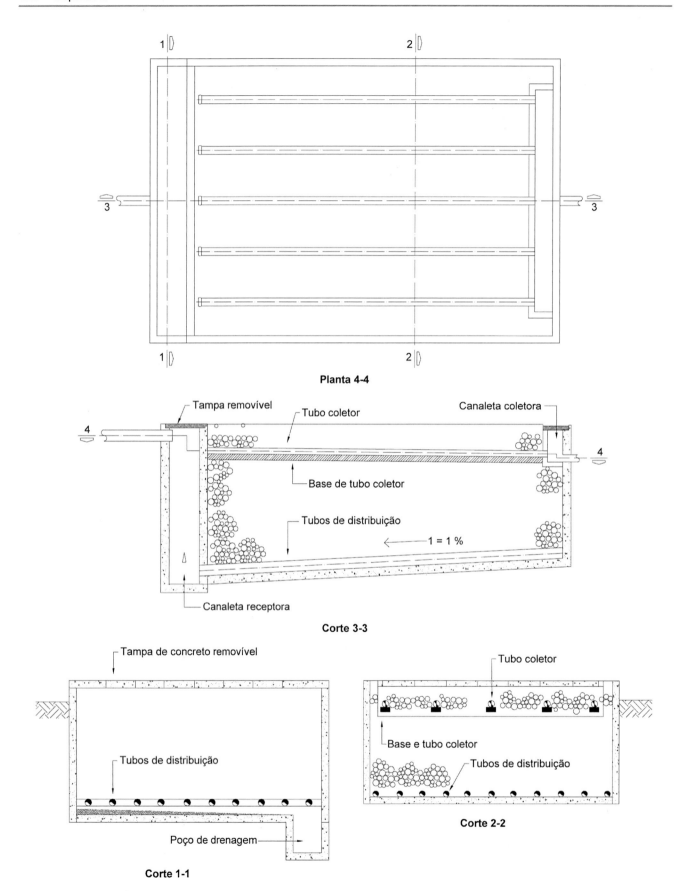

Fig. 2.77 Filtro anaeróbio tipo retangular com brita (NBR 13969:1997).

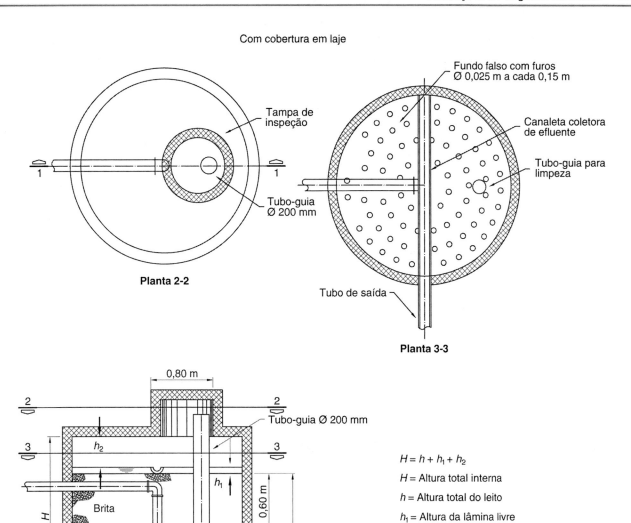

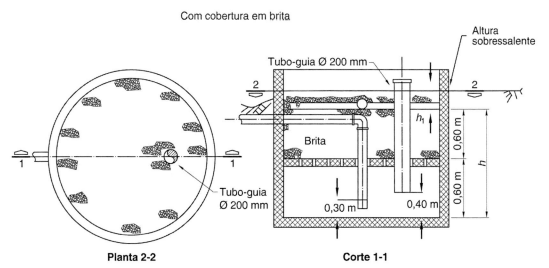

Fig. 2.78 Filtro anaeróbio tipo circular com entrada única de esgoto (NBR 13969:1997).

2.20 ELABORAÇÃO DE PROJETO DE ESGOTOS PREDIAIS

A elaboração do projeto de instalação predial de esgotos sanitários, para efeito de aprovação no órgão municipal competente, depende das exigências, que variam de um município para outro. Embora basicamente o projeto se fundamente na NBR 8160:1999 da ABNT, as dimensões dos desenhos, as escalas, a apresentação de plantas baixas, diagramas, detalhes, o selo ou rótulo para as anotações de identificação da obra, nome do proprietário, nome do autor do projeto de instalações e do instalador responsável pela execução variam bastante. Por essa razão recomenda-se, como providência preliminar, obter, na repartição ou órgão a que as instalações de esgotos estiverem afetadas, o regulamento, ou as exigências normativas para elaboração do projeto e o processamento de aprovação do mesmo e das instalações após terem sido executadas.

Resumindo e reunindo as exigências básicas para apresentação dos projetos nos órgãos competentes de algumas capitais estaduais, podemos indicar o seguinte:

a) O projeto deve ser desenhado em plantas de arquitetura na escala de 1:50 dos pavimentos que contiverem instalações de esgotos sanitários (cobertura; último pavimento; pavimento tipo *pilotis* ou primeiro pavimento, subsolo (se houver) e pavimentos especiais (garagem, *playground*, mezaninos). Tratando-se de plantas baixas com área muito grande, o desenho pode ser feito na escala de 1:100. Deverão ser apresentados também:
   - esquema vertical;
   - planta da situação do prédio (ou prédios) na escala mínima de 1:500.

b) No projeto, deverão ser apresentados:
   - todos os tubos de queda (TQ) com a respectiva numeração e, no diagrama, a quantidade de vasos e pias ligadas a cada um;
   - a instalação primária de esgotos, ventilação primária e tubos de queda da instalação secundária, com as numerações respectivas;
   - detalhes das caixas especiais, quando for o caso, em escala de 1:20;
   - esgotos pluviais na planta baixa do primeiro pavimento.

No caso de haver instalações sanitárias em nível inferior ao da via pública, cujo efluente deve ser elevado mecanicamente, deverá constar do projeto desenho detalhado, na escala mínima de 1:20, da construção da caixa coletora e da instalação do equipamento elevatório, bem como dados sobre as características desse equipamento.

O projeto deverá conter todas as indicações relativas aos materiais e dispositivos a serem empregados, os diâmetros das canalizações, bem como o esquema vertical da instalação.

Deverá ser assinalada no projeto a localização do reservatório d'água subterrâneo e de poços que aproveitam água do lençol freático.

No projeto, devem ser adotadas as convenções da NBR 8160:1999 para diferenciar as várias instalações, isto é:

- instalações de esgoto primário: traço preto cheio, grosso;
- ventilação: ponteado;
- instalação de esgoto secundário: tracejado, preto;
- instalação de esgoto pluvial: linha preta, de traço e ponto.

2.21 PROJETO DE UMA INSTALAÇÃO PREDIAL DE ESGOTOS

As Figs. 2.79 a 2.85 representam as instalações de esgotos sanitários e águas pluviais de um prédio situado no Rio de Janeiro, com 12 pavimentos, possuindo lojas, 2 apartamentos por andar, garagem e apartamento de zelador.

O projeto prevê a execução da instalação dos esgotos primários em tubos e conexões de ferro fundido; esgotos secundários em PVC, e as colunas de ventilação em fibrocimento.

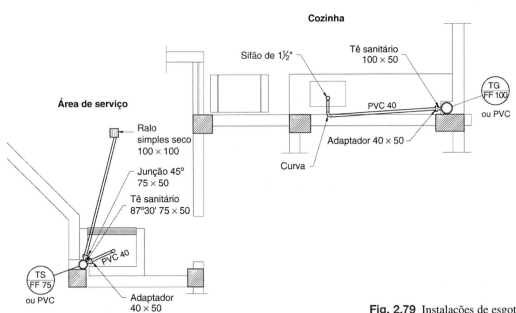

Fig. 2.79 Instalações de esgotos – cozinha e área de serviço.

Instalações de Esgotos Sanitários 123

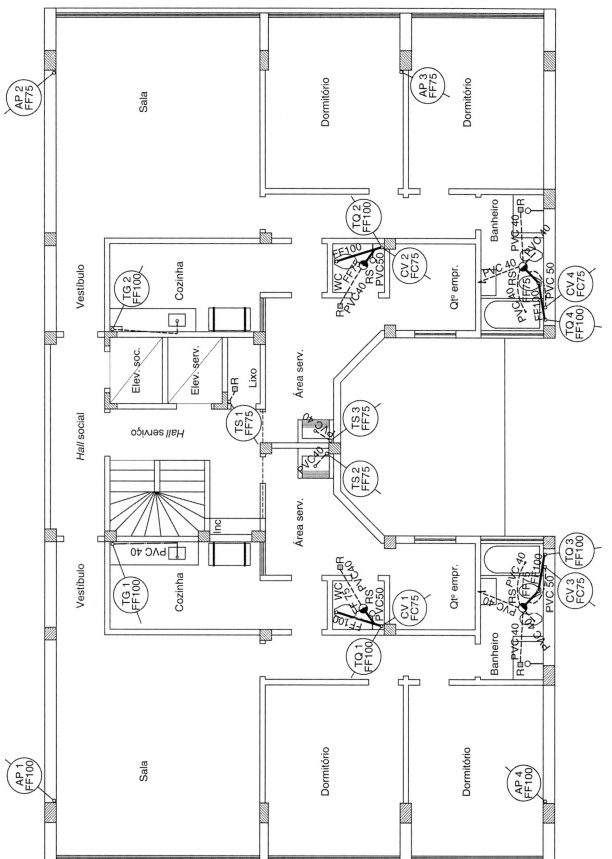

Fig. 2.80 Instalações de esgotos – pavimento tipo: do 2º ao 12º pavimento.

124 Capítulo 2

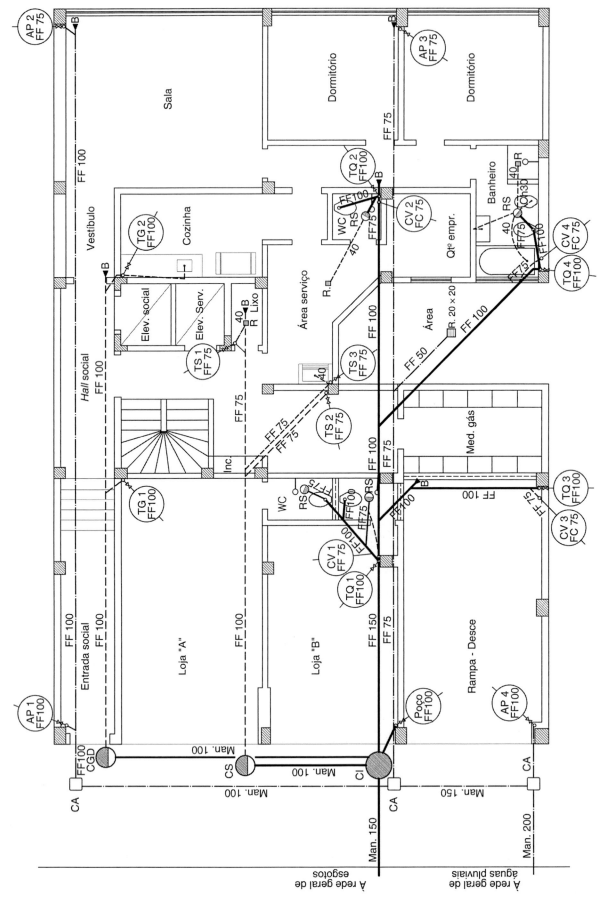

Fig. 2.81 Instalações de esgotos – pavimento térreo-loja.

Instalações de Esgotos Sanitários **125**

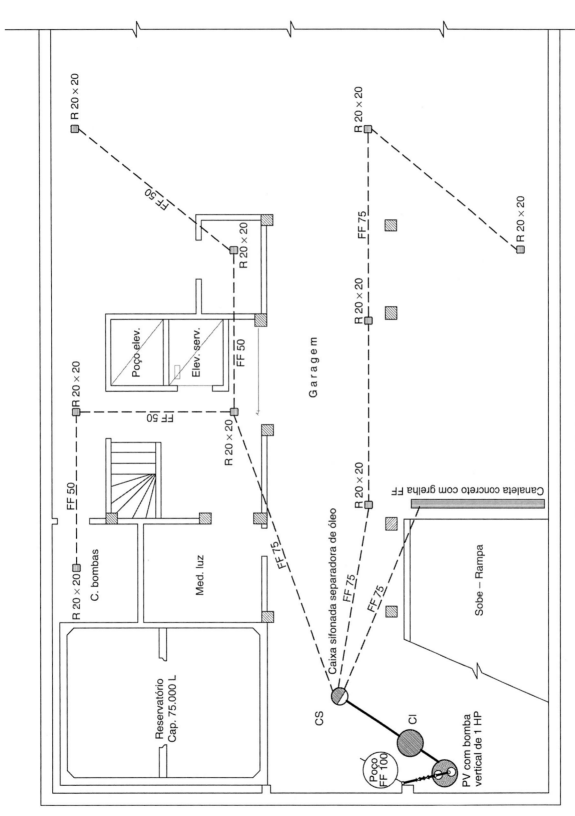

Fig. 2.82 Instalações de esgoto – subsolo.

126 Capítulo 2

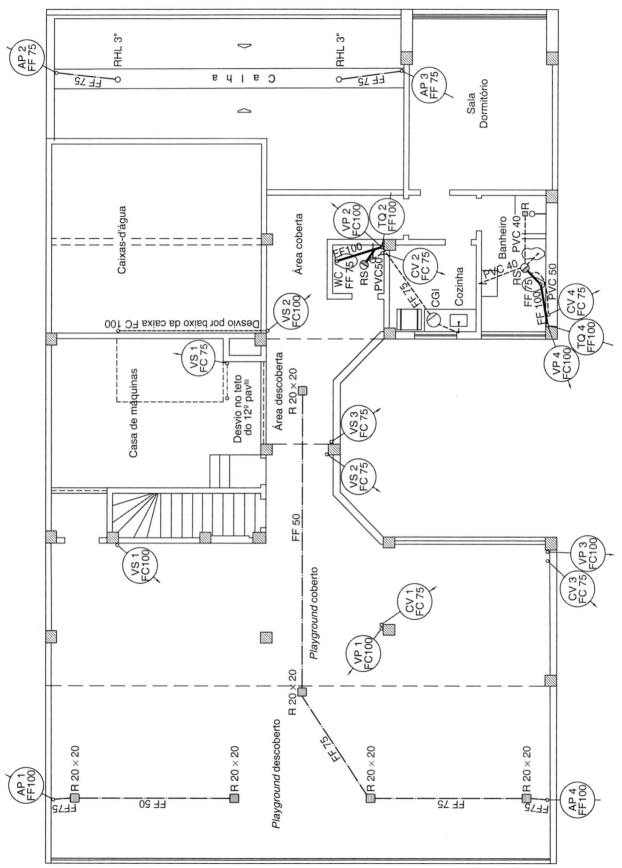

Fig. 2.83 Instalações de esgoto – cobertura.

Instalações de Esgotos Sanitários **127**

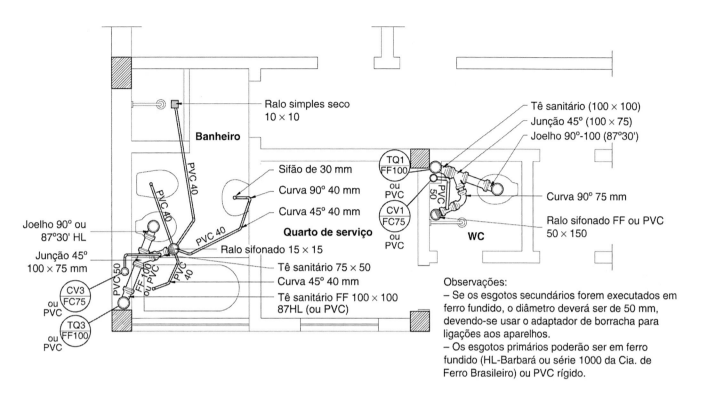

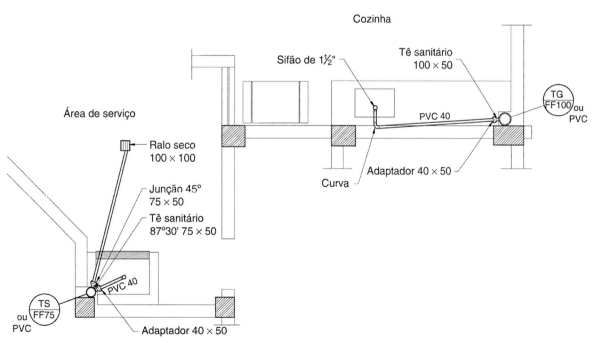

Fig. 2.84 Instalações de esgotos sanitários em um banheiro.

128 Capítulo 2

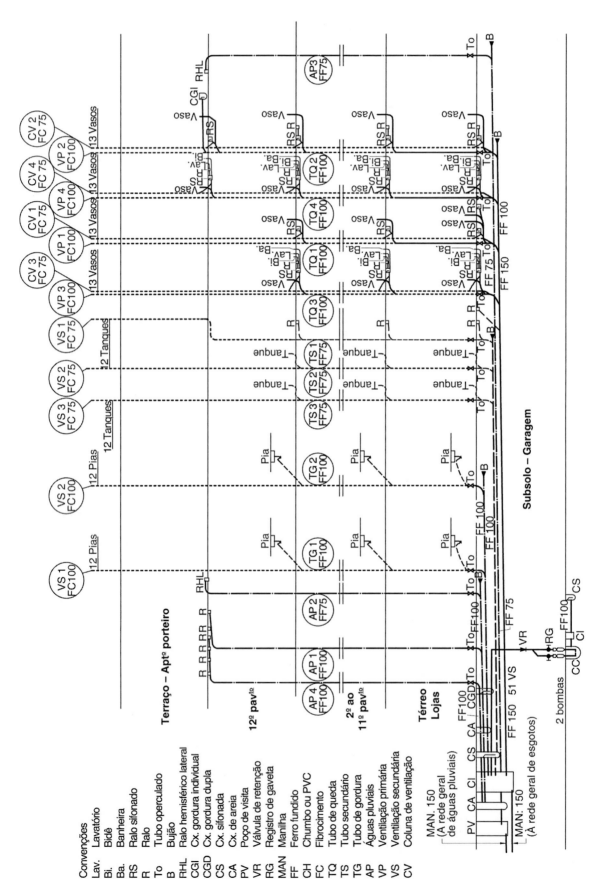

Fig. 2.85 Esquema vertical da instalação de esgotos.

3

Instalações de Águas Pluviais

3.1 INTRODUÇÃO

O esgotamento de águas pluviais de pequenas áreas é regido pela NBR 10844:1989 – *Instalações prediais de águas pluviais*, da ABNT.

A instalação de esgotamento de águas pluviais em prédios de qualquer porte, pátios e áreas limitadas podem abranger dois casos:

1) os elementos que constituem a rede de esgotos pluviais em questão acham-se acima da galeria do logradouro público ou da sarjeta, e nesse caso, as águas são conduzidas até esses locais por gravidade; ou,

2) os elementos referidos se encontram em cota inferior à do coletor ou do poço de visita público. Nesse caso, torna-se necessário construir um poço de águas pluviais e bombear a água até uma caixa de passagem, de onde, por gravidade, possa escoar até a galeria pública.

No presente desenvolvimento, será considerado o primeiro caso.

As águas de telhados, terraços, terrenos e áreas são conduzidas por escoamento natural para o coletor da via pública, caso este exista, para a sarjeta ou, ainda, para alguma vala, canal ou curso d'água que passe próximo do local a ser esgotado.

A Fig. 3.1 mostra como se executa em muitos casos o esgotamento das águas pluviais de um prédio cujo alinhamento da fachada se acha no passeio. Observa-se que o esquema possui dois condutores, AP-1 e AP-2, captando a água de uma cobertura e conduzindo-a para as caixas de areia, CA-1 e CA-2, de onde é feito o lançamento em uma caixa de ralo localizada na sarjeta da rua, após o meio-fio. Desta caixa de ralo, a água pluvial captada é lançada no coletor público de águas pluviais. Cabe ressaltar que, em sistemas unificados, o coletor público recebe águas pluviais e de esgotamento sanitário, o que não é desejável, pois neste caso ocorre um aumento do volume de água a ser tratado em uma Estação de Tratamento de Esgoto (ETE).

3.2 ESTIMATIVA DE PRECIPITAÇÃO E VAZÃO

No caso considerado, procura-se simplificar a questão do estabelecimento da intensidade da chuva que deverá ser prevista para o dimensionamento de calhas e condutores verticais e horizontais.

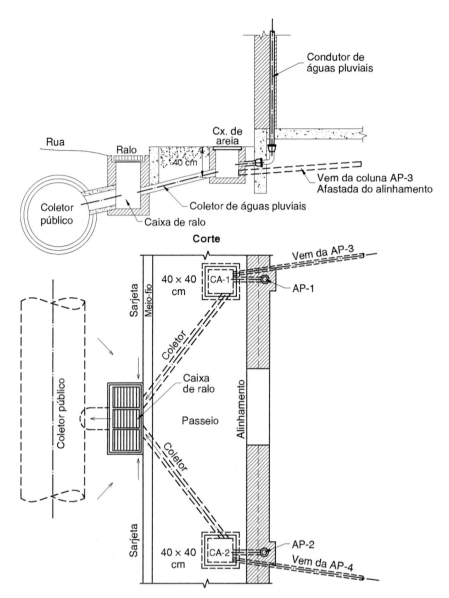

Fig. 3.1 Esquema de ligação de coletores prediais de águas pluviais.

Geralmente, as chuvas de grande intensidade têm curta duração e, ao contrário, as chuvas prolongadas são as de menor intensidade. Como ralos, calhas e condutores recebem essa precipitação, esses elementos devem ser dimensionados para essas chuvas intensas, de modo que as águas sejam drenadas integralmente e em espaço de tempo muito pequeno, evitando-se ocorrência de alagamentos, transbordamentos e infiltrações.

A *precipitação* é expressa por sua *intensidade*, que normalmente é medida em *milímetros de altura d'água por hora* (mm/h).

Costuma-se considerar como *chuva crítica*, para esse gênero de estimativa prudente, a chuva de *150 mm/h*.

É evidente que, para achar a vazão a esgotar, temos apenas que multiplicar a área sobre a qual cai a chuva por esse valor de intensidade.

Considerando-se A como a área de contribuição (m²) e p a precipitação (mm/h), a vazão Q em L/s será dada por:

$$Q = \frac{A \times p}{3600}$$

Para $A = 1,0$ m² de área de telhado ou terraço, no caso de $p = 150$ mm/h, tem-se:

$$Q = \frac{1 \times 150}{3600} = 0,042 \text{ L/s por m}^2 = 2,52 \text{ L/min por m}^2$$

Essa taxa é geralmente a que se considera, pelo menos para áreas de até 100 m², segundo a NBR 10844:1989, salvo em casos especiais.

Para locais em que os índices pluviométricos são extraordinariamente elevados para chuvas de curta duração, tem-se

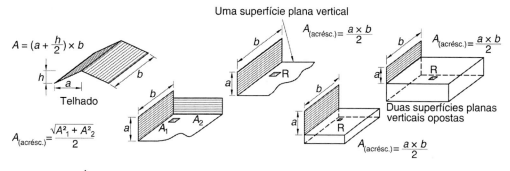

Fig. 3.2 Áreas de contribuição e áreas a serem acrescidas à superfície horizontal.

adotado 170 mm/h, e onde a extrema segurança é necessária, adota-se no cálculo de drenagem 3,6 L/min/m², o que corresponde a 216 mm/h.

A Fig. 3.2 mostra o que a NBR 10844:1989 determina para cálculo da *área de contribuição* em vários casos.

Serão apresentados alguns conceitos fundamentais utilizados para o cálculo mais preciso de precipitação pluvial.

- *Altura pluviométrica*: é a medida vertical, geralmente em milímetros (mm), da chuva precipitada em um dado tempo (minuto, hora, dia, mês, ano).
- *Intensidade ou velocidade de precipitação* (i): é a altura precipitada na unidade de tempo, isto é, o quociente entre a altura pluviométrica e a duração considerada. É expressa em milímetros por hora (mm/h).
- *Frequência* (n): é a indicação do número de vezes que uma chuva de mesma intensidade ocorre em certo tempo (por exemplo, em um ano). Sua determinação resulta da análise das estatísticas de chuvas.

Os pluviômetros instalados em uma localidade fornecem dados mostrando que chuvas com determinadas características têm frequências específicas de ocorrência.

Admita-se que em certa localidade foram realizadas medições durante 50 anos, as quais permitiram organizar a Tabela 3.1, na qual se acha indicado, na primeira coluna, o número de vezes que a intensidade de chuva, indicada na segunda coluna, ocorreu com uma duração de 10 minutos.

Tabela 3.1 Ocorrência de uma chuva com determinada intensidade e duração

Recorrência (nº de vezes em 50 anos)	Intensidade (mm/h) com duração de 10 min (i)	Frequência: número de vezes a cada ano (n)
1	162,0	0,02
2	148,5	0,04
3	127,2	0,06
4	121,6	0,08
5	118,4	0,10

Considerando-se "o intervalo médio de tempo que poderá decorrer entre duas chuvas de intensidade igual ou maior que a considerada", encontra-se o que se denomina "tempo de recorrência" ou "tempo de repetição". Assim, o *tempo de recorrência* (T) é o inverso da frequência. No caso em questão, os tempos de recorrência T foram, respectivamente, de:

- 50 ÷ 1 = 50 anos;
- 50 ÷ 2 = 25 anos;
- 50 ÷ 3 = 16,7 anos;
- 50 ÷ 4 = 12,5 anos;
- 50 ÷ 5 = 10 anos.

Assim, por exemplo, nota-se na Tabela 3.1 que, no período de 50 anos de observação de chuvas, e considerando que a precipitação de 148,5 mm/h não deva ser excedida mais que duas vezes, $m = 2$.

Neste caso, a frequência é dada por:

$$n = \frac{2}{50} = 0,04$$

e o tempo de recorrência pode ser calculado como:

$$T = \frac{1}{n} = \frac{1}{0,04} = 25 \text{ anos}$$

O tempo de recorrência, também denominado *tempo de retorno*, é usualmente definido como o número médio de anos em que, para a mesma duração de precipitação, determinada intensidade pluviométrica será igualada ou ultrapassada apenas uma vez.

A NBR 10844:1989, em geral, adota os seguintes tempos de retorno:

- $T = 1$ ano, para áreas pavimentadas onde podem ser toleradas poças;
- $T = 5$ anos, para coberturas e terraços;
- $T = 25$ anos para coberturas e áreas onde empoçamentos não possam ser tolerados.

A intensidade (i) pode ser obtida no trabalho *Chuvas intensas no Brasil*, de autoria do engenheiro Otto Pfafstetter (1957), ou, resumidamente, na Tabela 3.2.

Consultando-se o gráfico da Fig. 3.3, referente ao bairro do Jardim Botânico, no Rio de Janeiro, verifica-se que, para um tempo de recorrência de 10 anos e uma duração de

Tabela 3.2 Chuvas intensas em algumas cidades do Brasil com duração de 5 minutos

Local	Intensidade pluviométrica (mm/h) Período de retorno (anos)		
	1	5	25
Belém	138	157	185
Belo Horizonte	132	227	230
Florianópolis	114	120	144
Fortaleza	120	156	180
Goiânia	120	178	192
João Pessoa	115	140	163
Maceió	102	122	174
Manaus	138	180	198
Niterói	130	183	250
Porto Alegre	118	146	167
Rio de Janeiro (Jardim Botânico)	122	167	227
São Paulo (Santana)	122	172	191

Fonte: parte da Tabela 5 da NBR 10844:1989.

5 minutos, a precipitação é de 15,5 mm e, portanto, a intensidade é de 15,5 × 60/5 = 186 mm/h.

Em diversas localidades, os órgãos ambientais relacionados com os recursos hídricos da região fornecem a localização dos postos pluviométricos e as curvas de *chuva de projeto*.

No caso do Jardim Botânico, bairro do Rio de Janeiro, a chuva de projeto para duração de 5 minutos deverá ser de 165 mm, como se pode observar no gráfico da Fig. 3.4, para o qual $T = 5$ anos e a precipitação é de 13,8 mm. De fato,

$$i = \frac{13,8 \times 60}{5} = 165,6 \text{ mm/h}$$

Para o cálculo da vazão Q (L/min), após um tempo de precipitação t (minutos), em uma área A (m²) com precipitação de intensidade i (mm/h), considerando um tempo de recorrência T (anos) e um coeficiente de escoamento superficial C, utiliza-se a seguinte fórmula:

$$Q = \frac{C \times i \times A}{60}$$

conhecida como Fórmula Racional. O coeficiente C é igual ao volume de *run-off* dividido pelo volume total de chuva e, portanto, varia de 0 a 1, sendo $C = 1$, portanto, uma superfície de escoamento 100 % impermeável.

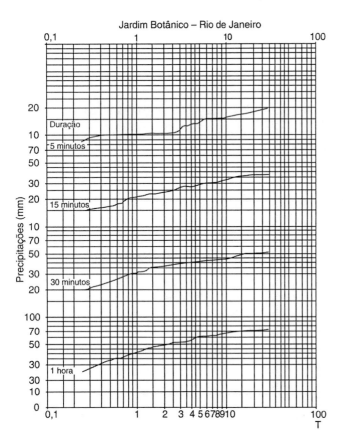

Fig. 3.3 Precipitação em função do tempo de recorrência para várias durações de precipitação.

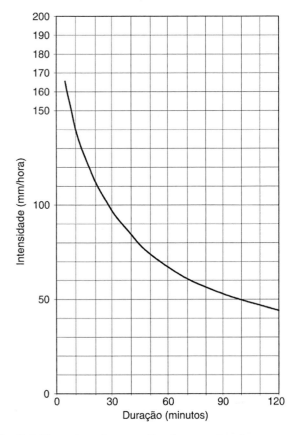

Fig. 3.4 Chuva de projeto para $T = 5$ anos registradas no pluviógrafo do Jardim Botânico.

■ Exemplo 3.1

Considere um galpão (20 m × 50 m) localizado na cidade de Belém (PA), que possui um telhado com coeficiente de deflúvio $C = 0,95$. Para um tempo de retorno $T = 25$ anos e uma chuva de duração $t = 5$ min, calcule a vazão de projeto.

Solução:

A área do galpão é de: $A = 1000$ m².
Para $T = 25$ anos e $t = 5$ min, na cidade de Belém, a intensidade pluviométrica é: $i = 185$ mm/h (Tabela 3.2).
Logo, tem-se:

$$Q = \frac{0,95 \times 185 \times 1000}{3600} = 2.929,17 \text{ L/min}$$

3.3 CALHAS E CANALETAS

Nos telhados, empregam-se calhas que podem ser de cobre, PVC rígido, chapa galvanizada, fibra de vidro, fibrocimento e concreto, conforme o detalhe arquitetônico. Em áreas e pátios, às vezes recorre-se a canaletas abertas ou recobertas com grelhas, tampas de concreto armado ou ferro fundido.

As calhas de cobre são usadas apenas em residências com telhados cujo estilo recusa outro tipo de material, sendo pouco utilizadas. O mais usual são as calhas de PVC e de concreto (ver Fig. 3.5).

Calhas de chapa de ferro galvanizado são desaconselhadas, por serem rapidamente destruídas em locais de ar salitrado.

Em instalações industriais, são largamente usadas as calhas de fibrocimento.

As curvas, derivações, bocais, esquadros e luvas também são geralmente de PVC, ou executadas no próprio local da obra, no caso de calhas de concreto.

A fixação realiza-se com braçadeiras de ferro ou de alumínio.

As calhas de PVC rígido e de fibra de vidro (*fiberglass*) encontram muita aceitação, pelas conhecidas propriedades que esses materiais possuem e pelo bom aspecto que oferecem. É o caso da calha Tigre, da Cia. Hansen Industrial, que fabrica em PVC, de cor cinza, calhas, frisos, bocal para ligar o condutor, suporte, e uma série de peças de concordância, e da calha Durana, de fibra de vidro. O grupo Tigre fabrica também a linha Aquapluv Beiral com toda a variedade de conexões para calhas e condutores (ver Fig. 3.12).

3.3.1 Dimensionamento das calhas

As calhas podem ser calculadas por meio de fórmulas da hidráulica de canais ou das tabelas encontradas na NBR 10844:1989, ou em catálogos de fabricantes de calhas, que evidentemente foram calculados por fórmulas, partindo-se de hipóteses quanto à precipitação pluvial.

3.3.1.1 Emprego das equações clássicas de hidráulica de canais

O cálculo pode ser realizado com as equações de continuidade,

$$Q = S \times V$$

e de Chezy, dada por:

$$V = C \times \sqrt{R_h} \times I$$

ou, então, com a de Manning-Strickler:

$$Q = \frac{K}{n} \times S \times R_h^{2/3} \times I^{1/2}$$

em que Q é a vazão do escoamento (em L/min); V é a velocidade de escoamento (em m/s); R_h é o raio hidráulico ou raio médio, que é a relação entre a área transversal de escoamento

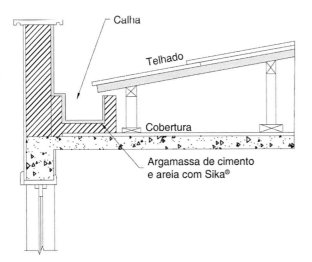

Fig. 3.5 Calha para telhado.

molhada e o perímetro molhado (P); I é a declividade (em m/m), definida como a relação entre a altura disponível pelo comprimento da calha; S é a seção molhada (m²); n é o coeficiente de rugosidade de Manning, que varia de 0,011 a 0,018, do material mais liso para o mais áspero; e K = 60.000, uma constante para correção das unidades para que a vazão seja determinada em L/min.

A Tabela 3.3 apresenta os coeficientes de rugosidade mais utilizados, segundo a NBR 10844:1989.

3.3.1.2 Calhas ou canaletas de seção semicircular

Considerando-se a calha semicircular de raio r apresentada na Fig. 3.6 trabalhando à plena seção, o raio hidráulico R_h é dado por:

$$R_h = \frac{S}{P} = \frac{\pi r/2}{\pi r} = \frac{r}{2}$$

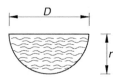

Fig. 3.6 Calha de seção semicircular.

A Tabela 3.4 fornece as capacidades de calhas semicirculares, usando coeficiente de rugosidade $n = 0,011$ para alguns valores de declividade. Os valores foram calculados utilizando-se a fórmula de Manning-Strickler, com lâmina de água igual à metade do diâmetro interno.

Conhecido o valor de r, calcula-se o raio hidráulico R_h. Tendo-se r e conhecendo-se o coeficiente de rugosidade n e a declividade I, determina-se a velocidade V.

Pela equação de continuidade, obtém-se a descarga Q.

Dividindo-se Q (m³/s) pela precipitação expressa em m³/s/m², acha-se a área de cobertura ou terreno drenada pela calha.

Tabela 3.3 Coeficientes de rugosidade de Manning (n)

Material	n
Plástico, fibrocimento, aço, metais não ferrosos	0,011
Ferro fundido, concreto alisado, alvenaria revestida	0,012
Cerâmica, concreto não alisado	0,013
Alvenaria de tijolos não revestida	0,015

Fonte: Tabela 2 da NBR 10844:1989.

Tabela 3.4 Capacidades de calhas semicirculares para $n = 0,011$ (vazão em L/min)

Diâmetro interno (mm)	Declividades		
	0,5 %	1,0 %	2,0 %
100	130	183	256
125	236	333	466
150	384	541	757
200	829	1167	1634

Fonte: Tabela 3 da NBR 10844:1989.

■ EXEMPLO 3.2

Considerando o galpão do Exemplo 3.1, dimensione as calhas semicirculares de PVC.

Solução:

Considerando uma cobertura com duas águas e quatro colunas de descida d'água, a vazão para o dimensionamento será:

$$Q = \frac{2.929,17}{4} = 732,29 \text{ L/min.}$$

Da Tabela 3.4 observa-se que pode ser adotada uma calha de $D = 150$ mm com 2,0 % de declividade (capacidade de 757 L/min) ou uma calha de $D = 200$ mm com 0,5 % de declividade (capacidade de 829 L/min).

A opção adotada será a calha de PVC de $D = 200$ mm com declividade de 0,5 %, pois a declividade de 2 % em 25 m (metade do comprimento do galpão) significa um desnível de 50 cm, o que pode se tornar inviável em termos construtivos ou estéticos.

Observação: para calhas de beiral ou platibanda, é conveniente aumentar a vazão estimada de projeto de 15 a 20 %, para levar em conta as mudanças de direção do condutor vertical ligado à calha e a localização de sua inserção na calha.

■ EXEMPLO 3.3

Que área poderá ser esgotada por uma calha semicircular de cimento-amianto de 15 cm de diâmetro, sendo a declividade da calha de 1 %, o coeficiente de rugosidade de Manning igual a 0,013 e a precipitação de 0,042 L/s/m²?

Solução:

$r = 0{,}150 \text{ m} \div 2 = 0{,}075 \text{ m}$

$I = 1\% = 0{,}01 \text{ m/m}$

$n = 0{,}013$

$Q = 0{,}042 \text{ L/s/m}^2 = 0{,}000042 \text{ m}^3/\text{s/m}^2$

Raio hidráulico: $R_h = \dfrac{r}{2} = 0{,}0375 \text{ m}$

Velocidade: $V = \dfrac{R_h^{2/3} \times I^{1/2}}{n} = \dfrac{(0{,}0375)^{2/3} \times (0{,}01)^{1/2}}{0{,}013} = 0{,}8618 \text{ m/s}$

Descarga: $Q = S \times V = \left(\dfrac{\pi r^2}{2}\right) \times V = \dfrac{\pi \times (0{,}075)^2 \times 0{,}8618}{2} = 0{,}007615 \text{ m}^3/\text{s}$

Área drenada: $A = \dfrac{0{,}007615}{0{,}000042} = 181{,}3 \text{ m}^2$

3.3.1.3 Calhas ou canaletas de seção retangular

As calhas de concreto confeccionadas no local são geralmente de seção retangular, por serem de execução mais simples. A Fig. 3.7 mostra uma calha desse tipo.

Fig. 3.7 Calha de seção retangular.

Observa-se da Fig. 3.7 que o perímetro molhado pode ser definido como:

$$P = b + 2a$$

e, consequentemente, o raio hidráulico será dado por:

$$R = \dfrac{a \times b}{b + 2a}$$

■ EXEMPLO 3.4

Considere uma calha retangular de medidas $a = 145$ mm e $b = 200$ mm. A declividade da calha é de $i = 1\%$ e o coeficiente de rugosidade de Manning é $n = 0{,}02$. Considerando uma precipitação de 0,042 L/s/m², calcule a área drenada por essa calha.

Solução:

O perímetro molhado é: $P = 0{,}200 + 2 \times 0{,}145 = 0{,}490 \text{ m}$

Raio hidráulico: $R_h = \dfrac{0{,}200 \times 0{,}145}{0{,}200 + (2 \times 0{,}145)} = 0{,}059 \text{ m}$

Velocidade: $V = \dfrac{(0{,}059)^{2/3} \times (0{,}01)^{1/2}}{0{,}02} = 0{,}76 \text{ m/s}$

A descarga é: $Q = S \times V = a \times b \times V = 0{,}200 \times 0{,}145 \times 0{,}76 = 0{,}022 \text{ m}^3/\text{s}$

Área drenada: $A = \dfrac{0{,}022}{0{,}000042} = 524 \text{ m}^2$

continua

136 Capítulo 3

> Se, em vez de $i = 1\%$, fosse adotado uma declividade de 0,5 %, a área esgotada pela calha seria:
>
> Velocidade: $V = \dfrac{(0,059)^{2/3} \times (0,005)^{1/2}}{0,02} = 0,53$ m/s
>
> A descarga é: $Q = 0,200 \times 0,145 \times 0,53 = 0,015$ m³/s
>
> Área drenada: $A = \dfrac{0,015}{0,000042} = 357$ m²
>
> Deve-se, portanto, tomar cuidado ao usar tabelas onde não está indicada a declividade das calhas, pois, como se sabe e se vê pelo exemplo anterior, as descargas e as áreas drenadas variam com a declividade.
>
> Demonstra-se que a seção retangular mais favorável ao escoamento ocorre quando a base é o dobro da altura da água no canal, isto é, para $b = 2a$.
>
> Quando se usa cobertura com telhado sobre a laje de terraço em edifícios, é comum construírem-se calhas junto ao parapeito, as quais, além de sua função de coletor e escoar a água da chuva, funcionam como passarela, razão por que possuem largura muito maior do que seria necessário para fins de escoamento apenas. Recomenda-se a maior declividade possível para a calha e que seja adequadamente impermeabilizada usando-se argamassa de cimento e areia com Sika®, por exemplo (ver Fig. 3.5).

3.4 CONDUTORES DE ÁGUAS PLUVIAIS

Usa-se designar por condutores os tubos que conduzem as águas pluviais dos telhados, terraços e áreas abertas às caixas de areia, a partir das quais as águas são conduzidas ao local de lançamento por coletores. Esses coletores, quando de diâmetro pequeno, são chamados de condutores de água pluviais. O local de lançamento pode ser um coletor público, uma galeria de águas pluviais, uma caixa de ralo na via pública, um canal ou rio.

3.4.1 Condutores verticais

O condutor vertical pode ser ligado na sua extremidade superior diretamente a uma calha (casa com telhado), ou receber um ralo quando se trata de terraços ou calhas largas, onde seja possível ocorrer a obstrução do condutor por folhas, papéis, trapos e detritos diversos.

O condutor normalmente não deve ser calculado como um encanamento a plena seção, e o formato dos ralos e suas grelhas implica uma perda de carga de entrada que só experimentalmente pode ser determinada. Por essa razão se justifica o emprego de tabelas e ábacos consagrados pelo uso e os bons resultados obtidos em função dos diâmetros dos condutores verticais, já levando em conta as consequências da obstrução da grelha dos ralos.

Pode-se usar a Tabela 3.5, que permite o dimensionamento dos condutores verticais, com caixa de ralo de boca afunilada e baseada em uma precipitação pluvial de 150 mm/h, ou seja, 2,52 L/min/m² de área sobre a qual cai a chuva.

Certas especificações norte-americanas preveem 0,50 cm² de condutor por m² de área drenada, considerando chuvas de 200 mm/h.

Os valores de uso corrente no Rio de Janeiro correspondem praticamente aos do escoamento de tubo circular a plena seção com declividade de 4 %.

O dimensionamento rigoroso deveria levar em conta a altura da lâmina d'água acima do ralo e os desvios da coluna até a caixa de areia.

A NBR 10844:1989 apresenta dois ábacos (ver Fig. 3.8) para escolha de condutores verticais: um para saída da calha em aresta viva e outro, com afunilamento, para várias alturas de lâmina d'água na calha H (geralmente, utiliza-se $H = D/2$ para calhas semicirculares e $H = a/2$ para calhas retangulares), vários comprimentos de condutores verticais L (altura em metros) e diversas vazões (em L/min).

Segundo a NBR 10844:1989, os condutores verticais devem ser projetados, sempre que possível, em uma só prumada. Quando houver necessidade de desvio, devem ser usadas curvas de 90° de raio longo ou curvas de 45°, assim como previstas peças de inspeção. Além disso, o diâmetro mínimo dos condutores verticais deve ser de 70 mm.

Tabela 3.5 Condutores verticais de águas pluviais e áreas máximas de cobertura

Diâmetro do condutor		Área máxima de cobertura (m²)	
(")	(mm)	Uso corrente no Rio de Janeiro	Recomendação norte-americana
2	50	46	39
2 1/2	63	89	62
3	75	130	88
4	100	288	156
5	125	501	256
6	150	780	342
8	200	1616	646

O procedimento para uso do ábaco da Fig. 3.8 é o seguinte: levantar uma vertical por Q até interceptar as curvas de H e L correspondentes (no caso de não haver curvas dos valores de H e L, interpolar entre as curvas existentes); transportar a interseção mais alta até o eixo D; adotar o diâmetro nominal cujo diâmetro interno seja superior ou igual ao valor encontrado; interpolar entre as curvas desenhadas; e, por fim, adotar o diâmetro comercial mais próximo, por segurança.

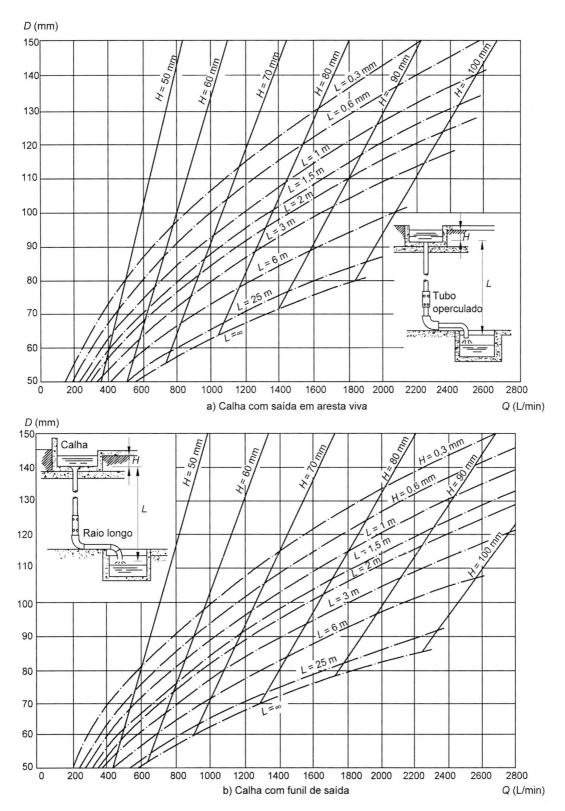

Fig. 3.8 Determinação de diâmetros de condutores verticais. (Fonte: Figura 3 da NBR 10844:1989.)

■ Exemplo 3.5

Considere a calha retangular do Exemplo 3.4 com medidas $a = 145$ mm e $b = 200$ mm. A descarga é $Q = 0,022$ m³/s. Considerando uma calha com funil de saída, dimensione o conduto vertical de $L = 6,0$ m de altura para drenar a referida calha.

Solução:

$H = a/2 = 72,5$ mm.

$Q = 0,022$ m³/s $= 1320$ L/min.

$L = 6,0$ m

Do ábaco (b) da Fig. 3.8, tem-se que $D = 90$ mm.

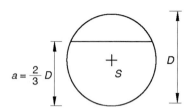

Fig. 3.9 Condutor com altura de lâmina de água igual a $\frac{2D}{3}$.

3.4.2 Condutores horizontais

Os condutores de terraços, áreas abertas, pátios e outras são denominados horizontais quando sua declividade é relativamente pequena. Em geral, são utilizadas tubulações circulares.

Os condutores horizontais devem ser projetados, sempre que possível, com declividade uniforme, com valor mínimo de 0,5 %.

O dimensionamento dos condutos horizontais de seção circular deve ser feito para escoamento livre com lâmina d'água com altura igual a 2/3 do diâmetro interno (D) do tubo, conforme a Fig. 3.9, com a declividade necessária e suficiente para escoar com velocidade aconselhável, vencendo a perda de carga. As vazões para tubos de vários materiais e inclinações usuais estão indicadas na Tabela 3.6.

■ Exemplo 3.6

Determine o diâmetro do conduto horizontal em material PVC com declividade 1 % que promova a drenagem da vazão de dois condutores verticais dimensionados no Exemplo 3.5, cuja vazão de projeto é $Q = 1320$ L/min.

Solução:

$Q = 2 \times 1320$ L/min $= 2640$ L/min.

Material PVC: $n = 0,011$

Declividade: $i = 1$ %

Da Tabela 3.6, tem-se que $D = 250$ mm.

A Tabela 3.7 permite determinar a área drenada para vários diâmetros de condutor e diversas declividades, supondo uma precipitação de 150 mm/h trabalhando a plena seção.

Tabela 3.6 Capacidade de condutores horizontais de seção circular (vazões em L/min)

Diâmetro interno D (mm)	PVC, cobre, alumínio e fibrocimento n = 0,011				Ferro fundido e concreto alisado n = 0,012				Cerâmica áspera e concreto mal alisado n = 0,013			
	0,5 %	1 %	2 %	4 %	0,5 %	1 %	2 %	4 %	0,5 %	1 %	2 %	4 %
50	32	45	64	90	29	41	59	83	27	38	54	76
63	59	84	118	168	55	77	108	154	50	71	100	142
75	95	133	188	267	87	122	172	245	80	113	169	226
100	204	287	405	575	187	264	372	527	173	243	343	486
125	370	521	735	1040	339	478	674	956	313	441	628	882
150	602	847	1190	1690	552	777	1100	1550	509	717	1010	1430
200	1300	1820	2570	3650	1190	1670	2360	3350	1100	1540	2180	3040
250	2350	3310	4660	6620	2150	3030	4280	6070	1990	2800	3950	5600
300	3820	5380	7590	10800	3500	4930	6960	9870	3230	4550	6420	9110

Nota: As vazões foram calculadas utilizando-se a fórmula de Manning-Strickler, com a altura de lâmina de água igual a 2/3 D.
Fonte: adaptada da Tabela 4 da NBR 10844:1989.

Tabela 3.7 Área máxima (m²) de cobertura esgotada por um condutor de águas pluviais

Diâmetro do condutor horizontal (")	Declividade			
	0,5 %	1 %	2 %	4 %
2	–	–	32	46
3	–	69	97	139
4	–	144	199	288
5	167	255	334	502
6	278	390	557	780
8	548	808	1105	1816
10	910	1412	1807	2824

Segundo a NBR 10844:1989, nas tubulações aparentes, devem ser previstas inspeções, assim como nas tubulações enterradas, devem ser previstas caixas de areia sempre que houver conexões com outra tubulação, mudança de declividade, mudança de direção e, ainda, a cada trecho de 20 m nos percursos retilíneos. Além disso, a ligação entre os condutos verticais e horizontais deve ser feita por curva de raio longo, com inspeção ou caixa de areia, estando o condutor horizontal aparente ou enterrado.

3.5 RALOS

Nos locais de onde se pretende esgotar águas pluviais, usam-se ralos que coletam a água de áreas cobertas ou de calhas, canaletas e sarjetas, permitindo sua entrada em condutores e coletores.

O ralo compreende duas partes:

- caixa;
- grelha, que é o ralo propriamente dito.

3.5.1 Caixa do ralo

Para terraços e calhas de telhados, usa-se, geralmente, caixa de ferro fundido contendo duas partes: uma que se liga ao tubo da coluna de queda de águas pluviais, e outra que se sobrepõe e ajusta à primeira, intercalando-se entre ambas, conforme o tipo de impermeabilização, camadas de feltro de amianto em base asfáltica ou lençol de chumbo ou de neoprene. A Fig. 3.10 apresenta um tipo de caixa de ralo para águas pluviais.

A ligação das duas peças se dá segundo uma superfície cônica que, além de facilitar o encaixe, permite um escoamento melhor para a água que eventualmente venha a infiltrar-se entre o ralo e a impermeabilização do terraço.

Quando se trata de esgotamento de água de áreas de estacionamento ou grandes pátios, a caixa de ralo é de alvenaria de tijolo maciço revestido de argamassa de traço forte.

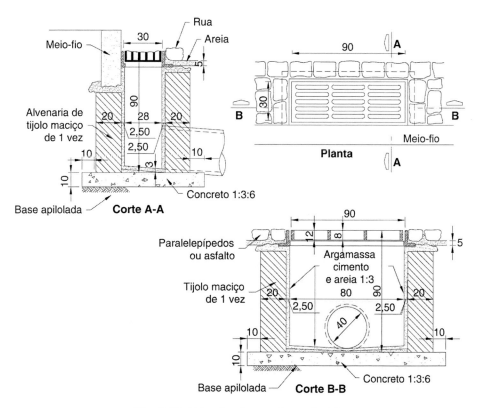

Fig. 3.10 Caixa de ralo para águas pluviais.

3.5.2 Grelhas

As grelhas sobrepõem-se à caixa e visam impedir o acesso de corpos estranhos ao condutor. Existem dois tipos: as grelhas planas e as hemisféricas.

Grelhas planas

São usadas em sarjetas, áreas de estacionamento de veículos e terraços, onde possa haver movimentação de pessoas.

As grelhas de "caixa de ralo" ou "para bueiro", quando nas sarjetas de ruas são de ferro fundido pesado, usando-se também as de concreto.

Para drenagens de pequenas áreas, empregam-se grelhas de ferro fundido de 10 cm × 10 cm, 15 cm × 15 cm, 20 cm × 20 cm, 30 cm × 30 cm, 40 cm × 40 cm, podendo-se encomendar grelhas em outras dimensões às fundições.

Grelhas hemisféricas

As grelhas "hemisféricas", também chamadas "cogumelo" ou "abacaxi" (pelo que suas formas sugerem), são usadas de preferência nos terraços, nas calhas de concreto de telhados e áreas abertas de edifícios, por proporcionarem maior seção de escoamento e reterem papéis, trapos e detritos.

A Fig. 3.11 apresenta vários tipos desses ralos para calhas e terraços.

A Fig. 3.12 mostra um exemplo de um sistema de esgotamento de águas pluviais utilizando calhas e condutores verticais para águas pluviais em material PVC do tipo Aquapluv Beiral da Tigre.

Neste caso, a vazão de dimensionamento é de $Q = 236$ L/min, a declividade é igual a $i = 0,5$ %, a área molhada é de $S = 94,4$ m^2 e o diâmetro da calha semicircular é igual a $D = 125$ mm. O condutor vertical foi dimensionado para $Q = 472$ L/min e o diâmetro adotado é igual a $D = 90$ mm.

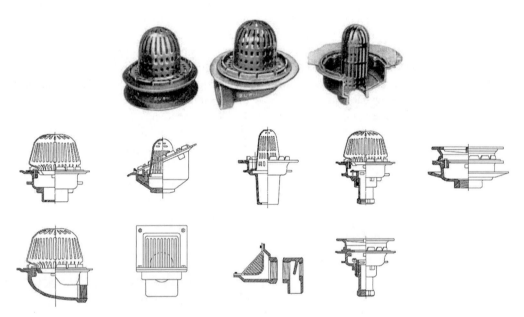

Fig. 3.11 Vários tipos de ralos para calhas e terraços.

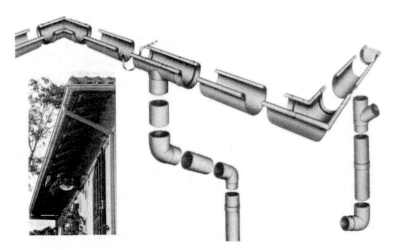

Fig. 3.12 Calhas e condutores para águas pluviais Aquapluv Beiral "Tigre", em PVC.

4

Instalações de Proteção e Combate a Incêndio

4.1 GENERALIDADES

As instalações de água potável, de esgotos sanitários e de águas pluviais, quando projetadas ou executadas inadequadamente, podem acarretar prejuízos de ordem material considerável, infligir danos à saúde das pessoas e comprometer até mesmo suas vidas. Uma instalação de proteção e combate a incêndio, entretanto, apresenta-se de uma forma mais direta e evidente como a salvaguarda de bens e vidas humanas, que, na catástrofe de um incêndio, podem ser destruídos. Enquanto os efeitos negativos da colocação inadequada do primeiro tipo de instalações mencionado se processam geralmente de forma lenta, as conscquências de um incêndio não debelado prontamente são imediatas e sinistras.

O valor de uma vida humana justifica por si as despesas, mesmo elevadas, que se façam, visando resguardá-la dos riscos da irrupção de um incêndio, os quais vão desde pânico, asfixia por fumaça e queimaduras, em uma escalada que pode terminar com a carbonização do corpo.

Tratando-se de uma instalação à qual se espera nunca ser necessário recorrer e que, felizmente, quase sempre fica apenas aguardando a eventualidade de uma situação emergencial, existe uma tendência a se desprezar a possibilidade do sinistro, economizando com a execução de instalações inadequadas e o não atendimento a exigência de ordem arquitetônica e construtiva, cuja importância é primordial.

A *Engenharia de Prevenção contra Acidentes* dedica especial importância ao estudo de *proteção contra fogo*. Essa proteção visa salvaguardar vidas e bens, prevenindo contra a possibilidade de um incêndio, e proporcionar meios de debelá-lo, caso ocorra. Para conseguir esses objetivos, devem ser adotadas:

- medidas de prevenção de incêndios;
- instalações de incêndio.

4.1.1 Medidas de prevenção de incêndio

Devem ser consideradas desde o momento em que se inicia um projeto arquitetônico e se elaboram as especificações dos materiais de construção. Alguns pontos a serem considerados:

- confinamento do incêndio pelo isolamento das áreas com portas corta-fogo;
- uso, sempre que possível, de materiais incombustíveis;
- previsão de saídas de emergência;
- instalações elétricas que funcionem sem excesso de carga e com os dispositivos de segurança necessários.

4.1.2 Instalações contra incêndio

Compreendem as que objetivem detectar, informar onde se iniciou o incêndio e debelá-lo com presteza tão logo irrompa, evitando que se propague e, portanto, restringindo o montante dos prejuízos e impedindo que as pessoas venham a sofrer algum dano.

No presente livro, serão apresentadas apenas as *instalações contra incêndio*. As medidas de prevenção deverão ser consultadas em obras e legislação sobre higiene e segurança do trabalho, códigos de obras e em livros de arquitetura.

As instalações contra incêndio no Brasil obedecem à NBR 13714:1996 – *Sistemas de hidrantes e de mangotinhos para combate a incêndio*.

Ao se iniciar um projeto de instalação contra incêndio, deve-se considerar a principal premissa para o êxito na extinção do fogo a rapidez com que o sistema entra em funcionamento. Isso pressupõe que a instalação tenha sido bem projetada e executada, permitindo fácil e efetiva ação.

É importante o entendimento de que os primeiros minutos são decisivos no controle do fogo. Ao não ser combatido prontamente, é pouco provável que o socorro do Corpo de Bombeiros evite danos consideráveis, apesar da presteza com que atende. A instalação deve ser feita de tal modo que possa também auxiliar a ação dos bombeiros, logo que estes intervenham.

4.2 CLASSES DE INCÊNDIO

A NR-23, da Portaria nº 3214 do Ministério do Trabalho, fornece a seguinte classificação para os incêndios, conforme a natureza do material a proteger:

1. *Classe A*. Fogo em materiais comuns de fácil combustão com a propriedade de queimarem em sua superfície e profundidade, deixando resíduos. É o caso de madeira, tecidos, lixo comum, papel, fibras, forragem etc. A esses poderíamos acrescentar alguns outros mencionados no Federal Fire Council, tais como carvão, coque, filmes e material fotográfico.
2. *Classe B*. Fogo em inflamáveis que queimam somente em sua superfície, não deixando resíduos, como óleos, graxas, vernizes, tintas, gasolina, querosene, solventes, borracha, óleos vegetais e animais.

3. *Classe C*. Fogo em equipamentos elétricos energizados (motores, geradores, transformadores, reatores, aparelhos de ar condicionado, televisores, rádios, quadro de distribuição etc.).
4. *Classe D*. Fogo em metais piróforos e suas ligas (magnésio, sódio, potássio, alumínio, zircônio, titânio e outros). Inflamam-se em contato com o ar ou produzem centelhas e até explosões, quando pulverizados e atritados.

4.3 NATUREZA DA INSTALAÇÃO DE COMBATE A INCÊNDIO RELATIVAMENTE AO MATERIAL INCENDIADO

A escolha da substância com a qual se irá apagar o incêndio, do tipo de instalação e do modo de executá-la dependem da natureza do material cujo incêndio se cogita debelar.

Há materiais combustíveis cujo incêndio pode ser apagado com diversas substâncias, como é o caso da madeira, papel e tecidos; mas há outros cujo incêndio só pode ser contido e apagado com produtos especiais, como ocorre com álcool, solventes, gás liquefeito e muitos outros.

A Tabela 4.1, apresentada em catálogo da Bucka Spiero Comércio, Indústria e Importação S.A., fornece elementos para a escolha dos meios de combate a incêndio em função dos produtos envolvidos.

Algumas indicações sobre os sistemas e materiais utilizados no combate a incêndio serão apresentados com maiores detalhes a seguir.

4.3.1 Água

Por ser abundante, de baixo custo e por sua grande capacidade de absorver calor, o que a torna uma substância muito eficaz para resfriar os materiais e apagar incêndios, a água é a substância que mais se emprega no combate ao fogo. É utilizada sob as seguintes formas:

a) *Jato* (em geral, denominado *jato compacto* ou *jato denso*)
   Usam-se bocais com ponteiras — chamadas *requintes* — ligados a mangueiras que, por sua vez, recebem a água escoada em encanamentos que constituem as *redes de incêndio*. As mangueiras são ligadas a *hidrantes* adaptados às redes. Em instalações ao ar livre, usa-se também um dispositivo denominado *canhão*, para lançamento de consideráveis descargas de água a grandes distâncias.
b) *Aspersão*
   Empregam-se aspersores especiais, de funcionamento automático, chamados *sprinklers*. A água pulverizada forma um chuveiro sobre o local onde irrompeu o incêndio, e o vapor d'água formado com a água espargida constitui, por si, uma barreira à penetração do oxigênio, elemento que, por ser comburente, alimenta a combustão. Existem também aspersores para operação não automática.

Tabela 4.1 Meios de combate a incêndio em função dos produtos envolvidos

Meios de combate a incêndio e sua classificação	Água em jato denso, extintores com carga *soda-ácido* ou *líquido*	Espuma	Neblina de água	Gás carbônico (CO$_2$), extintores e instalações fixas	Pó carboquímico (*dry chemical powder*), extintores, instalações fixas
A – Materiais sólidos, fibras têxteis, madeira, papel etc.	Sim	Sim	Sim	Sim*	Sim*
B – Líquidos inflamáveis, derivados de petróleo	Não	Sim	Sim**	Sim	Sim
C – Maquinaria elétrica, motores, geradores, transformadores	Não	Não	Sim**	Sim	Sim
D – Gases inflamáveis, sob pressão	Não	Não	Não***	Não***	Sim

(*) Indicado somente para princípios de incêndio e de pequena extensão.

(**) Indicado somente após estudo prévio.

(***) Embora *não indicado*, existem possibilidades de emprego, após prévio estudo e consulta ao Corpo de Bombeiros e ao Departamento Nacional de Segurança e Higiene do Trabalho do Ministério do Trabalho.

c) *Emulsificação com água*

Os óleos, combustíveis, lubrificantes, de transformadores, as tintas, vernizes e alguns líquidos inflamáveis tornam-se incombustíveis por meio da formação de uma emulsão temporária com a água sobre sua superfície.

Para obter isso, utiliza-se a água sob pressão sobre a superfície do óleo, através de bicos especialmente desenhados, denominados *projetores*. A água sai do projetor na forma de um cone em expansão, em gotas finas muito dispersas, com alta velocidade e distribuídas uniformemente sobre a área visada pelo projetor. É o impacto da água, sob essa forma atomizada, na superfície que cria a emulsão.

d) *Pulverização* ou *nebulização*

É recomendada para proteção contra incêndio em gases liquefeitos derivados do petróleo, como os empregados em indústrias e de uso doméstico, tais como o propano, propileno e butano.

A pulverização deve ocorrer ao iniciar-se um vazamento de gás liquefeito, para evitar que se incendeie. Caso ocorra a ignição de gases que estejam escapando, a aplicação de água pulverizada sobre a superfície do tanque pode evitar um perigoso aumento da temperatura e pressão dentro do tanque, reduzindo o risco de sua ruptura.

A nebulização, ou pulverização com neblina, é também usada para extinção de incêndio em bancos de transformadores e de incêndio de combustíveis e óleos. Pode-se usar o *canhão* com um esguicho de formato especial para lançamento de neblina. A ação da pulverização com neblina ocorre por ação de:

- resfriamento, pela facilidade de as partículas multiplicarem a eficácia da água na troca de calor;
- abafamento, pela diminuição da taxa de oxigênio pelo vapor d'água que se produz;
- emulsificação, pela ação das partículas da água com alta velocidade sobre o combustível, reduzindo sua inflamabilidade.

4.3.2 Espuma

O sistema denominado *espuma mecânica* é aconselhado para líquidos inflamáveis, derivados de petróleo e solventes e consiste no lançamento de considerável quantidade de espuma sobre o local do incêndio.

A espuma é obtida pela mistura com água de um agente formador de espuma, o *extrato* ou *concentrado*, que é um produto de base proteica, fazendo-se incidir sobre a mistura um jato de ar com o auxílio de um ejetor especial conhecido como *formador de espuma*. O lançamento da espuma é realizado com dispositivos especiais e também por *canhões* ou *esguichos* dotados de produtor de espuma.

4.3.3 Fréon 1301 (sistema Sphreonix)

O fréon 1301 (*bromotrifluormetano*) é usado com excelentes resultados no combate a incêndio de madeira, papel, algodão, tecidos, líquidos inflamáveis, gasolina, gases inflamáveis, centrais telefônicas, computadores etc.

Esse gás, inibidor da reação de combustão, é armazenado em recipiente de forma esférica, de dimensões reduzidas, o qual é colocado no teto sobre o local a proteger. Um dispositivo com fusível, semelhante ao adotado no sistema de *sprinklers*, permite, pela ruptura do fusível, a inundação do local com o gás, que não é venenoso. Pode ser empregado também em unidades portáteis manuais, em unidades portáteis automáticas e em sistemas fixos para saturação total, manuais ou automáticos.

4.3.4 Halon 1301

É um gás com as mesmas propriedades do fréon 1301 e utilizado sob as mesmas formas, pois se trata do bromotrifluormetano.

4.3.5 Gás carbônico (dióxido de carbono)

O gás carbônico (CO_2) é um gás inodoro e incolor, 1,5 vez mais pesado que o ar, mau condutor de eletricidade, nem tóxico nem corrosivo. Entretanto, pode causar a morte por asfixia, cegar, se lançado nos olhos, e produzir queimaduras na pele, pelo frio. O efeito produzido pelo CO_2 na extinção dos incêndios decorre do fato de substituir rapidamente o oxigênio do ar, fazendo com que seu teor baixe a um valor com o qual a combustão não pode prosseguir. Ao ser liberado no ar, seu volume pode expandir-se 450 vezes.

É armazenado em garrafões cilíndricos de aço sob alta pressão que podem ser agrupados em baterias em instalações centralizadas. O acionamento dos dispositivos automáticos de lançamento de CO_2 pode ser feito por sistemas elétricos, mecânicos ou pneumáticos ligados por detectores de fumaça ou calor. O CO_2 é lançado sob a forma de gás, neve, ou neblina, conforme o tipo de aspersor empregado.

Recomenda-se seu emprego em:

- centros de processamento de dados, instalação de computadores;
- transformadores a óleo – geradores elétricos – equipamentos elétricos energizados;
- indústrias químicas;
- cabines de pintura;
- centrais térmicas – geradores diesel elétricos;
- turbogeradores;
- tipografias, filmotecas, arquivos;
- bibliotecas, museus e caixas-fortes;
- navios, nas centrais de controle.

A instalação de CO_2 emprega boquilhas de aspersão que se assemelham às usadas nos *sprinklers* de água. Em recintos com portas e janelas, para que a concentração de CO_2 atinja níveis com os quais o incêndio possa ser apagado, é necessário que, ao se iniciar o lançamento do gás, as aberturas sejam fechadas. O método de inundação total consiste no lançamento de CO_2 em recinto fechado, reduzindo o teor de oxigênio, abafando e extinguindo o fogo.

Além disso, o CO_2 pode ser empregado em aplicação total sobre o material em combustão ou em descargas prolongadas, como ocorre no caso de motores e geradores elétricos em combustão.

A tubulação usada em instalações centralizadas de CO_2 e que conduz o gás em estado líquido até os difusores deve ser de tubos ASTM A-53 ou ASTM-120, galvanizados, e as conexões deverão ser forjadas, galvanizadas e para pressão de trabalho de 14 kgf/cm².

O lançamento do CO_2 sob a forma gasosa, sem que ocorra congelamento com a descompressão, é feito por meio de difusores especiais, com orifícios calibrados, de modo que possa ser obtida a concentração de CO_2 no tempo prescrito pela norma aplicável ao caso.

A instalação central de CO_2 deve funcionar automaticamente. Para isso, existem detectores que atuam sob a ação do calor ou da fumaça e que fecham um circuito elétrico, o qual aciona as cabeças de comando. Estas peças são colocadas lateralmente na válvula de pelo menos dois cilindros de CO_2 de cada instalação, os quais são designados cilindros pilotos. Abre-se passagem auxiliar da válvula do respectivo cilindro por meio de um êmbolo que nela penetra ao ser acionada. Quando a concentração de CO_2 atinge 40 %, o teor do oxigênio no ar pode ficar reduzido a 12,5 %, sendo impossível à vida.

4.3.6 Pó químico seco

O pó químico é fornecido em extintores portáteis com mangueiras de até 10 m, os quais, nos tipos de maior capacidade, podem ser colocados em carrinhos com rodas de borracha. É empregado no combate a incêndio em indústrias, refinarias, fábricas de produtos químicos, aeroportos etc.

O produto químico básico é o bicarbonato de sódio micropulverizado, tratado de modo a não absorver unidade, ou o sulfato de potássio. Essas substâncias não são tóxicas e podem ser armazenadas por tempo indeterminado.

Alguns tipos empregam um cilindro com o pó e outro com CO_2, ou mesmo ar, que funciona como propelente do pó. Quando se abre a válvula, o CO_2 passa para o compartimento contendo o pó químico, que, assim pressurizado, é lançado sob a forma de uma nuvem, quando se aciona um gatilho na pistola de lançamento.

Existem outros tipos, nos quais o pó fica numa câmara com nitrogênio pressurizado e pronto para uso imediato.

Com essa operação, a pressão do gás se transmite a uma peça chamada de cabeça de descarga, ou de comando, que força a abertura da passagem principal da válvula, dando início à descarga e transmitindo a pressão aos demais cilindros do sistema.

4.4 CLASSIFICAÇÃO DAS EDIFICAÇÕES E ÁREAS DE RISCO

O Código de Segurança contra Incêndio e Pânico do Estado do Rio de Janeiro (COSCIP), implementado pelo Decreto nº 42, de 17 de dezembro de 2018, alterado pelo Decreto nº 46.925, de 5 de fevereiro de 2020, regulamenta o Decreto-Lei nº 247, de 21 julho de 1975, e apresenta a classificação das edificações e áreas de risco, *quanto ao risco de incêndio*, da seguinte forma:

- Pequeno;
- Médio 1;
- Médio 2;
- Grande.

Além disso, *quanto à ocupação*, as edificações e áreas de risco são classificadas como:

- A – Residencial;
- B – Serviço de hospedagem;
- C – Comercial;
- D – Serviço profissional e institucional;
- E – Escolar e cultura física;

Instalações de Proteção e Combate a Incêndio   145

- F – Local de reunião de público;
- G – Serviço automotivo e assemelhado;
- H – Serviço de saúde;
- I – Industrial;
- J – Depósito;

- L – Explosivos ou munições;
- M – Especial.

O detalhamento dos grupos supramencionados, no que se refere à divisão, descrição, definição e exemplos, está apresentado na Tabela 4.2.

Tabela 4.2 Classificação das edificações e áreas de risco quanto à ocupação (Tabela 1 do Anexo II do COSCIP)

Grupo	Ocupação/Uso	Divisão	Descrição	Definição e exemplos
A	Residencial	A-1	Residencial privativa unifamiliar	Casas térreas ou assobradadas (isoladas e não isoladas).
		A-2	Residencial privativa multifamiliar	Edifícios de apartamento em geral.
		A-3	Residencial coletiva	Pensionatos, internatos, orfanatos, alojamentos, mosteiros, conventos.
		A-4	Agrupamento residencial privativo unifamiliar	Conjunto de duas ou mais edificações residenciais privativas unifamiliares dentro de um lote.
		A-5	Agrupamento residencial privativo multifamiliar	Conjunto de duas ou mais edificações residenciais privativas multifamiliares dentro de um lote.
		A-6	Mista	Edificação composta de unidades residenciais privativas (apartamentos) e unidades autônomas destinadas a espaços comerciais (lojas ou salas).
B	Serviço de hospedagem	B-1	Hotel e assemelhados	Hotéis, motéis, pensões, hospedarias, pousadas, albergues, casas de cômodos, *camping*.
		B-2	Hotel residencial	Hotéis e assemelhados com cozinha própria nos apartamentos (incluem-se, *flats*, *apart-hotel*, hotel residência, e similares destinados a ocupação transitória).
C	Comercial	C-1	Comercial 1	Edificações comerciais que, em função da atividade desenvolvida, ficam enquadradas no Risco Médio 1 conforme Nota Técnica específica, tais como: artigos de metal, louças, artigos hospitalares, edifícios de lojas de departamentos, magazines, armarinhos, galerias comerciais, supermercados em geral, mercados e outros.
		C-2	Comercial 2	Edificações comerciais que, em função da atividade desenvolvida, ficam enquadradas no Risco Médio 2 conforme Nota Técnica específica, tais como: comércio atacadista de produtos químicos e petroquímicos, de resíduos de papel e papelão, espuma e isopor etc.
		C-3	*Shopping centers*	Centro de compras em geral (*shopping centers*).
		C-4	Quiosque	Ponto de venda localizado no *mall* de centro comercial e de centro de compras em geral (*shopping centers*).
D	Serviço profissional e institucional	D-1	Local para prestação de serviço profissional ou condução de negócios	Escritórios administrativos ou técnicos, instituições financeiras (exceto as classificadas em D-2), cabeleireiros, centros profissionais e assemelhados, repartições públicas (exceto as classificadas em D-5).

continua

146 Capítulo 4

Tabela 4.2 Classificação das edificações e áreas de risco quanto à ocupação (Tabela 1 do Anexo II do COSCIP) (*Continuação*)

Grupo	Ocupação/Uso	Divisão	Descrição	Definição e exemplos
D	Serviço profissional e institucional	**D-2**	Agências bancárias	Agências bancárias e assemelhados.
		D-3	Serviços de manutenção e reparação (exceto os classificados em G-4)	Lavanderias, assistência técnica, reparação e manutenção de aparelhos eletrodomésticos, chaveiros, serviços de pintura, pintura de letreiros, serviços de limpeza e outros.
		D-4	Laboratórios de análises clínicas e assemelhados	Laboratórios de análises clínicas sem internação e assemelhados. Laboratórios ambientais, fotográficos e assemelhados.
		D-5	Edificação pública das forças armadas, policiais e militares estaduais	Quartéis, delegacias, postos policiais, grupamentos e assemelhados.
E	Escolar e cultura física	**E-1**	Escolar em geral	Pré-escola (creches, escolas maternais, jardins de infância). Escolas de educação básica, ensinos fundamental e médio, educação de jovens e adultos, ensino superior, ensino técnico e assemelhados. Escolas profissionais em geral.
		E-2	Escolar especial	Escolas de artes e artesanato, de línguas, de cultura geral, de cultura estrangeira, escolas religiosas e assemelhados.
		E-3	Espaço para cultura física	Locais de ensino e/ou práticas de artes marciais, natação, ginástica (artística, dança, musculação e outros), esportes coletivos (tênis, futebol e outros que não estejam incluídos em F-3), sauna, casas de fisioterapia e assemelhados. Sem arquibancadas.
F	Local de reunião de público	**F-1**	Local onde há objeto de valor inestimável	Museus, centro de documentos históricos, galerias de arte, arquivos, bibliotecas e assemelhados.
		F-2	Local religioso e velório	Igrejas, capelas, sinagogas, mesquitas, templos, cemitérios, crematórios, necrotérios, salas de funerais e assemelhados.
		F-3	Centro esportivo e de exibições	Arenas em geral, estádios, ginásios, piscinas, rodeios, autódromos, sambódromo, jóquei clube, pista de patinação e assemelhados. Todos com arquibancadas.
		F-4	Estação e terminal de passageiro	Estações rodoferroviárias e marítimas, portos, marina, metrô, aeroportos, helipontos, teleféricos, estações de transbordo em geral e assemelhados.
		F-5	Arte cênica e auditório	Teatros em geral, cinemas, óperas, auditórios de estúdios de rádio e televisão, auditórios em geral e assemelhados.
		F-6	Boates e casas de show	Boates, danceterias, discotecas, centro de convenções e assemelhados.
		F-7	Instalações temporárias	Circos, parques temáticos, parque de diversões, feiras, eventos de *foodtruck* e assemelhados.
		F-8	Local para refeição	Restaurantes, lanchonetes, bares, cafés, refeitórios, cantinas e assemelhados.
		F-9	Recreação pública	Parques recreativos (sem atividade de diversões públicas) e assemelhados.
		F-10	Exposição de animais	Locais para exposição agropecuária e assemelhados. Edificações permanentes.
		F-11	Clubes sociais e diversão	Clubes sociais, bilhares, boliche, salões de baile, restaurantes com atividades de diversões públicas, zoológicos, aquários, parque de diversões (edificação permanente) e assemelhados.

continua

Instalações de Proteção e Combate a Incêndio **147**

Tabela 4.2 Classificação das edificações e áreas de risco quanto à ocupação (Tabela 1 do Anexo II do COSCIP) (*Continuação*)

Grupo	Ocupação/Uso	Divisão	Descrição	Definição e exemplos
G	Serviço automotivo e assemelhado	G-1	Garagem sem acesso de público e sem abastecimento	Garagens automáticas e garagens com manobristas.
		G-2	Garagem com acesso de público e sem abastecimento	Garagens coletivas sem automação, em geral, e sem abastecimento (exceto veículos de carga e coletivos).
		G-3	Local dotado de abastecimento de combustível	Postos de abastecimento de combustíveis e serviço, garagens com abastecimento de combustível (exceto veículos de carga e coletivos).
		G-4	Serviço de conservação, manutenção e reparos	Oficinas de conserto de veículos. Borracharia (sem recauchutagem). Oficinas e garagens de veículos de carga e coletivos (tais como: empresas de ônibus, transportadoras etc.). Garagens de máquinas agrícolas e rodoviárias. Retificadoras de motores.
		G-5	Hangar	Abrigos para aeronaves com ou sem abastecimento.
		G-6	Galpão ou garagem náutica	Abrigos para embarcações com ou sem abastecimento. Estrutura náutica que combina áreas para guarda de embarcações em terra ou sobre a água, cobertas ou não, e acessórios de acesso à água, podendo incluir oficina para manutenção e reparo de embarcações e seus equipamentos.
H	Serviço de saúde	H-1	Hospital veterinário e assemelhados	Hospitais, clínicas e consultórios veterinários e assemelhados (inclui-se alojamento com ou sem adestramento).
		H-2	Local onde pessoas requerem cuidados especiais por limitações físicas ou mentais	Tratamento de dependentes de drogas, álcool e assemelhados, todos sem celas, asilos, residências geriátricas.
		H-3	Hospital e assemelhados	Hospitais, casa de saúde, prontos-socorros, clínicas com internação, ambulatórios e postos de atendimento de urgência, postos de saúde e puericultura e assemelhados com internação. Hospital psiquiátrico.
		H-4	Clínica e consultório médico, odontológico e assemelhados	Clínicas médicas, consultórios em geral, unidades de hemodiálise, ambulatórios e assemelhados. Todos sem internação.
I	Industrial	I-1	Industrial 1	Edificações industriais que, em função das atividades exercidas e dos materiais utilizados, são classificadas como Risco Médio 1 conforme Nota Técnica específica.
		I-2	Industrial 2	Edificações industriais que, em função das atividades exercidas e dos materiais utilizados, são classificadas como Risco Médio 2 conforme Nota Técnica específica.
		I-3	Industrial 3	Edificações industriais que, em função das atividades exercidas e dos materiais utilizados, são classificadas como Risco Grande conforme Nota Técnica específica.

continua

148 Capítulo 4

Tabela 4.2 Classificação das edificações e áreas de risco quanto à ocupação (Tabela 1 do Anexo II do COSCIP) (*Continuação*)

Grupo	Ocupação/Uso	Divisão	Descrição	Definição e exemplos
J	Depósito	J-1	Depósitos de material incombustível	Edificações sem processo industrial que armazenam tijolos, pedras, areias, cimentos, metais e outros materiais incombustíveis, todos sem embalagem.
		J-2	Todo tipo de depósito	Depósitos com carga de incêndio até 1000 MJ/m², conforme Nota Técnica específica.
		J-3	Todo tipo de depósito	Depósitos com carga de incêndio entre 1000 e 1200 MJ/m², conforme Nota Técnica específica.
		J-4	Todo tipo de depósito	Depósitos onde a carga de incêndio ultrapassa a 1200 MJ/m², conforme Nota Técnica específica.
L	Explosivos ou munições	L-1	Comércio	Comércio em geral de fogos de artifício, munições e assemelhados.
		L-2	Indústria	Indústria de material explosivo ou munições.
		L-3	Depósito	Depósito de material explosivo ou munições.
M	Especial	M-1	Túnel	Túnel rodoferroviário destinados a transporte de passageiros ou cargas diversas.
		M-2	Líquidos ou gases inflamáveis ou combustíveis	Edificação destinada a manipulação, armazenamento e distribuição de líquidos ou gases inflamáveis ou combustíveis, tais como: ponto de venda ou depósito de GLP etc.
		M-3	Central de comunicação	Central telefônica, centros de comunicação, antenas de telefonia e assemelhados.
		M-4	Estrutura temporária	Canteiro de obras e assemelhados (não possuem atividade de reunião de público).
		M-5	Silos	Armazéns de grãos e assemelhados.
		M-6	Energia	Geração, transmissão e distribuição de energia e assemelhados.
		M-7	Pátios de armazenagem	Pátios – área não coberta que tem como destinação de uso a estocagem de produtos.
		M-8	Loteamento	Divisão de glebas em lotes destinados à edificação, com aberturas de novas vias de circulação ou de logradouros públicos ou privados.
		M-9	Local onde a liberdade das pessoas sofre restrição	Manicômios, reformatórios, prisões em geral (casa de detenção, penitenciárias, presídios) e instituições assemelhadas, todos com celas.

4.5 INSTALAÇÕES DE COMBATE A INCÊNDIO COM ÁGUA. CARACTERIZAÇÃO DOS SISTEMAS EMPREGADOS

A instalação de combate a incêndio com o emprego de água pode ser realizada por um dos seguintes sistemas de funcionamento: sob comando ou automático.

4.5.1 Sistema sob comando

É assim chamado o sistema em que o afluxo de água ao local do incêndio é obtido mediante manobra de registros localizados em abrigos e caixas de incêndios. Os registros abrem e fecham os *hidrantes*, também chamados de *tomadas de incêndio*, e permitem a utilização das mangueiras com seus respectivos esguichos e requintes.

Em estabelecimentos fabris com armamentos e em conjuntos habitacionais, a rede de abastecimento de água deve alimentar *hidrantes de coluna* nos passeios, distanciados de 90 em 90 m, de modo a permitir o combate direto ao incêndio com a adaptação de mangueiras (se a pressão for suficiente), ou a ligação à bomba do carro-pipa do Corpo de Bombeiros (CB).

4.5.1.1 Hidrante ou tomada de incêndio

É o ponto de tomada d'água provido de registro de manobra e união do tipo *engate rápido*. No interior dos prédios, é colocado na *caixa de incêndio*, juntamente com a mangueira e o esguicho. Na Fig. 4.1 é possível observar essas caixas de incêndio em uma coluna de incêndio.

As caixas de incêndio são colocadas na prumada da tubulação de incêndio e em quantidade e locais tais que assegurem a possibilidade de se combater o incêndio em qualquer ponto do pavimento onde se encontram, usando-se mangueiras de até 30 m de comprimento, isto é, usando dois lances de 15 m engatados (Fig. 4.2).

Na determinação da faixa coberta pela ação do jato de uma mangueira, pode-se considerar ainda mais 7 m correspondentes ao alcance do jato. Cada hidrante em instalação de *risco médio* consta de:

- um registro de gaveta de 2 1/2";
- uma junta Storz de 2 1/2" que permite a adaptação da mangueira do CB (Fig. 4.3);
- uma redução de 2 1/2" para 1 1/2" para permitir a adaptação da mangueira colocada na caixa de incêndio, e que é operada pelos moradores;
- uma mangueira de 1 1/2", com junta, esguicho (Fig. 4.4) e requinte (bico) de 1/2".

4.5.1.2 Hidrante de passeio ou de recalque

É um dispositivo instalado na canalização preventiva de incêndio, destinado à ligação da mangueira da bomba do carro do CB e que permitirá o recalque da água da canalização pública para dentro do prédio, de modo que os soldados do CB possam ligar suas mangueiras nos hidrantes das caixas de incêndio (Fig. 4.5). O registro é protegido por um tampão Storz, conforme mostra a Fig. 4.6.

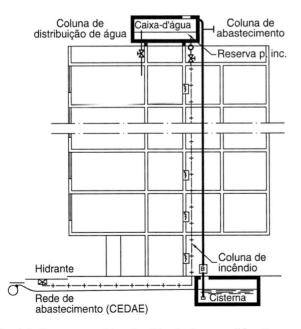

Fig. 4.1 Corte esquemático simplificado de uma edificação, representando a canalização preventiva e o abastecimento de água.

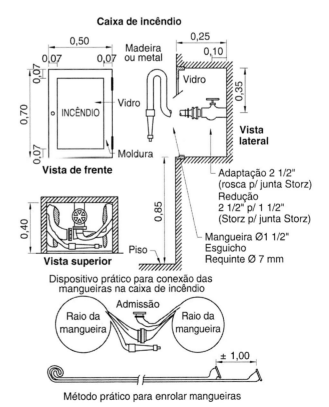

Fig. 4.2 Caixa de incêndio com hidrante.

Fig. 4.3 Conexão para mangueira de incêndio.

Fig. 4.4 Esguicho cônico com adaptação Storz.

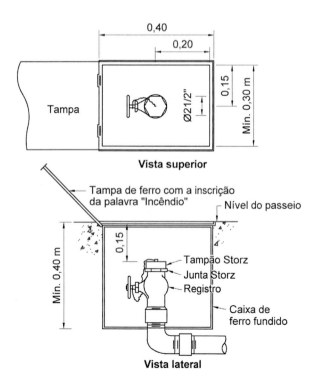

Fig. 4.5 Hidrante de passeio.

Fig. 4.6 Tampão com corrente.

4.5.1.3 Hidrante urbano ou de coluna

É um hidrante de coluna, ligado à rede de abastecimento da municipalidade (Fig. 4.7). Permite a ligação direta das mangueiras do CB ou do mangote de aspiração da bomba do carro do CB. Sua instalação é de atribuição do órgão competente do município encarregado do abastecimento de água.

As dimensões apontadas na Fig. 4.7 podem ser as seguintes: $H = 960$ mm, $h_1 = 200$ mm, $h_2 = 760$ mm, $h_3 = 515$ mm, $D = 280$ mm, $d_1 = 100$ mm e $d = 60$ mm.

Deverá haver um hidrante de coluna no máximo a 90 m de distância útil do eixo de cada edificação ou do eixo do lote.

É exigido o hidrante de coluna nos casos de loteamentos, agrupamentos de edificações unifamiliares com mais de seis casas ou lotes, agrupamentos residenciais multifamiliares e de grandes estabelecimentos.

Os hidrantes de coluna são localizados no passeio junto ao meio-fio. Nos arruamentos de instalações industriais,

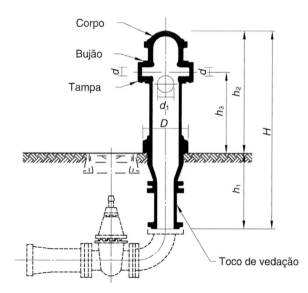

Fig. 4.7 Hidrante de coluna.

são colocados hidrantes de coluna com duas, três ou quatro bocas, para adaptação de mangueiras de 2 1/2". Adapta-se uma válvula em esquadro (90° ou 45°) em cada boca, com junta Storz para a ligação da mangueira (Fig. 4.8) ou derivantes simples (Fig. 4.9). Os hidrantes são colocados no lado esquerdo dos abrigos das mangueiras.

Tabela 4.3 Dimensões de linhas de mangueira e requintes

Linhas de mangueiras		Requintes
Comprimento máximo	Diâmetro	Diâmetro
30 m	38 mm (1 1/2")	13 mm (1/2")
30 m	63 mm (2 1/2")	19 mm (3/4")

Existem esguichos que possuem uma alavanca que, convenientemente manobrada, provoca a produção de neblina de baixa velocidade, lançada por um orifício localizado em sua parte inferior.

As especificações técnicas das mangueiras de incêndio devem se orientar pela ABNT NBR 11861:1998 – Mangueiras de incêndio – Requisitos e métodos de ensaio; e os esguichos pela ABNT NBR 14870:2013 – Esguichos de jato regulável para combate a incêndio – Parte: Esguicho básico de jato regulável.

Segundo a Nota Técnica NT 2-01 do CBMERJ (Sistemas de hidrantes e de mangotinhos para combate a incêndio), em detalhamento ao Decreto nº 42 de 2018, que regulamentou o COSCIP, as mangueiras de incêndio para uso nos diversos hidrantes serão classificadas em cinco tipos:

- tipo I – destinada a edificações de ocupação residencial com pressão de trabalho de 10 kgf/cm²;
- tipo II – destinada a edificações de ocupação comercial e industrial com pressão de trabalho de 14 kgf/cm²;
- tipo III – destinada a edificações de ocupação industrial e de uso naval, onde é necessária uma maior resistência a abrasão, com pressão de trabalho de 15 kgf/cm²;
- tipo IV – destinada a edificações de ocupação industrial, onde é desejável uma maior resistência a abrasão, com pressão de trabalho de 14 kgf/cm²;
- tipo V – destinada a edificações de ocupação industrial, onde é necessária uma alta resistência a abrasão e a superfícies quentes, com pressão de trabalho de 14 kgf/cm².

Fig. 4.8 Válvula em esquadro 90° para montagem.

As mangueiras e outros apetrechos devem ser guardados em abrigos, junto ao respectivo hidrante, de modo a facilitar seu uso imediato. Em cada abrigo são colocados dois lances de mangueira de 15 m de comprimento, com juntas Storz, enroladas como mostra a Fig. 4.2.

Complementarmente, os hidrantes poderão ser acondicionados dentro de abrigos de tamanhos variáveis, desde que ofereçam possibilidade de qualquer manobra e de rápida utilização, porém nunca inferior a 75 cm de altura × 45 cm de largura × 17 cm de profundidade.

Além disso, as mangueiras serão de 38 mm (1 ½") ou de 63 mm (2 ½") de diâmetro interno, flexíveis, de fibra resistente à umidade, revestida internamente de borracha, capazes de suportar a pressão mínima de teste de 21 kgf/cm² para mangueiras do tipo I, de 28 kgf/cm² para mangueiras do tipo II, IV e V e de 30 kgf/cm² para mangueiras do tipo III, dotados de junta Storz e com seção de 15 m de comprimento.

Fig. 4.9 Derivante simples.

4.5.1.4 Mangueiras de incêndio

O comprimento das linhas de mangueira e o diâmetro dos requintes podem ser determinados de acordo com a Tabela 4.3.

As linhas de mangueiras, a critério do CB, podem ser dotadas de esguicho de jato regulável para jato denso ou produção de neblina em substituição ao esguicho troncônico (Fig. 4.4) com requinte comum. O requinte adaptado à extremidade do esguicho destina-se a dar forma cilíndrica ao jato d'água.

Adicionalmente, as edificações enquadradas no risco grande que possuam áreas não classificadas no referido risco poderão adotar, nos hidrantes dessas áreas, mangueiras de 38 mm (1 ½"), desde que a pressão máxima admissível seja de 60 mca.

4.5.2 Sistema automático

O sistema é dito *automático* quando o afluxo de água ao ponto de combate ao incêndio se faz independentemente de qualquer intervenção de um operador, pela simples entrada em ação de dispositivos especiais. Conforme o tipo a que pertencem, os dispositivos atuam ao ser atingido determinado nível de temperatura ou de comprimento de onda de radiações térmicas ou luminosas, ou pela presença de fumaça no ambiente.

Os *sprinklers*, ou aspersores automáticos de água, também conhecidos como chuveiros automáticos; os pulverizadores, emulsionadores-nebulizadores e os sistemas de *inundação* são acionados por dispositivos automáticos próprios a cada tipo.

Simultaneamente com o lançamento da água sobre o local onde se iniciou o incêndio, automaticamente deve ocorrer o acionamento de um alarme sonoro e luminoso, indicando, em certos casos, em um painel o ponto onde está acontecendo.

Posteriormente, serão apresentados alguns dados sobre esse sistema de alarme e localização dos pontos de incêndio.

4.6 INSTALAÇÃO NO SISTEMA SOB COMANDO COM HIDRANTES

4.6.1 Características gerais

Considera-se, primeiramente, o caso de um edifício cuja instalação de combate a incêndio prevê caixas com hidrantes nos pavimentos (Fig. 4.10).

No Capítulo 1 foi apresentado que nos edifícios existem dois reservatórios: um inferior, de acumulação de água vinda da rede pública; outro na cobertura, para alimentação das colunas de distribuição dos aparelhos sanitários dos andares. Esses reservatórios são geralmente divididos em duas seções, e o cálculo de sua capacidade foi realizado considerando a Reserva Técnica de Incêndio (RTI).

Um sistema de bombas A e D recalca a água do reservatório inferior para o superior. Neste, segundo a maioria dos códigos estaduais, deve ser mantida uma reserva de água para um primeiro combate a incêndio, capaz de garantir suprimento de água, no mínimo, durante meia hora, alimentando dois hidrantes trabalhando simultaneamente em locais onde a pressão for mínima.

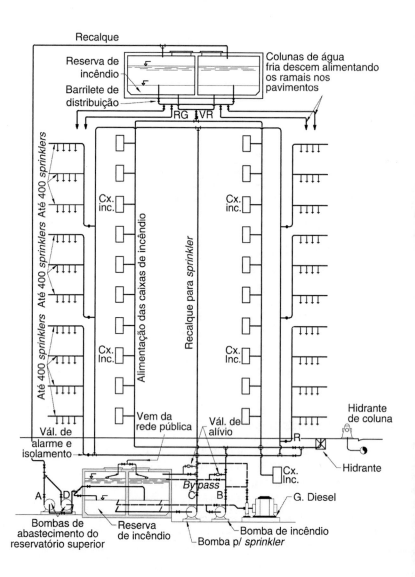

Fig. 4.10 Diagrama de instalação de combate a incêndio.

Essa reserva para incêndio é fixada pela legislação estadual e depende do tipo de prédio, do número de pavimentos e do sistema segundo o qual são alimentadas as caixas de incêndio com hidrantes.

O barrilete de distribuição com a extremidade do tubo acima do fundo do reservatório assegura a citada reserva de água para incêndio e alimenta as colunas de descida da água, das quais derivam os ramais e sub-ramais que vão ter às peças de consumo (lavatórios, vasos sanitários etc.).

Uma tubulação saindo do fundo de cada seção do reservatório superior alimenta as *colunas de incêndio* que, em cada pavimento, servem às caixas de incêndio. Essas colunas, ao atingirem o teto do subsolo ou o pavimento térreo, se não existir subsolo, ligam-se a uma tubulação que segue até o passeio em frente ao prédio, onde é colocada uma caixa com um registro chamado *hidrante de passeio* ou *de recalque*, ao qual já se referiu.

Na extremidade superior da coluna de incêndio existe uma válvula de retenção que impede a entrada de água no reservatório superior, quando o CB liga a mangueira da bomba do carro-tanque ao hidrante de passeio, recalcando a água até as caixas de incêndio nos andares. Abaixo da válvula de retenção, o COSCIP exige que seja instalado um registro de gaveta, o que em outros códigos não é permitido.

O emprego de uma *bomba de incêndio* de funcionamento automático decorre da conveniência e mesmo da necessidade de:

- construir um reservatório superior (RS) de menor capacidade, cuja reserva para incêndio seja de apenas 50 % do total de água necessário ao funcionamento de dois hidrantes simultaneamente. Este reservatório deve ter no mínimo 10.000 litros de RTI. Mesmo usando a bomba, o reservatório inferior (RI) deverá ter a capacidade total de no mínimo 120.000 litros.
- obter-se pressão mínima de 1,0 kgf/cm² (10 mca) e máxima de 4,0 kgf/cm² (40 mca) nos hidrantes. Dependendo do caso, a pressão mínima poderá ser fixada em 4,0 kgf/cm² (instalações industriais, pátios de armazenamento etc.).

A pressão efetiva de 1,0 kgf/cm² (10 mca) não será possível de ser obtida nos três últimos pavimentos superiores com o desnível existente entre o reservatório superior e as caixas de incêndio. Portanto, torna-se necessária uma bomba de incêndio (B), recalcando a água do reservatório inferior na própria tubulação de incêndio, de modo a se obter a pressão necessária ao jato, inclusive nos três pavimentos superiores. Uma válvula de retenção (R) impede que a água bombeada alcance o hidrante de passeio (Fig. 4.10).

A bomba atenderá às caixas desde o último pavimento até o subsolo. Uma solução permitida consiste em instalar, na cobertura, uma bomba para pressurizar a água, de modo que, nos três últimos pavimentos servidos por uma tubulação independente, seja possível contar com a pressão exigida. É preciso que a alimentação da energia elétrica das bombas se faça por derivação antes da caixa seccionadora.

Quando, na irrupção de um incêndio, for possível o uso de caixas de incêndio abaixo do antepenúltimo pavimento, pode-se contar com a pressão proporcionada pela reserva de água da caixa superior. Esgotada essa, a bomba de incêndio será acionada. Costuma-se, entretanto, quando existe bomba, executar a instalação de acionamento de modo que a mesma, pela atuação de uma válvula automática de controle, entre em ação logo que ocorra a abertura de um hidrante em qualquer dos andares, e então a água para o combate ao incêndio será proporcionada pelo reservatório inferior. A reserva superior praticamente servirá para manter a escorva da bomba e o lançamento da água durante o pequeno espaço de tempo que a bomba leva para entrar em regime após a ligação automática do motor.

As bombas a serem empregadas nas instalações para combate ao incêndio são centrífugas com um, dois ou mais estágios, havendo certa preferência para as bombas de carcaça bipartida horizontalmente para descargas consideráveis. São acionadas por motores elétricos trifásicos. A alimentação de energia para esses motores não deverá passar pela caixa seccionadora, onde há fusíveis, ou pelo disjuntor automático geral do prédio, mas derivar do alimentador do prédio, antes desses elementos de proteção, de modo que o corte da energia elétrica, na ocorrência do incêndio, não impeça as bombas de funcionarem.

A partida das bombas deve se fazer automaticamente, com um relé e disjuntor acionado por pressostato, sensor ou válvula automática de controle, que por sua ação, seja capaz de ligar a chave do motor elétrico ao ser aberto qualquer hidrante em virtude da queda de pressão pelo escoamento que se estabelece.

Para maior segurança, deve-se instalar uma outra bomba movida por motor de combustão interna, geralmente diesel, ou empregar um grupo diesel-elétrico de emergência, capaz de suprir de energia os motores das bombas no caso de falha no fornecimento de energia da rede pública. A partida do motor a diesel deverá efetuar-se automaticamente. Convém notar que se instala apenas uma bomba acionada por motor elétrico e outra pelo motor diesel. Não se instala bomba reserva neste caso. Quando a instalação for de grande porte, usa-se uma bomba de pequena capacidade apenas para pressurizar a rede de combate a incêndio.

Um fluxograma típico de instalação contra incêndio, em uma casa de bombas, está exemplificado na Fig. 4.11. Além disso, uma solução permitida no Estado do Rio de Janeiro, no caso que a alimentação dos motores seja realizada antes da caixa seccionadora, está representada na Fig. 4.12.

O Corpo de Bombeiros do Rio de Janeiro admite, dependendo de consulta, a dispensa do grupo bomba-motor-diesel, desde que a alimentação dos motores das bombas de incêndio fique assegurada, mesmo após o desligamento da energia para o uso do prédio.

Recomenda-se que as bombas sejam instaladas, sempre que possível, *afogadas*. Quando isso não for possível, é necessário adotar um dispositivo de escorva rápida e segura. A escorva, na realidade, está sendo permanentemente feita pela água do reservatório superior, que, devido à reserva exigida pelo Código, manterá a bomba sempre cheia de água.

No início da tubulação de recalque deve ser instalado um *by-pass*, ligado ao reservatório inferior, para permitir que as bombas possam ser testadas periodicamente. O funcionamento desse *by-pass* pode ser acusado por um sinal de alarme.

154 Capítulo 4

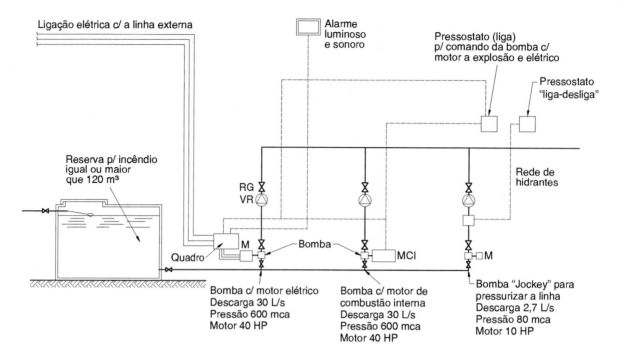

Fig. 4.11 Fluxograma de combate a incêndio (exemplo).

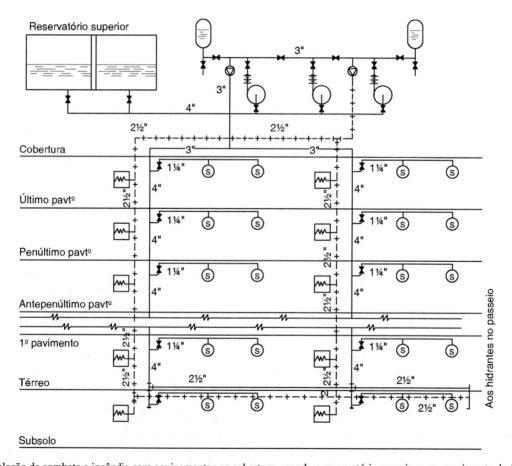

Fig. 4.12 Instalação de combate a incêndio com equipamentos na cobertura, usando o reservatório superior para suprimento de água às bombas.

4.6.2 Requisitos gerais

Para a determinação da descarga da bomba que alimenta os hidrantes, é preciso considerar a natureza da ocupação do prédio e o risco de incêndio que deve ser previsto, de acordo com a classificação já apresentada, baseada na atual regulamentação do COSCIP.

A descarga em litros por minuto em cada ponto de tomada d'água, ou seja, em cada hidrante, é determinada pela Tabela 4.4.

A descarga em cada hidrante, para obtenção da proteção desejável, depende da natureza da ocupação do prédio e do risco que lhe é atribuído.

Algumas municipalidades adotam a Tabela 4.5 para a indicação da descarga.

No sistema sob comando com hidrantes, é necessário observar a distinção entre *canalização preventiva* e *rede preventiva* contra incêndio.

Canalização preventiva é a que corresponde à instalação hidráulica predial de combate a incêndio, para ser operada pelos *ocupantes das edificações, até a chegada do Corpo de Bombeiros.* É empregada em prédios de apartamentos, hotéis, hospitais e conjuntos habitacionais.

Rede preventiva é o sistema de canalizações destinado a atender as descargas e pressões exigidas pelo CB em edificações sujeitas a riscos consideráveis e maiores dificuldades na extinção do fogo, como ocorre nas fábricas, edificações mistas, públicas, comerciais, industriais, escolares, galpões grandes, edifícios-garagem e outros.

O COSCIP estabelece reservas técnicas para atender aos hidrantes em função da natureza, finalidade e características do prédio, isto é, conforme a classe de risco, como pode ser visto na Tabela 4.3.

A nova regulamentação do COSCIP, implementada pelo Decreto nº 42, de 17 de dezembro de 2018, alterada pelo Decreto nº 46.925, de 5 de fevereiro de 2020, relativa ao Decreto-Lei nº 247, de 21 julho de 1975, apresenta diversas exigências para edificações e áreas de risco, para os seguintes casos:

- edificações com área menor ou igual a 900 m² e até 02 pavimentos (A, B, C, D, E, F, G, H, I, J, M3, L1);
- edificações residenciais com área superior a 900 m² ou superior a 02 pavimentos (A-2 e A-3);
- agrupamento de edificações residenciais (A-4 e A-5);
- edificações mistas com área superior a 900 m² (A-6);
- edificações de serviço de hospedagem com área superior a 900 m² ou superior a 02 pavimentos (B-1 e B-2);
- edificações comerciais com área superior a 900 m² ou superior a 02 pavimentos (C-1, C-2, C-3 e C-4);
- edificações de serviços profissionais e institucionais com área superior a 900 m² ou superior a 02 pavimentos (D-1, D-2, D-3, D-4 e D-5);
- edificações escolares e cultura física com área superior a 900 m² ou superior a 02 pavimentos (E-1, E-2 e E-3);
- edificações de reunião de público com área superior a 900 m² ou superior a 02 pavimentos (F-1 a F-11);

Tabela 4.4 Requisitos gerais dos sistemas de combate a incêndio em relação aos riscos (Nota Técnica NT 2-02, de 4 de setembro de 2019, do CBMERJ)

Classificação de risco	Esguicho		Mangueira				Hidrantes	Pressão de trabalho (mca)	Vazão (L/min)	Tipo de sistema
	Tipo	Diâmetro (mm)	Diâmetro (mm)	Comprimento máximo (m)	Tipo					
Risco pequeno – mangotinho	Regulável	25	25	30	Semirrígida	1	58	100	Mangotinho
Risco pequeno	Regulável	38	38	30	Flexível	1	10	100	Canalização preventiva
Risco médio 1	Regulável	38	38	30	Flexível	1	35	200	Canalização preventiva
Risco médio 2	Regulável	38	63	30	Flexível	2	35	400	Rede preventiva
Risco grande	Regulável	63	63	30	Flexível	2	40	1000	Rede preventiva

Tabela 4.5 Descarga (L/min) em função da ocupação e do risco

Risco	Ocupação				
	1	2	3	4	5
	Apartamentos e hotéis	Casas comerciais e escritórios	Armazéns e depósitos	Indústria	Diversos
Pequeno	250	120	360	250	Considerar cada caso separadamente
Médio	250	250	500	500	
Grande	250	500	900	900	

- edificações de serviços automotivos e assemelhados com área superior a 900 m² ou superior a 02 pavimentos (G-1 a G-6);
- edificações de serviços de saúde com área superior a 900 m² ou superior a 02 pavimentos (H-1, H-2, H-3 e H-4);
- edificações industriais com área superior a 900 m² ou superior a 02 pavimentos (I-1, I-2 e I-3);
- edificações de depósitos com área superior a 900 m² ou superior a 02 pavimentos (J-1, J-2, J-3 e J-4);
- edificações de explosivos e munições com área superior a 900 m² ou superior a 02 pavimentos (L-1);
- edificações especiais com qualquer área ou número de pavimentos (M-1 a M-9).

4.6.3 Agrupamentos de edificações residenciais multifamiliares

Considera-se o caso apresentado na Fig. 4.13, que se caracteriza por um conjunto habitacional de seis edifícios de apartamentos, contendo cada um quatro pavimentos.

Considerando a atual regulamentação da COSCIP, este caso se classifica como A-5, que possui instalações de combate contra incêndio e pânico com as seguintes características, conforme as Tabelas 4.6 e 4.7.

Note que a Tabela 4.6 mostra, independentemente do número de edificações, que o caso A-5 vai exigir o emprego do hidrante urbano e do acesso de viatura nas edificações. Além disso, especificamente, as edificações residenciais priva-

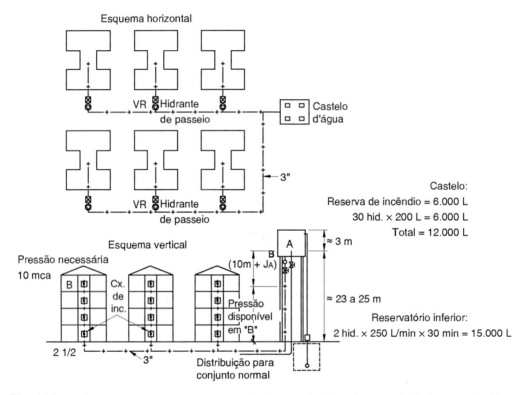

Fig. 4.13 Instalação preventiva nos conjuntos habitacionais cujo abastecimento seja do tipo castelo d'água.

Tabela 4.6 Exigências para agrupamento de edificações do grupo A (Tabela 4 do Anexo III, do Decreto nº 42, de 17 de dezembro de 2018)

Grupo de ocupação e uso	Grupo A – Residencial		
Divisão	A-4		A-5
Medidas de segurança contra incêndio e pânico	Classificação quanto ao nº de edificações ou lotes		Classificação quanto ao nº de edificações
	Até 06 casas ou lotes	Mais de 06 casas ou lotes	Independentemente do número de edificações
Hidrante urbano	–	X	X
Acesso de viatura em edificações	X	X	X

Observações específicas:
1. As edificações residenciais privativas unifamiliares (A-1) que compõem o agrupamento da divisão A-4, quando analisadas individualmente, ficam isentas da exigência de medidas de segurança contra incêndio e pânico nos termos do artigo 4º do Código.
2. As edificações residenciais privativas multifamiliares (A-2) que compõem o agrupamento da Divisão A-5 devem atender individualmente as medidas de segurança contra incêndio e pânico estabelecidas na Tabela 3 (do Decreto) para a divisão A-2.

Tabela 4.7 Exigências para edificações do grupo A (divisões A-2 e A-3) com área superior a 900 m² ou superior a dois pavimentos (Tabela 3 do Anexo III, do Decreto nº 42, de 17 de dezembro de 2018)

Grupo de ocupação e uso	Grupo A – Residencial											
Divisão	A-2						A-3					
Medidas de segurança contra incêndio e pânico	Classificação quanto ao nº de pavimentos e à altura (em metros)						Classificação quanto ao nº de pavimentos e à altura (em metros)					
	Térrea	2 pavtos	3 pavtos	4 e 5 pavtos	Acima de 5 pavtos com H ≤ 30 m	H > 30 m	Térrea	2 pavtos	3 pavtos	4, 5 e 6 pavtos	Acima de 6 pavtos com H ≤ 30 m	H > 30 m
Extintores	X	X	X	X	X	X	X	X	X	X	X	X
Hidrantes e mangotinhos	X	X	X[2]	X	X	X	X	X	X[7]	X	X	X
Chuveiros automáticos	–	–	–	–	–	X	–	–	–	–	–	X
Sinalização de segurança	X	X	X	X	X	X	X	X	X	X	X	X
Iluminação de emergência	X	X	X	X	X	X	X	X	X[7]	X	X	X
Alarme de incêndio	X	X	X[2]	X	X	X	X	–	X[7]	X	X	X
Detecção de incêndio	–	–	–	–	–	–	–	–	–	–	X	X
Saídas de emergência	X[3]	X[3]	X[3]	X[3]	X[4]	X[4,5,6]	X	X[3]	X[3]	X[4,9]	X[4,9]	X[4,9,10]
Hidrante urbano	X[7]	X[7]	X[7]	X[7]	X[7]	X[7]	X[7]	X[7]	X[7]	X[7]	X[7]	X[7]
Acesso de viatura em edificações	X	X	X	X	X	X	X	X	X	X	X	X
Compartimentação vertical	–	–	–	X	X	X	–	–	–	X	X	X
Segurança estrutural contra incêndio	X	X	X	X	X	X	X	X	X	X	X	X
Controle de materiais de acabamento	–	–	–	X[8]	X[8]	X[8]	–	–	–	X[8]	X[8]	X[8]

Observações específicas:

1. Exigido apenas para as edificações com ATC superior a 600 m².
2. Exigido apenas para as edificações com ATC superior a 900 m².
3. A escada de emergência da edificação deve ser do tipo não enclausurada, conforme NT específica.
4. A escada de emergência da edificação deve ser do tipo enclausurada, conforme NT específica.
5. Deve haver, no mínimo, duas escadas de emergência para edificações com 25 ou mais pavimentos.
6. Deve haver elevador de emergência para altura maior que 80 m.
7. Exigido apenas para as edificações com ATC igual ou superior a 1500 m².
8. Aplica-se somente às áreas comuns da edificação.
9. As edificações da Divisão A-3 com 15 ou mais pavimentos, qualquer que seja a área construída, devem possuir, no mínimo, duas escadas de emergência.
10. Deve haver elevador de emergência para altura maior que 60 m.

Observações gerais:

a) As edificações da Divisão A-1 ficam isentas de exigência de medidas preventivas nos termos do artigo 4º do Código.
b) No cômputo do número de pavimentos e definição da altura e área das edificações, observar as prescrições da Seção II do Capítulo IV do Código.
c) As instalações elétricas devem estar em conformidade com as normas técnicas oficiais.
d) Observar ainda as exigências para os riscos específicos das respectivas Notas Técnicas.

tivas multifamiliares, que se enquadram no caso A-2, devem cumprir as exigências da Tabela 4.7, que para quatro pavimentos são: extintores, hidrantes e mangotinhos, sinalização de segurança, iluminação de emergência, alarme de incêndio, saídas de emergência (a escada de emergência da edificação deve ser do tipo não enclausurada), hidrante urbano (exigido para áreas igual ou superior a 1500 m²), acesso de viaturas em edificações, compartimentação vertical, segurança estrutural contra incêndio e controle de materiais de acabamento.

Ademais, como orientações gerais neste caso, pode-se acrescentar que:

- Adota-se rede preventiva, devido a caracterização do risco como: médio 2, com vazões de 400 L/min, segundo a Nota Técnica NT 2-02 do CBMERJ, de 4 de setembro de 2019.
- Podem-se eliminar os reservatórios em cada prédio, substituindo-se por um *castelo de água*, que alimentará a canalização preventiva. Capacidade do castelo de água: a reserva técnica de incêndio é de 6000 litros acrescidos de 200 litros por hidrante exigido para todo o conjunto, além, naturalmente, do volume para a água de uso geral, calculado conforme indicado no Capítulo 1.
- O reservatório inferior deve possuir uma reserva que permita o funcionamento simultâneo de dois hidrantes durante meia hora.
- O distribuidor das canalizações preventivas terá um *diâmetro mínimo* de 3" (75 mm). Sai do fundo do castelo de água e é dotado de válvula de retenção e registro geral. O material das canalizações preventivas deve ser de ferro fundido ou aço galvanizado.
- Na frente de cada bloco de apartamento, o distribuidor ramifica uma canalização de 2 1/2" (63 mm) de diâmetro mínimo, dotada de *hidrante de passeio*, que atravessa todos os pavimentos, alimentando as *caixas de incêndio*. Nessa canalização é instalada uma *válvula de retenção* (VR) com a finalidade de impedir, em caso de recalque do hidrante de passeio para as caixas de incêndio, que a água siga para o castelo de água.

4.7 INDICAÇÕES SOBRE O EMPREGO DE MANGUEIRAS

Com relação ao emprego de mangueiras, pode-se realizar um detalhamento por meio da definição dos alcances pretendidos dos jatos d'água, que podem ser obtidos com esguichos de 13 a 32 mm e pressões no esguicho de 10 a 30 mca, conforme apresentado na Tabela 4.8.

Além disso, a Tabela 4.9, de uma publicação do fabricante KSB Bombas, fornece a altura a (em metros) alcançada pelo jato de um esguicho na vertical, a máxima distância d (metros) alcançada pelo jato, e a descarga Q (em litros por minutos), em função da pressão P no esguicho e do diâmetro do requinte na extremidade do esguicho.

O ábaco da Fig. 4.14 permite a determinação da perda de carga em mangueiras de lona revestidas internamente de borracha, em função da descarga e do diâmetro das mesmas.

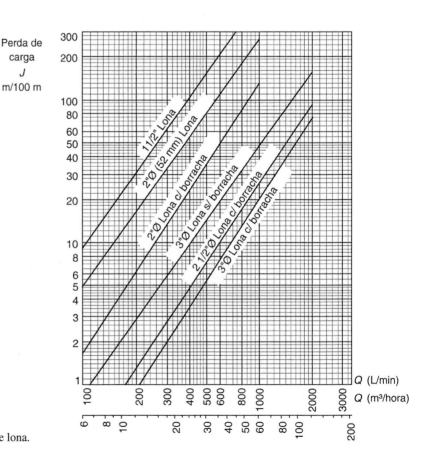

Fig. 4.14 Perda de carga em mangueiras de lona.

Instalações de Proteção e Combate a Incêndio **159**

Tabela 4.8 Distâncias em metros alcançadas pelo jato denso

Pressão (mca)	Diâmetro do requinte (mm)											
	13		16		19		22		25,4		32	
	Distância (m)											
	V	H	V	H	V	H	V	H	V	H	V	H
10	7,0	8,0	7,0	8,0	7,5	8,0	7,5	8,5	7,5	9,0	8,0	9,0
15	10,5	10,0	10,5	10,5	11,0	11,0	11,0	11,0	11,0	11,5	11,5	12,0
20	14,5	11,5	14,5	11,5	14,5	12,5	15,0	13,0	15,0	14,0	15,5	14,5
25	16,5	12,0	17,5	13,5	17,5	14,5	17,5	15,0	18,0	16,0	18,5	18,0
30	19,5	13,0	19,5	14,0	20,0	15,0	20,0	16,0	20,0	17,0	20,5	19,0

Tabela 4.9 Escolha do requinte

Pressão	Grandezas	Diâmetro do requinte (mm)					
		12	20	24	30	38	40
30	a	17	21	23	25	26	26
	d	23	28	30	33	36	36
	Q	162	454	655	1025	1645	1823
40	a	19	23	26	30	32	33
	d	25	32	34	40	43	44
	Q	188	524	757	1184	1900	2105
50	a	20	26	29	34	38	39
	d	27	34	38	46	51	53
	Q	210	586	846	1324	2124	2354
60	a	22	28	31	38	43	44
	d	29	37	42	52	59	61
	Q	230	642	927	1450	2327	2578
70	a	23	30	33	42	47	48
	d	32	40	45	55	–	67
	Q	248	694	1001	1566	2513	2784
80	a	24	32	36	45	50	51
	d	33	43	48	58	–	70
	Q	265	741	1071	1675	2687	2977
90	a	25	34	38	47	51	52
	d	34	45	51	60	71	72
	Q	281	787	1136	1777	2850	3158
100	a	–	35	40	48	52	53
	d		47	52	61	73	74
	Q		829	1197	1872	3004	3328
110	a		36	41	49	53	54
	d		48	53	62	74	76
	Q		870	1256	1964	3151	3491
120	a		37	42	50	54	55
	d		49	54	62	76	78
	Q		908	1312	2021	3291	3646

A vazão Q (gpm), obtida sob uma pressão p (psi) com um requinte de diâmetro d_1 (polegadas), pode ser calculada pela seguinte expressão:

$$Q = 29,7 \times d_1^2 \times \sqrt{p}$$

ou por:

$$Q = \frac{29,7 \times d_1^2 \times \sqrt{p_1} \times D^2}{\sqrt{D^4 - d_1^4}}$$

sendo D o *diâmetro da mangueira* em polegadas e p_1, a *pressão na mangueira* próxima do esguicho em psi. Note que 1 galão por minuto (gpm) equivale a 63,083 cm³/s.

■ Exemplo 4.1

Calcule a pressão necessária no requinte em função do seu diâmetro, considerando os diâmetros: 1/2", 5/8" e 3/4". Adotar uma vazão de 250 L/min (66 gpm).

Solução:

$$Q = 29,7 \times d_1^2 \times \sqrt{p} \Rightarrow p = \frac{Q^2}{(29,7)^2 \times d^4}$$

1º caso: $d = 1/2"$. Obtém-se:

$$p = \frac{(66)^2}{(29,7)^2 \times (0,50)^4} = 79,0 \text{ psi}$$

$p = 79 \times 0,07 = 5,53$ kgf/cm² $= 55,3$ mca

2º caso: $d = 5/8"$. Obtém-se:

$$p = \frac{(66)^2}{(29,7)^2 \times (0,6250)^4} = 32,36 \text{ psi}$$

$p = 32,36 \times 0,07 = 2,26$ kgf/cm² $= 22,6$ mca

3º caso: $d = 3/4"$. Obtém-se:

$$p = \frac{(66)^2}{(29,7)^2 \times (0,75)^4} = 15,6 \text{ psi}$$

$p = 15,6 \times 0,07 = 1,09$ kgf/cm² $= 10,9$ mca

Como o Código não permite pressões superiores a 4,0 kgf/cm² (40 mca), a solução adotada seria o requinte de diâmetro 16 mm (5/8").

4.8 BOMBA PARA COMBATE A INCÊNDIO

Para o cálculo da capacidade da bomba, devem ser previstos dois hidrantes funcionando simultaneamente em um sistema sob comando, com a descarga indicada nas Tabelas 4.4 e 4.5 e sob pressão mínima de 10 mca.

A velocidade na linha de aspiração da bomba não deve exceder a 1,5 m/s para as bombas acima do nível d'água do reservatório de suprimento, e a 2,0 m/s para as bombas afogadas.

Para obter a altura manométrica a que a bomba deverá atender, necessita-se calcular a perda de carga na tubulação e na mangueira, desde o hidrante até o esguicho.

Costuma-se adotar os seguintes valores para as perdas de carga:

- mangueira 38 mm (1 1/2"): $J = 0,40$ mca/m de mangueira para descarga de 250 L/min;
- mangueira 63 mm (2 1/2"): $J = 0,15$ mca/m de mangueira para 500 L/min;
- mangueira 63 mm (2 1/2"): $J = 0,30$ mca/m de mangueira para 900 L/min.

Pode-se usar o gráfico da Fig. 4.14 para determinação da perda de carga nas mangueiras.

Para se obter a descarga de 250 L/min, usando requinte de 1/2" (12 mm nominais), é necessária uma pressão de 5,7 kgf/cm²; e usando requinte de 5/8" (16 mm), apenas 2,4 kgf/cm². Pela Tabela 4.9, seriam necessários cerca de 70 mca no caso do requinte de 12 mm.

Para 500 L/min e requinte de 3/4", é necessária uma pressão de 4,2 kgf/cm², e usando-se requinte de 7/8", apenas 2,4 kgf/cm².

Portanto, por esses dados, pode-se observar que o diâmetro do requinte é fundamental para se obter a descarga desejada, para uma dada pressão.

A Fig. 4.15 apresenta um exemplo de uma instalação de bombeamento para combate a incêndio.

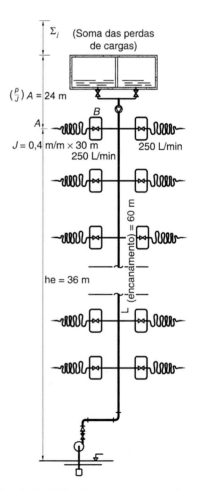

Fig. 4.15 Instalação de bombeamento para combate a incêndio.

Instalações de Proteção e Combate a Incêndio **161**

Quanto à especificação de bombas contra incêndios, há dois tipos principais, que são: *bomba Standard* e *bomba em bronze*. O segundo tipo é mais recomendado para equipamento do CB, instalações marítimas, instalações em locais de ambiente salitrado ou submetidos à ação de gases e vapores corrosivos.

A Tabela 4.10 indica os materiais recomendados para as várias partes das bombas do tipo Standard e toda de bronze. Essas bombas são utilizáveis em serviços de incêndio, além de saneamento básico e outras aplicações.

Tabela 4.10 Materiais usados em bombas contra incêndio

Item	Partes da bomba	Tipo *standard*	Toda em bronze
1	Carcaça	Ferro fundido	Bronze
2	Rotor	Ferro fundido ou bronze	Bronze
3	Eixo	Aço-carbono	Aço inoxidável
4	Anel de desgaste da carcaça	Bronze fundido	Bronze fosforoso
5	Bucha do eixo	Bronze	Bronze
6	Caixa de rolamentos	Ferro fundido	Ferro fundido
7	Bucha de caixa de gaxetas	Bronze	Bronze
8	Sobrepostas	Ferro fundido	Bronze fosforoso
9	Parafusos e bujões	Aço-carbono	Latão

■ EXEMPLO 4.2

Considere a necessidade de previsão de funcionamento, no pavimento mais elevado de um prédio de escritórios, de duas mangueiras, com 30 m cada uma, ligadas a hidrantes de caixas de incêndio no *hall* do pavimento. Os hidrantes são abastecidos por encanamento de recalque com 60 m de comprimento e estão instalados a 36 m acima do nível do reservatório inferior. Para isso, é necessário o emprego de uma bomba hidráulica. Determinar a potência do seu motor.

Solução:

Para a escolha da bomba, temos que fazer as seguintes considerações:

– A descarga a ser fornecida à mangueira pode ser obtida pela Tabela 4.5. Tratando-se de prédio de escritórios, a previsão é de 250 L/min por mangueira, pois o risco para esse tipo de ocupação é médio.
– Como deve ser previsto o funcionamento simultâneo de duas mangueiras, a tubulação de recalque c a bomba devem ser dimensionadas para a descarga de 2 × 250 L/min = 8,33 L/s ≈ 30 m³/h.
– Para obtenção da descarga de 250 L/min no esguicho, este deverá estar submetido à pressão de 55,3 mca, se o requinte for de 1/2", e a pressão de 22,6 mca, se o requinte for de 5/8" (Exemplo 4.1). Admite-se, pois, a pressão de 22,6 mca, obtida com requinte de diâmetro de 5/8", uma vez que o Código não permite pressões na canalização preventiva superiores a 4,0 kgf/cm².
– No hidrante, a pressão deverá ser maior para levar em conta a perda de carga na mangueira.

A perda de carga na mangueira de 38 mm e descarga de 250 L/min é, como vimos, igual a 0,4 mca por metro de mangueira. Assim, para o comprimento total da mangueira: 30 × 0,4 = 12,0 mca. A pressão no hidrante deverá ser, portanto, igual a: 24,0 + 12,0 = 36,0 mca.

Em uma primeira aproximação, admite-se que as perdas de carga representem 20 % do acréscimo virtual no comprimento do encanamento, o qual teria então 60 + 0,2 × 60 = 72,0 m. Empregando-se um tubo de ferro galvanizado de 2 1/2" no recalque da bomba para alimentar os dois hidrantes no pavimento superior e aplicando-se o ábaco de Fair-Whipple-Hsiao, com os valores d = 2 1/2" e Q = 8,33 L/s, obtém-se:

$$J = 0{,}16 \text{ m/m e } V = 2{,}5 \text{ m/s (valor aceitável para funcionamento ocasional).}$$

continua

A perda de carga total será: 0,16 m/m × 72,0 m = 11,52 mca.

As perdas de carga localizadas podem ser calculadas de modo mais preciso com o conhecimento das peças e, para isso, convém ser desenhada a representação isométrica da instalação.

Cálculo de altura manométrica H:

- desnível (h_c): 36,00 m;
- soma das perdas de carga (J): 11,52 m;
- pressão residual no hidrante: 22,60 m;
- perda de carga na mangueira de 30 m: 12,00 m.

Logo: $H = 36,00 + 11,52 + 22,60 + 12,00 = 82,12$ m.

Assim, a potência do motor da bomba, admitindo rendimento total $\eta = 60\%$, será de:

$$N = \frac{1000 \times 0,00833 \times 82,12}{75 \times 0,60} = 15,2 \text{ cv}$$

4.9 SISTEMA DE CHUVEIROS AUTOMÁTICOS

4.9.1 Descrição geral do sistema

O sistema de chuveiros automáticos é conhecido como sistema de *sprinklers*, isto é, de aspersores. Esse sistema consiste basicamente em uma rede de encanamentos ligada a um reservatório ou a uma bomba, possuindo boquilhas ou aspersores dispostos ao longo da rede.

O *sprinkler* contém um obturador ou sensor térmico que impede a saída da água em situações normais. Esse obturador pode ser constituído de uma empola de *quartzoide* contendo um líquido apropriado que, sob a ação do calor ao irromper o incêndio, se expande graças ao seu elevado coeficiente de expansão, rompendo a empola e permitindo a aspersão da água sobre o local, após incidir sobre um defletor ou roseta de formato especial. A incidência da água sobre o defletor pode ser de cima para baixo (*sprinkler* pendente, ver Fig. 4.16) ou de baixo para cima, e deve proporcionar uma área molhada de, no mínimo, 32 m². Usa-se também, como elemento sensível de vedação, uma peça fusível de liga metálica eutética de ponto de fusão muito baixo, que pode ser uma pastilha ou pequena lâmina.

Classifica-se a posição de instalação do *sprinkler*, segundo o formato do defletor, em:

- pendente (para baixo): letra código H (*pendent*);
- em pé (para cima): letra código F (*upright*);
- lateral (de parede): letra código L, M ou N (*sidewall*).

A água, ao sair, se esparge sobre o local onde irrompeu o incêndio, sob a forma de chuveiro, debelando o fogo logo no seu início, por ação de resfriamento, impedindo que se propague.

Existem sistemas de *sprinklers* especiais para gases como o CO_2, Halon e Fréon 1301, empregados quando, por conta da substância ou do material cujo incêndio deve ser debelado, o emprego da água seja desaconselhado.

Qualquer que seja o tipo de substância usada para apagar o incêndio, duas exigências são fundamentais: a rápida ação do aspersor e a circunscrição do incêndio a uma área bastante reduzida.

Os *sprinklers* de fabricação nacional deverão seguir as especificações da ABNT. A norma brasileira estabelece cores para o elemento sensível do tipo fusível ou do tipo empola, conforme a temperatura do elemento sensível (ver Tabela 4.12).

4.9.2 Classificação

Existem diversos tipos de sistemas de *sprinklers*:

a) *Sistema com tubulações molhadas (wet-pipe systems)*

Como o nome indica, as tubulações permanecem sempre com água e ligadas a um reservatório, de modo que a atuação da água se faz prontamente pelo *sprinkler* localizado onde irrompeu o fogo. É o sistema mais usado e sobre o qual serão feitas quase todas as considerações que se seguem.

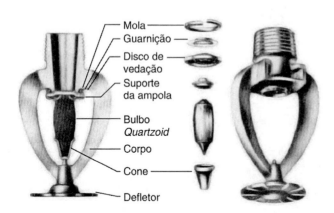

Fig. 4.16 *Sprinkler* pendente.

Tabela 4.11 Elemento sensível do tipo fusível ou químico

Temperatura ambiente normal (°C)		Temperatura nominal (°C) de disparo do *sprinkler* que o classifica	Coloração do líquido na empola
ABNT	FOC*		
		57	Laranja
49	38	68	Vermelho
60	49	79	Amarelo
74	63	93	Verde
121	111	141	Azul
160	152	182	Roxo (malva)
204 a 238		227 a 260	Preto

(*) FOC: Fire Offices Committee.

b) *Sistema com tubulações secas (dry-pipe-system)*

As tubulações do sistema que contém os *sprinklers* possuem ar comprimido que, ao ser liberado pela ruptura de uma empola, permite à água, também sob pressão, abrir uma válvula conhecida como válvula de tubo seco. A água escoa nas tubulações do sistema até o *sprinkler* acionado. Esse sistema é aplicado geralmente em locais de clima que possa determinar o congelamento da água nos encanamentos, principalmente em instalações exteriores.

c) *Sistema com pré-ação*

É o sistema que emprega *sprinklers* colocados em tubulações contendo ar (comprimido ou não) e um sistema suplementar de detectores mais sensíveis que o bulbo do *sprinkler*, os quais são colocados no mesmo local que os *sprinklers*. A pronta ação dos detectores ao início de um incêndio abre uma válvula que permite à água escoar pelo sistema tão logo se rompa o bulbo do *sprinkler*. É usado quando existem as mesmas razões que aconselham o *dry-pipe-system*.

d) *Sistema de inundação (deluge system)*

Nesse sistema, os *sprinklers* estão sempre abertos, isto é, sem empola, e conectados a tubulações secas. Detectores de chama ou fumaça, uma vez acionados pelo agente específico, fazem operar uma válvula de inundação ou dilúvio (*deluge-valve*), que permite o escoamento da água até os *sprinklers*, os quais atuarão simultaneamente. A válvula deve também poder ser aberta e fechada manualmente. É preciso notar que somente em casos especiais deve-se usar esse sistema, pelas consequências que advêm da *inundação* de uma área considerável.

O sistema de *sprinklers*, por sua elevada eficiência, é exigido em certos casos pelos códigos de segurança contra fogo. Sua instalação proporciona considerável redução no valor dos prêmios de seguros contra fogo, cobrados pelas companhias de seguro.

4.9.3 Exigências quanto ao emprego de *sprinklers*

A atual regulamentação do COSCIP do Estado do Rio de Janeiro estabelece que deve ser usado o sistema de chuveiros automáticos (*sprinklers*), nas seguintes situações:

– divisão A-2 (*edificação residencial primitiva multifamiliar*) e A-3 (*edificação residencial coletiva*) com área superior a 900 m² ou superior a dois pavimentos, cuja altura (H) da edificação exceda a 30 m (trinta metros) do nível do logradouro público ou da via anterior;

– divisão A-6 (*edificação mista*) com área superior a 900 m² ou superior a dois pavimentos, e com H > 30 m; e no caso de edificação até seis pavimentos ou acima de seis pavimentos com H ≤ 30 m é exigido para loja com mais de 1500 m² por pavimento ou mais de 3000 m² de área total, que desenvolva a atividade de supermercado ou loja de departamento (C-1). Nestes casos a rede de chuveiros automáticos deverá ser instalada em toda a área comercial da instalação mista;

– divisão B-1 e B-2 (*serviço de hospedagem – hotéis, apart-hotéis ou pousadas*), com área superior a 900 m², com edificações com H > 30 m, maior ou igual a seis pavimentos com H ≤ 30 m;

– grupo C (*edificações comerciais*), divisões C-1 a C-4, com área de, ou superior a, 900 m² ou superior a dois pavimentos, e com H > 30 m; e no caso de edificação até seis pavimentos ou acima de seis pavimentos com H ≤ 30 m é exigido para loja com mais de 1500 m² por pavimento ou mais de 3000 m² de área total, que desenvolva a atividade de supermercado ou loja de departamento (C-1) ou *shopping center* (C-3). Nesses casos, a rede de chuveiros automáticos deverá ser instalada em toda a área comercial;

- grupo D (*edificações de serviços profissionais e institucionais*), divisões D-1 a D-5, com área de, ou superior a, 900 m² ou superior a dois pavimentos, com H > 30 m;
- grupo E (*edificações escolares e cultura física*), divisões E-1 a E-3, com área de, ou superior a, 900 m² ou a dois pavimentos, e com H > 30 m;
- divisão F-1 (*museu, galeria de arte, ...*) e divisão F-2 (*igrejas, capelas, ...*), com área de, ou superior a, 900 m² ou a dois pavimentos, e com H > 30 m, sendo que, no caso das edificações F-1, o sistema poderá ser substituído por sistema fixo de gases para combate a incêndio, nos ambientes em que houver guarda ou exposição de objetos de valor inestimável;
- divisão F-3 (*centro esportivo e de exibições*) e divisão F-9 (*recreação pública*), com área de, ou superior a, 900 m² ou a dois pavimentos, e com H > 30 m, sendo que não é exigido nas arquibancadas, e nas áreas internas seguirá regulamentação específica;
- divisão F-4 (*estação e terminal de passageiro*), com área de, ou superior a, 900 m² ou a dois pavimentos, e com H > 30 m; e no caso de edificação até seis pavimentos ou acima de seis pavimentos com H ≤ 30 m é exigido para F-4 com áreas destinadas a ocupação de *shopping center* (C-3) ou loja de departamento ou mercado (C-1) que totalizem mais de 1500 m² em qualquer pavimento ou mais de 3000 m² em toda a edificação;
- divisões F-5 (*arte cênica e auditório*), F-8 (*local para refeição*), F-10 (*exposição de animais*) e F-11 (*clubes sociais*) divisões E-1 a E-3, com área de, ou superior a, 900 m² ou a dois pavimentos, e com H > 30 m;
- divisão F-6 (*boates, danceterias, discotecas,...*), com área de, ou superior a, 900 m² ou a dois pavimentos, e com H > 30 m; e, no caso de edificação de até seis pavimentos ou acima de seis pavimentos com H ≤ 30 m, é exigido apenas para edificações que possuam mais de 1500 m² em qualquer de seus pavimentos ou mais de 3000 m² de área total construída (ATC);
- grupo G (*edificações de serviços automotivos e assemelhados*), divisões G-1 (*garagem sem acesso de público*), G-2 (*garagem com acesso de público*) e G-3 (*postos de abastecimento*), com área de, ou superior a, 900 m² ou superior a dois pavimentos, com H > 30 m; e exigido com mais de dez pavimentos quando H ≤ 30 m;
- divisão G-4 (*serviços de manutenção*), com área de, ou superior a, 900 m² ou superior a dois pavimentos, com H > 30 m;
- divisões G-5 (*hangares de aeronaves*) e G-6 (*galpão ou garagens náuticos*), com área de, ou superior a, 900 m² ou superior a dois pavimentos, com H > 30 m; e exigido com mais de dez pavimentos quando H ≤ 30 m. Além disso, para G-6 não é exigido para os galpões ou garagens náuticos verticais abertos, caracterizados por estruturas ao ar livre (com ou sem cobertura), sem fechamento lateral, destinado a guarda de embarcações e sem ocupação humana;
- divisão H-3 (*hospitais*), com área de, ou superior a, 900 m²; com quatro, cinco ou seis pavimentos, acima de seis pavimentos com H ≤ 30 m ou com H > 30 m;
- divisão H-4 (*clínicas e consultórios sem internação*), com área de, ou superior a, 900 m² ou superior a dois pavimentos; com H > 30 m;
- divisão I-1 (*indústria risco médio 1*), com área de, ou superior a, 900 m² ou superior a dois pavimentos; exige-se quando o somatório das áreas destinadas a estoque ou industrialização seja superior a 1500 m². Quando a edificação comprovadamente possuir carga de incêndio inferior a 300 MJ/m², a exigência de chuveiros automáticos poderá ser substituída por compartimentação horizontal em células com área máxima de 3000 m². Para cargas de incêndio superior a 300 MJ/m², essa exigência poderá ser substituída por compartimentação horizontal em células com área máxima de 1500 m². Além disso, não se exige para edificações desta divisão que, comprovadamente, industrializem ou estoquem apenas materiais incombustíveis;
- divisão I-2 (*indústria risco médio 2*), com área de, ou superior a, 900 m² ou superior a dois pavimentos; exige-se para edificações acima de seis pavimentos com H ≤ 30 m e para H > 30 m. Para edificações até seis pavimentos, exige-se quando o somatório das áreas destinadas a estoque ou industrialização seja superior a 1500 m², podendo ser substituída por compartimentação horizontal em células com área máxima de 1500 m²;
- divisão I-3 (*indústria risco grande*), com área de, ou superior a, 900 m² ou superior a dois pavimentos; exige-se para edificações de quatro, cinco e seis pavimentos e acima de seis pavimentos com H ≤ 30 m e para H > 30 m. Para edificações de até três pavimentos, exige-se quando o somatório das áreas destinadas a estoque ou industrialização seja superior a 1500 m², podendo ser substituída por compartimentação horizontal em células com área máxima de 1500 m², conforme regulamentação do CBMERJ;
- divisão J-1 (*depósito de material incombustível*), com área de, ou superior a, 900 m² ou superior a dois pavimentos; com H > 30 m;
- divisão J-2 (*depósito de risco médio 1*), com área de, ou superior a, 900 m² ou superior a dois pavimentos; exige-se para com H > 30 m. Para depósitos até seis pavimentos e acima de seis pavimentos com H ≤ 30 m, exige-se quando o somatório das áreas destinadas a estoque ou industrialização seja superior a 1500 m². Quando a edificação comprovadamente possuir carga de incêndio inferior a 300 MJ/m², a exigência de chuveiros automáticos poderá ser substituída por compartimentação horizontal em células com área máxima de

3000 m². Para cargas de incêndio superior a 300 MJ/m², essa exigência poderá ser substituída por compartimentação horizontal em células com área máxima de 1500 m²;

- divisão J-3 (*depósito de risco médio 2*), com área de, ou superior a, 900 m² ou superior a dois pavimentos; exige-se para edificações acima de seis pavimentos com H ≤ 30 m e para H > 30 m. Para edificações até seis pavimentos, exige-se quando o somatório das áreas destinadas a estoque ou industrialização seja superior a 1500 m², podendo ser substituída por compartimentação horizontal em células com área máxima de 1500 m², conforme regulamentação do CBMERJ;

- divisão J-4 (*indústria risco grande*), com área de, ou superior a, 900 m² ou superior a dois pavimentos; exige-se para edificações de quatro, cinco e seis pavimentos e acima de seis pavimentos com H ≤ 30 m e para H > 30 m. Para edificações até três pavimentos, exige-se quando o somatório das áreas destinadas a estoque ou industrialização seja superior a 1500 m², podendo ser substituída por compartimentação horizontal em células com área máxima de 1500 m², conforme regulamentação do CBMERJ;

- Grupo L (*explosivos e munições*), divisão L-1 (*comércio de fogos de artifício*), com área de, ou superior a, 900 m² ou superior a dois pavimentos; exige-se para H > 30 m. Para edificações até seis pavimentos e acima de seis pavimentos com H ≤ 30 m, exige-se para as edificações que possuam mais de 1500 m² em qualquer de seus pavimentos ou mais de 3000 m² de ATC;

- Grupo M (*edificações especiais*), divisão M-3 (*central de comunicação*), com área de, ou superior a, 900 m² ou superior a dois pavimentos; exige-se para H > 30 m. Para edificações de quatro, cinco e seis pavimentos e acima de seis pavimentos com H ≤ 30 m, exige-se o sistema de chuveiros automáticos, podendo nestes casos serem substituídos por um sistema fixo de gases para combate a incêndio, por meio de supressão total do ambiente;

- divisão M-5 (*silos*), com qualquer área ou altura; exige-se o sistema de chuveiros automáticos, sendo observadas as regras e condições particulares para essa medida nas Notas Técnicas específicas;

- divisão M-6 (*geração, transmissão e distribuição de energia*), com qualquer área ou número de pavimentos; exige-se para edificações de quatro, cinco e seis pavimentos, para acima de seis pavimentos com H ≤ 30 m e para H > 30 m. O sistema de chuveiros automáticos pode ser substituído por um sistema fixo de gases para combate a incêndio, por meio de supressão total do ambiente, ou por outros sistemas fixos de supressão de incêndio, compatíveis ao risco específico do ambiente e em conformidade com as normas técnicas reconhecidas; e, por fim;

- divisão M-9 (*manicômio, reformatórios e prisões*), com qualquer área ou número de pavimentos; exige-se para edificações com H > 30 m.

4.9.4 Rede de *sprinklers*

No projeto da rede de *sprinklers*, é necessário considerar a classe de risco do local a ser protegido, pois o número de *sprinklers* será tanto maior quanto o risco e as características de combustibilidade dos materiais ou produtos expostos ao fogo.

Para fins de projeto de redes de *sprinklers*, as edificações são classificadas em edificações de *risco pequeno*, *risco médio* e *risco grande*, segundo a NBR 6135:1980.

A natureza ou o tipo de risco caracteriza a vazão a ser aspergida, o diâmetro dos bicos aspersores e o espaçamento entre os mesmos.

4.9.4.1 Riscos pequenos ou baixos

Incluem locais onde os materiais são de baixa combustibilidade e onde não há obstruções à ação dos *sprinklers*. Compreendem:

- apartamentos;
- igrejas;
- clubes;
- escolas e universidades;
- dormitórios;
- quartéis;
- prédios de escritórios;
- hospitais;
- museus;
- bibliotecas, exceto locais muito grandes com estantes de livros;
- prédios públicos;
- acampamento de obra.

Aplica-se também a lojas individuais com área inferior a 300 m² e em andar térreo.

4.9.4.2 Riscos médios

São divididos em três grupos:

O *Grupo 1* compreende locais onde os materiais são de baixa combustibilidade, a altura das mercadorias não excede a 2,4 m e há outros fatores favoráveis. Não deve haver líquidos inflamáveis no local. São eles:

- garagem de automóveis;
- padarias;
- casas de caldeira;
- fábricas de cimento;
- centrais elétricas;
- restaurantes;
- lavanderias;
- teatros e auditórios;
- estações de bombeamento de água;
- fundições.

166 Capítulo 4

O *Grupo 2* compreende locais onde a combustibilidade dos materiais e a altura do teto são menos favoráveis que os do Grupo 1. A quantidade de líquidos inflamáveis é pequena e não há obstrução à ação dos aspersores. São eles, entre outros:

- fábricas de tecidos e de roupas;
- fábricas de produtos químicos comuns;
- teatros e auditórios;
- oficinas mecânicas;
- tipografias e impressoras;
- livrarias com grandes áreas de estantes.

O *Grupo 3* inclui locais cuja combustibilidade dos materiais nele existentes, altura do teto (pé-direito) e a obstrução são desfavoráveis separadamente, ou em conjunto. Compreende:

- depósitos e trapiches de papel, tintas, móveis de madeira, mercadorias de lojas;
- fábricas de papel;
- fábricas de pneumáticos;
- moinho de trigo.

4.9.4.3 Riscos grandes

Incluem apenas os edifícios ou as partes de edifícios cuja ocupação implica risco elevado e, como tal, definido pela autoridade com jurisdição. Nesse caso, tem-se:

- hangares de avião;
- fábricas de produtos químicos de risco elevado;
- explosivos e fogo de artifício;
- armazenagem com pilhas acima de 3 m;
- refinarias de petróleo;
- extração de solventes;
- trabalhos com vernizes;
- outras ocupações envolvendo processamento, mistura, armazenamento e distribuição de líquidos inflamáveis voláteis.

Tabela 4.12 Valores do coeficiente de descarga

Diâmetro do orifício de descarga	Valores de K
3/8" (10 mm)	57 ± 5
1/2" (15 mm)	80 ± 5
3/4" (20 mm)	115 ± 5

4.9.5 Dimensionamento dos *sprinklers*

Diâmetro do bico (orifício de descarga):

- 3/8" (10 mm): usado em risco *pequeno*;
- 1/2" (15 mm): usado em risco *pequeno* e *médio*;
- 3/4" (20 mm): usado em risco *grande*.

Vazão do bico

É calculada pela seguinte expressão: $Q = K \times P^{1/2}$, em que Q é a vazão em L/min; K é a constante do bico ou coeficiente de descarga (Tabela 4.12); e P é a pressão na saída do bico (kPa), devendo ser no mínimo igual a 50 kPa (5 mca ou 0,5 bar).

Áreas abrangidas

As normas de segurança recomendam compartimentação de riscos em áreas ou seções de fogo.

A Tabela 4.13 relaciona o número de *sprinklers* e a reserva técnica, de acordo com o tipo de risco.

É conveniente que, a cada seção de fogo, corresponda um sensor de fluxo de água acionando alarme de incêndio em um painel de controle.

Emprega-se, simultaneamente com o sistema *sprinkler*, um sistema de detectores termovelocimétricos e de fumaça, os quais detectam e dão o alarme cerca de três minutos antes do disparo do primeiro *sprinkler*. O alarme possibilita em certos casos a extinção com o emprego de extintor portátil de CO_2, por exemplo, que não danifica os materiais nem prejudica a atuação do pessoal treinado no combate a incêndio, enquanto o Corpo de Bombeiro é avisado que, ao chegar, apenas anotará a ocorrência, se o sistema estiver funcionado a contento.

Temperatura de disparo do Sprinkler

A empola é fabricada para determinada temperatura de disparo. Para evitar que o *sprinkler* dispare acidentalmente em um dia de forte calor, ou que atue somente após o incêndio haver assumido proporções inaceitáveis, determina-se a temperatura de disparo em função da temperatura máxima permitida. Assim, a Tabela 4.14 relaciona as temperaturas de funcionamento do *sprinkler* à temperatura ambiente.

Número de sprinklers

Cada sub-ramal (*branch line*) conterá, no máximo, oito *sprinklers* de um ou outro lado de um ramal (*cross main*).

O dimensionamento dos sub-ramais e ramais é realizado de acordo com a Tabela 4.15, em função do tipo de risco e do diâmetro adotado para as tubulações.

Tabela 4.13 Número de *sprinklers* e reserva técnica para tipos de risco de incêndio

Tipo de risco	Área por *sprinkler* (m²)	Espaçamento entre *sprinklers* (m)	Densidade média (mm/min)	Vazão (L/min)	Reserva técnica (m³)
Pequeno	21,0	4,5	2,25	47,0	9,0 a 11,0
Médio	12,0	4,0	5,00	60,0	55,0 a 185,0
Grande	9,0	3,5	7,50	67.5	225,0 a 500,0

A coluna de alimentação deriva do barrilete de incêndio e seu dimensionamento segue a Tabela 4.16.

No caso de riscos elevados, só é permitida a instalação de até seis *sprinklers* em cada lado de um ramal. Apenas como indicação, podem ser utilizadas as tubulações cujos diâmetros são mostrados nas Tabelas 4.15 e 4.16, pois é conveniente, neste caso, fazer o cálculo hidráulico dos encanamentos.

Tabela 4.14 Temperatura de funcionamento dos *sprinklers*

Temperatura de funcionamento (°C)	Temperatura ambiente (°C)
68	38
93	63
141	108
182	149
227	191

Tabela 4.15 Dimensionamento dos sub-ramais e ramais

Diâmetro dos sub-ramais e ramais (mm)	Número de *sprinklers*		
	Risco pequeno	Risco médio	Risco grande
25 (1")	2	2	2
32 (1 1/4")	3	3	3
40 (1 1/2")	5	5	5
50 (2")	10	10	8
60 (2 1/2")	40	20	15
75 (3")	–	40	25
100 (4")	–	100	35
125 (5")	–	160	90
150 (6")	–	250	150

Tabela 4.16 Dimensionamento das colunas de alimentação

Diâmetro dos sub-ramais e ramais (mm)	Número de *sprinklers*		
	Risco pequeno	Risco médio	Risco grande
40 (1 1/2")	5	5	4
50 (2")	9	9	8
60 (2 1/2")	13	13	13
75 (3")	80	22	18
100 (4")	–	72	55
125 (5")	–	130	80
150 (6")	–	250	110

4.9.6 Disposição das colunas (*risers*), ramais (*cross mains*) e sub-ramais (*branch lines*)

1º caso: Alimentação central. É o sistema preferido (Fig. 4.17).

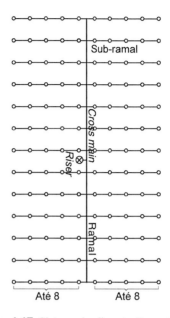

Fig. 4.17 Sistema de alimentação central.

2º caso: Alimentação lateral central. É aconselhável quando não se puder executar a instalação com alimentação central (Fig. 4.18).

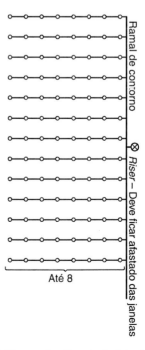

Fig. 4.18 Sistema de alimentação lateral central.

3º caso: Alimentação central pela extremidade (Fig. 4.19).

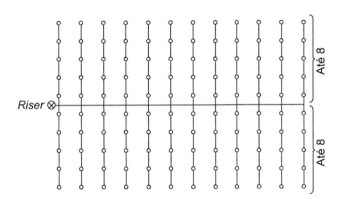

Fig. 4.19 Sistema de alimentação central pela extremidade.

4º caso: Alimentação lateral pela extremidade (Fig. 4.20).

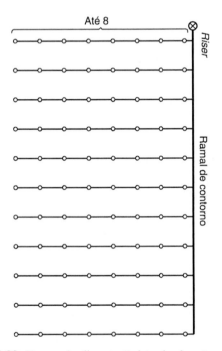

Fig. 4.20 Sistema de alimentação lateral pela extremidade.

Quando um ramal alimentar inúmeros sub-ramais com *apenas dois sprinklers em cada*, pode-se adotar a disposição indicada na Fig. 4.21, até 14 sub-ramais.

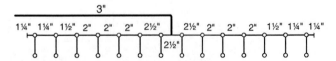

Fig. 4.21 Disposição para um ramal alimentando numerosos sub-ramais com apenas dois *sprinklers* em cada.

4.9.7 Instalação típica de *sprinklers*

Uma instalação típica de *sprinklers* para uma área ampla, sem paredes divisórias, está representada na Fig. 4.22. Podem-se observar os sub-ramais (*branch lines*) com oito *sprinklers*, alimentados por um ramal (*cross main*) que deriva de um ramal principal (*feed main*). Este é alimentado por um *riser* colocado junto à parede e no qual existe uma válvula de fluxo para alarme, uma derivação para hidrante e outra para um dreno. Um manômetro indica a pressão no *riser*.

4.9.8 Fornecimento de água à rede de *sprinklers*

O fornecimento de água à rede de *sprinklers* pode se efetuar por um dos seguintes sistemas: alimentação direta de um reservatório de acumulação elevado, que pode estar no mesmo prédio, ou constituir um castelo de água.

O reservatório deverá ter capacidade para atender durante 60 minutos, no caso de riscos leves, a uma descarga de 20 × 90 litros por minuto (correspondente a 20 aspersores de 1/2"), ou seja, 108.000 litros. Em geral, considera-se 125.000 litros.

No caso de riscos médios, deverá proporcionar até o dobro dessa descarga durante 60 min, o que conduz a um reservatório superior muito grande e de elevado custo.

Nos sistemas *sprinklers*, como em todo sistema de combate ao fogo, procura-se, porém, dispor de duas fontes independentes de fornecimento de água, sempre que possível. Para isso, usa-se a água proveniente do reservatório elevado do prédio, ou do castelo de água mencionado, apenas para manter as bombas escorvadas, e recorrem ao bombeamento de água de um reservatório inferior.

A capacidade de reserva de incêndio do reservatório superior neste caso pode ser reduzida para 50.000 litros, para riscos médios, e 6000 litros, para riscos pequenos; e o inferior terá no mínimo o complemento para o valor total mencionado. Para riscos médios, a capacidade de reservatório de reserva para incêndio no reservatório inferior é da ordem de 200.000 litros.

O nível mínimo da água no reservatório elevado deverá estar pelo menos 12 m acima da linha de *sprinklers* mais elevada e afastada, para levar em conta a perda de carga, pois a pressão de funcionamento dos *sprinklers* é da ordem de 8 a 10 mca. Como isso geralmente não é atingido nos últimos três pavimentos, recorre-se ao bombeamento na rede de *sprinklers*.

Para evitar o emprego do reservatório superior, pode-se optar por uma instalação hidropneumática.

O reservatório de pressurização é dimensionado para estar com 2/3 de sua capacidade com água, no momento de funcionar pelo evento de um incêndio. Um reservatório inferior constitui a segunda fonte de suprimento de água, sempre conveniente em instalações de combate a incêndio, e, neste caso, indispensável.

O reservatório de pressurização, no caso de *riscos pequenos*, deverá poder conter 7500 a 12.000 litros, ocupando a água 2/3 do reservatório e, no caso de riscos médios, 11.000 a 22.000 litros.

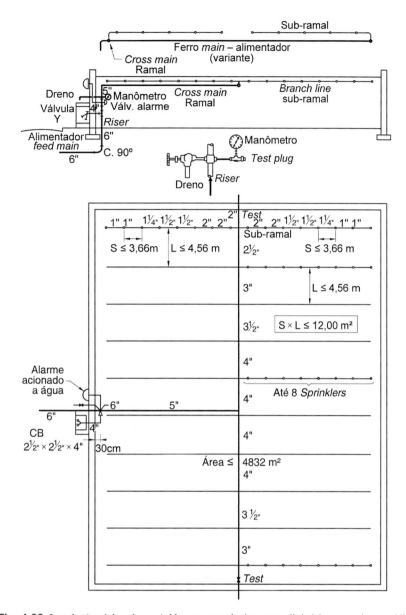

Fig. 4.22 Instalação típica do *sprinkler* em grande área sem divisórias com risco médio.

A pressão inicial mínima no reservatório com 2/3 de água deve ser de 5 kgf/cm², acrescida de 1,3 vez a altura h entre o ramal de *sprinklers* na cota mais elevada e o nível da água no reservatório, isto é,

$$P_{mín} = 50 + 1,3 \times h \text{ (mca)}$$

Quando a pressão no reservatório hidropneumático cair a valor correspondente a 30 mca, a bomba deverá entrar em ação, de modo a fornecer água a 20 *sprinklers* e a encher o volume esvaziado no reservatório.

Em uma instalação hidropneumática de *sprinklers*, utilizam-se uma bomba acionada por motor elétrico e outra por motor diesel. Ao iniciar-se o incêndio, o calor gerado no local expande o líquido da empola dos *sprinklers*, rompendo-a. A água sob pressão do ar no reservatório hidropneumático começa a escoar sob forma de chuveiro sobre o foco do incêndio. O escoamento determina o funcionamento de uma válvula de alarme, que aciona a válvula de controle de pressão, a qual, por sua vez, atua sobre um sistema de alarme local e no quadro geral de controle.

Quando a pressão no reservatório cair a um valor correspondente ao reservatório com aproximadamente metade de seu volume de água, um pressostato ligará o sistema elétrico de bomba. Se faltar energia elétrica, um disjuntor desarmará a chave do motor e um *relay* ligará a bateria do motor de arranque do grupo diesel-bomba.

4.10 INSTALAÇÕES DE COMBATE A INCÊNDIO COM ESPUMA

Em instalações onde são armazenadas grandes massas de líquidos inflamáveis, como gasolina, acetona, álcool, solventes etc., quer em tanques externos, quer em depósitos em interiores, uma das formas mais eficazes de combate a incêndio, debelando-se ao irromper em um reservatório e impedindo que se propague, consiste na utilização de *espuma* de alta expansão, que produz o abafamento do combustível, impedindo sua oxigenação e provocando seu resfriamento (Fig. 4.23).

A espuma é lançada no interior do reservatório onde se encontra o líquido inflamável, podendo também ser lançada com "canhões" ou mangueiras com esguichos sobre o tanque onde estiver ocorrendo o sinistro e sobre os tanques vizinhos, para protegê-los.

Existe um reservatório de pressão — *o depósito* — que armazena um extrato biodegradável de base proteica (fluoroproteínas) formador de espuma.

A água de um reservatório de acumulação, pela ação de uma bomba, graças ao efeito de um *venturi* em comunicação com o reservatório de extrato, arrasta esse produto, que, emulsionado com a água, vai em uma tubulação até o tanque que se pretende proteger. Pode-se usar um filtro para a água antes da mistura com o extrato, para evitar que qualquer impureza vá para a tela do dispositivo mencionado a seguir (ver Fig. 4.23).

A mistura do extrato com a água se efetua graças a um componente da instalação denominado *proporcionador*, o qual dosa automaticamente o extrato, de modo a manter uma relação água-extrato constante, embora a descarga de água varie e possa ocorrer também variação de pressão. A dosagem mais comum é a de 3 a 5 % de extrato.

Ao atingir o tanque ou outro local de lançamento de espuma, a mistura *água-extrato* passa por um dispositivo *formador* ou *gerador de espuma*. Este nada mais é que um ejetor de água-extrato, isto é, um bocal convergente que permite a incidência do líquido (água-extrato) em um *venturi* (bocal convergente-divergente), arrastando ao mesmo tempo, pelo efeito conhecido do ejetor, considerável volume de ar, que, com a mistura citada, irá formar a espuma.

A Fig. 4.24 apresenta esquematicamente uma instalação de casa de bombas com *tanque externo* e *proporcionador*. O proporcionador pode ser ligado diretamente ao tubo de recalque da bomba de água, que é o caso da Fig. 4.24, ou ficar em paralelo, conforme indicado na Fig. 4.25.

Fig. 4.23 Lançamento de espuma com esguicho.

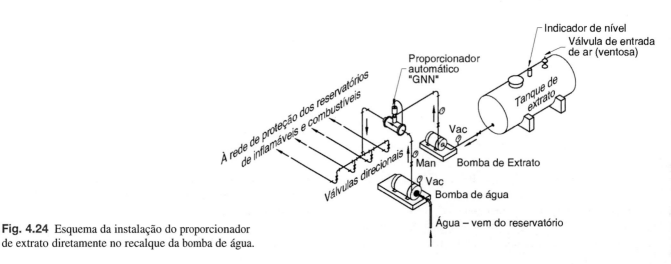

Fig. 4.24 Esquema da instalação do proporcionador de extrato diretamente no recalque da bomba de água.

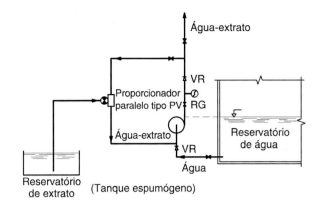

Fig. 4.25 Instalação do proporcionador em paralelo. Dispensa a bomba do extrato.

A instalação de combate a incêndio, às vezes por economia, prevê a mesma bomba para funcionar quer no sistema de hidrantes, quer no de *sprinklers*, quer no de espuma. Para evitar a necessidade da manobra de registros pelo operador, podem-se usar válvulas de controle de descargas nas linhas dos *sprinklers* e hidrantes, que, ao se escoar a água, determina a ligação da bomba automaticamente. Para acionar o sistema de espuma manualmente, fecha-se o registro de gaveta das linhas de *sprinklers* e hidrantes e abre-se o do sistema de dosadores e linha para as câmaras de espuma e hidrante-canhão, se este existir. Caso o sistema de espuma seja de funcionamento automático comandado por detectores, deverá haver válvulas de solenoide no ramal do sistema e no ramal de dosadores.

5

Instalações de Água Gelada

5.1 INTRODUÇÃO

O campo de emprego de instalações de água gelada é muito extenso. Necessita-se de água gelada:

- para uso como bebida;
- em muitas operações e processos industriais, notadamente na indústria química e em laboratórios, para obter a remoção de calor em reações químicas exotérmicas de modo a assegurar a temperatura requerida durante o processo;
- em instalações de ar condicionado com central de água gelada e unidades climatizadoras (*fan-coils*).

A água gelada pode ser produzida no próprio local onde será consumida, como sucede nos bebedouros com refrigeração própria e em instalações compactas de refrigeração, localizadas em um setor da fábrica que necessita usar água gelada para determinado processo. Diz-se, nesse caso, que a *instalação é individual.*

Quando os pontos a alimentar com água gelada são vários e distantes entre si, recomenda-se uma *instalação central* ou centralizada, a partir da qual os pontos de consumo são alimentados por uma ou mais linhas.

5.2 NOÇÕES SOBRE O PROCESSO DE REFRIGERAÇÃO

Para retirar calor de um ambiente, isto é, para refrigerá-lo, pode-se empregar o circuito de refrigeração por *compressão*. Este circuito, representado na Fig. 5.1, inicia-se com o fluido refrigerante que é comprimido no compressor no estado de vapor, tendo sua pressão e temperatura aumentadas e escoando diretamente para o condensador. Ali, o calor retirado é rejeitado para o exterior, causando assim a mudança para a fase líquida, escoando agora para o dispositivo de controle (tubo capilar ou válvula de expansão). Esse dispositivo provoca uma queda de pressão e faz baixar também a temperatura, correspondendo à temperatura de evaporação do fluido refrigerante no evaporador. Em seguida, o fluido refrigerante entra no evaporador, evaporando-se na temperatura estabelecida, ocorrendo então o fluxo ideal de calor do condensador para o evaporador. Esse calor é transportado pelo fluido refrigerante que está sempre em circulação, escoando em seguida para o compressor e iniciando novamente um ciclo.

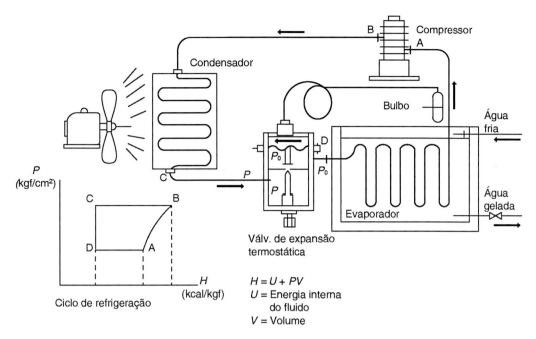

Fig. 5.1 Esquema de instalação de produção de água gelada.

Note-se que a transmissão de calor com consequente mudança de estado ocorre a partir do momento em que se alcança determinado desnível de temperatura. Esse desnível se dá entre a temperatura do meio a refrigerar e a temperatura de vaporização do líquido refrigerante, a qual tem que ser inferior à do meio refrigerar, ou, então, na fase de condensação, se dá entre a temperatura do meio de resfriamento ou condensação e a do fluido refrigerante. A temperatura de condensação do gás refrigerante deverá se sempre superior à obtida pelo meio de resfriamento usado, para que seja possível condensá-lo.

A função do compressor frigorífico é, portanto, dupla, quais sejam:

- reduzir a pressão sobre um líquido refrigerante, de modo a fazer baixar sua temperatura de vaporização, tornando-a, assim, inferior à temperatura do meio a refrigerar. Com isso, retira-se do meio uma quantidade de calor equivalente ao calor latente de vaporização do líquido;
- aumentar em seguida a pressão sobre o gás, o que acarreta a elevação da temperatura de condensação do mesmo. Como essa temperatura se torna maior do que a do meio de resfriamento dá-se a condensação do gás, uma vez que o calor latente de vaporização se liberta e se transfere para o meio de resfriamento.

Uma instalação capaz de realizar a retirada de calor de um meio pelo processo a que aludimos funciona com a utilização do gás refrigerante em circuito fechado. Para isso, são necessários, além do compressor, os seguintes componentes:

- *Evaporador*. É a parte do sistema onde ocorre a vaporização do líquido refrigerante e o consequente resfriamento desejado da água. A água nele se resfria ao ceder calor latente para que o líquido refrigerante se vaporize.

- *Condensador*. Recebe o gás vindo do compressor em temperatura elevada. Por estar sendo resfriado por um ventilador ou por água de um circuito independente daquele que irá fornecer água gelada, o gás se condensa, cedendo seu calor latente de condensação ao ar ou à água. O condensador possui uma serpentina destinada a efetuar a transmissão de calor do gás refrigerante ao meio de condensação usado (ar ou água).
- *Válvula de expansão*. Destina-se a realizar a expansão do líquido refrigerante, no seu percurso do condensador ao evaporador, desde a pressão de condensação até a pressão de vaporização durante o ciclo térmico. Essa válvula deve ser colocada o mais próximo possível do evaporador.

Será mencionada apenas a válvula de expansão termostática automática, pois é a mais empregada. Ela é controlada simultaneamente pela pressão de sucção e pela temperatura do fluido à saída do evaporador.

A Fig. 5.2 representa esquematicamente e mostra um corte de uma válvula de expansão termostática. Como se vê na figura, existe uma agulha obturadora que é acionada por uma mola de tensão ajustável e pelo diafragma, sujeito, de um lado, à pressão P_1 do vapor saturado contido no bulbo e, de outro, à pressão P_0 de sucção à entrada (ou saída) do evaporador.

Nas instalações de pequeno porte usam-se tubos capilares a fim de provocar a perda de carga necessária para a redução de pressão, basicamente o que realizam as válvulas de expansão, isto é, a obtenção do diferencial de pressão, que se realiza adiabaticamente (sem troca de calor).

A instalação possui ainda um depósito para armazenar o gás já condensado, portanto, sob a forma de líquido refrigerante. Nos condensadores resfriados a ar, o depósito fica separado do condensador, e nos resfriados a água do depósito fica no próprio corpo do condensador.

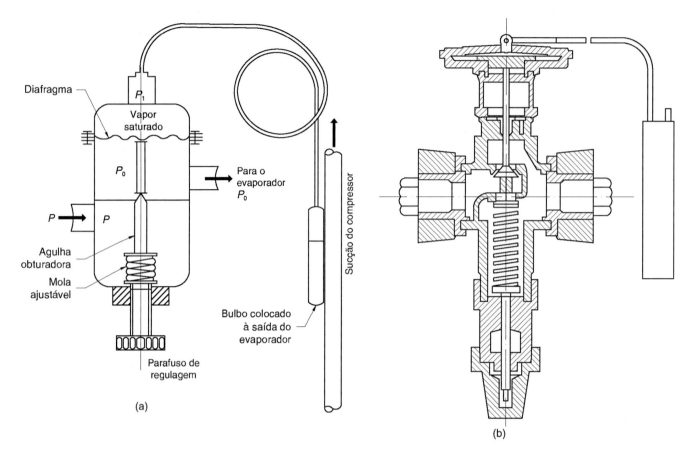

Fig. 5.2 Válvula de expansão termostática. Representação esquemática (a) e corte (b).

5.3 DIAGRAMA ENTRÓPICO

A Fig. 5.3 representa o ciclo de refrigeração no chamado diagrama entrópico, que mostra a evolução da temperatura absoluta T de corpo em função da entropia S do mesmo.

A entropia é definida como a variação da quantidade de calor realizada à temperatura constante, referida a essa mesma temperatura.

No diagrama entrópico, $f(T,S)$ corresponde à evolução da temperatura T de um corpo em função do calor que lhe é fornecido. A área delimitada pelas curvas correspondentes às fases do processo representa a quantidade de calor Q trocada com o exterior.

Na refrigeração, tal como está sendo considerado, o ciclo evolutivo do gás no diagrama entrópico é representado pelo contorno ABCDEA (Fig. 5.3).

As diversas fases do ciclo de evolução do gás refrigerante em um compressor alternativo podem ser descritas como:

- *Fase A-B*: *vaporização com expansão isotérmica.* O líquido refrigerante, submetido à baixa pressão, entra em ebulição e vaporiza-se. Realiza-se, então, o trabalho útil, T_u, do compressor, representado pela área *ABGFA*. A fase *A-B* de vaporização realiza-se no evaporador.
- *Fase B-C*: *compressão adiabática.* Em B, o líquido refrigerante já está totalmente vaporizado, e o calor absorvido pelo mesmo na fase A-B foi o calor latente de vaporização (calor para mudar de estado sem variação de temperatura). Durante a vaporização, o vapor se encontra saturado úmido, mas, ao atingir o estado B, acha-se saturado seco. Entre B-C, realiza-se a compressão adiabática.

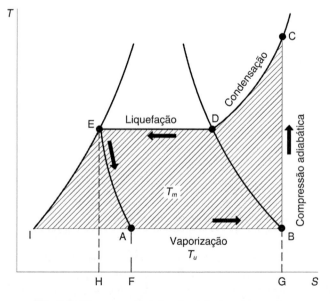

Fig. 5.3 Diagrama entrópico do ciclo de refrigeração.

- *Fase C-D-E: condensação.* Ao passar pelo condensador, em contato com o ar e a água, o vapor comprimido se resfria, condensando-se, e, no estágio D-E, liquefaz-se.
- *Fase E-A: laminagem.* Em E, termina a condensação e a pressão começa a baixar; o vapor condensado se expande isentalpicamente, isto é, sem trocar de calor com o exterior, mas apenas com a transformação integral do trabalho de expansão em calor por atrito. O potencial térmico fica constante (a entalpia é constante). Essa fase é chamada laminagem e se passa na válvula de expansão.

O trabalho realizado pelo compressor é termicamente representado pela área T_m, limitado pelo contorno IABCDEI. O rendimento do ciclo de refrigeração é expresso pela relação entre T_u e T_m. O trabalho do condensador é representado pela área delimitada pela poligonal AFGCDEA. A área EAFHE representa a energia térmica não transformada em efeito útil no evaporador e é igual à área EIAE.

5.4 EQUIPAMENTO PARA PRODUÇÃO DE ÁGUA GELADA

Uma instalação de produção de água gelada requer essencialmente os seguintes equipamentos:

- um compressor;
- um condensador;
- um evaporador;
- uma válvula de expansão; e
- acessórios.

A seguir serão apresentadas algumas observações sobre os três primeiros equipamentos, uma vez que já foram abordadas informações sobre a válvula de expansão.

5.4.1 Compressor

O tipo de compressor empregado em instalações de pequena e média produções de água gelada é o alternativo, de êmbolo, de um ou mais cilindros. No entanto, o emprego de *compressor rotativo volumétrico de palhetas* é cada vez mais frequente.

Em centrais de água gelada de grande capacidade para ar condicionado, usam-se os compressores centrífugos e axiais chamados de *turbocompressores*. Com a mesma finalidade, empregam-se os *compressores de parafuso*.

5.4.2 Condensador

Utilizam-se dois tipos de condensador: a água e a ar.

5.4.2.1 Condensador de água

O tipo constituído por carcaça cilíndrica e tubos, também conhecido como condensador multitubular fechado (ver Fig. 5.4), é muito usado em instalações de grande capacidade. Esse tipo consiste em um tubo cilíndrico fechado nas extremidades, no interior do qual existe uma bateria de tubos de aço por onde passa a água de resfriamento, e que vai de uma extremidade da carcaça cilíndrica à outra.

O gás refrigerante penetra na parte superior do cilindro, entra em contato com a superfície externa dos tubos de resfriamento e, condensando-se, acumula-se na parte inferior do condensador, saindo como líquido refrigerante até a válvula de expansão.

Em geral, a água de arrefecimento do condensador escoa em circuito fechado, para evitar desperdício. Como sua temperatura se eleva ao retirar o calor do gás refrigerante, ao condensá-lo, é necessário que seja resfriada.

Esse resfriamento se realiza usualmente em uma torre de resfriamento. O condensador resfriado a água é usado em grandes instalações, como no caso das instalações de ar condicionado central, funcionando com água gelada e utilizando unidades climatizadoras (*fan-coils*), isto é, com unidades localizadas que recebem água gelada no interior da serpentina em volta da qual passa o ar insuflado ou aspirado por ventiladores e que é enviado a uma rede de dutos de distribuição.

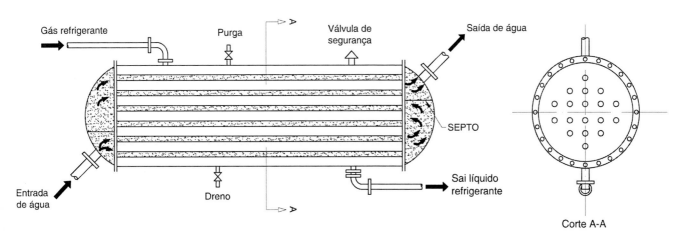

Fig. 5.4 Condensador de carcaça multitubular.

5.4.2.2 Condensador de ar

São constituídos de tubos por onde circula o gás de condensação. Os tubos ficam em contato com o ar, ao qual transferem o calor latente de condensação do gás refrigerante.

Para se aumentar a superfície de contato entre os tubos e o ar, possibilitando a construção de equipamentos menores, os tubos podem ser dotados de aletas.

Normalmente, adapta-se um ventilador ao equipamento, de modo a melhorar a transmissão de calor, forçando a passagem do ar nos espaços entre os tubos do condensador.

Nas instalações de produção de água gelada de pequeno e médio portes, emprega-se o condensador resfriado a ar com ventilador, tal como acabamos de mencionar.

5.4.3 Evaporador

É a parte do equipamento onde se processa a produção do frio e, no caso que nos interessa, de água gelada.

O fluido refrigerante passa para o estado líquido no condensador e segue para a serpentina do evaporador. Ao atingir a válvula de expansão, a pressão sobre o líquido se reduz, até que sua temperatura de vaporização se torna inferior à temperatura do meio a refrigerar.

Existem evaporadores destinados a refrigerar o ar dotados de tubos com aletas e ventilador, como é o caso dos condicionadores de ar e das unidades *self-contained*.

Os destinados a refrigerar a água ou uma salmoura consistem em uma serpentina que fica imersa no tanque de água ou da salmoura a refrigerar.

A Fig. 5.5 mostra um esquema de instalação de um equipamento para refrigeração de água.

5.5 DADOS PARA ELABORAÇÃO DO PROJETO DE INSTALAÇÃO PARA ÁGUA GELADA POTÁVEL

Existem alguns dados necessários para a elaboração de projetos de uma instalação com unidades individuais completas para cada bebedouro e para o caso de uma central que alimenta diversos bebedouros. Observe que alguns dados só interessam à instalação central.

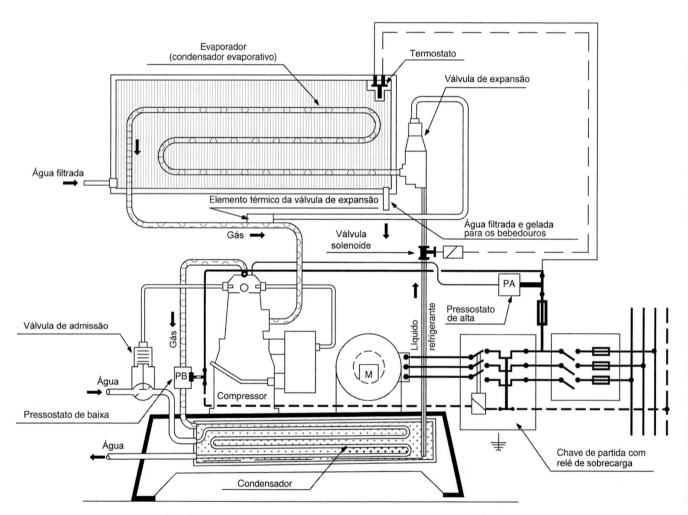

Fig. 5.5 Esquema de instalação de equipamento para refrigeração de água.

5.5.1 Número de bebedouros

A Tabela 5.1 apresenta o número mínimo de bebedouros a instalar, conforme o tipo de edifício. Cabe ressaltar que os bebedouros devem ser instalados fora dos compartimentos sanitários.

5.5.2 Consumo de água gelada

Para previsão da produção de água gelada são geralmente adotados os valores constantes da Tabela 5.2, extraídos dos catálogos da Temprite Products Corporation.

5.5.3 Temperatura da água

A temperatura da água nos bebedouros deve ser de aproximadamente 10 °C. Nos reservatórios de acumulação de água gelada, a temperatura da água é de 6 °C a 8 °C. Isto significa que, no percurso, a temperatura da água pode cair de 2 °C a 4 °C.

Nos bebedouros das indústrias e das escolas é prática fixar a temperatura em torno de 13 °C.

5.5.4 Descarga nos bebedouros

A descarga normal de um bebedouro é de 3 litros por minuto. No caso de uma instalação central de água gelada, considerando uma utilização média provável, adota-se, para cálculo dos ramais, o peso igual a 0,1 para um bebedouro, o que corresponde a uma vazão:

$$Q = 0,30 \times \sqrt{0,1} = 0,095 \text{ L/s}$$

Para 20 bebedouros, por exemplo, a vazão seria:

$$Q = 0,30 \times \sqrt{20} \times 0,1 = 0,424 \text{ L/s}$$

sendo necessário um ramal de 20 mm (3/4").

5.5.5 Velocidade da água nos alimentadores na instalação central

A velocidade deve ter valor baixo, e se aconselha que esteja compreendida entre 0,3 e 1,0 metro por segundo. Após definida a vazão e o diâmetro adotado, esta faixa poderá ser utilizada como uma verificação.

Tabela 5.1 Número de bebedouros

Tipo de edifício	Número de bebedouros
Escritório ou edifício público	Um para cada 75 pessoas, sendo no mínimo um por pavimento
Estabelecimentos industriais	Um para cada 75 pessoas, sendo no mínimo um por pavimento
Escolas	Um para cada 75 pessoas
Cinema e teatros	Um para cada 100 pessoas

Tabela 5.2 Consumo de água gelada

Tipo de estabelecimento	Consumo
Escritórios	0,3 L/h/pessoa (empregados)
Escritórios	0,2 L/h/pessoa (visitantes)
Escolas (internatos)	2,0 L/h/aluno/dia
Escolas (externatos)	1,0 L/aluno/dia
Hospitais	2,0 L/leito/dia
Hotéis	2,0 L/quarto/dia (14 h/dia)
Restaurantes	0,4 L/pessoa/dia
Lojas	4,0 L/100 visitantes/hora
Indústrias leves	0,8 L/pessoa/dia
Indústrias pesadas	1,0 L/pessoa/dia
Teatros e cinemas	4,0 L/100 lugares/hora

5.6 REFRIGERAÇÃO INDIVIDUAL DA ÁGUA

Nesse sistema, os bebedouros constituem o próprio equipamento frigorífico contidos em móveis compactos (*gabinetes*) construídos em chapa de aço inoxidável ou esmaltado, de esmerado acabamento.

É indicado para os prédios em que é necessário pequeno número de bebedouros ou, ainda, em prédios para os quais não tenha sido feita previsão de sistema central.

A unidade reúne de forma compacta os elementos fundamentais para a realização do ciclo de refrigeração: compressor, condensador resfriado a ar pela ação de um ventilador, evaporador de serpentina no interior de uma pequena caixa onde a água irá resfriar. Contém, ainda:

- termostato regulável, cuja função é atuar sobre o relé que aciona o motor do compressor;
- secador e filtro, destinados a remover qualquer umidade no tubo entre o condensador e o evaporador, que, caso viesse a congelar, obstruiria o *tubo capilar* que desempenha a função da válvula de expansão.

5.6.1 Instalação de bebedouros individuais do tipo gabinete

Os bebedouros são alimentados por uma coluna de tubo de ferro galvanizado ou cobre, vinda do barrilete, cujo dimensionamento é feito como no caso de bebedouros de uma instalação central de água gelada, isto é, aplicando-se o que estabelece a NBR 5626:1998 – *Instalação predial de água fria*. O ramal do bebedouro é de 1/2" em cobre ou em PVC, ou 3/4" quando de ferro galvanizado.

A pressão com a qual sairá o jato de água gelada depende do desnível entre o reservatório superior e o bebedouro, pois a água contida na caixa do bebedouro trabalha por pressão hidrostática, e não por bombeamento.

Alguns tipos de bebedouros possuem filtro. Em caso contrário, adapta-se um filtro no ramal do bebedouro.

Os bebedouros funcionam, em geral, com energia elétrica e devem possuir aterramento.

5.7 INSTALAÇÃO CENTRAL DE ÁGUA GELADA POTÁVEL

A seguir será apresentado o procedimento de dimensionamento, considerando-se as partes fundamentais.

5.7.1 Capacidade do reservatório de água gelada potável

Sabe-se que o consumo de água gelada nos bebedouros não é uniforme. Há ocasiões de grande solicitação, como, por exemplo, na hora do recreio, em um colégio, ou de refeições, em um restaurante, de modo que o reservatório deve possuir água acumulada para atender a esse pico no fornecimento.

Se o reservatório for dimensionado com ampla capacidade e isolado termicamente, o compressor, que pode ser posto em funcionamento cerca de duas horas antes do horário de consumo de água, não terá problemas para atendimento nas horas de maior consumo.

A capacidade do reservatório dependerá, naturalmente, da hipótese que se fizer para o consumo.

Considere o caso de um prédio de escritórios com 20 pavimentos e 450 m² de área útil por pavimento. Suponha uma taxa de ocupação de uma pessoa para cada 5 m², consumindo no verão 0,3 litro de água gelada por hora, ou seja, 2,4 litros em uma jornada diária: $\left(\dfrac{20 \times 450}{5} \right) \times 0,3 = 540$ L/h. Para os visitantes do prédio, podemos adotar 0,2 L/visitante/5 m²: $\left(\dfrac{20 \times 450}{5} \right) \times 0,2 = 360$ L/h. Logo, o *consumo horário total médio* será de 900 L.

Admite-se, para prédios de escritórios e análogos, que o consumo máximo provável seja o dobro do consumo médio. Então, o consumo máximo provável será: $2 \times 900 = 1800$ L/h.

O compressor terá sua potência dimensionada em função do consumo *horário médio provável,* desde que se realize uma acumulação para atender à diferença entre os consumos máximo, provável e médio. No caso que está sendo considerado, deve-se acumular no tanque de água gelada a seguinte quantidade: $1800 - 900 = 900$ L.

No entanto, o tanque não é totalmente aproveitado como armazenador de água gelada, pois, na sua parte superior, a temperatura pode estar acima da requerida para a distribuição, de modo que se admite um coeficiente de 80% para o rendimento do depósito de água gelada. O volume nominal do tanque será: $900 \div 0,8 = 1125$ L.

Além disso, deve-se levar em conta o espaço ocupado pela serpentina, que em uma primeira aproximação, se pode considerar igual a 10 % do volume nominal. O tanque terá capacidade total de $1125 + (0,10 \times 1125) = 1.237,5$ L. Pode-se adotar um tanque de 1250 L.

Note que, o tanque — além de acumular a água gelada para atender a um consumo irregular e permitir que o compressor tenha períodos de parada maiores, e ser dimensionado para a demanda média —, funciona como um resfriador, pois recebe a serpentina e nele se dá a transferência de calor da água a ser gelada para a superfície fria da serpentina do evaporador de expansão direta.

5.7.1.1 Isolamento de tanque de água gelada

O tanque pode ser, por exemplo, de chapa de aço, de fibra de vidro com plástico e deve ser isolado.

Em geral, emprega-se com isolante a cortiça prensada sem piche, cujo coeficiente de transmissão K é igual a 1,26 kcal/(m² $\times$ h $\times$ °C $\times$ 1"). Usam-se também placas de poliestireno expandido e isopor (ver Tabela 4.3).

Tabela 5.3 Valores da condutibilidade térmica de alguns materiais isolantes

Material isolante	K kcal/(m² × h × °C × m)
Madeira (valor médio)	0,14
Tijolos (construção)	0,6 a 0,9
Cortiça prensada	0,04 a 0,06
Lã de vidro	0,035 a 0,06
Lã de rocha	0,028 a 0,035

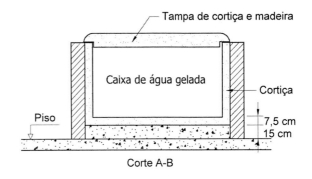

Sendo a espessura da cortiça de 3", tem-se: $K = 1,26/3 = 0,42$ kcal/(m² × h × °C). Supondo um tanque com 1,2 m³ de capacidade. A superfície será:

$$S = (1 \times 1) \times 2 + (1,2 \times 1) \times 2 + (1,2 \times 1) \times 2 = 6,8 \text{ m}^2$$

O ganho de calor do tanque será dado pela equação:

$$Q = S \times K \times (T_2 - T_1)$$

Se a temperatura exterior T_2 for de 32 °C e a da água no tanque de T_1 for de 8 °C, o calor dissipado será:

$$Q = 6,8 \times 0,42 \times (32 - 8) = 68,54 \text{ kcal/h} \approx 69 \text{ kcal/h}$$

Note que a literatura também utiliza o sistema de medição inglês para a condutividade térmica expressa em Btu/(ft² × h × °F × in), sendo 1 Btu (*British Thermal Unit*) igual a 0,252 kcal.

O tanque pode também ser construído de alvenaria e revestido internamente com cortiça prensada, pintada com epóxi (ver Fig. 5.6).

5.7.2 Ganho de calor nas linhas de água gelada

Nas tubulações, a água gelada se encontra a cerca de $T_2 = 8$ °C, enquanto externamente a temperatura pode estar, por exemplo, a $T_1 = 32$ °C. Ocorre, portanto, certo aquecimento da água na tubulação, o qual depende do diferencial de temperatura $(T_1 - T_2)$ e do coeficiente de transmissão, que é função da natureza do material de isolamento, de sua espessura e do diâmetro da tubulação.

Emprega-se comumente como isolante térmico a cortiça prensada com espessura de 1 1/2" com a forma de calha ou meia-cana, de modo a alojar os encanamentos. Também se empregam calhas de lã de vidro, lã de rocha e de isopor.

Em geral, na instalação central, só se usa calha para as tubulações de alimentação e de retorno. É aconselhável, porém, isolar-se o encanamento de esgoto, a fim de evitar a condensação de umidade e a formação de mofo na superfície externa da parede em cujo interior se acha embutida a tubulação.

As calhas são amarradas ao longo da tubulação e devem receber uma proteção externa, para impedir a penetração de ar em suas juntas (nos trechos em que a tubulação é aparente) ou de água de argamassa da alvenaria. A cortiça encharcada perde grande parte de sua eficiência como isolante térmico.

Fig. 5.6 Tanque de armazenamento de água gelada.

Para o cálculo do ganho de calor na rede de água gelada, podem-se adotar os valores da Tabela 5.4.

Considerando a vazão para 20 bebedouros como 0,42 L/s, ou seja, 1512 L/h e a velocidade da água igual a 0,55 m/s, a partir da formulação de Fair-Whipple-Hsiao (Capítulo 1) obtém-se um tubo de 1 1/4" e uma perda de carga igual a 0,025 m por metro de tubulação.

O coeficiente de transmissão de uma calha para tubo de 1 1/4" é $K = 0,232$ kcal/m/h/°C.

Tabela 5.4 Coeficiente de transmissão de calor para calha de cortiça prensada sem piche com 1 1/2" de espessura

Diâmetro nominal do tubo (")	Coeficiente de transmissão kcal/(m² × h × °C)
1/2	0,165
3/4	0,180
1	0,210
1 1/4	0,232
1 1/2	0,261
2	0,300
2 1/2	0,342
3	0,405

180 Capítulo 5

Para a extensão de 145 m, o ganho de calor na linha, para uma temperatura externa de 32 °C e da água de 8 °C, será:

$$Q_1 = (145 \times 0{,}232) \times (31 - 7) = 807 \text{ kcal/h}$$

Verifica-se, portanto, que, em cada hora, são ganhos pela linha 807 kcal/h, o que significa que a água vai se aquecendo. Se não se realizasse a recirculação, após certo tempo haveria trechos com a água em temperatura acima do desejável e, então o usuário deixaria a água escoar até que atingisse a temperatura conveniente para beber. Isso representa desperdício. Com a água recirculando, este inconveniente desaparece. A recirculação pode realizar-se: por convecção natural ou por bombeamento.

5.7.2.1 Por convecção natural

Processa-se em virtude do desnível térmico entre a água do tanque de água gelada e a da parte mais remota da linha. Geralmente admite-se que esse desnível seja de 3 °C, correspondente à chegada da água nos bebedouros a uma temperatura máxima de 7 °C + 3 °C = 10 °C.

Dividindo-se o ganho do calor na linha por essa temperatura, tem-se a vazão que ocorrerá em virtude do desnível térmico. No exemplo considerado, tem-se: $Q_1 = 807$ kcal/h e $t = 3$°C. A descarga para compensar o ganho de calor na linha será: $q_1 = 807 \div 3 = 269$ L/h. Assim, pelo efeito de convecção, tem-se um escoamento de 269 L/h, mas, para os 20 bebedouros, a vazão pelo consumo é de $q_2 = 900$ L/h, obrigando a recorrer a um bombeamento auxiliar.

5.7.2.2 Por bombeamento

Durante a operação normal do sistema, são consumidos 900 L/h de água nos bebedouros, enquanto, por convecção, circulam mais 269 L/h. As tubulações alimentadoras devem atender à soma das descargas q_1 e q_2, ou seja, $q = 269 + 900 = 1169$ L/h = 0,325 L/s.

5.7.3 Bomba de circulação

A bomba de circulação deve ter capacidade para atender à descarga q a uma altura manométrica H igual à soma do desnível de 2 metros, sob o qual deve funcionar o bebedouro na posição mais desfavorável (último pavimento) com as perdas de carga na linha alimentadora e de retorno.

Enquanto a água ainda não estiver gelada, a bomba terá a seu cargo toda a descarga q, porque a água não estará sendo consumida e não haverá efeito de convecção. Por isso, a bomba deverá ser dimensionada para aquela vazão q. Com o sistema em regime, a convecção atua no sentido de auxiliar o escoamento, o que é uma circunstância favorável ao bom funcionamento da instalação.

Para o exemplo considerado, tem-se:

- comprimento real da linha, compreendendo alimentação e retorno à caixa: $L_1 = 145$ m.

- comprimento equivalente ou *virtual*: $L_2 = 18{,}9$ m, correspondente a:
  - 20 tês de passagem direita de 1 1/4"   14,0 m
  - 5 curvas de raio médio de 1 1/4"   4,5 m
  - 2 registros de gavetas de 1 1/4"   0,4 m

Logo, o comprimento total será:

$$L = L_1 + L_2 = 163{,}9 \approx 164 \text{ m}$$

A perda de carga para a descarga $q = 0{,}325$ L/s e diâmetro de 1 1/4" em tubo de ferro galvanizado, pela fórmula de Fair-Whipple-Hsiao, é de 0,013 m/m, de modo que, para o comprimento $L = 164$ m, tem-se:

$$h = 0{,}013 \times 160 = 2{,}13 \text{ m}$$

Como o tubo de retorno de água à caixa se acha acerca de 1 m acima do nível inferior da água na caixa, a altura manométrica será:

$$H = 1{,}00 + h = 3{,}13 \text{ m}$$

A potência do motor da bomba de circulação será:

$$N = \frac{1000 \times Q \times H}{75 \times \eta}$$

Considerando o rendimento total η igual a 30 %, tem-se:

$$N = \frac{1000 \times 0{,}000325 \times 3{,}13}{75 \times 0{,}30} = 0{,}306 \text{ CV}$$

Como se observa, a potência requerida é baixa. Assim, adota-se uma bomba com potência pequena: de 1/4 CV a 1/2 CV, conduzindo a uma circulação mais rápida, o que é favorável ao bom funcionamento da instalação.

5.7.4 Escolha do compressor frigorífico

O tipo de compressor para instalação de água gelada potável é o *alternativo*, também chamado *recíproco*.

Os chamados compressores para frio operam com os líquidos refrigerantes ou fluídos frigoríficos, os quais têm como característica essencial seu ponto de ebulição ou de vaporização a temperatura abaixo de zero grau Celsius na pressão atmosférica. É o caso do fréon-12 ($C \times CL_2 \times F_2$) – 30 °C, fréon-22 ($CH \times CL \times F_2$) – 41 °C; da amônia (NH_3) – 32 °C; de cloreto de metila ($CH_3 \times CL$) – 24 °C.

A amônia é usada em instalações industriais de frio. O fréon-12 (R-12) e o fréon-22 (R-22) são amplamente usados em instalações domésticas, comerciais e industriais. O R-22, embora de custo mais elevado que o R-12, é mais empregado, pelo fato de exigir menores compressores para uma mesma finalidade.

Os compressores são especificados pelos fabricantes em seus catálogos em *toneladas de refrigeração, TR*, unidade prática que corresponde à *quantidade de calor a retirar da água a 0 °C, para formar tonelada de gelo a 0 °C, em cada 24 horas*.

As conversões entre as unidades são:

- 1 TR = 3024 kcal/h.
- 1 kcal = 3,968 Btu.
- 1 TR = 12.000 Btu/h.

O problema da escolha do compressor consiste em calcular o número de toneladas de refrigeração necessário para atender à instalação, isto é, para retirar a quantidade de calor necessária. Essa quantidade de calor, a ser retirada do sistema a refrigerar na unidade de tempo, chama-se *potência frigorífica* ou *carga térmica de refrigeração* e é medida em *frigorias por hora* (fg/h). A frigoria vem a ser uma quilocaloria retirada ou quilocaloria negativa, de acordo com a convenção de sinais da termodinâmica.

Calculam-se as parcelas de quilocalorias como a seguir indicado:

a) Perda de frio (ganho de calor por condução na rede de distribuição). Já foi visto que se calcula no exemplo apresentado: $Q' = 807$ kcal/h (ou frigorias por hora).

b) Perda por condução no reservatório. No exemplo, $Q'' = 69$ kcal/h.

c) Perda sofrida pela água na bomba de refrigeração. Em geral, não se dispõe de elementos para calcular o valor, e adota-se um valor igual a 5 % do valor das perdas Q'.

$$Q''' = 0,05 \times Q' = 0,05 \times 807 = 40 \text{ kcal/h}$$

d) Quantidade de calor a ser retirado da água de consumo. Como a instalação prevê um tanque de água gelada, a água de consumo pode ser considerada como a do consumo horário médio, cujo valor é 900 litros. Admitindo que a água entra no tanque a 23 °C, vindo do reservatório superior do prédio, tem-se:

$$Q'''' = 900 \times (23 - 7) = 14.400 \text{ kcal/h}$$

O número de quilocalorias (no caso, quilofrigorias) necessárias para resfriar o volume consumido por hora será:

$$Q = Q' + Q'' + Q''' + Q''''$$

Somando as quatro parcelas, tem-se:

$$Q = 807 + 69 + 40 + 14.400 = 15.316 \text{ kcal/h, ou}$$

$$Q = 15.316 \times 3,968 = 60.774 \text{ Btu/h}$$

Em toneladas de refrigeração, tem-se:

$$Q = 5316 \div 3024 = 5,06 \text{ TR}$$

Com o valor 15.316 kcal/h ou 5,06 TR, utilizando-se o catálogo do fabricante, escolhe-se o tipo de compressor.

5.7.5 Circuito de água filtrada

Para a *tubulação de retorno* adota-se a mesma bitola do encanamento alimentador de água gelada aos bebedouros.

Além disso, é indispensável uma instalação de *filtros* em uma instalação para alimentação de bebedouros. O tipo de filtro mais empregado é o de velas porosas, que retém as impurezas na sua superfície cilíndrica externa quando é atravessado pela água de fora para dentro. Em instalações de grande capacidade, para não se ter um número grande de filtros de vela, opta-se por filtros de areia.

As velas podem ser grupadas em bateria, formando unidades com 3, 5, 7, e até em maior número.

Tabela 5.5 Descarga em filtros de velas porosas

Número de velas	Descarga (L/h)		
	Pressão de 4 a 5 m		Pressão de 20 a 27 m
	Velas limpas	Velas sujas	
3	160	80	500
5	280	140	800
7	420	210	1200

A descarga nas velas de filtro varia, evidentemente, com a pressão. As velas devem ser lavadas periodicamente e esterilizadas a cerca de 120 °C.

A Tabela 5.5 fornece as descargas em filtros de velas porosas para várias pressões.

5.7.6 Especificação de uma instalação central de água gelada potável

Os elementos para a especificação de uma instalação central de água gelada potável são:

- Reservatório de água gelada, conforme características apresentadas na Seção 5.7.1.
- Compressor recíproco com condensador resfriado a ar.
- Serpentina para imersão no reservatório de água gelada, equipada com válvula de expansão termostática.
- Filtros de vela porosa.
- Duas bombas (uma de reserva) para a condução da água do reservatório superior, através dos filtros, até o reservatório de água gelada.
- Duas bombas (uma de reserva) para circulação da água gelada.
- Tubulações e conexões para linha alimentadora nos bebedouros de retorno ao reservatório de água gelada.
- Tubulações para esgoto da água dos bebedouros não consumida pelo usuário.
- Bebedouros.
- Equipamentos de controle de bomba de filtração: chave de boia, localizada na caixa-d'água; disjuntor; e chave magnética e de proteção térmica do motor (*starter*) de comando magnético ou direto.
- Equipamento de controle do compressor: automático de pressões máxima e mínima, ao qual está ligada a bobina da chave magnética; disjuntor; válvula magnética ligada na linha que conduz o líquido refrigerante do *receiver* (separador de líquido do condensador) para a válvula de expansão; e termostato do bulbo.
- Equipamento de controle das bombas de circulação: chave horária (*time-switch*); chave magnética; e chave de reversão.
- Equipamento de controle das bombas de água do reservatório aos filtros e reservatório de água gelada: chave termomagnética comandada pelo automático de boia do reservatório de água gelada e chave de reversão.

A Fig. 5.7 representa esquematicamente uma instalação central de água gelada.

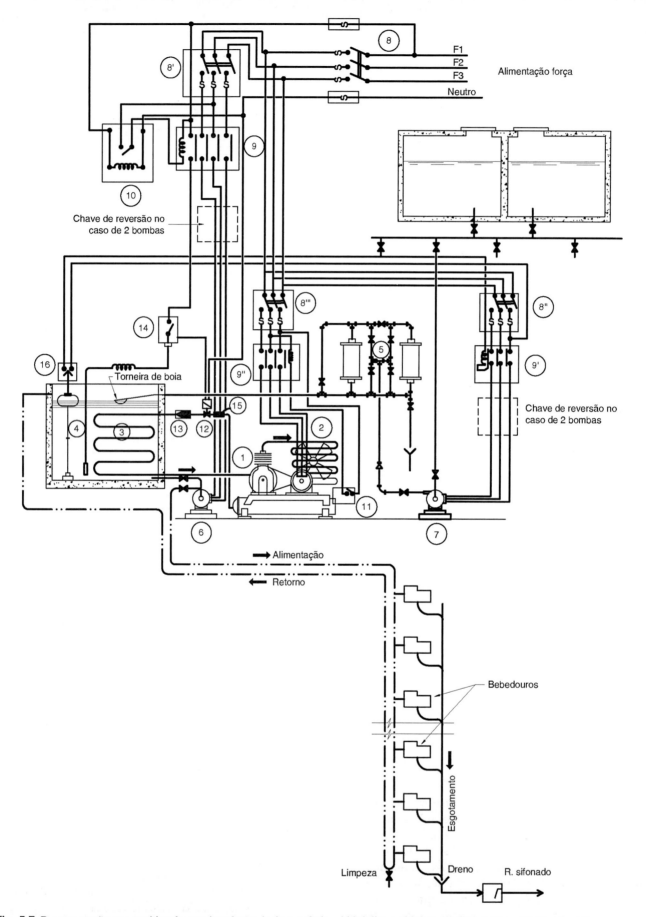

Fig. 5.7 Representação esquemática de uma instalação de água gelada – hidráulica e elétrica: (1) Compressor; (2) Condensador; (3) Evaporador; (4) Reservatório de água gelada; (5) Filtros; (6) Bomba de água gelada; (7) Bomba de água comum; (8) Chave geral; (9) Chave magnética; (10) Chave horária; (11) Automático de pressão; (12) Válvula magnética; (13) Válvula de expansão; (14) Interruptor do termostato de bulbo; (15) Filtro de refrigerante; (16) Chave de boia.

5.8 INSTALAÇÕES COMPACTAS

Existem centrais de água gelada potável sob uma forma compacta, contendo compressor, condensador a ar, serpentina evaporativa, filtro, reservatório, bomba, controle e quadros.

Nesse sentido, as unidades fabricadas pela Mecalor Indústria e Comércio de Refrigeração Ltda. são exemplos desse tipo de instalações compactas. A Fig. 5.8 apresenta uma unidade móvel de água gelada (Umag) dessa empresa.

Fig. 5.8 Unidade móvel de água gelada.

6

Instalações de Água Quente

6.1 INTRODUÇÃO

O fornecimento de água quente representa uma necessidade nas instalações de determinados aparelhos e equipamentos ou uma conveniência para melhorar as condições de conforto e higiene em aparelhos sanitários de uso comum.

Assim, não se pode prescindir de água quente em instalações hospitalares e em hotéis com restaurantes e lavanderias, e não seria aceitável um prédio residencial que não fosse dotado de instalação para produção de água quente.

Em instalações industriais, em laboratório ou onde se realizam processamentos de produtos químicos e industriais de imensa variedade também se recorre à água quente.

A temperatura com que a água deve ser fornecida depende do uso a que se destina. Quando uma mesma instalação de fornecer água em temperaturas diferentes nos diversos pontos de consumo, faz-se o resfriamento para as temperaturas desejadas com um aparelho misturador de água fria no local da utilização.

Assim, por exemplo, a água numa lavanderia deve ser fornecida entre 75 e 80 °C. Já nas cozinhas, para a boa lavagem da louça com restos de gordura, a água deve achar-se entre 65 e 75 °C. Para banhos, lavagem de mãos e limpeza, é suficiente prever-se na torneira ou misturador a água entre 40 e 50 °C. Em regiões de clima muito frio, a água quente é também usada em radiadores para o aquecimento dos ambientes.

Podemos dividir as instalações de água quente em:

- **Instalações industriais.** Nestas, a água quente atende a exigências das operações inerentes aos processos empregados na indústria. Os dados referentes ao consumo de água quente, pressão e temperatura são estabelecidos em função da natureza, finalidade e produção dos equipamentos que dela irão necessitar.
- **Instalações prediais.** Sob essa designação acham-se compreendidas as instalações que servem a peças de utilização, aparelhos sanitários ou equipamentos, visando a higiene e o conforto dos usuários. As exigências técnicas mínimas a serem atendidas nessas instalações acham-se estabelecidas na NBR 7198:1993 – *Projeto e execução de instalações prediais de água quente*. A Norma abrange o aquecimento de água onde forem utilizados como fonte de calor a eletricidade, o gás ou o óleo. Aplica-se também às indústrias naquilo que se referir à higiene e ao conforto das pessoas, como é o caso dos aparelhos sanitários, peças de utilização, cozinhas e lavanderias.

6.2 MODALIDADES DE INSTALAÇÃO DE AQUECIMENTO DE ÁGUA

O aquecimento da água pode ser realizado por um dos seguintes sistemas:

- **Individual.** Quando o sistema alimenta um só aparelho. É o caso do aquecedor a gás localizado no banheiro ou na cozinha, embora, a rigor, alimente mais de um aparelho.
- **Central privado.** Quando o sistema alimenta vários aparelhos de uma só unidade. É o caso de uma residência (casa ou apartamento) onde existe um equipamento para produção de água quente, do qual partem os alimentadores para as peças de utilização nos banheiros, cozinha e áreas de serviço.
- **Central coletiva.** Quando o sistema alimenta conjuntos de aparelhos de várias unidades (prédios de apartamentos, hospitais, hotéis, escolas, quartéis e outros).

6.3 CONSUMO DE ÁGUA QUENTE

Em países de clima muito frio, o consumo de água quente chega a ser igual 1/3 do consumo total de água dos aparelhos. As previsões atingem, portanto, valores muito grandes. Para hotéis e apartamentos, por exemplo, chegam a ser previstos 150 litros por pessoa/dia.

6.3.1 Estimativa de consumo

Como base para o dimensionamento do aquecedor e do reservatório de acumulação de água quente, pode-se usar a Tabela 6.1.

Mais adiante será apresentado como dimensionar o aquecedor e o reservatório de água quente, o que dependerá do tipo de aquecimento empregado.

Tabela 6.1 Estimativa de consumo de água quente

Prédio	Consumo (L/dia)
Alojamento provisório de obra	24 por pessoa
Casa popular ou rural	36 por pessoa
Residência	45 por pessoa
Apartamento	60 por pessoa
Quartel	45 por pessoa
Escola (internato)	45 por pessoa
Hotel (sem incluir cozinha e lavanderia)	36 por hóspede
Hospital	125 por leito
Restaurantes e similares	12 por refeição
Lavanderia	15 por kgf de roupa seca

6.4 VAZÃO DAS PEÇAS DE UTILIZAÇÃO

É necessário o conhecimento da vazão das peças de utilização para dimensionar as tubulações, tal como foi apresentado no Capítulo 1 para água fria. Para água quente, utiliza-se a Tabela 6.2, que fornece a descarga de cada peça e o *peso* correspondente.

6.5 PEÇAS DE UTILIZAÇÃO E TUBULAÇÕES

A NBR 7198:1993 admite que, salvo em casos especiais, deve-se considerar o *funcionamento máximo provável* das peças de utilização, e não o máximo *possível*. Recomenda que, para a estimativa das vazões a considerar no dimensionamento dos encanamentos, se utilize a fórmula

$$Q = C \cdot \sqrt{\Sigma P}$$

em que Q é a vazão (em L/s); C é o coeficiente de descarga (adota-se 0,3 L/s); e ΣP é a soma dos pesos correspondentes a todas as peças suscetíveis de utilização simultânea, ligadas à tubulação.

Para a determinação rápida e direta das vazões e do diâmetro da tubulação, é recomendado o emprego do mesmo nomograma visto no Capítulo 1; são válidas as observações quanto ao dimensionamento dos alimentadores principais, ramais e sub-ramais.

6.5.1 Pressões mínimas de serviço

As pressões mínimas de serviço nas torneiras e nos chuveiros são, respectivamente, de 1,0 e 0,5 metro de coluna d'água, ou seja, 0,1 kgf/cm² e 0,05 kgf/cm² (1 kgf/cm² ≅ 10 mca ≅ 100 kPa; 1 mca ≅ 10 kPa).

6.5.2 Pressão estática máxima

A pressão estática máxima nas peças de utilização, assim como nos aquecedores, é de 40,0 m de coluna d'água.

Tabela 6.2 Vazão das peças de utilização

Peças de utilização	Vazão (L/s)	Peso
Banheira	0,30	1,0
Bidê	0,10	0,1
Chuveiro	0,20	0,5
Lavatório	0,20	0,5
Pia de cozinha	0,25	0,7
Pia de despejo	0,30	1,0
Lavadora de roupa	0,30	1,0

6.5.3 Velocidade máxima de escoamento da água

A Tabela 6.3 apresenta, para os diâmetros comerciais das tubulações, os valores máximos para a velocidade, calculados pela expressão:

$$v = 14\sqrt{D}$$

sendo v a velocidade (em m/s) e D o diâmetro (em m).

6.5.4 Perdas de carga

O cálculo das perdas de carga por atrito e localizadas é feito como indicado no Capítulo 1 para a instalação de água fria. Recomenda-se, para os tubos de aço galvanizado e cobre, o emprego das fórmulas de Fair-Whipple-Hsiao.

6.5.5 Diâmetro mínimo dos sub-ramais

Os sub-ramais não devem ter diâmetros inferiores aos indicados na Tabela 6.4.

6.6 PRODUÇÃO DE ÁGUA QUENTE

Produzir água quente significa transferir de uma fonte de calor as calorias necessárias para que a água adquira a temperatura desejada. Essa transferência de calor pode se realizar diretamente pelo contato do agente aquecedor com a água, como ocorre nos aquecedores elétricos, ou com o vapor saturado, nos sistemas de mistura *vapor-água*; ou indiretamente, por efeito de condução térmica mediante o aquecimento de elementos que ficarão em contato com a água (por exemplo, vapor no interior de serpentinas imersas na água) ou pela

Tabela 6.3 Velocidade e vazões máximas para água quente

Diâmetro		Velocidades máximas	Vazões máximas
(mm)	(")	(m/s)	(L/s)
15	1/2	1,60	0,20
20	3/4	1,95	0,55
25	1	2,25	1,15
32	1 1/4	2,50	2,00
40	1 1/2	2,75	3,10
50	2	3,15	6,40
65	2 1/2	3,55	11,20
80	3	3,85	17,60
100	4	4,00	32,50

Tabela 6.4 Diâmetro mínimo dos sub-ramais

Peças de utilização	Diâmetro (mm)
Banheira	15
Bidê	15
Chuveiro	15
Lavatório	15
Pia de cozinha	15
Pia de despejo	20
Lavadora de roupa	20

ação do ar quente sobre a água contida em serpentinas ou recipientes apropriados.

Pode-se conseguir a quantidade de calor necessária ao aquecimento da água de diversas fontes de energia térmica, que caracterizarão as modalidades de equipamento a instalar. Entre essas fontes de energia térmica ou capazes de produzi-la, tem-se:

- *Combustíveis sólidos* (carvão vegetal, mineral e lenha); *líquidos* (óleo combustível, óleo diesel, querosene, álcool); *gasosos* (gás de rua obtido a partir da hulha ou do craqueamento de óleos e de nafta de petróleo, gás liquefeito de petróleo – GLP, conhecido como gás engarrafado, e gás natural de poços e gás de biodigestores).
- *Energia elétrica*, no aquecimento de resistência elétrica, com a passagem da corrente, pelo efeito Joule.
- *Energia solar*, com o emprego dos aquecedores solares.
- *Vapor*, pelo aproveitamento do vapor de caldeira, conduzindo-o a uma serpentina imersa na água ou misturando-o com a água.
- *Ar quente*, junto a paredes de fornos industriais e pelo aquecimento da água em serpentinas próximas ao forno.
- *Aproveitamento da água de resfriamento* de certos equipamentos industriais (compressores, motores diesel etc.).

Termossifão

O termossifão é, basicamente, um circuito fechado em que a água aquecida escoa por convecção, devido à diferença de densidade entre a água fria e a quente.

Designa-se também com esse nome o aquecedor representado na Fig. 6.1, empregado no aquecimento de água utilizando o fogão das cozinhas. As setas indicam o sentido de circulação da água por convecção.

A Fig. 6.2 mostra um termossifão colocado no interior de um fogão ligado a duas tubulações que levam a água aquecida a um *storage*, no qual o calor da água é transferido à

Instalações de Água Quente **187**

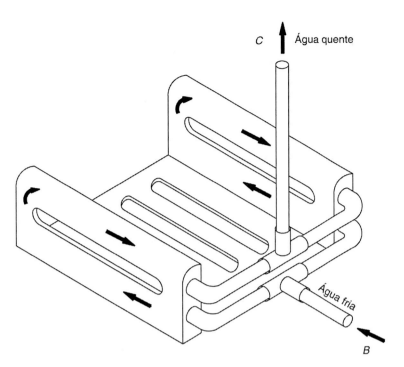

Fig. 6.1 Aquecedor de termossifão.

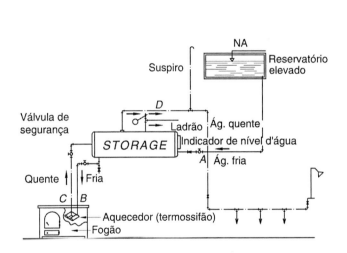

Fig. 6.2 Instalação de água quente com circulação sob pressão.

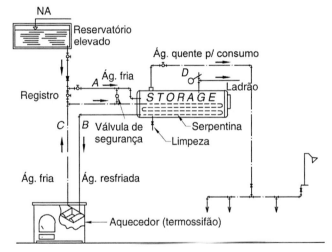

Fig. 6.3 Instalação de água quente com circulação sob pressão com serpentina no *storage*.

água vinda de um reservatório elevado. Realiza-se, assim, uma mistura da água quente proveniente do termossifão com água fria vinda do reservatório elevado.

Existe outra modalidade de instalação baseada no termossifão, mais interessante que a mencionada, a qual se acha representada na Fig. 6.3.

Nesta instalação, os tubos *B* e *C* se prolongam pelo interior do *storage*, por meio de uma serpentina *F*. O circuito formado pelo aquecedor, os tubos *B* e *C* e a serpentina é independente do circuito que alimenta os aparelhos, formado pelo tubo *A*, o *storage* e o tubo *D*. A água enviada à utilização fica, portanto, livre de pressões, por vezes perigosas.

6.7 AQUECIMENTO ELÉTRICO

O aquecimento com o emprego de energia elétrica realiza-se pelo calor dissipado com a passagem de uma corrente elétrica de intensidade I (ampères – A) em um condutor de resistência R (ohms – Ω). A potência P (watts – W), corresponde à energia dissipada sob forma de calor, é dada pela expressão

$$P = I^2 \times R$$

A energia dissipada, expressa em watts $\times$ horas, é dada por:

$$E = P \times t$$

188 Capítulo 6

sendo t o tempo (em horas). A equivalência entre a quantidade de calor e a energia permite que se escreva: $E = Q$, em que Q é expressa em quilocalorias (kcal).

A quantidade de calor necessária para elevar uma massa m de um líquido de calor específico c de uma temperatura inicial T_1 a uma final T_2 é dada por:

$$Q = m \times c \times (T_2 - T_1)$$

No *caso da água*, podemos exprimir m no mesmo número que mede a descarga e o calor específico, c, em kcal/kgf/°C, igual a 1. Observe ainda que 1 kWh = 860 kcal.

A Lei de Joule pode ser expressa por:

$$Q = k \times R \times I^2 \times t \text{ (kcal)}$$

sendo k um coeficiente numérico experimental que, para a aplicação com as unidades antes mencionadas e com t expresso em segundos, tem para valor:

$$k = \frac{1}{427} = 0,0002398 \cong 0,00024$$

Além disso, a Lei de Ohm fornece que:

$$U = R \times I$$

em que U é dado em volts (V). Assim, pode-se escrever:

$$Q = 0,00024 \times U \times I \times t$$

6.7.1 Tipos de aquecedores elétricos

A NBR 12483:1991 trata de Chuveiros elétricos – padronização.

Os aquecedores elétricos podem ser de dois tipos:

- de aquecimento instantâneo da água em sua passagem pelo aparelho;
- de acumulação, chamados *boilers elétricos*.

No primeiro tipo, encontram-se os chuveiros elétricos e os aquecedores automáticos de água quente instantânea. Aqui, vamos nos deter nos aquecedores elétricos de acumulação.

6.7.1.1 Aquecedores elétricos de acumulação (boilers)

São constituídos das seguintes partes:

a) um tambor interno, em chapa de *cobre* submetida a um processo especial de desoxidação, que irá conter a água;
b) um tambor externo, de chapa de aço soldada, esmaltada ou pintada externamente;
c) uma camada de material isolante, como lã de vidro, colocada entre os dois tambores.

No interior dos tambores, são dispostas uma ou mais resistências elétricas. As resistências, que são fios de Ni-Cr (Nicromo), trabalham a seco, colocadas que são em um tubo de cobre, do qual são isoladas por separadores e buchas de porcelana.

Embora existam *boilers* de baixa pressão com a superfície da água submetida à pressão atmosférica, quase sempre se empregam os *aquecedores de pressão*, que podem funcionar sob pressões de até 6 atmosferas, como é o caso dos aquecedores Cumulus. Os de baixa pressão são indicados para residências, sendo colocados em geral sobre o

---

■ EXEMPLO 6.1

Faz-se passar uma corrente de 6 A em um fio de cobre cuja resistência é de 15 Ω, imerso em um recipiente com 150 L de água a 20 °C. Qual será a temperatura da água após 4 h e qual a potência consumida em W?

Solução:

Quantidade de calor irradiado:

$$Q = k \times R \times I^2 \times t = 0,00024 \times 15 \times 6^2 \times (4 \times 3600) = 1866 \text{ kcal.}$$

Por outro lado,

$$Q = m \times c \times (T_2 - T_1) = 150 \times 1 \times T_2 - 20)$$

Logo:

$$150 \times 1 \times (T_2 - 20) = 1866 \times T_2 = 32,4 \text{ °C}$$

Mas, 1866 kcal correspondem a 2,17 kWh, pois: $E = \dfrac{1866}{860} = 2,17$

Logo, a potência consumida é:

$$P = \frac{E}{t} = \frac{2,17}{4} = 0,542 \text{ kW} = 542 \text{ W}$$

forro ou laje de cobertura. Os de alta pressão possibilitam o funcionamento de aparelho de utilização acima dos mesmos, desde que a pressão do reservatório de água fria seja suficiente.

Os aquecedores de acumulação possuem um "termostato" ou "termorregulador", que mantém automaticamente a água a uma temperatura dentro de limites estabelecidos.

Quando instalados em prédios de vários pavimentos, os aquecedores são alimentados por colunas independentes das que servem os aparelhos sanitários. O ramal de alimentação que liga a coluna ao *boiler* deve derivar da coluna em cota superior ao aquecedor, entrando pela parte inferior (Fig. 6.4); esta canalização deve ser provida de registro de gaveta e válvula de segurança, sendo proibida a instalação de válvula de retenção. A canalização que alimenta de água quente os aparelhos sai pela parte superior oposta, sendo desaconselhada sua ligação a um respiro conjugado para todos os pavimentos.

Capacidade dos boilers ou aquecedores

São comercializados *boilers* de 50, 80, 100, 130, 150, 180, 200, 250, 300, 400 e 500 litros. Sob encomenda são fabricadas unidades com até 4000 L.

A Fig. 6.5 mostra uma instalação típica de aquecedor elétrico horizontal da Cumulus Eletro Aquecedores Ltda. Estão indicadas como alternativas as tubulações para alimentação do *boiler* com derivação F_1 de uma coluna alimentadora geral e F_2 para a alimentação vinda diretamente do reservatório superior de água fria. Adicionalmente, a instalação hidráulica para uso de aquecedor elétrico Kent está detalhada na Fig. 6.6.

A Fig. 6.7 mostra como se colocam os aquecedores elétricos de acumulação em uma instalação de edifício. A figura mostra que as colunas AF 4 e AF 5 destinam-se exclusivamente à alimentação desses aquecedores.

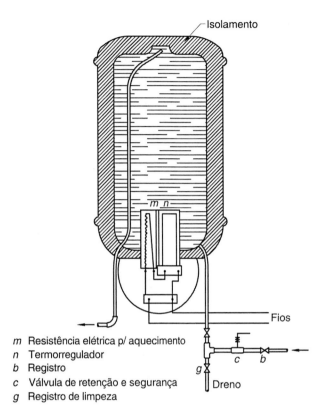

m Resistência elétrica p/ aquecimento
n Termorregulador
b Registro
c Válvula de retenção e segurança
g Registro de limpeza

Fig. 6.4 Aquecedor de pressão.

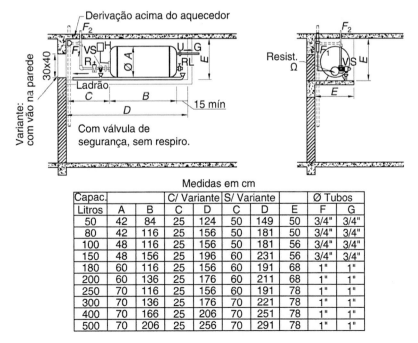

Fig. 6.5 Aquecedor *Cumulus* horizontal.

190 Capítulo 6

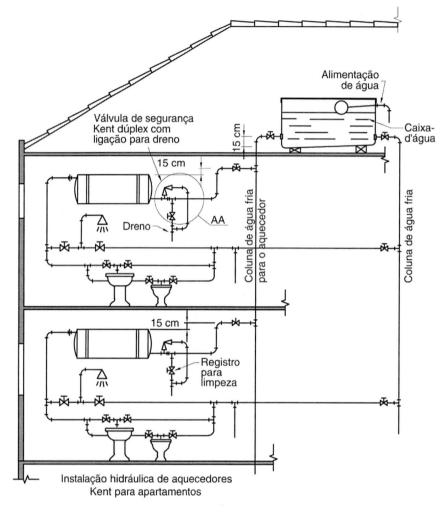

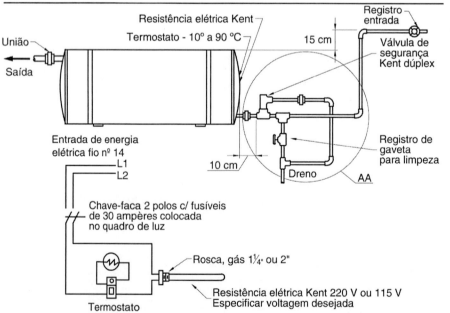

Fig. 6.6 Instalação hidráulica para uso de aquecedor elétrico Kent.

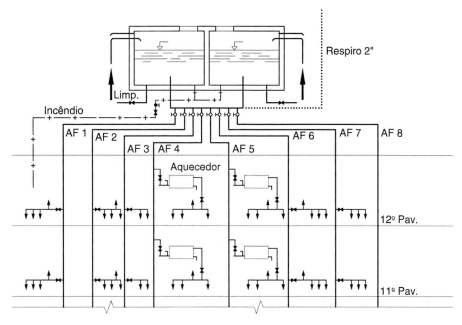

Fig. 6.7 Esquema de instalação de aquecedores elétricos de acumulação nos apartamentos.

Dados para escolha do aquecedor elétrico de acumulação

Em uma estimativa preliminar, alguns autores estabelecem o consumo horário máximo durante o horário de pique como igual a 1/10 do consumo diário e dimensionam o aquecedor para atender a esse consumo.

A quantidade de água a aquecer depende do consumo das peças ou aparelhos (ver Tabela 6.5). Por exemplo, um banho de chuveiro pode consumir até 30 litros de água, sendo 12 litros de água quente a 65 °C e 18 litros de água fria a 20 °C, para se obter uma temperatura média de 38 °C. De fato, a equação das misturas nos dá:

$30\,L \times 38\,°C = (12\,L \times 65\,°C) + (18\,L \times 20\,°C) = 1140\,kcal$

Como o quilowatt-hora equivale a 860 kcal, e sendo o rendimento do aquecedor de 90 %, teremos 774 kcal para cada quilowatt-hora. Para o fornecimento de 1140 kcal, serão gastos $1140 \div 774 = 1{,}47$ kWh.

Conhecendo-se o preço do quilowatt-hora, pode-se calcular o custo do banho de chuveiro.

A determinação da capacidade do aquecedor e da potência elétrica consumida pode ser feita com o auxílio da Tabela 6.6.

Para o emprego da Tabela 6.6, deve-se calcular, primeiramente, o consumo diário com os elementos da Tabela 6.1 e com o conhecimento que se tem do número de pessoas que irão utilizar a água quente.

Tabela 6.5 Quantidades de água quente para realizar a mistura

Item	Usos	Consumo diário aproximado de água quente (L)	Temperatura da mistura (°C)	Quantidade aproximada para a mistura (L/pessoa) Quente (70 °C)	Fria (17 °C)
1	Chuveiro	30	38	12	18
2	Barba, lavagem de mãos e rosto	10	38	4	6
3	Lavagem	20	52	13	7
	Totais	60	42,6	29	31

■ Exemplo 6.2

Qual a capacidade do aquecedor elétrico para atender a um apartamento com uma sala e três quartos?

Suponha-se que cada quarto corresponda a dois moradores. Assim, admite-se 6 pessoas como usuários do sistema.

A Tabela 6.1 indica o consumo de 60 litros por pessoa por dia. Assim, o consumo diário de água quente é de:

$$6 \times 60 \text{ L/pessoa} = 360 \text{ L}$$

Mas a água é utilizada em uma temperatura inferior aos 70 °C indicados na Tabela 6.6. É realizada uma mistura com água fria, de modo a se obter a temperatura que convém a cada utilização.

Essas temperaturas nos aparelhos de utilização mais comuns podem ser as indicadas na Tabela 6.7.

Observação: Uma família de 4 pessoas consumindo cada uma 50 L/dia de água a 20° acima da temperatura da água fria necessita de 120.000 kcal de energia por mês. Para o fornecimento dessa energia, considerando-se perda de 20 %, são necessários 167 kW ou 37 m³ de gás de rua, ou 13 kgf de GLP.

Na Tabela 6.5 se observa que a quantidade de água quente total a 70 °C é de 29 L/pessoa, ou seja, para 6 pessoas têm-se: $6 \times 29 = 174$ L.

Adotando-se para o valor imediato constante da Tabela 6.6, tem-se 200 L como o consumo diário a 70 °C. Ainda segundo a mesma tabela, o aquecedor deverá ter capacidade para 150 L e potência de 1,25 kW. Note que, não foi considerado neste exemplo o consumo de água quente com o banho de imersão em banheira, que é da ordem de 100 L a 40 °C.

O consumo diário de 174 litros de água quente a 70 °C importa no seguinte consumo de energia, admitindo-se que a temperatura da água fria seja de 17 °C:

$$Q = m \times c \times (T_2 - T_1) = 174 \times 1 \times (70° - 17°) =$$
$$= 9222 \text{ kcal}$$

Considerando-se um rendimento de 90° para o aquecedor, ter-se-á, para a energia gasta diariamente:

$$P = \frac{9222}{860 \times 0,90} = 11,91 \text{ kWh}.$$ No cálculo da capacidade de energia do aquecedor pode-se, também, proceder utilizando a clássica equação das misturas de líquidos em temperaturas diversas, conforme mostrado na Fig. 6.8.

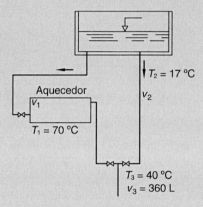

Fig. 6.8 Dados para o balanço térmico.

Observa-se da Fig. 6.8 que seja:

T_1 = temperatura da água quente no aquecedor: 70 °C;
T_2 = temperatura da água fria: 17 °C;
T_3 = temperatura da água misturada no aparelho de uso (admitamos que seja, em média, de 40 °C);
V_1 = volume de água quente no aquecedor, isto é, a capacidade do aquecedor;
V_2 = volume de água fria misturada no aparelho;
V_3 = volume de água morna final no aparelho.

Pode-se escrever que:

$$T_1 \times V_1 + T_2 \times V_2 = T_3 \times V_3$$

Logo, tem-se:

$$70 \times V_1 + 17 \times V_2 = 40 \times V_3$$

No entanto:

$$V_2 = V_3 - V_1$$

Logo,

$$70 \times V_1 + 17 \times (V_3 - V_1) = 40 \times V_3$$

Assim:

$$53 \times V_1 = 23 \times V_3$$
$$V_1 = (23/53) \times V_3 = 0,433 \times V_3$$

Como $V_3 = 6$ pessoas $\times$ 60 L/pessoa = 360 L, o *storage* terá:

$$V_1 = 0,433 \times 360 = 156 \text{ L},$$

valor bem próximo do que havia sido determinado pela Tabela 6.6.

6.8 AQUECIMENTO COM GÁS

Consideram-se os casos das instalações individual e central, detendo-se a apreciar os aparelhos nos quais se realiza o aquecimento da água, isto é, os aquecedores.

6.8.1 Aquecedores a gás individuais

Os aquecedores a gás permitem o aquecimento imediato da água que neles passa por meio de uma serpentina de cobre, graças ao calor desenvolvido com a combustão de gás que sai de grande número de orifícios de um tubo queimador.

Tabela 6.6 Dimensionamento indicado para aquecedores elétricos de acumulação

Consumo diário a 70 °C (L)	Capacidade do aquecedor (L)	Potência (kW)
60	50	0,75
95	75	0,75
130	100	1,0
200	150	1,25
260	200	1,5
330	250	2,0
430	300	2,5
570	400	3,0
700	500	4,0
850	600	4,5
1150	750	5,5
1500	1000	7,0
1900	1250	8,5
2300	1500	10,0
2900	1750	12,0
3300	2000	14,0
4200	2500	17,0
5000	3000	20,0

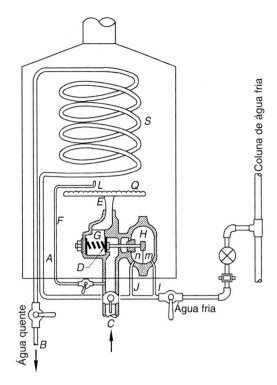

Fig. 6.9 Aquecedor a gás.

A Fig. 6.9 representa esquematicamente um aquecedor a gás: a água penetra na serpentina (S) pelo tubo A e vai aos aparelhos pelo tubo B.

O gás penetra em C, dando uma derivação F para uma lamparina L, que pode ficar acesa durante longos períodos. Uma válvula D, contida por uma mola G, controla a entrada de gás no queimador Q. A válvula possui uma haste em cuja extremidade há um diafragma de lâmina H, que separa as duas seções de uma pequena câmara em m e n. Os tubos I e J mantêm as seções m e n cheias de água.

Quando todos os aparelhos estão fechados, não há circulação de água e a pressão nas duas faces do diafragma é a mesma, de modo que a válvula D não permite a entrada do gás no queimador. Apenas a lamparina, ou bico piloto, pode ser acesa, por ter alimentação independente pelo tubo F.

Quando se abre uma torneira, estabelece-se, em virtude do escoamento, uma diferença de pressões entre as duas faces do diafragma, pois m e n estarão sujeitas a pressões diferentes.

Então, o diafragma deforma-se, atuando sobre a válvula D que dá passagem ao gás, pelo tubo E, até os queimadores. A chama do piloto se propaga aos queimadores.

Fechada a torneira, cessa o escoamento, restabelece-se a igualdade de pressão m e n e o diafragma e a válvula voltam à posição primitiva, fechando a passagem do gás.

A regulagem da mola da válvula é importante, para evitar que o fechamento muito rápido provoque sobrepressões no encanamento, com um ruído incômodo característico.

Para evitar o risco do escapamento de gás pelo piloto, se a chama for apagada pelo vento, existe nos modernos aquecedores uma lâmina bimetálica próxima do piloto que, dilatando-se, abre passagem para o gás. Apagando-se a chama do piloto, o elemento bimetálico se resfria, contrai-se e veda a passagem do gás.

6.8.1.1 Indicações para instalação de aquecedores a gás

Os aquecedores geralmente são localizados nas áreas de serviço por questão de normas de segurança. Deste ponto irá fornecer água quente aos demais compartimentos residenciais como banheiro (chuveiro, lavatório, ducha higiênica e banheira), cozinha (pia e máquina de lavar louça) e para as peças de utilização da própria área de serviço, tais como máquina de lavar roupa e tanque.

Quando o consumo de água quente é grande, como em cozinhas de restaurantes, lanchonetes etc., dois aquecedores a gás de 10 litros de água quente por minuto cada um tem sido instalado em paralelo.

Os aquecedores são fabricados para funcionar com gás de rua ou gás engarrafado. A Fig. 6.10 apresenta indicação para instalação dos aquecedores Cosmopolita.

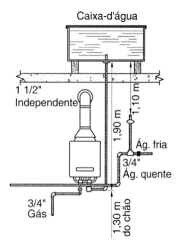

Fig. 6.10 Instalação de aquecedor em residência.

6.9 INSTALAÇÃO CENTRAL DE ÁGUA QUENTE

No sistema de produção central de água quente, a água é aquecida em um local do edifício e daí distribuída às diversas serventias.

Dois são os sistemas empregados para distribuir a água quente nos edifícios:

- distribuição simples, isto é, sem circulação;
- distribuição com circulação.

6.9.1 Distribuição sem circulação

A instalação consiste simplesmente em uma tubulação que sai da parte superior do *storage* e da qual, em cada pavimento, parte uma derivação alimentando os aparelhos (Fig. 6.11).

Neste sistema há o seguinte inconveniente: ao se abrir uma torneira, é preciso esperar que se esvazie a tubulação do ramal até se obter água quente, o que resulta em desperdício de água. Isto ocorre porque o ramal não costuma ser isolado termicamente, havendo, portanto, certa dissipação de calor durante o período em que se deixou de consumir a água quente.

6.9.2 Distribuição com circulação

Na distribuição com circulação, a água quente circula constantemente na tubulação pelo princípio do termossifão (a água quente, sendo menos densa, tende a elevar-se), auxiliado, quando necessário, por bombas de circulação. Se gasta de 10 a 15 % mais de combustível para provocar a circulação da água quando não se faz o bombeamento, uma vez que a água deve ser aquecida a uma temperatura mais elevada. No sistema com circulação, podem ser apresentadas três modalidades:

- sistema ascendente;
- sistema descendente ou por gravidade;
- sistema misto.

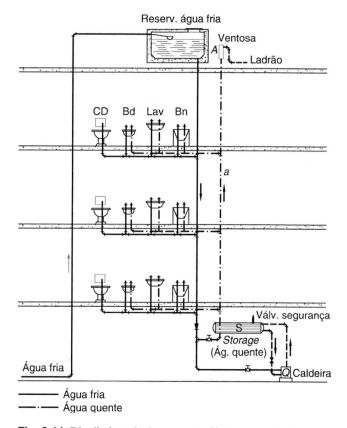

Fig. 6.11 Distribuição de água quente. Sistema ascendente sem circulação.

Sistema ascendente

Neste sistema, a água quente, proveniente do *storage,* sobe pelas colunas e dá ramificações para os aparelhos em cada pavimento. Na cobertura, faz-se uma derivação para o retorno da água ao *storage*, conforme mostra a Fig. 6.12.

Sistema descendente

Neste sistema, a água do *storage* vai ter a um barrilete na cobertura, de onde descem *prumadas* que irão alimentar os aparelhos dos andares. As prumadas se reúnem no pavimento em que se acha o *storage*, para alimentá-lo novamente com a água não consumida. Uma bomba intercalada na alimentação de água quente no barrilete fornece a energia para compensar as perdas de carga e permitir uma recirculação contínua com velocidade adequada (ver Fig. 6.13).

Esse sistema é muito empregado em edifícios, pois conduz a reduzido gasto de tubulação.

Sistema misto ou circuito fechado

Este último sistema é usado em grandes edifícios, mas é necessário sempre que os aparelhos de utilização estejam na mesma prumada.

Ligam-se os aparelhos de andares alternados à tubulação ascendente e à tubulação descendente. A tubulação de retorno

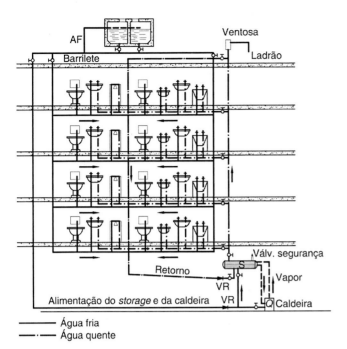

Fig. 6.12 Distribuição de água quente com alimentação ascendente.

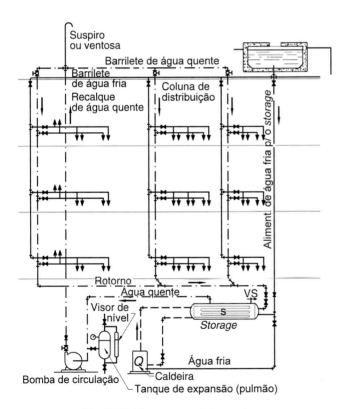

Fig. 6.13 Sistema central descendente.

é ligada ao tubo ascendente um pouco abaixo da parte mais elevada da coluna. Essa, prolongada, desempenhará papel de respiradouro ou suspiro, na cobertura. Ligam-se as colunas de retorno a um barrilete inferior, que conduzirá a água não utilizada de volta ao *storage* (ver Fig. 6.14).

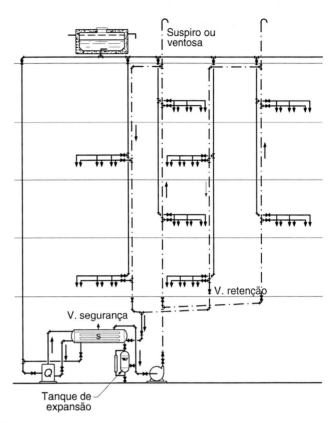

Fig. 6.14 Sistema misto.

Como sempre acontece, a água tende a seguir o percurso que menor resistência lhe oferece, de modo que, se em um dado ponto de utilização, a tubulação de retorno oferecer menor resistência ao escoamento do que a tubulação de abastecimento, a maior parte da água consumida passa a ser fornecida pela tubulação de retorno. Isso acontecendo, depois de certo tempo, o consumidor receberá água fria, em vez da água quente desejada. Corrige-se isso na prática graduando-se convenientemente os registros das colunas e ramais e colocando-se válvulas de retenção um pouco acima do ponto em que as colunas se ligam ao barrilete de retorno.

6.10 PRODUÇÃO DE ÁGUA QUENTE NAS INSTALAÇÕES CENTRAIS

Foram mencionadas no início deste capítulo as fontes de energia empregadas na produção de água quente. Foi visto como se obtém água quente em instalações individuais utilizando energia elétrica e gás. Consideraremos agora as formas mais comuns de produção de água quente em sistemas centrais coletivos.

6.10.1 Aquecimento direto da água com gás de rua ou gás engarrafado

Existem aquecedores para instalação central privada (casas e apartamentos isoladamente) e centrais coletivas.

6.10.2 Aquecimento direto da água com combustão de óleo

Os aquecedores desse tipo possuem uma câmara de aquecimento onde a chama de um queimador de óleo pulverizado aquece o ar insuflado por um soprador. O ar aquecido passa por uma serpentina imersa na água do *storage*, a qual se pretende aquecer.

6.10.3 Aquecimento da água com vapor

Em hotéis, hospitais e muitas indústrias, existe instalação de geração de vapor para as finalidades próprias a cada um desses gêneros de estabelecimento. A produção de água quente pode ser realizada, neste caso, utilizando-se o vapor gerado na caldeira. Do barrilete de vapor deriva-se um ramal a um reservatório, onde o vapor é misturado a água nele contida, ou se conduz o vapor a uma serpentina colocada no aquecedor de água. Neste segundo caso, cedendo calor à água, o vapor se condensa na serpentina e o *condensado*, recolhido, pode ser devolvido à caldeira por uma bomba de condensado. A segunda solução é preferível e quase sempre utilizada.

Existem caldeiras especiais que produzem vapor e água quente, como é o caso do gerador de vapor e aquecedor de água. A caldeira produz vapor, e a unidade *aquecedora-trocadora de calor* de tipo tubular, imersa na câmara de vapor, aquece a água. Essas unidades podem produzir somente vapor saturado, somente água quente, ou ambos simultaneamente. As unidades são fabricadas para atender às demandas máximas de 125 kgf/h de vapor ou 2000 L/h de água quente.

Escolha da caldeira

A escolha da caldeira no caso de um prédio de apartamento é estabelecida do seguinte modo:

a) calcula-se o consumo diário de água quente do estabelecimento;
b) determina-se a capacidade do reservatório de água quente levando-se em consideração as seguintes observações:
   - a água no reservatório deve ser aquecida de um diferencial de temperatura de 50° (por exemplo, de 20 a 70 °C, em regiões de clima temperado);
   - a relação entre o volume teórico do reservatório de água quente e o consumo total diário $\left(\dfrac{V_{teórico}}{C}\right)$ pode ser obtida pelas seguintes relações:
     - residências grandes: 1/3
     - apartamentos para 5 pessoas: 1/5
     - apartamentos muito grandes: 1/7
   - a capacidade de reservatório é calculada multiplicando-se o consumo diário por uma das frações aqui indicadas aplicável ao caso. No gráfico da Fig. 6.15, entrando-se com o valor de consumo de água quente no eixo das abscissas, seguindo-se na reta vertical, vai-se até a reta

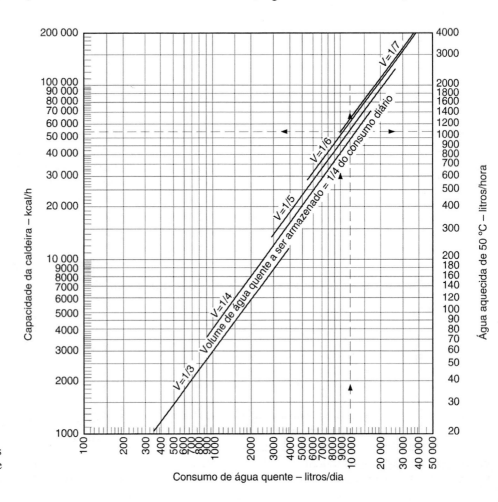

Fig. 6.15 Capacidade de caldeiras de óleo. Volume do reservatório de água quente.

inclinada onde se acha indicada a relação entre o volume de água acumulado e o consumo diário (1/3, 1/5, 1/7 etc.);
- do ponto de encontro das citadas linhas, na reta horizontal, obtém-se à direita a quantidade de água aquecida de 50 °C em litros por hora (L/h), e à esquerda tem-se a capacidade da caldeira em quilocalorias por hora (kcal/h). Consultando-se os catálogos dos fabricantes de caldeiras, escolhe-se o tipo comercial de capacidade igual ou imediatamente superior ao valor encontrado, caso a caldeira se destine unicamente ao aquecimento da água. Se, como geralmente ocorre, a caldeira fornece vapor para outras finalidades, a capacidade necessária para essas finalidades se acrescenta à necessária para produzir água quente.
- O *volume real do reservatório* onde é acumulada a água quente (*storage*) é obtido multiplicando-se o volume teórico calculado pelo fator 1,33.

A Fig. 6.16 representa um esquema simplificado de instalação típica de casa de caldeira de um edifício com 12 pavimentos e 2 apartamentos por pavimento, empregando uma caldeira a óleo, um aquecedor a serpentina e um *storage* de água quente.

Consumo de óleo nas caldeiras

Os catálogos dos fabricantes de caldeiras indicam o consumo de óleo combustível de baixo ponto de fluidez (BPF), com baixo teor de parafina. Admitem, em geral, como valor do poder calorífico (PC) do óleo, 10.000 kcal/kgf de óleo, variando o valor do rendimento conforme o tipo de caldeira.

Assim, por exemplo, uma caldeira que produz 844.000 kcal/h e possui um consumo (C) de 100 kgf de óleo por hora terá o seguinte rendimento:

$$\eta = \frac{\text{Pot}}{\text{PC} \times \text{C}} = \frac{\left(844.000 \dfrac{\text{kcal}}{\text{h}}\right)}{\left(10.000 \dfrac{\text{kcal}}{\text{kgf}}\right) \times \left(100 \dfrac{\text{kgf}}{\text{h}}\right)} = 0,84 = 84\ \%$$

6.11 CÁLCULO DAS INSTALAÇÕES DE ÁGUA QUENTE

O cálculo compreende a determinação das seguintes grandezas:

- capacidade do *storage* e da potência calorífica da caldeira;
- diâmetro das tubulações de distribuição.

■ Exemplo 6.3

Suponhamos um prédio de 38 apartamentos de tamanho médio, com 5 pessoas por apartamento.

- Consumo diário: $C = 38 \times 5 \times 60$ L/dia $= 11.400$ L/dia.
- Volume teórico do reservatório (*storage*): $V_t = 1/5 \times 11.400 = 2280$ L.
- Volume real do *storage*: $V_r = 1,33 \times V_t = 1,33 \times 2280 = 3022$ L.
- Volume de água aquecida: a partir do valor do consumo diário de 11.400 L/dia, usando-se a reta referente ao valor 1/5, obtém-se à direita do gráfico da Fig. 6.15 o valor de 1090 L/h de água aquecida de um diferencial de 50 °C.
- Capacidade da caldeira ou do aquecedor a óleo: a partir da marcação esquerda do gráfico da Fig. 6.15, obtém-se 54.000 kcal/h para a capacidade da caldeira, somente para atender à produção de água quente.

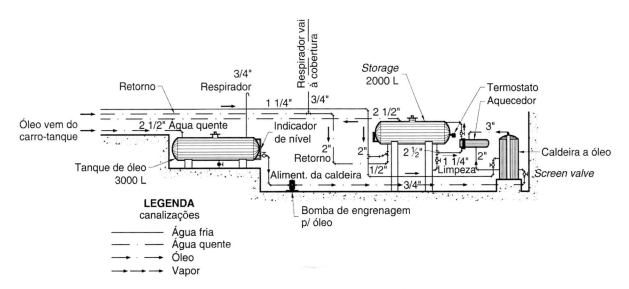

Fig. 6.16 Instalação central de água quente.

6.11.1 Capacidade do *storage* e potência calorífica da caldeira

O *storage* deve acumular uma quantidade de água quente tal que durante o período de máximo consumo esta não venha a faltar. É claro que, enquanto se está consumindo água, a caldeira continua fornecendo calorias, que vão sendo transferidas à água do *storage*.

Deve-se levar em consideração que a água quente é utilizada a 40 °C e que no *storage* ela é aquecida a 65 °C ou mesmo a mais de 80 °C, conforme as condições climáticas locais. A graduação da temperatura de uso nos aparelhos é feita pela mistura com a água fria, conforme já foi visto.

Note-se que, antes de iniciada a utilização de água quente, pela manhã, dispõe-se de um período de duas horas para efetuar o primeiro aquecimento da água do *storage*. Naturalmente, quanto maior for o tempo admitido para esse primeiro aquecimento, tanto menor deverá ser a potência calorífica da caldeira.

Não resta dúvida de que nem sempre é fácil determinar com exatidão o consumo e sua duração, como nos apartamentos, hotéis e hospitais. Em outros casos, como nos colégios, pela maneira como funcionam esses estabelecimentos e seu efetivo, pode-se calcular, com certa precisão, o consumo médio e o tempo de duração da máxima demanda.

Será apresentado como se procede em cada um desses dois casos, empregando-se um método clássico, pois já mostramos como proceder pelo cálculo simplificado aplicável a prédios residenciais.

Prédios de apartamentos e hotéis

Adota-se a regra prática de dar para o *storage* uma capacidade suficiente para a utilização de todos os aparelhos instalados, como se funcionassem apenas uma vez cada um.

Pode-se admitir que cada pessoa consuma por dia cerca de 60 L de água quente (ver Tabela 6.1).

A potência da caldeira deverá ser tal que possa aquecer a água do *storage* elevando sua temperatura de, por exemplo, 15 a 65 °C. Da mistura com a água fria dos aparelhos, obtém-se água a 40 °C.

Considera-se que A é o volume de água a 40 °C, consumida em todos os aparelhos em uma só utilização, e V é o volume de água a determinar para o *storage* na temperatura de 65 °C. A equação das misturas de um mesmo líquido nos fornece:

$$65 \times V + 15 \times (A - V) = 40 \times A, \text{ sendo } V = 0,5 \times A$$

A caldeira deverá proporcionar durante o período de aquecimento as calorias C necessárias para elevar a temperatura da água de 15 a 65 °C.

$$C = V \times (65 - 15)$$

Supondo-se, como geralmente ocorre, que haja duas horas disponíveis para efetuar o aquecimento, a potência calorífica em quilocalorias por hora da caldeira será:

$$P = \frac{V \times (65 - 15)}{2} = 25 \times V \left(\frac{\text{kcal}}{\text{h}} \right)$$

A esta quantidade deve-se adicionar 15 %, para compensar as perdas de calor ao longo das tubulações.

■ EXEMPLO 6.4

Seja um prédio de 38 apartamentos contendo, cada um, banheira, lavatório e bidê. Não é necessário levar em consideração os outros aparelhos (pia de cozinha, tanque etc.), pois sua utilização ocorre em diferentes horas do dia do consumo nos banheiros.

Admite-se para cada utilização dos aparelhos as seguintes quantidades de água a 40 °C:

- banheira: 40 L
- lavatório: 10 L
- bidê: 8 L
- chuveiro: 30 L

Logo, o consumo total será de 88 L por apartamento. Para todo o prédio: 88 × 38 = 3344 L a 40 °C. Da equação das misturas, obtém-se o volume do *storage*:

$$V = (1/2) \times 3344 = 1672 \text{ L}$$

Admitindo-se um período de duas horas para efetuar o aquecimento, a potência da caldeira em quilocalorias/hora (incluindo 15 % para perdas) será de:

$$P = 1,15 \times 25 \times 1672 = 48.070 \text{ kcal/h}$$

Consultando-se os dados dos fabricantes, pode-se, então, escolher a caldeira.

Para hotéis e hospitais, pode-se proceder de maneira análoga. Nestes casos, também não é preciso levar em conta a água quente gasta na cozinha e na lavanderia, pois os serviços nessas dependências não ocorrem simultaneamente com a máxima utilização dos hóspedes e, muitas vezes, usa-se uma caldeira ou aquecedor independente para cozinha e lavanderia, o que, aliás, é recomendável, pois a temperatura de utilização da água para essas serventias é mais elevada.

Colégios internos e estabelecimentos análogos

Nestes casos, sabe-se com bastante exatidão o tempo de duração da máxima demanda, ou *peak*, e a quantidade de água que será consumida.

A água quente se destina geralmente a chuveiros e lavatórios, cujo horário de funcionamento costuma estar perfeitamente regulamentado nesse gênero de estabelecimento.

Suponha novamente que a água dos aparelhos será utilizada a 40 °C e que, no *storage*, estará a 65 °C. Um raciocínio simples indicará o volume e a potência da caldeira. Considere:

V = capacidade do *storage*, em litros;
P = potência calorífica da caldeira, em quilocalorias-hora;
m = tempo disponível para se efetuar o aquecimento da água até que os aparelhos comecem a funcionar;
n = tempo de funcionamento dos aparelhos;

k = quilocalorias recebidas pela quantidade total de água gasta nos aparelhos, durante o tempo n, para passar de 15 a 65 °C;

t = temperatura da água que alimenta a instalação, suponhamos de 15 °C;

t' = temperatura máxima atingida pela água no *storage*, suponhamos de 65 °C;

t'' = temperatura que a água deverá ter no fim no tempo n.

À medida que se vai gastando a água quente, idêntica quantidade de água penetra no *storage*, e é evidente que, no fim do tempo n em que os aparelhos funcionaram, a temperatura da água do *storage* não pode assumir valor inferior a 40 °C, pois abaixo deste valor não seria utilizável nos aparelhos.

Logo, $t'' = 40$ °C (temperatura no fim do tempo n).

Se a instalação funciona bem, as calorias cedidas pela caldeira à água durante o tempo ($m + n$) serão precisamente a soma de calorias que receberá a água consumida nos aparelhos durante o tempo n, mais a que receberá a água consumida no *storage* (que, ao fim do tempo n, continuará cheio), para passar da temperatura t a t''. Assim, pode-se escrever:

$$P (m + n) = k + (40 - 15) \times V$$

Por outro lado, durante o tempo m, aquece-se a água do *storage* até atingir o máximo t' (isto é, 65 °C). Logo, durante o tempo m, as calorias recebidas pelo volume V do *storage*, para passar de 15 a 65 °C, serão iguais às cedidas durante esse tempo à água pela caldeira de potência calorífica P. Isto é:

$$(65 - 15) \times V = m \times P$$

Para se encontrar k, multiplica-se a quantidade de água consumida por (40° − 15°). As duas equações anteriores, contendo as incógnitas V e P, constituem um sistema que permite determinar os valores das mesmas.

Ao valor de P, convém acrescentar 15 %, para atender às perdas de calor através das paredes das canalizações e do *storage*.

■ EXEMPLO 6.5

Determinar a potência calorífica da caldeira de um colégio com 150 alunos, onde haja 15 chuveiros e 30 lavatórios. Admite-se que apenas 2/3 dos alunos tomem banho quente e que este se dê em duas turmas (pela manhã, metade dos alunos utiliza os chuveiros, enquanto o restante utiliza os lavatórios; à tarde, ocorre o inverso).

Suponha que o tempo do banho para cada grupo de 50 alunos ($150 \times 2/3 \times 1/2 = 50$) seja de 30 minutos.

Adotando-se, para consumo em cada banho de chuveiro 30 litros de água a 40 °C, e para o lavatório, 10 litros, tem-se

$$\text{Chuveiros: } 50 \times 30 \text{ L} = 1500 \text{ L}$$

$$\text{Lavatórios: } 100 \times 10 \text{ L} = 1000 \text{ L}$$

Logo, o total de litros a 40 °C é de 2500 L. As calorias k, para aquecer a água de 15 a 40 °C, serão:

$$k = 2500 \times (40 - 15) = 62.500 \text{ kcal.}$$

Admite-se que seja previsto um tempo m de duas horas desde que a caldeira começa a aquecer a água até do instante em que os aparelhos irão funcionar. Assim:

$k = 62.500$ kcal

$m = 2$ horas

$n = 0,5$ hora (30 minutos)

Aplicando esses valores nas expressões apresentadas, tem-se:

$$P = (2 + 0,50) = 62.500 + (40 - 15) \times V$$

$$(65 - 15) \times V = 2 \times P$$

Resolvendo as equações, obtém-se:

$$V = 1667 \text{ L} \qquad e \qquad P = 41.666 \text{ kcal/h}$$

Levando-se em conta a perda de 15 %, acha-se para a potência calorífica da caldeira

$$P = 1,15 \times 41.666 = 47.916 \text{ kcal/h}$$

Como a potência calorífica é pequena, é mais conveniente usar, em vez de caldeira, um aquecedor ou gerador de água quente.

6.11.2 Dimensionamento dos encanamentos de água quente

Os processos a adotar são os mesmos aplicados para o caso da rede de água fria, sendo comumente empregados para os ramais e as colunas os métodos baseados no *consumo máximo provável*.

No dimensionamento dos sub-ramais, o consumo dos aparelhos pode ser adotado como para o caso da água fria.

Quando se tem uma instalação com circulação, é necessário verificar se a água quente efetivamente realiza a circulação, sem o que haverá fornecimento de água a temperatura insuficiente em certos trechos da rede.

Considera-se o circuito fechado formado pelos ramos ascendente e descendente e admite-se que toda a descarga circula por eles quando todos os aparelhos estão com as torneiras fechadas.

Evidentemente, para que se estabeleça a corrente de circulação, é necessário que haja suficiente diferença de temperatura entre os ramos ascendente e descendente ou que uma bomba forneça à água a energia para vencer as perdas de carga na tubulação.

Examinemos o caso do sistema com circulação descendente. Considere:

Q = descarga (L/h) que circula no encanamento partindo do *storage*;
T_1 = temperatura de água no *storage*, igual a 65 °C;
T_2 = temperatura da água ao chegar ao barrilete superior, igual a 60 °C;
T_0 = temperatura do ar atmosférico exterior aos encanamentos;
S = superfície do ramo ascendente do encanamento;
K = coeficiente de transmissão do calor através do isolante térmico do encanamento;
T_3 = temperatura com que a água volta ao *storage*, igual a 40 °C;
S' = superfície exterior do ramo descendente do encanamento.

Para o ramo ascendente pode-se escrever que as perdas de calor na unidade de tempo são aquelas que sofre a água que por ele circula, o que se traduz pela expressão:

$$k \times S \times \left(\frac{T_1 + T_2}{2} - T_0\right) = Q \times (T_1 - T_2)$$

da qual se tira, para o valor da descarga:

$$Q = \left(\frac{k \times S}{2}\right) \times \frac{T_1 + T_2 - T_0}{T_1 - T_2}$$

Para que essa descarga se processe na tubulação ascendente, é necessária que haja certa *carga hidráulica* (ou *potencial hidráulico*), H_d, o qual é originado pela diferença de pesos entre água fria e quente, respectivamente nos ramos descendente e ascendente.

Chamemos de h o desnível entre o barrilete superior e o centro de *storage* (ver Fig. 6.17). A carga H_d, para fazer face às perdas de carga de toda a tubulação, é dada por:

$$H_d = h \times (d_a - d'_a)$$

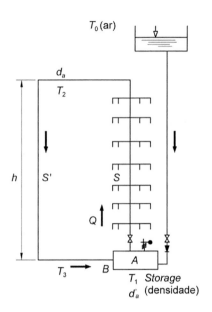

Fig. 6.17 Instalação com alimentação ascendente.

Sendo d'_a a densidade da água no *storage* e d_a, a densidade da água no barrilete.

A Tabela 6.7 fornece os valores de d_a para várias temperaturas.

Tabela 6.7 Densidade da água em diversas temperaturas

Temperatura (°C)	Densidade (d_a)
0	1,000
5	1,000
10	1,000
15	0,999
20	0,998
24	0,997
28	0,996
30	0,996
35	0,994
40	0,992
45	0,990
50	0,988
60	0,983
65	0,981
70	0,975
80	0,972
90	0,962
100	0,958

Se o valor de H_d for insuficiente para estabelecer a descarga Q com uma velocidade da ordem de 1,5 m/s, será necessário intercalar uma bomba centrífuga no ramo ascendente. A *altura manométrica* da bomba (ou, mais corretamente, a *altura útil de elevação* da bomba) adicionada à carga H_d deverá ser igual ao valor da perda de carga total, para a descarga Q e velocidade v.

Note que no sistema considerado, o ramo ascendente alimenta diversos ramos descendentes pelo barrilete.

A descarga Q, subdividida pelas várias prumadas, após dar as contribuições aos aparelhos, tem seu saldo recolhido por um barrilete inferior antes de retornar ao *storage*. Na parte superior de cada ramo descendente, coloca-se um registro para o controle da descarga e regulagem final da instalação.

■ Exemplo 6.6

Suponha um edifício de 12 pavimentos com instalação central de água quente. O sistema de distribuição é descendente, com duas colunas de descida de água e uma coluna que conduz a água ao barrilete na cobertura, conforme mostra a Fig. 6.18.

Em cada pavimento há dois apartamentos, com dois banheiros e cozinha, podendo funcionar simultaneamente em cada apartamento um chuveiro, um lavatório e a pia de cozinha.

Da Fig. 6.18 pode-se observar:

- Desnível entre o barrilete e o centro do *storage*: $h = 42$ m.
- Temperatura da água no *storage*: $T_1 = 70$ °C.
- Temperatura de água no barrilete superior: $T_2 = 55$ °C.
- Desnível entre a água no reservatório superior de água fria e o barrilete de água quente: $h' = 2$ m.
- Comprimento da tubulação de água quente entre o *storage* e o barrilete: $l_1 = 52$ m.
- Comprimento da tubulação descendente até o *storage*: $l_2 = 56$ m.

Para que a água quente desça do barrilete pelas colunas AQ1 e AQ2, é necessário que no barrilete reine uma pressão estática, capaz de vencer as perdas de carga ao longo das duas colunas e do barrilete inferior até o *storage*. Essa pressão estática, h_e, resulta do desnível h' da água na caixa de água fria em relação ao barrilete e da pressão resultante da diferença de densidades da água nas temperaturas $T_1 = 70$ °C, no *storage*, e $T_2 = 55$ °C, no barrilete.

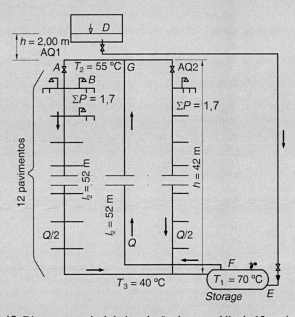

Fig. 6.18 Diagrama vertical da instalação de um prédio de 12 pavimentos.

A altura representativa da diferença de densidades ou energia ascensional devida à diferença de densidade é:

$$H_d = h \times (d_{55\,°C} - d_{70\,°C}) = 42 \times (0,985 - 0,975) = 0,42 \text{ m}$$

Entre os pontos D e G, ocorre uma perda de carga $J_{(D-E-F-G)}$ que, em uma primeira aproximação, pode-se admitir como igual a 2 % de h, isto é:

$$J_{D-G} = 0,02 \times 42 = 0,84 \text{ m}$$

continua

A pressão estática no barrilete é, portanto:

$$h_e = h' + H_d - J_{D-G} = 2,000 + 0,420 - 0,840 = 1,580 \text{ m}$$

Para atender à pressão necessária ao chuveiro, o desnível existente entre o barrilete e o chuveiro é de 1,35 m. A pressão mínima para o chuveiro é de 0,50 m, sobrando: $1,35 - 0,50 = 0,85$ m para as perdas entre A e B.

A pressão estática $h_e = 1,58$ m deverá poder equilibrar a altura representativa das perdas de carga ao longo da tubulação, em um movimento ascendente da água, e no retorno, para que o escoamento se faça sem bombeamento. Isto deve poder realizar-se quando não houver consumo nos aparelhos e, portanto, com toda a descarga circulando em circuito fechado. O *comprimento* da tubulação será a soma de três parcelas:

- ramo ascendente $l_a = 52$ m (comprimento real);
- ramo descendente $l_d = 56$ m (comprimento real);
- *comprimento equivalente* às perdas de carga.

Em um cálculo preliminar, pode-se considerar que essas perdas representem um acréscimo virtual no encanamento da ordem de 30 %.

$$\text{Assim, } l_{eq.} = 0,30 \times (52 + 56) = 32,4 \text{ m}$$

O comprimento total será:

$$l_t = l_a + l_d + l_{eq.} = 52 + 56 + 32,4 = 140,4 \text{ m}$$

No entanto, necessita-se calcular a descarga que percorre a tubulação principal.

Por hipótese, a vazão Q, nesta tubulação, divide-se igualmente nos dois ramos descendentes. Será considerado que, em cada pavimento e para cada ramo descendente, contenha o consumo indicado no quadro que se segue.

Peças em funcionamento	Pesos
Chuveiro	0,5
Lavatório	0,5
Pia de cozinha	0,7
Total	1,7

Para cada pavimento, como temos duas colunas, derivadas de uma, o peso será: $2 \times 1,7 = 3,4$.

Pavimentos	Pesos	Pesos acumulados	Vazão (L/s)
1	3,4	5,4	0,55
2	3,4	6,8	0,78
3	3,4	10,2	0,96
4	3,4	13,6	1,10
5	3,4	17,0	1,24
6	3,4	20,4	1,35
7	3,4	23,8	1,46
8	3,4	27,2	1,56
9	3,4	30,6	1,66
10	3,4	34,0	1,75
11	3,4	37,4	1,83
12	3,4	40,8	1,91

continua

Logo, será considerada a vazão total de 1,91 L/s.

Para que o escoamento da água quente nas colunas possa realizar-se sem bombeamento, a perda de carga poderá ser, no máximo, igual a: $J = \dfrac{h_e}{l_t} = \dfrac{1,58}{140,4} = 0,0112$ m/m.

Considere que a instalação será executada com tubulação de cobre. Para $J = 0,0112$ m/m e $Q = 1,91$ L/s, encontra-se o diâmetro de 2 1/2" e velocidade de 0,72 m/s.

No entanto, se fixarmos, por economia, o diâmetro do tubo de cobre em 1 1/2", encontra-se, para a descarga $Q = 1,91$ L/s, os valores $J' = 0,065$ m/m e $v = 1,50$ m/s, que é considerado um valor aceitável. Assim, tem-se que:

$$J_t = 140,4 \times 0,065 = 9,13 \text{ m}$$

Essa perda de carga, menos a altura $h_e = 1,58$ m, corresponde ao valor da altura manométrica que a bomba deverá possuir. Para elevar a água ao barrilete superior, atuam, de fato, a pressão devida ao desnível entre a caixa de água fria e o barrilete, menos as perdas de cargas J_{D-G} e a energia fornecida pela bomba para superar as perdas de carga. A altura manométrica será, pois,

$$H = J_t - h_e = 9,13 - 1,58 = 7,55 \text{ m}$$

A potência do motor da bomba, supondo rendimento total $\eta = 0,40$, será:

$$N = \dfrac{\gamma \times Q \times H}{75 \times \eta} = \dfrac{1000 \times 0,00191 \times 7,55}{75 \times 0,40} = 0,48 \text{ CV}$$

Como a bomba irá trabalhar em regime de muitas horas, convém que o motor seja escolhido com folga. No caso, a potência mínima seria de 1/2 CV.

Sendo a tubulação ascendente de 1 1/2", as duas descendentes poderão ser de 1 1/4", procedendo-se ao controle das vazões nas colunas com o auxílio de registros.

A margem para as perdas de carga entre A e B (ver Fig. 6.19) será:

$$h_e = 1,35 - p_{chuv.} = 1,58 + 1,35 - 0,50 = 2,43 \text{ mca, o que é folgado.}$$

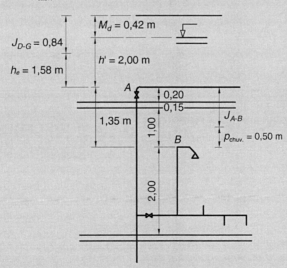

Fig. 6.19 Diagrama da instalação de água quente para o banheiro no último pavimento.

6.12 OBSERVAÇÕES QUANTO À INSTALAÇÃO DE ÁGUA QUENTE

6.12.1 Material dos encanamentos

Os encanamentos, de preferência, devem ser de cobre recozido com conexões de bronze ou latão. Os tubos e conexões de PVC convencionais não devem ser empregados para água quente, pois possuem elevado coeficiente de dilatação linear (0,00075 m/°C), amolecem a 100 °C; e a 60 °C sua pressão de serviço é de apenas 2 kgf/cm². O tubo de ferro maleável galvanizado, embora seja empregado, apresenta pouca resistência à corrosão. Pode-se usar o CPVC para alguns tipos de tubulações de água quente, de acordo com o fabricante.

6.12.2 Dilatação dos encanamentos

Deve-se levar em conta a dilatação dos encanamentos sob o efeito do calor nas instalações de água quente, permitindo-se que a dilatação se dê livremente e sem obstáculos, a fim de evitar que ocorram tensões internas no tubo e empuxos consideráveis.

Nota-se que o coeficiente de dilatação linear do aço é de 0,000012 m por metro por °C, e o do recozido é de 0,000017 m por metro por °C.

Suponha que uma tubulação de água quente com 70 m de comprimento submetida a uma variação de temperatura de 60 °C. Se a tubulação for de aço galvanizado, a dilatação será de:
70 m × 60° × 0,000012 m/m °C = 0,05 m.

Sendo de cobre, a dilatação será de:
70 m × 60° × 0,000017 m/m °C = 0,071 m.

Como se observa, a dilatação é considerável e oferece riscos à segurança da instalação, se não forem tomadas precauções especiais.

Para se atender ao efeito da dilatação nas tubulações, pode-se usar um dos recursos seguintes:

a) Usar um traçado não retilíneo para a tubulação, isto é, realizar desvios angulares no plano ou no espaço, de modo a dar ao tubo condições de absorver as dilatações. Para isso, pode-se usar uma das soluções da Fig. 6.20. Em qualquer dos casos, um dos ramos deve ser ancorado e o outro deve poder deslocar-se o mais livremente possível.
b) Em trechos retilíneos longos deve-se fazer um *loop* ou colocar uma peça conhecida como *lira*.
c) Havendo pouco espaço para realizar o *loop*, usar juntas de dilatação especiais.
d) As tubulações de água quente devem poder dilatar-se sem romperem o isolamento térmico. Deve-se evitar embutir as linhas alimentadoras principais na alvenaria. Sempre que possível, deve-se instalá-las em um nicho ou *shaft* de tubulações.

6.12.3 Isolamento dos encanamentos

Os encanamentos — que, de preferência, devem ser de cobre ou de ferro puro especial — devem ser isolados com material de baixa condutibilidade térmica, a fim de dissipar o calor antes de a água atingir os sub-ramais.

Empregam-se os seguintes materiais no isolamento dos encanamentos, quando tenham mais de 5 m de comprimento:

a) produtos à base de vermiculita (mica expandida sob ação do calor);
b) lã de rocha ou lã mineral (sílica), em fios. É bom material, mas de manuseio perigoso;
c) silicato de cálcio hidratado com fibras de amianto. É um material excelente e muito empregado;
d) silicato de magnésio hidratado. Bom isolante, mas tem cedido lugar ao silicato de cálcio hidratado, pois possui fraca resistência à umidade.

Os produtos isolantes são fornecidos sob a forma de calhas que se adaptam aos tubos. Nas conexões e válvulas, emprega-se argamassa sobre tela recobrindo as peças, ou aplicam-se mantas do mesmo material. A camada de isolamento térmico pode ser protegida com pano de *algodãozinho*, o qual deve ser depois pintado.

Quando a tubulação for instalada em locais úmidos, pode-se protegê-la com uma película de alumínio adesiva, o que dá excelente acabamento, além da vantagem que o próprio material oferece. Outra solução consiste em recobrir as calhas isolantes com papelão betuminoso colado a folhas ou lâminas finas de alumínio. O material de revestimento é preso às calhas com braçadeiras ou cintas com presilhas.

A espessura das calhas isolantes, no caso de água quente, é geralmente de 1" até tubos de 3", e de 1 1/2" para tubos de 4", 6" e 8".

6.13 AQUECEDORES COM ENERGIA SOLAR

A utilização da energia solar no aquecimento de água vem sendo realizada há várias décadas e em muitos países. O elevado custo das formas de energia convencionais despertou especial interesse no aproveitamento dessa forma de energia, cujo investimento inicial em equipamentos que é compensado pelo fornecimento energético sem problemas e gratuito pelo Sol.

A energia solar aproveitável é função do tempo de insolação, em média de 6,5 a 7 horas diárias na Região Centro-Sul do Brasil, alcançando valores mais elevados na Região Nordeste. Pode-se dizer, pois, que o aquecimento solar útil se realiza durante cerca de 2372 a 2555 horas, anualmente. Tem-se, portanto, necessidade de aproveitar bem essas horas de insolação captando a energia solar, transferindo o calor para a água e armazenando-a para sua utilização a qualquer hora. Para a situação decorrente de vários dias sem insolação ou com insolação insuficiente, recorre-se a reservatórios bastante grandes, com isolamento térmico de boa qualidade. Pode ser necessário um aquecedor auxiliar que utilize energia

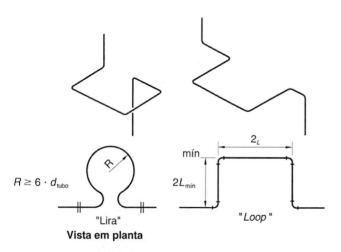

Fig. 6.20 *Loops* de dilatação.

convencional, para suprir situações de falta de insolação por períodos excepcionalmente grandes. O equacionamento do problema deveria ser a utilização da energia solar como aquecimento normal da água onde e sempre que possível, e o aquecimento elétrico ou com combustível como auxiliar, e não o inverso.

As limitações de espaço nas coberturas de residências e edifícios multirresidenciais e comerciais, além das implicações do ponto de vista arquitetônico, podem, entretanto, dificultar ou mesmo impossibilitar a instalação dos aquecedores nas dimensões que estes devem ter para se constituir no elemento essencial do sistema principal de aquecimento.

6.13.1 Circuito básico

Um sistema de abastecimento com energia solar instalado em um telhado residencial com funcionamento em termossifão está apresentado na Fig. 6.21.

Geralmente, uma instalação de aquecimento de água com energia solar consiste essencialmente em:

a) um *aquecedor*, chamado também *captor*, *captador* ou *coletor solar*, que absorve a energia radiante dos raios solares aquecendo-se e transferindo o calor para a água contida em um conjunto de tubos que constituem uma espécie de serpentina;
b) *reservatório* de acumulação de água aquecida, isto é, um *storage*;
c) *tubos e acessórios* para estabelecer a vinculação entre o aquecedor e o reservatório;
d) *bomba* de circulação, quando a circulação por convecção for insuficiente para alcançar o nível da temperatura desejado.

Existem sistemas em que, com adequada circulação e, naturalmente, com boa insolação, um aquecedor de boa qualidade consegue elevar a temperatura da água acima de 80 °C.

A água do reservatório de água quente alimenta um sistema de distribuição de um dos tipos descritos. Para a realização adequada da circulação, pode ser necessária uma bomba de pequena potência.

Em instalações de pequeno porte, pode-se dispensar o aquecedor auxiliar que foi mencionado, desde que uma eventual falta de água quente seja suportável.

Existem instalações residenciais que possuem, além de instalação de água quente com aquecedor a gás de rua ou GLP, também instalação de aquecedor por energia solar, cuja utilização resulta em economia de gasto de combustível e cujo desligamento, portanto, não provoca a interrupção no fornecimento de água quente.

Alguns projetistas sugerem que, no reservatório de água quente obtida pela energia solar, sejam introduzidas resistências elétricas que possam melhorar as condições de temperatura da água em períodos longos sem insolação ou, até mesmo, substituir o aquecimento solar nas emergências. É o que mostra a Fig. 6.22, e que se costuma denominar *instalação mista*.

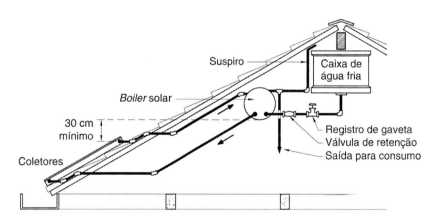

Fig. 6.21 Instalação de um sistema de abastecimento de energia solar em telhado residencial.

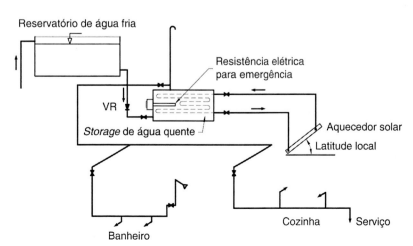

Fig. 6.22 Instalação mista: aquecedor solar e aquecedor elétrico sem retorno.

Na Fig. 6.23, além do reservatório de água quente (2), temos um aquecedor auxiliar (7), a eletricidade ou a gás. Esse aquecedor auxiliar, que é também um *storage*, operará eventualmente por ocasião de vários dias sem adequada insolação, aquecendo a água acumulada em capacidade suficiente para o atendimento nesses períodos.

A Fig. 6.24 representa o esquema de uma instalação de água quente com aquecedores de acumulação elétricos ou a gás, localizados em cada apartamento, podendo ser utilizada água quente obtida com coletor solar na cobertura. A água do reservatório de água quente da cobertura poderá dispensar o aquecimento das unidades nos apartamentos ou

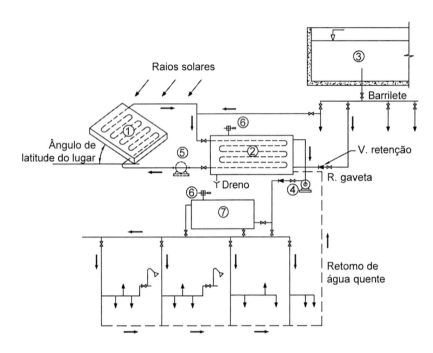

Fig. 6.23 Partes de um sistema de abastecimento solar: (1) captor ou coletor; (2) reservatório de água quente; (3) reservatório de água fria do prédio; (4) bomba de circulação de água quente, sistema descendente; (5) bomba eventualmente empregada na circulação da água entre (1) e (2); (6) válvula de segurança; e (7) aquecedor auxiliar a eletricidade ou a gás.

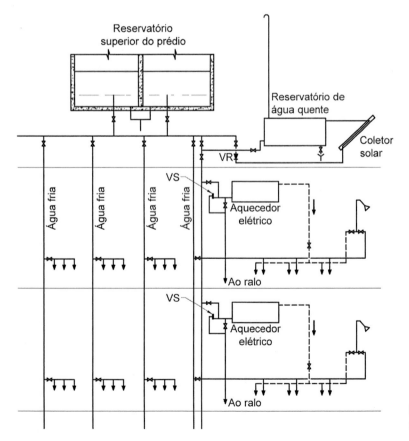

Fig. 6.24 Instalação de água, em edifício, com aquecimento elétrico e por energia solar.

permitir a redução de consumo de eletricidade ou combustível, conforme a capacidade do coletor solar e as condições de instalação. No inverno, em períodos sem Sol aparente ou chuvosos, pode-se ter que recorrer ao aquecimento das unidades centrais privadas.

Alguns construtores, obedecendo a recomendações, quando não executam desde logo a instalação do coletor e do reservatório tal como os representamos, deixam as tubulações e os espaços previstos para, na oportunidade, completá-la.

Atualmente, tem sido dada ênfase ao aquecimento de água para uso nos aparelhos sanitários ou de lavanderia e cozinha. É bom lembrar que a água quente pode ser também utilizada na climatização de ambiente, com a instalação de radiadores para aquecimento do ar e com o emprego de resfriadores de ar do tipo *absorção* no verão, conforme mostra a Fig. 6.25.

O diagrama da Fig. 6.25 nos mostra que o coletor (1) aquece a água do reservatório (2), a qual é conduzida pelo barrilete (3) às colunas de água quente até os pontos de consumo.

O mesmo barrilete (3) alimenta os aquecedores ou radiadores de ar (5) no inverno, para aquecimento do ambiente, ou o resfriador de ar do "tipo absorção" (6) no verão, para resfriamento do ar ambiente. A bomba (7) recalca a água de volta ao reservatório (2). Quando necessário, complementa-se ou efetiva-se o aquecimento da água do reservatório (2) com o aquecedor auxiliar (4).

6.13.2 Sistema de absorção para resfriamento da água, aproveitando a energia solar

No *sistema de absorção contínua* (Fig. 6.26), no interior do chamado *gerador* (1), existe uma solução absorvente-refrigerante de alta concentração, em geral amônia (NH_3) e água. A solução é aquecida pela água proveniente de um aquecedor (2) que, por sua vez, opera pela ação do aquecedor solar (3). Sob o efeito do calor, o líquido refrigerante se vaporiza. No condensador (4), os vapores de amônia formados no gerador (1) se condensam a uma pressão p por meio de água de resfriamento na temperatura ambiente T_1. Uma válvula de expansão termostática (5) permite que, passando do condensador (4) e chegando ao evaporador (6), a amônia se vaporize. A amônia, sob a forma de vapor, fica em contato com a água no evaporador, que é um recipiente onde fica a serpentina no interior da qual passa a água que se pretende resfriar. A vaporização se faz retirando o calor da água.

Depois de passar pelo evaporador (6) o vapor de amônia, em uma pressão p_0, chega ao absorvedor (7), onde existe água que absorve os vapores de amônia formados no evaporador, o que faz com que a amônia se liquefaça. Como a liquefação é exotérmica, há necessidade de se retirar calor da solução no absorvedor, o que se faz com água de resfriamento. A solução concentrada de amônia e água é bombeada de novo ao gerador, onde o ciclo recomeça.

Compreende-se que uma instalação dessa natureza tem certa complexidade e é de custo apreciável. Entretanto, o que pode representar em economia de energia em instalações de tipo frigorífico, em locais onde a insolação é muito imensa, justifica o interesse que tem despertado.

6.13.3 Aquecedor solar

Trata-se do elemento fundamental do sistema de aquecimento. É chamado também do coletor solar ou captor de energia solar.

Há vários tipos de aquecedores, alguns patenteados. Um, muito comum, consiste em uma chapa de cobre ou alumínio pintada de preto em uma das faces. Na outra face são adaptados tubos, no interior dos quais pode circular a água. As

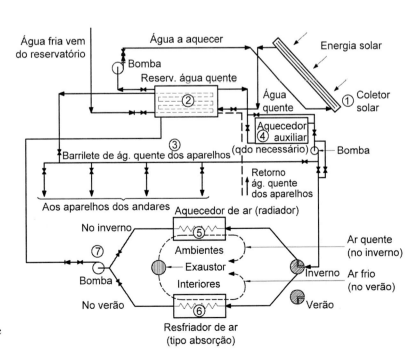

Fig. 6.25 Diagrama esquemático de climatização de ambiente mediante energia solar.

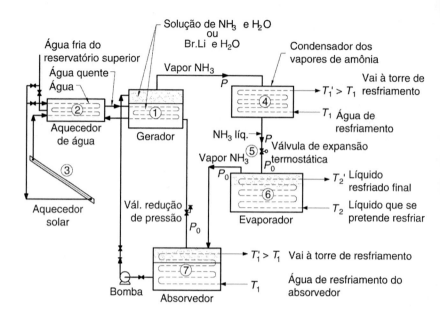

Fig. 6.26 Sistema de absorção contínua, utilizando aquecedor solar.

extremidades dessa serpentina de tubos são ligadas por encanamentos ao reservatório de acumulação de água quente.

A face negra da chapa, em certos aquecedores, é recoberta por placas de vidro (em geral, duas) separadas por gaxetas de silicone branco. O vidro retém a radiação infravermelha, impedindo a dissipação do calor para o exterior e elevando, por conseguinte, a temperatura no sistema constituído pela chapa e tubos de água.

As Figs. 6.27, 6.28 e 6.29 mostram aquecedores solares como os que acabam de ser descritos.

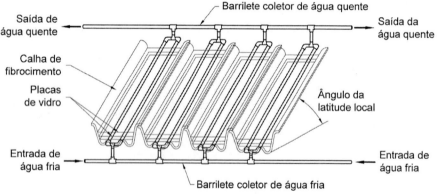

Fig. 6.27 Aquecedor solar para água improvisado, usando calha de cimento-amianto.

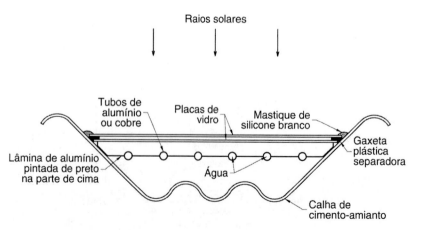

Fig. 6.28 Corte de uma calha de coletor solar improvisado.

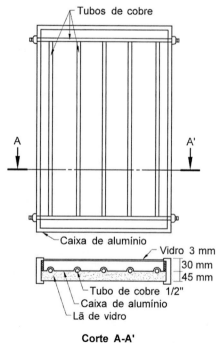

Fig. 6.29 Captor solar modelo comercial.

7

Instalação de Gás Combustível

7.1 INTRODUÇÃO

Neste capítulo, são apresentadas as instalações que se destinam a distribuir o gás no interior dos prédios, para fins de aquecimento e para consumo em fogões, aquecedores de água e equipamentos industriais.

Atualmente, o gás combustível é fornecido ao usuário sob as seguintes formas:

- **Gás liquefeito de petróleo (GLP) ou gás engarrafado.** Trata-se de mistura dos gases propano e butano, de alto poder calorífico, que é fornecida liquefeita ao consumidor, em embalagens adequadas, como botijões (bujões), garrafões e cilindros e, em certos casos, tanques especiais.
- **Gás natural (GN).** É um combustível fóssil formado quando camadas de animais e vegetais soterrados ficam submetidas a intenso calor e pressão ao longo de milhares de anos. É uma mistura de hidrocarbonetos leves encontrada no subsolo, na qual o metano tem uma participação superior a 70 % em volume. A instalação de gás natural é, sem dúvida, extremamente cômoda para usuários, que têm assegurado um fornecimento muito regular, sem a preocupação de evitar que, por imprevisão, venha a faltar o combustível.

Várias são as empresas que distribuem o GLP em todo o território nacional, sendo generalizado seu consumo. Uma redução muito grande na devastação de florestas para uso da madeira como lenha ou para a produção de carvão vegetal deve-se inegavelmente à penetração da rede distribuidora do *gás engarrafado* nas mais remotas localidades do país.

Este livro tomará como base a NBR 15526:2012 — *Redes de distribuição interna para gases combustíveis em instalações residenciais e comerciais — projeto e execução*, da ABNT, que está válida desde 6 de janeiro de 2013.

A norma mencionada estabelece os requisitos mínimos exigíveis para o projeto e a execução de redes de distribuição interna para gases combustíveis em instalações residenciais e comerciais que não excedam a pressão de operação de 150 kPa (1,53 kgf/cm^2) e que possam ser abastecidas tanto por canalização de rua (conforme as normas NBR 12712:2002 e NBR 14461:2000) como por uma central de gás (conforme NBR 13523:2008), sendo o gás conduzido até os pontos de utilização por meio de um sistema de tubulações.

Além disso, a Norma NBR 15526:2012 se aplica ao gás natural (GN) e aos gases liquefeitos de petróleo (GLP, propano, butano), em fase vapor e mistura ar-GLP.

Por outro lado, esta Norma não se aplica a instalações constituídas de um só aparelho a gás ligado a um único recipiente com capacidade volumétrica inferior a 32 L (0,032 m³) e a instalações onde o gás for utilizado em processos industriais. Neste último caso, recomenda-se utilizar a NBR 15358:2017, da ABNT.

Os projetos de instalações de gás devem seguir as regulamentações do estado e da respectiva companhia de distribuição de gás, que no caso do Estado do Rio de Janeiro, é a empresa Naturgy. Note que a CEG, a CEG Rio e a Gás Natural Fenosa agora se chamam **Naturgy**. Geralmente, entre as recomendações, destacam-se:

a) Aprovar os projetos, finalizar as instalações por amostragem e conceder os *certificados de liberação* para fins de *habite-se* para todos os prédios localizados nos municípios e em outros que venham a ser por ela abastecidos.

b) Todo o projeto de edificações deve prever *local* próprio para instalação de um medidor de gás canalizado, por economia, *mesmo que no município ou bairro não exista rede de gás na rua e que se vá utilizar GLP*.

c) Todo projeto de edificação, familiar deve prever, para *cada economia*, pelo menos um ponto de gás para fogão e um ponto de gás para aquecedor de água dos chuveiros.

7.2 TERMINOLOGIA E DEFINIÇÕES

Os termos e definições relativos às instalações de gás combustíveis são:

- **Aparelhos a gás.** São aparelhos destinados à utilização do gás combustível.
- **Capacidade volumétrica.** É a capacidade em volume de água que o recipiente ou a tubulação pode comportar.
- **Central de gás.** É a área devidamente delimitada que contém os recipientes transportáveis ou estacionários e acessórios, destinados a armazenamento de gases combustíveis para consumo na própria rede de distribuição interna.
- **Consumidor.** Pessoa física ou jurídica responsável pelo consumo de gás.
- **Comissionamento.** É o conjunto de procedimentos, ensaios, regulagens e ajustes necessários à colocação de uma rede de distribuição interna em operação.
- **Descomissionamento.** É o conjunto de procedimentos à retirada de operação de uma rede de distribuição internação.
- **Densidade relativa do gás.** Relação entre a densidade absoluta do gás e a densidade absoluta do ar seco, na mesma pressão e temperatura.
- **Dispositivo de segurança.** É um dispositivo destinado a proteger a rede de distribuição, bem como os equipamentos ou aparelhos a gás.

- **Defletor.** Parte da chaminé provida de dispositivo destinado a evitar que a combustão no aparelho de utilização sofra efeitos de condições adversas, tais como ventos que sopram para o interior da chaminé e existência de elevada estática em volta do terminal, obstrução parcial da chaminé ou outros fatores que possam prejudicar a combustão do gás.
- **Fator de simultaneidade (F).** É o coeficiente de minoração, expresso em porcentagem, aplicado à potência computada (C) para obtenção da potência adotada (A).
- **Mistura ar-GLP.** Mistura ar e GLP com o objetivo de substituição ao gás natural ou de garantir maior estabilidade no índice de Woobe em processos termicamente sensíveis.
- **Medidor individual.** Aparelho destinado à medição de consumo total de gás de uma economia.
- **Medidor coletivo.** Aparelho destinado à medição do consumo total de gás de um conjunto de economias.
- **Número de Wobbe.** Relação entre o poder calorífico superior do gás, expresso em kcal/m³, e a raiz quadrada da sua densidade em relação ao ar.
- **Ponto de utilização.** Extremidade da canalização de gás destinada a receber os aparelhos a gás.
- **Potência adotada (A).** É a potência utilizada para o dimensionamento do trecho da rede de distribuição interna.
- **Potência computada (C).** É o somatório das potências máximas dos aparelhos a gás alimentados pelo trecho em questão.
- **Potência nominal do aparelho a gás.** É a quantidade de calor contida no combustível, consumida na unidade de tempo pelo aparelho a gás, com todos os queimadores acesos e regulados com as válvulas totalmente abertas.
- **Pressão de operação.** É a pressão em que um sistema é operado em condições normais, respeitadas as condições de máxima pressão admissível dos materiais e componentes do sistema.
- **Prumada.** É a tubulação vertical e suas interligações (verticais e horizontais), parte constituinte da rede de distribuição interna, que conduz o gás para um ou mais pavimentos.
- **Prumada individual.** É a prumada que abastece uma única unidade habitacional.
- **Prumada coletiva.** É a prumada que abastece um grupo de unidades habitacionais.
- **Rede de distribuição interna.** É o conjunto de tubulações, medidores, reguladores e válvulas, com os necessários complementos, destinado à condução e ao uso do gás, compreendido entre o limite de propriedade até os pontos de utilização, com pressão de operação não superior a 150 kPa (1,53 kgf/cm² ou 1,5 bar).
- **Regulador de pressão.** É um dispositivo destinado a reduzir a pressão do gás. Pode haver um regulador único ou em estágios.

- **Tubo-luva.** É um duto instalado geralmente em alvenarias onde a tubulação de gás é instalada em seu interior, a fim de atravessar esses obstáculos.
- **Válvula de alívio.** É uma válvula projetada para reduzir a pressão, a jusante dela, quando tal pressão excede o valor máximo estabelecido.
- **Válvula de bloqueio automática.** É uma válvula instalada com a finalidade de interromper o fluxo de gás, mediante acionamento automático, sempre que não forem atendidos limites pré-ajustados.
- **Válvula de bloqueio manual.** É uma válvula instalada com a finalidade de interromper o fluxo de gás mediante acionamento manual.

As Figs 7.1 a 7.4 mostram exemplos de redes de distribuição típicas alterando-se o regulador único ou de dois estágios, medidor individual no térreo ou nos andares e prumadas individuais ou coletivas.

A Fig. 7.5 mostra seis tipos de configurações de redes de distribuição, quanto à quantidade de prumadas e localização dos abrigos de medidores (no térreo, nos andares ou na cobertura).

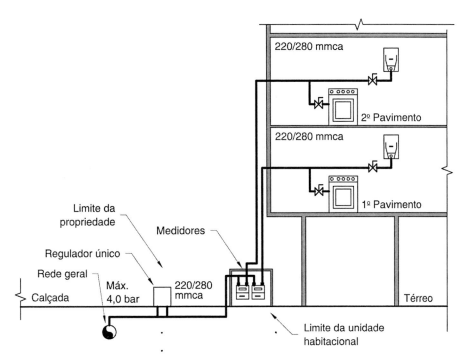

Fig. 7.1 Rede de distribuição com regulador único, medidor individual no térreo e prumadas individuais para os andares. (Fonte: Fig. A.1 da ABNT NBR 15526:2012.)

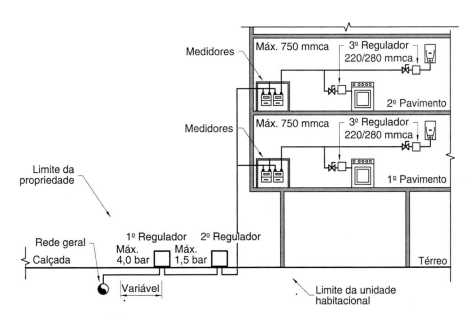

Fig. 7.2 Rede de distribuição com regulador de três estágios, medidor individual nos andares e prumadas única. (Fonte: Fig. A.2 da ABNT NBR 15526:2012.)

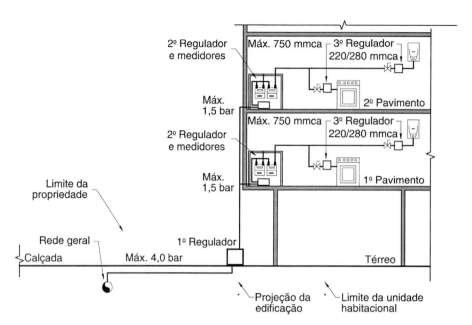

Fig. 7.3 Rede de distribuição com regulador de três estágios, medidor individual nos andares e prumada única. (Fonte: Fig. A.3 da ABNT NBR 15526:2012.)

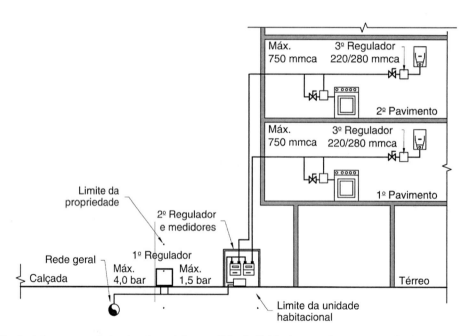

Fig. 7.4 Rede de distribuição com regulador de três estágios, medidor individual nos andares e prumadas individuais para os andares. (Fonte: Fig. A.5 da ABNT NBR 15526:2012.)

7.3 LOCALIZAÇÃO DE MEDIDORES

É obrigatória para cada economia a previsão do local do medidor individual, mesmo que no local não haja gás canalizado e a instalação inicialmente seja com GLP.

As caixas de proteção ou cabines dos medidores individuais poderão ser colocadas no pavimento térreo (Fig. 7.6), em áreas de servidão comum dos andares (Fig. 7.7) no interior das respectivas economias (Fig. 7.8).

Somente em casos excepcionais, a critério da CEG ou equivalente, será permitida a localização de medidores em rampas de garagem (Fig. 7.9) e subsolo (Fig. 7.10), desde que sejam assegurados o acesso, a iluminação e a ventilação.

Considera-se as seguintes recomendações acerca da localização dos medidores:

a) Quando os medidores individuais forem colocados nos andares ou no interior das economias, deverá ser previsto

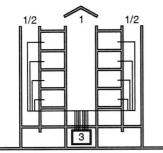
Tipo 1 – Abrigo de medidores agrupados no térreo com prumadas individuais nas fachadas ou prismas.

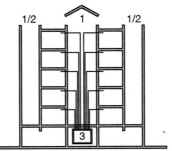
Tipo 2 – Abrigo de medidores agrupados no térreo com prumadas individuais no prisma.

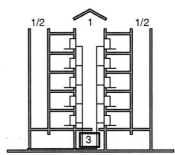
Tipo 3 – Abrigo de medidores agrupados parcialmente nos andares abastecidos por prumadas coletivas no prisma.

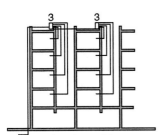
Tipo 4 – Abrigo de medidores agrupados parcialmente no telhado, abastecidos por prumadas coletivas.

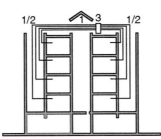
Tipo 5 – Abrigo de medidores agrupados no telhado, abastecido por prumada coletiva.

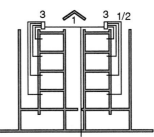
Tipo 6 – Abrigo de medidores agrupados no telhado, abastecido por prumada coletiva.

1. Prisma; 2. Fachada;
3. Abrigo de medidores.

Fig. 7.5 Configurações de redes de distribuição. (Fonte: Fig. A.6 da ABNT NBR 15526:2012.)

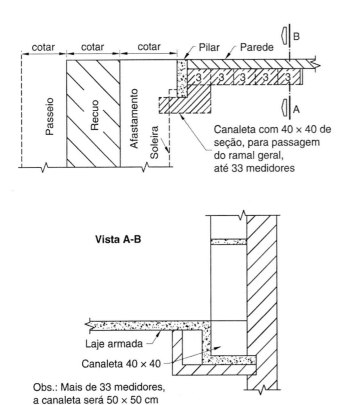

Fig. 7.6 Localização de medidores sobre lajes de piso com pavimento ou vão inferior.

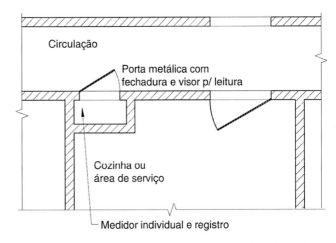

Fig. 7.7 Localização de medidor em cozinha ou área de serviço, com porta para a circulação.

um local para medidores gerais no pavimento térreo (Fig. 7.11). Quando o edifício estiver habitado, a Naturgy (no caso dos Estados do Rio de Janeiro e São Paulo) ou companhia equivalente poderá emitir uma conta única para o consumo de todo o prédio, ficando o rateio do consumo total por conta do condomínio ou dos proprietários.

b) Qualquer que seja a forma de localização de medidores deverá haver sempre registros especiais colocados em

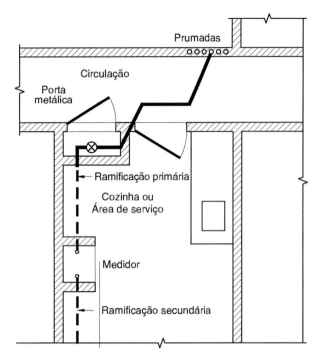

Fig. 7.8 Localização de medidor em cozinha ou área de serviço, com registro acessível pela circulação.

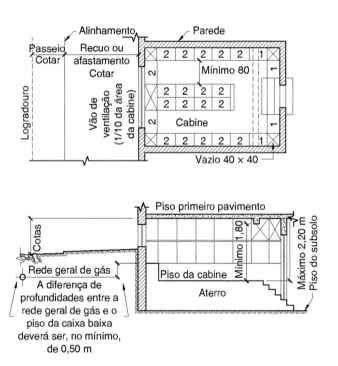

Fig. 7.9 Localização de medidores em rampas.

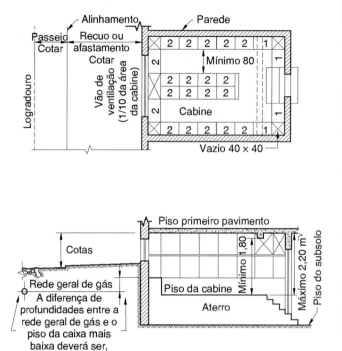

Fig. 7.10 Localização de medidores em subsolo.

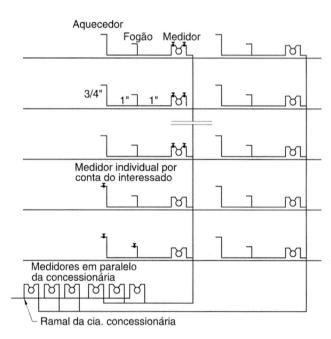

Fig. 7.11 Medidores em *paralelo* e medidores *individuais* nos pavimentos.

áreas de servidão comum que permitam fazer o corte de gás de cada economia individualmente.

c) Junto à entrada de cada medidor deverá ser instalado um registro de segurança.

d) Os medidores serão abrigados em caixa de proteção ou cabines suficientemente ventilados, em local devidamente iluminado, devendo ser obedecidos os desenhos que constam do Regulamento, alguns dos quais se acham reproduzidos neste capítulo.

e) As caixas de proteção ou cabines devem ser ventiladas por meio de aberturas para arejamento. O total da área das aberturas, em pleno vertical, para ventilação das caixas ou cabines deverá ser, no mínimo, 1/10 da área da planta baixa do compartimento.

f) Não é permitida a colocação de hidrômetro, nem dispositivo capaz de produzir centelha, no interior das caixas de proteção ou das cabines.
g) O piso das caixas de proteção ou das cabines deverá ser sempre cimentado, devendo o mesmo ser assentado somente após a instalação das ramificações.
h) Nas caixas de proteção ou cabines não é permitida a colocação de nenhum outro aparelho, equipamento ou dispositivo elétrico, além do necessário à iluminação, que deve ser à prova de explosão.
i) No caso de as caixas de proteção abrirem diretamente para o logradouro público, é obrigatório o emprego de porta metálica com fechadura e visor para leitura (Fig. 7.12).
j) Os medidores devem estar em uma faixa adjacente ao limite da propriedade e que tenha extensão no máximo igual a um terço do comprimento total da propriedade (Fig. 7.13).
k) Os medidores devem ficar afastados frontalmente, no mínimo, 80 cm de caixas de esgotos ou águas pluviais e de pilares. A Fig. 7.14 indica as soluções recomendadas.

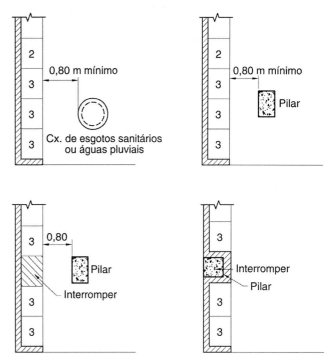

Fig. 7.14 Local de medidores – afastado de pilares e caixas.

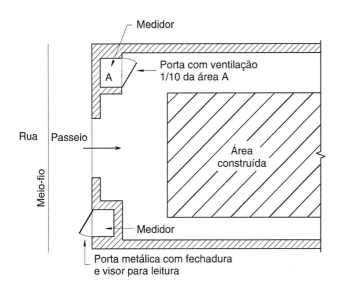

Fig. 7.12 Modalidades de localização de medidor.

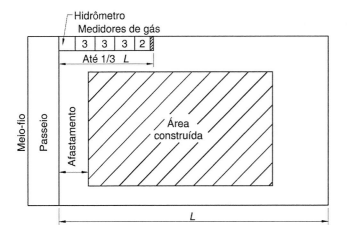

Fig. 7.13 Localização de medidores externamente ao prédio.

7.4 DIMENSIONAMENTO

7.4.1 Considerações gerais

Inicialmente deve ser levantado o perfil de consumo de gás, com relação aos aparelhos a gás a serem utilizados, de forma a se determinar o consumo máximo instantâneo da rede de distribuição interna. Para determinar este consumo, deve ser considerado o poder calorífico inferior (PCI). Além disso, pode ser considerada eventual simultaneidade dos consumos na rede de distribuição interna, bem como uma previsão de aumento de demanda.

A potência nominal dos aparelhos a gás deve ser obtida junto ao do fabricante do aparelho a ser instalado. Quando não houver indicação do fabricante, pode-se usar a Tabela 7.1.

No caso de desconhecimento do tipo de gás combustível (GN ou GLP), o dimensionamento deve ser realizado para atendimento dos dois gases combustíveis, selecionando-se os maiores diâmetros de tubos, trecho a trecho da instalação. Alternativamente, o dimensionamento pode ser realizado para atendimento exclusivo de GN ou de GLP.

No dimensionamento das tubulações e seleção do tipo de gás a ser utilizado, deve-se observar o seguinte:

a) disponibilidade e flexibilidade de fornecimento de gás combustível atual e futuro;
b) previsão para acréscimo de demanda associado aos aparelhos a gás combustível;
c) existência de legislação local referente à instalação de rede de uso de gases combustíveis.

Tabela 7.1 Potência nominal dos aparelhos a gás

Aparelhos a gás	Características	Potência nominal média (kW)	Potência nominal média (kcal/h)
Fogão de duas bocas	Portátil	2,9	2494
Fogão de duas bocas	De bancada	3,6	3096
Fogão de quatro bocas	Sem forno	8,1	6966
Fogão de quatro bocas	Com forno	10,8	9288
Fogão de cinco bocas	Sem forno	11,6	9676
Fogão de cinco bocas	Com forno	15,6	13.390
Fogão de seis bocas	Sem forno	11,6	9976
Fogão de seis bocas	Com forno	15,6	13.390
Forno	De parede	3,5	3010
Aquecedor de passagem	6 L/min	10,5	9000
Aquecedor de passagem	8 L/min	14,0	12.000
Aquecedor de passagem	10-12 L/min	17,4–20,9	15.000–18.000
Aquecedor de passagem	15 L/min	25,6	22.000
Aquecedor de passagem	18 L/min	30,2	26.500
Aquecedor de passagem	25 L/min	41,9	36.000
Aquecedor de passagem	30 L/min	52,3	45.500
Aquecedor de passagem	35 L/min	57,0	49.000
Aquecedor de acumulação	50 L	5,1	4360
Aquecedor de acumulação	75 L	7,0	6003
Aquecedor de acumulação	100 L	8,2	7078
Aquecedor de acumulação	150 L	9,5	8153
Aquecedor de acumulação	200 L	12,2	10.501
Aquecedor de acumulação	300 L	17,4	14.998
Secadora	De roupa	7,0	6020

A pressão máxima da rede de distribuição interna deve ser 150 kPa. Recomenda-se que a definição dessa pressão leve em consideração as condições climáticas e limitações operacionais.

A pressão da rede de distribuição interna dentro das unidades habitacionais deve ser limitada a 7,5 kPa.

O dimensionamento da tubulação de gás deve ser realizado de modo a atender à máxima vazão, necessária para suprir os aparelhos a gás, considerando a pressão adequada para sua operação.

Cada trecho da tubulação a jusante de um regulador deve ser dimensionado de forma independente, computando-se a soma das vazões dos aparelhos a gás por ele servidos e a perda de carga máxima admitida.

7.4.2 Parâmetros de cálculo

Para a pressão de entrega, densidade e poder calorífico do gás combustível para a realização do dimensionamento devem ser adotados os seguintes dados:

a) gás natural (GN): poder calorífico inferior (PCI) 8600 kcal/m³ (20 °C e 1 atm) e densidade relativa ao ar 0,6;

b) gás liquefeito de petróleo (GLP): poder calorífico inferior (PCI) 24.000 kcal/m³ (20 °C e 1 atm) e densidade relativa ao ar 1,8.

Nos pontos de utilização, as oscilações momentâneas de pressão devem variar entre 15 e 25 % da pressão nominal.

Além disso, devem ser consideradas as seguintes condições:

a) *perda de carga máxima* admitida para o trecho de rede que alimenta diretamente um aparelho a gás: 10 % da pressão de operação, devendo ser respeitada a faixa de pressão de funcionamento do aparelho a gás;
b) *perda de carga máxima* admitida para o trecho de rede que alimenta um regulador de pressão: 30 % da pressão de operação, devendo ser respeitada a faixa de pressão de funcionamento do regulador de pressão;
c) velocidade máxima admitida para a rede: 20 m/s.

7.4.3 Metodologia de cálculo

Inicialmente, deve-se determinar a potência computada (C) a ser instalada no trecho considerado, a partir do somatório das potências nominais dos aparelhos a gás que serão abastecidos por ele.

Para o cálculo do consumo da rede de distribuição interna comum a várias unidades habitacionais permite-se utilizar o fator de simultaneidade (F). No entanto, este fator não se aplica ao dimensionamento de uma unidade domiciliar, de comércio, a caldeiras e outros aparelhos a gás de grande consumo.

O fator de simultaneidade (F) relaciona-se com a potência computada (C) e com a potência adotada (A) por meio da seguinte expressão:

$$A = C \times F/100$$

O fator de simultaneidade pode ser obtido a partir das seguintes equações:

a) Considerando C em kcal/h, tem-se:
- Para $C < 21.000$:

$$F = 100$$

- para $21.000 \leq C < 576.720$:

$$F = 100 / [1 + 0,001 \times (C/60 - 349)^{0,8712}]$$

- para $576.720 \leq C < 1.200.000$:

$$F = 100 / [1 + 0,4705 \times (C/60 - 1055)^{0,19931}]$$

- para $C \geq 1.200.000$:

$$F = 23$$

b) Considerando C em kW, tem-se:
- para $C < 24,43$:

$$F = 100$$

- para $24,43 \leq C < 670,9$:

$$F = 100 / [1 + 0,01016 \times (C/60 - 24,37)^{0,8712}]$$

- para $670,9 \leq C < 1396$:

$$F = 100 / [1 + 0,7997 \times (C/60 - 73,67)^{0,19931}]$$

- para $C \geq 1396$:

$$F = 23$$

Determina-se a vazão de gás (Q), expressa em Nm³/h, dividindo-se a potência adotada pelo poder calorífico inferior (PCI) do gás, expresso em kcal/h, conforme mostra a equação a seguir:

$$Q = A / \text{PCI}$$

O comprimento total deve ser calculado somando-se o trecho horizontal, o trecho vertical e as referidas perdas de carga localizadas. Para determinação das perdas de cargas localizadas, devem-se considerar os valores fornecidos pelos fabricantes das conexões e válvulas ou aqueles estabelecidos na literatura técnica consagrada.

Deve-se adotar um diâmetro inicial (D) para determinação do comprimento equivalente total (L) da tubulação, considerando-se os trechos retos somados aos comprimentos de conexões e válvulas.

Nos trechos verticais, deve-se considerar uma variação de pressão:

a) gás natural (GN): ganho em trecho ascendente ou perda em trecho descendente;
b) gás liquefeito de petróleo (GLP): ganho em trecho descendente ou perda em trecho ascendente.

$$\Delta P = 1,318 \times 10^{-2} \times H \times (S - 1)$$

em que ΔP é a perda de pressão (em kPa); H é a altura do trecho vertical (em m); e S é a densidade relativa do gás em relação ao ar (1,8 para GLP e 0,6 para GN).

Para redes com pressão de operação **acima de 7,5 kPa**, utiliza-se a seguinte expressão:

$$PA^2_{(abs)} - PB^2_{(abs)} = \frac{4,67 \times 10^5 \times S \times L \times Q^{1,82}}{D^{4,82}}$$

sendo Q a vazão de gás (em Nm³/h); D o diâmetro (em mm); L o comprimento do trecho da tubulação (em m); S a densidade relativa do gás em relação ao ar (adimensional); PA a pressão de entrada de cada trecho (em kPa) e PB a pressão de saída de cada trecho (em kPa).

Paralelamente, para redes com pressão de operação **até 7,5 kPa**, utilizam-se as seguintes expressões, dependendo do tipo de gás combustível:

a) gás natural (GN):

$$Q^{0,9} = 2,22 \times 10^{-2} \left(\frac{\Delta h \times D^{4,8}}{S^{0,8} \times L} \right)^{0,5}$$

b) gás liquefeito de petróleo (GLP):

$$PA_{(abs)} - PB_{(abs)} = \frac{2,273 \times 10^3 \times S \times L \times Q^{1,82}}{D^{4,82}}$$

em que Δh é a perda de carga máxima admitida (em kPa).

Por fim, para o cálculo da velocidade do gás, utiliza-se a seguinte expressão:

$$V = \frac{354 \times Q}{(P + 1,033) \times D^2}$$

sendo V a velocidade (em m/s); Q a vazão do gás na pressão de operação (em Nm³/h); P a pressão manométrica de operação (em kgf/cm²); e D o diâmetro interno do tubo (em mm).

■ Exemplo 7.1

Considere que a rede de distribuição interna de uma residência unifamiliar deve ser dimensionada para alimentação dos seguintes aparelhos a gás:

- um fogão de 4 bocas com forno;
- um aquecedor de passagem com capacidade de vazão de água de 15 L/min;
- uma secadora de roupa.

Os parâmetros para o dimensionamento são os seguintes:

- utilização de GN ($S = 0,6$);
- rede construída com tubos de cobre rígido, classe E (NBR 13206:2010);
- pressão inicial de operação de 2,5 kPa.

A Fig. 7.15 mostra um isométrico com detalhes da estrutura da rede de distribuição interna.

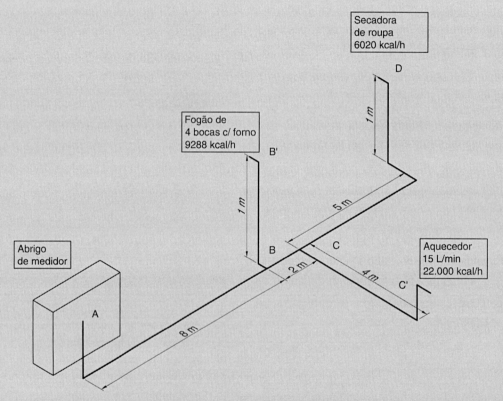

Fig. 7.15 Isométrico da rede de distribuição interna de uma residência. (Fonte: Modificada da Fig. C.1 da ABNT NBR 15526:2012.)

O dimensionamento é realizado de acordo com as seguintes etapas:

1) identifica-se a potência dos aparelhos a gás na Tabela 7.1, conforme apresentado na Tabela 7.2;
2) calcula-se a potência adotada, conforme apresentado na Tabela 7.3. Observe que para uma unidade habitacional não se aplica fator de simultaneidade. Logo, a potência adotada é igual à potência computada;
3) determinam-se as vazões em trecho, utilizando-se PCI igual a 8600 kcal/m³, conforme apresentado na Tabela 7.4;
4) utiliza-se o diâmetro interno dos tubos, conforme apresentado na Tabela 7.5, como uma aproximação inicial;
5) considerando os comprimentos equivalentes para as perdas localizadas apresentados na Tabela 7.5, determina-se o comprimento total de cada trecho, somando-se os trechos horizontais e verticais e as referidas perdas de carga localizadas (comprimentos equivalentes), conforme apresentado na Tabela 7.6;
6) determinam-se os diâmetros nominais mínimos e as pressões, conforme a planilha de resumo do dimensionamento, com detalhamento dos cálculos, apresentada na Tabela 7.7.

continua

Instalação de Gás Combustível **219**

Tabela 7.2 Potência computada dos aparelhos a gás

Aparelhos a gás	Potência computada (kW)	Potência computada (kcal/h)
Fogão com quatro bocas com forno	10,8	9288
Aquecedor de passagem de 15 L/min	25,6	22.000
Secadora de roupas	7,00	6020

Tabela 7.3 Potência adotada para cada trecho da rede interna de distribuição

Trecho	Potência computada (kcal/h)	Fator de simultaneidade (%)	Potência adotada (kcal/h)
AB	37.304	100,0	37.308
BC	28.020	100,0	28.020
CD	6020	100,0	6020
BB'	9288	100,0	9288
CC'	22.000	100,0	22.000

Tabela 7.4 Vazões do gás para cada trecho da rede interna de distribuição

Trecho	Aparelhos a gás a jusante	Vazão do gás (m³/h)
AB	Fogão com forno, aquecedor de passagem e máquina secadora de roupa	4,34
BC	Aquecedor de passagem e máquina secadora de roupa	3,26
CD	Máquina secadora de roupa	0,70
BB'	Fogão com forno	1,08
CC'	Aquecedor de passagem	2,56

Tabela 7.5 Diâmetros adotados para o cálculo – tubos de cobre rígido leve Classe E (NBR 13206:2010)

Diâmetro nominal		Espessura (mm)	Diâmetro interno (mm)	Comprimentos equivalentes (m)			
(mm)	(")			Cotovelo 90°	Cotovelo 45°	Tê	Válvula de esfera
15	1/2	0,50	14,0	1,1	0,4	2,3	0,1
22	3/4	0,60	20,8	1,2	0,5	2,4	0,2
28	1	0,60	26,8	1,5	0,7	3,1	0,3
35	1 1/4	0,70	33,6	2,0	1,0	4,6	0,4
42	1 1/2	0,80	41,2	3,2	1,3	7,3	0,7
54	2	0,90	53,1	3,4	1,5	7,6	0,8
66	2 1/2	1,00	65,0	3,7	1,7	7,8	0,8
79	3	1,20	77,8	3,9	1,8	8,0	0,9
104	4	1,20	102,8	4,3	1,9	8,3	1,0

continua

Tabela 7.6 Comprimentos equivalentes por trecho

Trecho	Conexões por trecho	Diâmetro adotado para o cálculo (mm)	Comprimento equivalente (m)
AB	1 cot e 1 tê	22	1,2 + 2,4 = 3,6
BC	1 tê	22	2,4
CD	2 cot	15	2 × 1,1 = 2,2
BB'	2 cot	15	2 × 1,1 = 2,2
CC'	3 cot	15	3 × 1,2 = 3,6

Tabela 7.7 Planilha de resumo do dimensionamento de uma residência utilizando GN e tubulação de cobre

Trecho	Potência computada (kcal/h)	FS (%)	Potência adotada (kcal/h)	Vazão do GN (Nm³/h)	Ø inicial (mm)	L (m)	$L_{eq.}$ (m)	L_{total} (m)	P_i (kPa)	ΔP (kPa)	P_f (kPa)	V (m/s)	Ø adotado (mm)
AB	37.304	100	37.304	4,34	20,8	8,0	3,6	11,6	2,50	0,1053	2,39	3,36	22
BC	28.020	100	28.020	3,26	20,8	2,0	2,4	4,4	2,39	0,0239	2,37	2,52	22
CD	6020	100	6020	0,70	14	6,0	2,2	8,2	2,37	0,0239	2,35	1,20	15
BB'	9288	100	9288	1,08	14	1,0	2,2	3,2	2,39	0,0212	2,37	1,85	15
CC'	22.000	100	22.000	2,56	20,8	4,0	3,6	7,6	2,37	0,0267	2,34	1,98	22

■ EXEMPLO 7.2

Considere que a rede de distribuição interna de um edifício residencial deve ser dimensionada para alimentação dos seguintes aparelhos a gás, por apartamento:

- um fogão de 6 bocas com forno;
- um aquecedor de passagem com capacidade de vazão de água de 10 L/min.

Os parâmetros para o dimensionamento são os seguintes:

- utilização de GLP ($S = 1,8$);
- rede construída com tubos de aço galvanizado classe média (NBR 5580:2015);
- pressão inicial de operação de 50,0 kPa.

A Fig. 7.16 mostra um isométrico com detalhes da estrutura da rede de distribuição interna, considerando os seguintes elementos:

- prédio de 10 andares com quatro apartamentos por andar;
- alimentação realizada pelas quatro prumadas independentes, atendendo 10 apartamentos cada uma.

O dimensionamento de cada prumada é realizado de acordo com as seguintes etapas:

1) identifica-se a potência dos aparelhos a gás na Tabela 7.1, conforme apresentado na Tabela 7.8;

2) calcula-se a potência adotada, conforme apresentado na Tabela 7.9, aplicando os fatores de simultaneidade;

3) determinam-se as vazões em trecho, utilizando-se PCI igual a 24.000 kcal/m³, conforme apresentado na Tabela 7.10;

continua

Instalação de Gás Combustível **221**

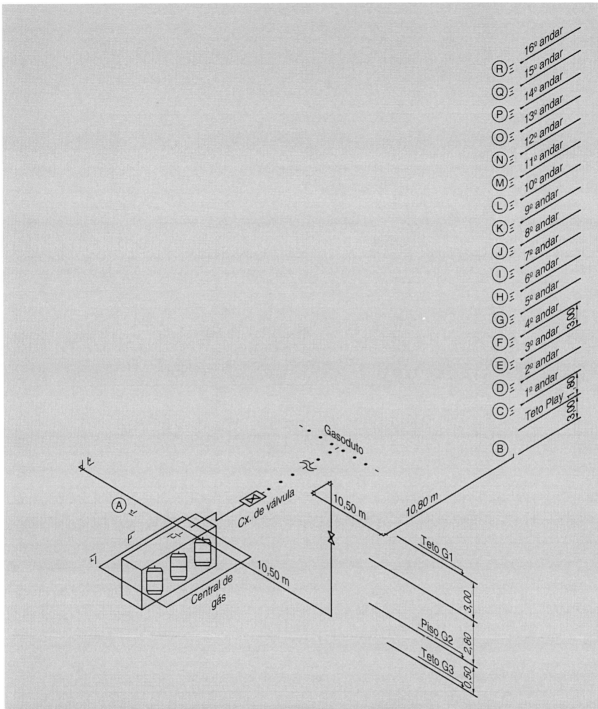

Fig. 7.16 Isométrico da rede de distribuição interna de um edifício de 10 pavimentos. (Fonte: Modificada da Fig. C.2 da ABNT NBR 15526:2012.)

4) utiliza-se o diâmetro interno dos tubos, conforme apresentado na Tabela 7.11, como uma aproximação inicial;

5) considerando os comprimentos equivalentes para as perdas localizadas apresentados na Tabela 7.11, determina-se o comprimento total de cada trecho, somando-se os trechos horizontais e verticais e as referidas perdas de carga localizadas (comprimentos equivalentes), conforme apresentado na Tabela 7.12;

6) determinam-se os diâmetros nominais mínimos e as pressões, conforme a planilha de resumo do dimensionamento, com detalhamento dos cálculos, apresentada na Tabela 7.13, considerando os ganhos de pressão nos trechos verticais (ΔP).

continua

Tabela 7.8 Potência computada dos aparelhos a gás

Aparelhos a gás	Potência computada (kW)	Potência computada (kcal/h)
Fogão com seis bocas com forno	15,6	13.390
Aquecedor de passagem de 10 L/min	17,4	15.000

Tabela 7.9 Potência adotada para cada trecho da rede interna de distribuição

Trecho	Potência computada (kcal/h)	Fator de simultaneidade (%)	Potência adotada (kcal/h)
AB	452.640	30,38	137.490
BC	452.640	30,38	137.490
CD	424.350	31,64	134.257
DE	396.060	33,02	130.794
EF	367.770	34,55	127.072
FG	339.480	36,25	123.051
GH	311.190	38,14	118.686
HI	282.900	40,27	113.919
IJ	254.610	42,68	108.679
JK	226.320	45,45	102.873
KL	198.030	48,67	96.382
LM	169.740	52,46	89.044
MN	141.450	57,01	80.637
NO	113.160	62,60	70.842
OP	84.870	69,73	59.179
PQ	56.580	79,31	44.872
QR	28.290	93,81	26.540

Tabela 7.10 Vazões do gás para cada trecho da rede interna de distribuição

Trecho	Aparelhos a gás a jusante	Vazão do gás (m³/h)
AB	Fogão com forno e aquecedor de passagem	5,73
BC	Fogão com forno e aquecedor de passagem	5,73
CD	Fogão com forno e aquecedor de passagem	5,59
DE	Fogão com forno e aquecedor de passagem	5,45
EF	Fogão com forno e aquecedor de passagem	5,29
FG	Fogão com forno e aquecedor de passagem	5,13

continua

Instalação de Gás Combustível **223**

Tabela 7.10 Vazões do gás para cada trecho da rede interna de distribuição (*Continuação*)

Trecho	Aparelhos a gás a jusante	Vazão do gás (m³/h)
GH	Fogão com forno e aquecedor de passagem	4,95
HI	Fogão com forno e aquecedor de passagem	4,75
IJ	Fogão com forno e aquecedor de passagem	4,53
JK	Fogão com forno e aquecedor de passagem	4,29
KL	Fogão com forno e aquecedor de passagem	4,02
LM	Fogão com forno e aquecedor de passagem	3,71
MN	Fogão com forno e aquecedor de passagem	3,36
NO	Fogão com forno e aquecedor de passagem	2,95
OP	Fogão com forno e aquecedor de passagem	2,47
PQ	Fogão com forno e aquecedor de passagem	1,87
QR	Fogão com forno e aquecedor de passagem	1,11

Tabela 7.11 Diâmetros adotados para o cálculo – tubos de aço galvanizado Classe Média (NBR 5580:2015)

Diâmetro nominal (")	Diâmetro externo (mm)	Espessura (mm)	Diâmetro interno (mm)	Comprimentos equivalentes (m)			
				Cotovelo 90°	Cotovelo 45°	Tê	Válvula de esfera
1/2	21,3	2,65	16,0	0,47	0,22	0,83	0,10
3/4	26,9	2,65	21,6	0,70	0,32	1,25	0,20
1	33,7	3,35	26,8	0,94	0,43	1,66	0,30
1 1/4	42,4	3,35	35,7	1,17	0,54	2,08	0,40
1 1/2	48,3	3,35	41,6	1,41	0,65	2,50	0,70
2	60,3	3,75	52,8	1,88	0,86	3,33	0,80
2 1/2	76,1	3,75	68,6	2,35	1,08	4,16	0,80
3	88,9	4,00	80,9	2,82	1,30	4,99	0,90
4	114,3	4,50	105,3	3,76	1,73	6,65	1,00

Tabela 7.12 Comprimentos equivalentes por trecho

Trecho	Conexões por trecho	Diâmetro adotado para o cálculo (mm)	Comprimento equivalente (m)
AB	5 cot. e 1 válv.	35,7	$1,17 \times 5 + 0,4 = 6,25$
BC	1 tê e 1 válv.	21,6	$1,25 + 0,20 = 1,45$
CD	1 tê e 1 válv.	21,6	$1,25 + 0,20 = 1,45$
DE	1 tê e 1 válv.	21,6	$1,25 + 0,20 = 1,45$

continua

Tabela 7.12 Comprimentos equivalentes por trecho (*Continuação*)

Trecho	Conexões por trecho	Diâmetro adotado para o cálculo (mm)	Comprimento equivalente (m)
EF	1 tê e 1 válv.	21,6	1,25 + 0,20 = 1,45
FG	1 tê e 1 válv.	21,6	1,25 + 0,20 = 1,45
GH	1 tê e 1 válv.	21,6	1,25 + 0,20 = 1,45
HI	1 tê e 1 válv.	21,6	1,25 + 0,20 = 1,45
IJ	1 tê e 1 válv.	21,6	1,25 + 0,20 = 1,45
JK	1 tê e 1 válv.	16	0,83 + 0,10 = 0,93
KL	1 tê e 1 válv.	16	0,83 + 0,10 = 0,93
LM	1 tê e 1 válv.	16	0,83 + 0,10 = 0,93
MN	1 tê e 1 válv.	16	0,83 + 0,10 = 0,93
NO	1 tê e 1 válv.	16	0,83 + 0,10 = 0,93
OP	1 tê e 1 válv.	16	0,83 + 0,10 = 0,93
PQ	1 tê e 1 válv.	16	0,83 + 0,10 = 0,93
QR	1 cot. e 1 válv.	16	0,47 + 0,10 = 0,57

Tabela 7.13 Planilha de resumo do dimensionamento de um edifício de 16 andares utilizando GLP e tubulação de aço galvanizado

Trecho	Potência computada (kcal/h)	FS (%)	Potência adotada (kcal/h)	Vazão do GLP (m³/h)	Ø inicial (mm)	L (m)	$L_{eq.}$ (m)	L_{total} (m)	P_i (kPa)	ΔP (kPa)	P_f (kPa)	V (m/s)	Ø adotado (mm) (")
AB	452.640	30,38	137.490	5,73	35,7	38,1	6,25	44,35	50,00	0,07	49,81	1,03	1 1/4
BC	452.640	30,38	137.490	5,73	21,6	4,8	1,45	6,25	49,81	0,05	49,50	2,83	3/4
CD	424.350	31,64	134.257	5,59	21,6	3,0	1,45	4,45	49,50	0,03	49,32	2,76	3/4
DE	396.060	33,02	130.794	5,45	21,6	3,0	1,45	4,45	49,32	0,03	49,14	2,70	3/4
EF	367.770	34,55	127.072	5,29	21,6	3,0	1,45	4,45	49,14	0,03	48,98	2,62	3/4
FG	339.480	36,25	123.051	5,13	21,6	3,0	1,45	4,45	48,98	0,03	48,82	2,54	3/4
GH	311.190	38,14	118.686	4,95	21,6	3,0	1,45	4,45	48,82	0,03	48,68	2,45	3/4
HI	282.900	40,27	113.919	4,75	21,6	3,0	1,45	4,45	48,68	0,03	48,55	2,36	3/4
IJ	254.610	42,68	108.679	4,53	21,6	3,0	1,45	4,45	48,55	0,03	48,43	2,25	3/4
JK	226.320	45,45	102.873	4,29	16	3,0	0,93	3,93	48,43	0,03	47,88	3,90	1/2
KL	198.030	48,67	96.382	4,02	16	3,0	0,93	3,93	47,88	0,03	47,39	3,66	1/2
LM	169.740	52,46	89.044	3,71	16	3,0	0,93	3,93	47,39	0,03	46,96	3,39	1/2
MN	141.450	57,01	80.637	3,36	16	3,0	0,93	3,93	46,96	0,03	46,61	3,08	1/2
NO	113.160	62,60	70.842	2,95	16	3,0	0,93	3,93	46,61	0,03	46,34	2,71	1/2
OP	84.870	69,73	59.179	2,47	16	3,0	0,93	3,93	46,34	0,03	46,15	2,27	1/2
PQ	56.580	79,31	44.872	1,87	16	3,0	0,93	3,93	46,15	0,03	46,04	1,72	1/2
QR	28.290	93,81	26.540	1,11	16	3,0	0,57	3,57	46,04	0,03	46,02	1,02	1/2

7.5 CONDIÇÕES GERAIS PARA EXECUÇÃO E MANUTENÇÃO DA INSTALAÇÃO DAS TUBULAÇÕES DE GÁS COMBUSTÍVEL

7.5.1 Materiais, equipamentos e dispositivos

Segundo a NBR 15526:2012, os materiais, equipamentos e dispositivos utilizados na rede de distribuição interna devem possuir resistência físico-química adequada à sua aplicação e compatibilidade com o gás utilizado. Além disso, eles devem ser resistentes ou estar adequadamente protegidos contra agressões do meio, bem como suportar, no mínimo, a pressão de ensaio de estanqueidade.

Para a execução da rede de distribuição interna são admitidos tubos de condição de:

- aço-carbono, com ou sem costura, conforme NBR 5580:2015, no mínimo classe média; NBR 5590:2015, no mínimo classe normal; API 5-L:2004 grau A com espessura mínima correspondente a SCH40, conforme ASME/ANSI B36.10M:2004;
- cobre rígido, sem costura, conforme NBR 13206:2010;
- cobre flexível, sem costura, Classes 2 ou 3, conforme NBR 14745:2004;
- polietileno (PE 80 ou PE 100), para redes enterradas, conforme NBR 14461:2000, somente utilizado em trechos enterrados e externos às projeções horizontais das edificações.

Para a execução das conexões são admitidas conexões de:

- aço forjado atendendo às especificações da ASME/ANSI B.16.9: 2001;
- ferro fundido maleável, conforme NBR 6925:1995, NBR 6943:2000 e ASME/ANSI B16.3:1998;
- cobre e ligas de cobre para acoplamento soldado ou roscado, conforme NBR 15277:2005;
- polietileno (PE) para redes enterradas, conforme NBR 14463:2000;
- transição entre tubos PE e metálicos, para redes enterradas, conforme ASTM D 2513:2006, ASTM F 1973:2005 e ASTM F 2509:2006;
- ferro fundido maleável com terminais de compressão para uso com tubos PE, ou transição entre tubos PE e metálicos, para redes enterradas, conforme ISO 10838-1: 2000 ou DIN 3387:1991.

Para os elementos de interligação entre pontos de utilização e aparelhos a gás, medidores e dispositivos de instrumentação são admitidos:

- mangueira flexível de borracha, compatíveis com a pressão de operação, conforme NBR 13419:2001;
- tubo flexível metálico, conforme NBR 14177:1998;
- tubo de condição de cobre flexível, sem costura, Classes 2 ou 3, conforme NBR 14475:2010;
- tubo flexível de borracha para uso em instalações de GLP/GN, conforme NBR 14955:2003.

Observa-se que para estes elementos devem ser verificados os limites de pressão e temperatura, quando de sua utilização.

Quanto às válvulas de bloqueio utilizadas na rede de distribuição interna, estas devem ser metálicas e do tipo esfera, conforme NBR 14788:2001.

Os reguladores de pressão devem ser conforme NBR 15590:2008. Estes devem atender à pressão da rede de distribuição interna e à vazão prevista pelos aparelhos a gás por eles servidos.

Os medidores de gás utilizados nas instalações internas podem ser do tipo rotativo ou diafragma. Os do tipo diafragma seguem a NBR 12727:2014. Eles devem permitir, no mínimo, a medição de volume de gás correspondente à potência adotada para os aparelhos a gás por eles servidos na pressão prevista para o trecho de rede onde são instalados.

Outro importante instrumento é o manômetro. São utilizados aqueles que possuem sensores de elemento elástico, conforme NBR 8189:1995 e NBR 14105:2013. Recomenda-se que os manômetros sejam dimensionados para atuar preferencialmente entre 25 e 75 % de seu final de escala.

Há também a necessidade do uso de elementos filtrantes substituíveis, a fim de permitir uma limpeza periódica.

Finalmente, estão os dispositivos de segurança. Estes devem possuir proteção de forma a não permitir a entrada de água, objetos estranhos ou qualquer outro elemento que venha a interferir no correto funcionamento do dispositivo. Eles devem estar permanentemente identificados quanto à pressão de acionamento e sua unidade, dados do fabricante, data de fabricação (mês e ano) e sentido do fluxo. São considerados dispositivos de segurança, entre outros, os seguintes:

- válvula de alívio;
- válvula de bloqueio automático de acionamento por sobrepressão, subpressão, excesso de fluxo, ação térmica etc.
- limitador de pressão;
- regulador monitor;
- dispositivo de segurança incorporado em regulador, conforme EM 88-1:2007;
- detector de vazamento.

7.5.2 Construção e montagem

Para a construção e montagem de uma rede de distribuição interna deve-se ter atenção especial à definição do seu traçado, considerando que seja instalada em locais nos quais, caso venha ocorrer vazamento de gás, não haja a possibilidade de acúmulo ou concentração. Além disso, o traçado deve considerar a realização de manutenção periódica e a compatibilidade dos projetos para sua efetiva execução.

A tubulação da rede de distribuição interna pode ser instalada:

- aparente;
- embutida em paredes ou muros;
- enterrada.

Por outro lado, é proibida a instalação da rede de distribuição interna em:

- duto em atividade (ventilação de ar condicionado, produtos residuais, exaustão, chaminés e outros);
- cisterna e reservatório de água;
- compartimento de equipamento ou dispositivo elétrico (painéis elétricos, subestação e outros);
- depósito de combustível inflamável;
- elementos estruturais (lajes, vigas e pilares);
- espaços fechados que possibilitem o acúmulo de gás eventualmente vazado;
- poço de elevador.

Além disso, é proibida a utilização de tubulação de gás como condutor ou aterramento elétrico. Com relação ao sistema de proteção de descargas atmosféricas (SPDA), deve-se seguir a NBR 5419-1:2015.

Com relação às tubulações aparentes, estas devem manter os afastamentos mínimos conforme apresentado na Tabela 7.14, além de sempre considerar um afastamento suficiente para permitir a manutenção.

No caso em que seja imprescindível que a rede de distribuição interna passe por espaços fechados, as tubulações devem passar pelo interior de dutos ventilados (tubo-luva), atendendo aos seguintes requisitos:

- possuir, no mínimo, duas aberturas para a atmosfera, localizadas fora da edificação, em local seguro e protegido contra a entrada de água, animais e outros objetos estranhos;

Tabela 7.14 Afastamento mínimo na instalação de tubos

Tipo	Redes em paralelo (mm)	Cruzamento de redes (mm)
Sistemas elétricos de potência em baixa tensão isolados em eletrodutos não metálicos[1]	30	10[2]
Sistemas elétricos de potência em baixa tensão isolados em eletrodutos metálicos ou sem eletrodutos[1]	50	50[3]
Tubulação de água quente e fria	30	10
Tubulação de vapor	50	10
Chaminés (duto e terminal)	50	50
Tubulação de gás	10	10
Outras tubulações (águas pluviais e esgoto)	50	10

[1] Cabos telefônicos, de TV e de telecontrole não são considerados sistemas de potência.
[2] Com material isolante aplicado na tubulação de gás.
[3] Para cada lado e atender à recomendação para sistemas elétricos de potência em eletrodutos em cruzamento.

- ter resistência mecânica adequada à sua utilização;
- ser estanques em toda a sua extensão, exceto nos pontos de ventilação;
- ser protegidos contra corrosão;
- possuir suporte adequado com área de contato devidamente protegida contra corrosão.

Os suportes não poderão estar apoiados, amarrados ou fixados a tubulações existentes de condução de água, vapor ou outros, nem a instalações elétricas. Além disso, eles devem possuir uma distância entre eles tal que não as submeta a esforços que possam provocar deformações. No caso de tubulações de cobre, essas distâncias devem seguir o especificado na NBR 15345:2013.

Outra observação importante em relação aos suportes é que se deve evitar a formação de pilha galvânica gerada a partir do contato de dois materiais metálicos de composição distinta, isolando-os através de um elemento plástico apropriado, evitando, assim, o contato direto entre a tubulação e o suporte.

Embora haja uma proibição para que tubulações embutidas atravessem elementos estruturais (lajes, vigas, pilares), a NBR 15526:2012 faz uma ressalva quanto ao seu necessário emprego desde que não exista o contato entre a tubulação embutida e estes elementos estruturais, de forma a evitar tensões inerentes à estrutura da edificação sobre a tubulação. Quando for utilizado tubo-luva, a relação da área da seção transversal da tubulação e do tubo-luva deve ser de, no mínimo, 1 para 1,5.

Para tubulações enterradas devem manter um afastamento de outras utilidades, tubulações e estruturas de, no mínimo, 0,30 m, medidos a partir de sua face. A profundidade das tubulações deve ser de no mínimo:

- 0,30 m a partir da geratriz superior do tubo em locais não sujeitos a tráfego de veículos, em zonas ajardinadas ou sujeitas a escavações;
- 0,50 m a partir da geratriz superior do tubo em locais sujeito a tráfego de veículos.

Caso não seja possível atender às profundidades determinadas, deve-se estabelecer um mecanismo de proteção adequado, tais como: laje de concreto ao longo do trecho, tubo-luva etc.

Além disso, as tubulações enterradas devem obedecer ao afastamento mínimo de 5 m de entrada de energia elétrica (12.000 V ou superior) e seus elementos (malhas de terra de para-raios, subestações, postes, estruturas etc.). Na impossibilidade de se atender a este afastamento recomendado, devem ser implantadas medidas mitigatórias para atenuar a interferência eletromagnética sobre a tubulação de gás.

Com relação aos acoplamentos dos elementos que compõem as tubulações, estes podem ser executados por meio de rosca, soldam compressão ou flange. O tipo de acoplamento de tubos deve atender às condições de temperatura e pressão e deve ser selecionado considerando os esforços mecânicos. Desta forma, os acoplamentos devem suportar as forças de pressão interna das tubulações e os esforços adicionais de expansão, contração, vibração, fadiga e peso dos tubos.

Quanto ao emprego de reguladores e medidores de gás, cabe aqui algumas considerações gerais. Os medidores devem ser selecionados para atender à vazão prevista, à máxima pressão especificada e queda de pressão adequada da rede de distribuição interna e aparelhos a gás; e os reguladores de pressão devem ser instalados quando a pressão da rede é maior que a do aparelho a gás alimentado e para adequação da pressão de trecho da rede. O local de regulagem e medição do gás deve:

- estar no interior ou exterior da edificação;
- possibilitar leitura, inspeções e manutenção;
- estar protegido de possível ação predatória de terceiros;
- estar protegido contra choques mecânicos, como colisão de veículos e cargas em movimento;
- estar protegido contra corrosão e intempéries;
- ser ventilado de forma a evitar o acúmulo de gás eventualmente vazado, levando-se em consideração que a área total das aberturas para ventilação deve ser de no mínimo 1/10 da área da planta baixa do compartimento;
- não apresentar interferência física ou possibilidade de vazamento em área de antecâmara e escadas de emergência;
- não possuir dispositivos que possam produzir chama ou calor de forma a afetar ou danificar os equipamentos.

O acesso aos abrigos de medidores instalados em coberturas ou prismas de ventilação, dados por meio de aberturas como alçapões ou portinholas, deve possuir área livre de passagem superior a 1,26 m². Os vãos de acesso devem ter dimensões mínimas de 0,60 m de largura e 1,20 m de altura.

Os abrigos de medidores localizados nos andares acima do solo, tais como terraço, balcões e outros que não forem vedados por paredes externas, devem dispor de guarda-corpo de proteção contra quedas de, no mínimo, 0,90 m de altura a contar do nível do pavimento; quando for vazado, os vãos devem ter dimensões inferiores a 0,12 m; além de ser de material rígido capaz de resistir a um esforço horizontal de 80 kgf/cm² aplicado no seu ponto mais desfavorável.

Finalmente, outro fator importante na execução de uma instalação de redes de distribuição interna de gás é a proteção às tubulações, tanto mecânica quanto contra a corrosão.

7.5.3 Dispositivos de segurança

Os dispositivos de segurança devem ser utilizados de forma a garantir integridade e segurança na operação da rede de distribuição interna de gás. A Tabela 7.15 apresenta a quantidade mínima de dispositivos que devem ser previstos em função da pressão de entrada (PE), que é a pressão a montante do regulador de pressão, e da pressão de saída (PS), que é a pressão a jusante do regulador de pressão. Note que para PE ≤ 7,5 não há dispositivos de segurança.

A válvula de alívio e a válvula de bloqueio por sobrepressão devem ser ajustadas em função da PS, conforme mostra a Tabela 7.16. Observa-se que os dispositivos de segurança

Tabela 7.15 Quantidade mínima de dispositivos de segurança

PE (kPa)	Quantidade mínima	Dispositivo de segurança
PE ≤ 7,5	0	Não há.
7,5 < PE ≤ 700	1	• Válvula de bloqueio automático por sobrepressão ou • Válvula de alívio pleno (se vazão máxima regulador ≤ 10 m³/h GN ou ≤ 12 kg/h GLP), ou • Dispositivo de segurança incorporado, conforme EM 88-1:2007, ou • Limitador de pressão (se PS ≥ 50 kPa).
PE > 700	2	• Válvula de bloqueio automático por sobrepressão, ou • Regulador monitor, ou • Limitador de pressão (se PS ≥ 50 kPa).

Tabela 7.16 Condições de acionamento do dispositivo de segurança

Pressão de saída (kPa)	Pressão máxima de acionamento do dispositivo de segurança (kPa)
PS ≤ 7,5	PS × 3 (limitado a 14,0)
7,5 < PS < 35	PS × 2,7 (limitado a 94,5)
PS ≥ 35	PS × 2,4

não podem ser isolados ou eliminados pela operação inadequada na própria rede, como, por exemplo, por meio do uso de uma válvula de bloqueio que pode tornar os dispositivos limitadores de pressão inoperantes.

7.5.4 Comissionamento

Entre os procedimentos, ensaios, regulagens e ajustes necessários à colocação de uma rede de distribuição interna em operação, destaca-se o ensaio de estanqueidade.

Este ensaio deve ser realizado para detectar possíveis vazamentos e verificar a resistência da rede a pressões de operação. Recomenda-se que o ensaio seja iniciado após uma criteriosa inspeção visual da rede de distribuição interna, tais como amassamento de tubos, conservação da pintura, nível de oxidação, juntas, conexões, entre outros, para se detectar previamente qualquer tipo de defeito durante sua execução.

O ensaio de estanqueidade deve ser realizado em duas etapas:

1) Após a montagem da rede, com ela ainda exposta, podendo ser realizada por partes e em toda a sua extensão, sob a pressão de no mínimo 1,5 vez a pressão de trabalho máxima admitida, e não menor que 20 kPa.
2) Após a instalação de todos os equipamentos, na extensão total da rede, para liberação de abastecimento com gás combustível, sob a pressão de operação.

As duas etapas do ensaio devem ser realizadas com ar comprimido ou com gás inerte. Deve ser assegurado que todos os componentes, como válvulas, tubos e acessórios, resistam às pressões de ensaio.

Durante o ensaio, utiliza-se um instrumento de medição da pressão calibrado, de forma a garantir que a pressão a ser medida encontre-se entre 25 e 75 % do seu fundo de escala, graduado em divisões não maiores que 1 % do final da escala.

O tempo de ensaio da primeira etapa é de, no mínimo, 60 min e da segunda etapa é de, no mínimo, 5 min, utilizando-se 1 min para tempo de estabilização.

Observe que se for observada uma diminuição de pressão de ensaio, o vazamento deve ser localizado e reparado. Neste caso, a primeira etapa do ensaio deve ser repetida.

Depois do ensaio de estanqueidade, o comissionamento é completado com a purga do ar com injeção de gás inerte, de forma a evitar probabilidade de inflamabilidade da mistura ar + gás no interior da tubulação, e da admissão de gás combustível na rede.

7.5.5 Manutenção: descomissionamento e recomissionamento

A manutenção da rede deve ser realizada sempre que houver necessidade de reparo em alguns dos seus componentes ou em caráter preventivo, de forma a manter as condições de serviço, atendendo aos requisitos estabelecidos pelo projeto e normas.

É importante lembrar que as válvulas de bloqueio deverão ser fechadas quando o suprimento de gás for interrompido na realização da manutenção.

Para a execução da drenagem do gás combustível da rede, que é o descomissionamento, os trechos de tubulação com volume hidráulico total de até 50 L podem ser purgados diretamente com ar comprimido e acima deste volume a purga deve ser feita obrigatoriamente com gás inerte. A purga do gás combustível pode ser realizada também a partir de queima em ambiente externo e ventilado.

Note que deve ser evitado o risco de acúmulo de misturas ar-gás que possam vir a entrar nas edificações e ambientes confinados por aberturas existentes nas proximidades do local da drenagem do gás. Além disso, deve-se considerar a densidade relativa do gás (GN, que possui densidade menor do que 1, tende a subir quando liberados na atmosfera, enquanto

o GLP, que tem densidade maior do que 1, tende a descer) e o movimento dos ventos.

O recomissionamento de uma rede de distribuição de gás combustível pode ser tratado sob três aspectos:

1) Quando o trecho da rede foi apenas despressurizado, sem que tenha ocorrido nenhuma contaminação do gás combustível, a única precaução a tomar antes de sua repressurização é verificar se as válvulas de bloqueio, em todos os pontos de consumo, estão fechadas.
2) Quando o trecho foi purgado ou contaminado apenas com ar ou gás inerte, o procedimento deve ser o mesmo realizado para a admissão de gás combustível na rede.
3) Quando o trecho sofreu modificações, podendo ter sido contaminado com resíduos sólidos ou líquidos, além de ar ou gás inerte, o procedimento deve seguir todas as etapas do comissionamento, desde o ensaio de estanqueidade, seguido da purga do ar com injeção de gás inerte e da admissão de gás combustível na rede.

7.5.6 Instalação de aparelhos a gás

A instalação de aparelhos a gás deve ser conforme a NBR 13103:2013, da ABNT. A ligação desses aparelhos à rede de distribuição deve ser feita por meio de uma válvula de bloqueio para cada aparelho a gás, permitindo seu isolamento ou retirada sem a interrupção do abastecimento de gás aos demais aparelhos.

Utilizam-se elementos de interligação flexíveis no caso de aparelhos a gás que possuam mobilidade. No caso do ponto de gás para suprimento de aquecedores de passagem, deve-se posicionar este ponto entre os pontos de água fria e de água quente.

Quando forem instalados aparelhos a gás em redes já existentes deve-se verificar a pressão da rede no ponto pretendido para o novo aparelho a gás e se a rede comporta a potência que está sendo acrescida.

7.5.7 Conversão da rede de distribuição para uso de outro gás combustível

Para se efetuar uma conversão de gás combustível em uma rede de distribuição, primeiramente deve-se verificar se o dimensionamento da rede existente é adequado à utilização do gás combustível substituto, conforme a Seção 7.4. Caso negativo deve-se providenciar a reconfiguração de toda a rede.

Além disso, deve-se também verificar: a construção e montagem da rede, a instalação dos aparelhos a gás, os materiais, os equipamentos e os dispositivos instalados. Caso negativo, é necessário providenciar as alterações necessárias.

Adicionalmente, é admitida a possibilidade de realização do ensaio de estanqueidade da rede utilizando-se gás combustível a ser substituído, desde que a máxima pressão prevista para operar com o gás substituto seja igual ou inferior à pressão de operação com o gás a ser substituído.

8

Instalação de Oxigênio

8.1 INTRODUÇÃO

O oxigênio, descoberto por Scheele e Priestley, teve sua existência no ar verificada por Lavoisier em 1777. É o elemento mais abundante na natureza. No ar atmosférico existe misturado a outros gases na proporção de 21 % do volume total.

É um gás, solúvel na água, incolor, inodoro e insípido. É indispensável à respiração e, portanto, à manutenção da vida. É o *comburente* de maior atividade e por isso é empregado em maçaricos. É altamente reativo, produzindo reações exotérmicas e formando compostos com grande variedade de materiais.

Liquefaz-se a 183 °C, na pressão atmosférica normal e a 162,3 °C, sob a pressão de 5,27 kgf/cm².

O peso específico do O_2 gasoso é de 1,33 kgf/m³ na pressão de 1 kgf/cm², enquanto o do O_2 líquido é de 1140 kgf/m².

Pode ser obtido de várias maneiras:

a) Em laboratórios
   - pelo aquecimento de sais oxigenados como o clorato de potássio, cm presença de bióxido de manganês que funciona como catalisador;
   - pelo aquecimento de certos óxidos como o óxido de bário;
   - pela hidrólise (reação com a água) da oxilita (peróxido de sódio);
   - pela reação do ácido sulfúrico sobre um bióxido;
   - pela eletrólise da água acidulada (pelo ácido sulfúrico) ou alcalinizado (pela soda cáustica).

b) Industrialmente
   O oxigênio é produzido industrialmente pelo processamento "criogênico" do ar. A *criogenia*, do grego *krios* = gelado, *genes* = gerar, é a tecnologia da obtenção e utilização de baixíssimas temperaturas.

   No ano de 1895, Carl von Linde liquefez o ar e, em 1902, conseguiu, pela destilação fracionada do ar líquido, obter o oxigênio. Atualmente, o princípio de obtenção ainda é o mesmo, porém introduziram aperfeiçoamentos nos equipamentos e o processo se realiza em uma dupla coluna de destilação, o que permite elevado rendimento no processamento. Durante o processo, obtém-se simultaneamente o nitrogênio, que é mais volátil.

8.2 APLICAÇÕES DO OXIGÊNIO

O oxigênio é empregado na indústria, em maçaricos; na siderurgia, é usado nos altos-fornos e conversores, enriquecendo o ar insuflado; na aciaria, laminação e forjaria. É essencial no processo de oxidação dos hidrocarbonetos.

É muito usado em indústrias químicas e petroquímicas. No saneamento básico é utilizado no tratamento de esgotos sanitários por "lodo ativado". É ainda usado na indústria farmacêutica, eletrônica e espacial.

Em medicina, a aplicação do oxigênio constitui a oxigenoterapia, a qual se realiza por meio do emprego de máscara, cateter, intubação ou tenda. É de eficácia decisiva no tratamento de asfixias, enfisema pulmonar, cianoses, estados de choque, intoxicação pelo monóxido de carbono, afogamento (coadjuvado com a respiração artificial). Durante as cirurgias, seu emprego é indispensável, sendo, portanto, imprescindível em instalações hospitalares.

Para o uso medicinal em estabelecimentos de saúde devem ser consultadas, principalmente, as normas NBR 12188:2003: *Sistemas centralizados de oxigênio, ar, óxido nitroso e vácuo para uso medicinal em estabelecimentos assistenciais de saúde* e NBR 13587:1996: *Estabelecimento assistencial de saúde – concentrador de oxigênio para uso em sistema de oxigênio medicinal*, da ABNT, bem como as prescrições da Portaria nº 400 do Ministério da Saúde, de 6 de dezembro de 1977, e da Resolução RDC nº 50, de 21 de fevereiro de 2002, da Agência Nacional de Vigilância Sanitária (Anvisa).

8.3 INSTALAÇÃO DE SUPRIMENTO DE OXIGÊNIO

O oxigênio pode ser fornecido em cilindros portáteis, chamados de "tubos", "balas" ou "cilindros", deslocáveis até o local de consumo. É desse modo que é empregado em pequenas oficinas e indústrias e em instalações hospitalares de modestas condições ou em hospitais antigos. Tratando-se de hospitais, o cilindro é conduzido aos centros cirúrgicos, aos quartos dos pacientes e outros locais onde se faz necessário, como por exemplo:

- berçários (nas incubadeiras);
- laboratórios;
- sala de curativos;
- enfermarias;
- emergências;
- unidades de isolamento;
- centro de tratamento intensivo (CTI);
- centro de recuperação.

Em hospitais modernos, substitui-se o incômodo e antieconômico sistema dos cilindros isolados, antes referido, por uma instalação centralizada de fornecimento de oxigênio por uma rede de tubulações até os pontos em que seu consumo deva ser previsto. Nesses pontos, adapta-se o equipamento de utilização (máscara, tenda etc.). A localização dos pontos encontra-se detalhadamente apresentada no livro *O hospital e suas instalações*, publicado sob os auspícios do Ministério da Saúde, e preparado pelo Eng.º Henrique Bandeira de Mello e competente equipe de colaboradores.

O Ministério da Saúde obriga a instalação central de oxigênio para hospitais com mais de 50 leitos.

De acordo com a Portaria nº 400 do Ministério da Saúde, a instalação de oxigênio medicinal deverá obedecer à norma brasileira referente a sistemas centralizados de agentes oxidantes de uso medicinal, da ABNT, bem como às seguintes recomendações adicionais:

a) Para tornar sua aplicação mais segura, pela redução da alta pressão dos cilindros em locais distantes dos pacientes, o oxigênio deverá ser utilizado a partir da central.
b) A rede de distribuição deverá abastecer, sempre que possível. Os seguintes pontos de utilização:
   - *unidade de internação e sala de trabalho de parto*: um ponto acessível a cada leito, sendo que um ponto poderá servir simultaneamente a dois leitos;
   - *berçário*: um ponto para cada incubadora e, pelo menos, um ponto para cada leito;
   - *salas de cuidados intensivos, recuperação e terapia intensiva*: um ponto para cada leito;
   - *sala de cirurgia e emergência*: um ponto para cada local de anestesia;
   - *sala de parto*: dois pontos, sendo um para o anestesista, outro para a reanimação do recém-nascido.

O emprego dos cilindros portáteis exige que a redução da elevada pressão para possibilitar seu emprego se realize com válvula adaptada no próprio cilindro, o que é sempre um risco. Por esta razão, a utilização de cilindros portáteis é recomendada somente para o caso de baixo consumo.

No caso da instalação centralizada, a redução da pressão é feita em um barrilete (*manifold*) reunindo vários cilindros ou distribuindo o oxigênio de um ou mais tanques de pressão, os quais ficam em locais que ofereçam a segurança necessária. A distribuição do oxigênio se efetua em baixa pressão, o que já representa uma vantagem decisiva pela redução do risco. Uma válvula reguladora de vazão, ligada à tomada de oxigênio, permite aos médicos e auxiliares a obtenção e graduação do suprimento de oxigênio conforme as necessidades.

A instalação centralizada apresenta ainda as vantagens de economizar espaço interno, que seria destinado aos cilindros, de economizar oxigênio e de não provocar no paciente o desconforto psicológico que a entrada do cilindro de oxigênio em seu quarto ou enfermaria provoca.

Conforme a Resolução RDC nº 50 da Anvisa (2002), os sistemas de tanques e/ou usinas concentradoras devem manter suprimento reserva para possíveis emergências, que devem entrar automaticamente em funcionamento quando a pressão mínima de operação preestabelecida do suprimento primário for atingida ou quando o teor de oxigênio na mistura for inferior a 92 %.

Nos cilindros, o oxigênio encontra-se em forma de gás, porém sob uma pressão de até 150 atmosferas, sendo, portanto, grande a redução obtida com a válvula redutora de pressão (VRP). No caso de um *manifold* reunindo diversos cilindros, cada um tem sua VRP e o(s) alimentador(es) tem(têm) válvula(s) controladora(s) de vazão. Junto aos pontos de consumo em hospitais, a uma altura de 1,50 m do piso, são colocados uma válvula medidora e reguladora de vazão e o acessório para controle da umidade do oxigênio que vai ser inalado.

Uma siderúrgica, uma grande indústria petroquímica produzindo, por exemplo, óxido de etileno, cloreto de vinil, óxido de propileno, acetato de vinil, ácido tereftálico e outros justificam a instalação de uma fábrica de oxigênio no local, em função do largo consumo de oxigênio.

8.3.1 Oxigênio líquido

Em instalações de médio a grande porte, prefere-se utilizar depósitos para oxigênio líquido, os quais são abastecidos por caminhões-tanque especiais, enquanto em instalações menores utiliza-se centrais de oxigênio constituídas por cilindros portáteis ou tanques de pressão de média capacidade para oxigênio gasoso.

O oxigênio líquido contido nos tanques é *gaseificado* antes de penetrar na rede distribuidora.

As vantagens do emprego de oxigênio líquido podem ser resumidas nas seguintes:

- o espaço exigido para estocagem do oxigênio líquido é consideravelmente menor que o do oxigênio gasoso. Considera-se cerca de seis a sete vezes menores, para as pressões usuais de armazenagem de oxigênio líquido e gasoso;
- menor custo de transporte, pela mesma razão mencionada no item anterior.

O oxigênio líquido é fornecido em muito baixa temperatura, porém em pressão menor que a necessária para armazená-lo no estado gasoso, o que é outra vantagem.

8.4 DADOS PARA O PROJETO

O projetista da instalação para oxigênio deverá receber os dados correspondentes ao consumo e a pressão nos locais de utilização. Tratando-se de instalação industrial, essas grandezas são estabelecidas durante o preparo de fluxograma do processo.

Para as instalações hospitalares, podem-se considerar os seguintes dados:

- Para cálculo da capacidade de armazenamento de oxigênio nos cilindros portáteis ou reservatórios especiais: 24 L/dia. Os reservatórios devem ter capacidade para atender a 10 dias e deve haver reservatórios de reserva de igual capacidade ou até maior, dependendo das facilidades de abastecimento.
- Para cálculo dos diâmetros das tubulações, pode-se admitir que cada ponto de utilização consuma 15 L/min.

Não existe critério definido sobre o fator de utilização a adotar em função dos pontos de consumo. Uma mera indicação é a fixação desse valor em 60 % do consumo total, no dimensionamento do alimentador geral e do *manifold*.

8.5 MATERIAL EMPREGADO

Os materiais empregados são os tubos, conexões e acessórios.

As tubulações hospitalares de oxigênio devem ser de cobre sem costura e as conexões, de latão. Para instalações industriais de grande capacidade, os tubos são de aço-carbono, desde que a temperatura do gás esteja acima de −20 °C.

A solda dos tubos de cobre e respectivas conexões devem ser de liga de prata *argentum 45CD* e a soldagem exige mão de obra de comprovada competência, dada à responsabilidade do serviço.

As válvulas de regulagem de vazão e de redução de pressão devem ser de bronze e de qualidade comprovada. Sobre estas serão dadas mais informações na Seção 9.4.3.

As tubulações são embutidas na alvenaria ou, caso não se possa evitar, no concreto. Em reformas hospitalares, quando se faz a adaptação para uma instalação central, às vezes não se pode impedir que em alguns locais a tubulação seja aparente.

Os pontos de utilização e as conexões de todos os acessórios para uso de gases medicinais devem ser instalados conforme prescrito nas seguintes normas técnicas da ABNT, principalmente: NBR 13730:1996: *Aparelho de anestesia − seção de fluxo contínuo − requisitos de desempenho e projeto*; NBR 13164:1994: *Tubos flexíveis para condução de gases medicinais sob baixa pressão*; e NBR 11906:1992: *Conexões roscadas e de engate rápido para postos de utilização dos sistemas centralizados de gases de uso medicinal sob baixa pressão*.

8.6 DIMENSIONAMENTO DAS TUBULAÇÕES DE OXIGÊNIO

As linhas principais de oxigênio em instalações industriais são executadas em aço-carbono, devendo-se observar, no projeto, que o oxigênio nessas linhas deve estar em temperatura acima de −20 °C, para evitar que o material se torne quebradiço. As ramificações são executadas em cobre recozido.

8.6.1 Velocidade

A Tabela 8.1 permite determinar a velocidade máxima permitida para o oxigênio em tubulações de aço-carbono, para uma temperatura máxima de 95 °C. Os valores usualmente adotados para a velocidade são cerca de 50 % inferiores aos valores constantes da Tabela 8.1. É comum adotar-se, na maioria das instalações, 6 a 8 m/s como valor da velocidade.

Durante a pressurização das linhas, deve-se cuidar para que a mesma se faça lentamente, a fim de evitar que nesta fase ocorra rápida elevação de temperatura do oxigênio.

Tabela 8.1 Velocidades máximas em função da pressão interna em linhas de oxigênio

Pressão interna (kgf/cm²)	Velocidade máxima permitida (m/s)
Até 14	60
17	40
20	36
25	27
30	23
40	16
50	10,5
60	9
70	7,5

8.6.2 Vazão

A vazão de oxigênio em tubulações é, em geral, calculada pela fórmula aplicável a gases em escoamento em regime isotérmico, que é dada por:

$$Q = \sqrt{\frac{6168,5 \times g \times D_i^4}{V_1 \left[f \times \dfrac{L}{D_i} + 2 \times \ln\left(\dfrac{P_1}{P_2}\right)\right]} \times \left(\frac{P_1^2 - P_2^2}{P_1}\right)}$$

em que:

Q é a vazão em peso (kgf/s);
g é a aceleração da gravidade (m/s²);
D_i é o diâmetro interno da tubulação (m);
V_1 é o volume específico do oxigênio (m³/kgf);
P_1 é a pressão no início da linha (kgf/cm², absoluta);
P_2 é a pressão no final da linha (kgf/cm², absoluta);
L é o comprimento da linha (m);
e f é o coeficiente de atrito (adimensional).

O volume específico do oxigênio é dado por:

$$V_1 = \frac{V_m}{M}$$

sendo M o peso molecular ($M = 32$); V_m o volume molecular calculado pela fórmula de van der Waals:

$$R \times T = \left(P_x + \frac{a}{V_m^2}\right) \times \left(V_m \times b\right)$$

em que:

$$a = \frac{27}{64} \times \left(\frac{R^2 \times T_c^2}{P \times C}\right) \quad e \quad b = \frac{R \times T \times C}{8 \times P_c}$$

sendo P_x a pressão de referência;
R a constante universal dos gases dada por 0,084778 dm³/g · mol · K;

T_c a temperatura crítica do oxigênio (154,8 K);
e P_c a pressão crítica do oxigênio (50,1 kgf/cm², absoluta).

Além disso, para calcular f, calcula-se, primeiramente, o número, o número de Reynold:

$$Re = \frac{4000 \times Q}{\pi \times D_i \times \mu}$$

sendo μ o coeficiente de viscosidade dinâmica, que é igual a 0,0204 cP (centipoise) para o oxigênio a 10 °C.

Se $Re \le 2000$, o escoamento será em regime laminar e o coeficiente de atrito f se calcula pela fórmula:

$$f = \frac{64}{Re}$$

Se $Re > 2000$, o escoamento será turbulento e f se calcula pela seguinte fórmula recursiva:

$$\frac{1}{\sqrt{f}} = -21 \times g \times \left(\frac{\varepsilon}{3,7 \times D_i} + \frac{2,51}{Re \times \sqrt{f}}\right)$$

em que ε é o coeficiente de rugosidade absoluta.

Por exemplo, para o tubo de aço-carbono tipo API 5L, $\varepsilon = 45,72 \times 10^{-6}$ (m).

Note que a temperatura crítica do oxigênio é de 154,8 K e a pressão crítica do oxigênio é de 50,1 kgf/cm².

8.6.3 Acessórios

Os principais acessórios das linhas de oxigênio são:

- válvulas;
- filtros;
- instrumentos de controle.

8.6.3.1 Válvulas

Válvula de redução de pressão

É usada após a saída dos "balões" e, nas estações de redução de pressão, à saída dos vaporizadores, quando são usados reservatórios com oxigênio líquido. O regulador de pressão é acionado automaticamente pelo oxigênio, na pressão de saída, e ajustado para que a pressão, à entrada, seja igual à soma da pressão desejada no final da linha, com as perdas de carga ao longo da mesma. Uma instrumentação adequada é usada para permitir a ajustagem da válvula-piloto que aciona a válvula.

Válvula de bloqueio

Usa-se válvula de globo para controle de vazão e para bloqueio do oxigênio. A válvula de bloqueio é indispensável quando se opera com baixas temperaturas, para impedir que passe oxigênio a temperatura menor que −20 °C para a linha, o que poderia ocorrer em razão de um acidente que venha a conduzir o oxigênio dos vaporizadores à linha de distribuição.

Usam-se, além das válvulas de globo, as de esfera.

Válvula de regulagem de fluxo

Usam-se válvulas de globo para regulagem manual eventual e para permitir a purgação da linha por meio da tubulação de ventilação. Junto de cada aparelho de consumo deve haver uma válvula de globo ou de esfera, ou, ainda, de diagrama.

Válvula de controle de fluxo

Controla automaticamente a vazão, sob a ação de dispositivos comandados pela atuação de sensores ou instrumentos apropriados. A válvula é até certo ponto semelhante a uma válvula de globo.

Válvula de segurança

É indispensável válvula de segurança que proteja a instalação contra eventual sobrepressão.

Cabe observar que:

- não é permitido instalar válvulas abaixo do nível do solo, tanto em caixas quanto enterradas;
- não devem ser usadas graxas ou lubrificantes em válvulas utilizadas em serviços com oxigênio.

8.6.3.2 Filtros

Convêm instalarem-se filtros nas linhas de oxigênio, semelhantes aos usados em instalações de ar comprimido:

- antes de equipamento ou elemento do sistema, no qual a velocidade de escoamento seja elevada, quando houver risco de lançamento de partículas de material contra a superfície do tubo;
- antes de componentes que contenham partes internas móveis;
- antes de componentes do sistema nos quais a velocidade de escoamento não possa ser controlada.

8.6.3.3 Instrumentos de controle

A instrumentação basicamente reduz-se a manômetros, colocados antes e depois das válvulas de redução de pressão e nos reservatórios, termômetros e medidores de vazão.

8.7 TANQUES PARA ARMAZENAMENTO DE OXIGÊNIO LÍQUIDO

Para suportarem elevadas pressões, de até 176 kgf/m^2 (250 psi) e baixas temperaturas (-180 °C), os tanques industriais são construídos com paredes duplas, constituindo a interna o tanque primário, de aço inoxidável, e a externa (tanque secundário), de aço-carbono. O espaço entre os tanques é, em muitos casos, preenchido com *perlita* a alto vácuo. A perlita é um mineral vulcânico granulado que, aquecido, aumenta em cerca de sete vezes as dimensões dos grãos, os quais passam a possuir inúmeros alvéolos, o que o torna excelente isolante térmico.

Os tanques possuem válvulas de alívio de pressão do tanque primário, e de entrada do oxigênio líquido, além de manômetro, indicador de nível de líquido e acoplamentos.

Convém notar que a capacidade útil dos reservatórios de oxigênio é de 85 % de sua capacidade real. O tanque interno é ligado a uma linha de ventilação que entra em funcionamento quando a pressão interna do tanque ultrapassa a pressão de operação. Um regulador de pressão calibrado para 1 kgf acima da pressão de operação se abre, permitindo a passagem do gás, que se encontra em uma temperatura muito baixa, até a linha de distribuição um pouco antes da localização dos vaporizadores.

O Standard nº 566 do National Fire Protection Association (NFPA) estabelece as seguintes exigências quanto ao afastamento dos reservatórios de oxigênio líquido em terreno de consumidores.

Distância entre a unidade de oxigênio e:

- logradouros públicos: 15 m;
- limites da propriedade (muros): 1,5 m;
- abertura mais próxima em muros: 3 m;
- passagem de pessoa: 3 m;
- estruturas combustíveis: 15 m;
- edifício com paredes externas resistentes a fogo e dotado de sistema *sprinklers*: 7,5 m;
- aberturas para ventilação em locais abertos: 10,5 m;
- aberturas para ventilação em locais fechados: 22,5 m;
- materiais sólidos de queima rápida: 15 m;
- tanques de óleo combustível acima do solo:
  - até 3800 L: 7,5 m;
  - maiores que 3800 L: 15 m;
- materiais sólidos de queima lenta: 7,5 m;
- tanques de óleo combustível enterrados: 4,5 m;
- tubos de alívio ou aberturas de tanques de combustível enterrado: 12 m;
- tanques de produtos inflamáveis acima do solo:
  - até 3800 L: 15 m;
  - maiores que 3800 L: 27 m;
- tanques de produtos inflamáveis abaixo do solo:
  - até 3800 L: 4,5 m;
  - maiores que 3800 L: 9 m;
- tubos de alívio ou aberturas de tanques de inflamáveis, enterrados: 15 m;
- tanques de GLP:
  - até 140.000 L: 15 m;
  - maiores que 140.000 L: 27 m.

Onde houver parede corta-fogo, a unidade de oxigênio pode ficar a uma distância mínima de 1,5 m da mesma.

No Brasil, as distâncias mínimas entre tanques e/ou cilindros de centrais de suprimento de oxigênio e adjacências são regulamentadas pela Resolução RDC nº 50, de 21 de fevereiro de 2002, da Anvisa, conforme apresentadas na Tabela 8.2.

As distâncias apresentadas na Tabela 8.2 não se aplicam onde houver estruturas contrafogo com resistência mínima ao fogo de duas horas, entre tanques e/ou cilindros de centrais de suprimento de oxigênio e adjacências. Em tais casos, os tanques e/ou cilindros devem ter uma distância mínima de

Tabela 8.2 Distâncias mínimas entre tanques ou cilindros de oxigênio e adjacências

Local	Distância mínima (m)
Edificações	5,0
Materiais combustíveis ou armazenamentos de materiais inflamáveis	5,0
Local de reunião de público	5,0
Portas ou passagens sem visualização e que dão acesso à área de armazenamento	3,0
Tráfego de veículos	3,0
Calçadas públicas	3,0

0,5 m (ou maior, se for necessário para a manutenção do sistema) da estrutura de proteção.

O descarregamento do oxigênio líquido dos caminhões-tanque para os tanques dos usuários realiza-se com bombas centrífugas capazes de descarregar um caminhão-tanque no máximo em uma hora.

Quando os pontos de consumo forem consideravelmente distantes dos tanques de oxigênio, como acontece com frequência em siderúrgicas, há necessidade de bombear seja o oxigênio líquido (com bombas centrífugas), seja o oxigênio gás (com compressores de palhetas).

8.8 VAPORIZAÇÃO DO OXIGÊNIO LÍQUIDO

Nas instalações particulares, a transferência do oxigênio dos tanques de armazenamento para os locais de consumo é realizada com o mesmo gaseificado, isto é, vaporizado, o que possibilita o escoamento em temperatura e pressão mais adequadas.

A vaporização do oxigênio costuma ser feita usando:

- **Vaporizadores atmosféricos.** Consistem esses vaporizadores em tubos de alumínio aletados em contato com atmosfera. O oxigênio que passa em seu interior recebe o calor do meio ambiente. Trata-se, pois, de trocadores de calor simples. A temperatura de saída do oxigênio é da ordem de 5 °C inferior à do ambiente;
- **Vaporizadores de vapor d'água.** A mudança de estado do oxigênio líquido para gasoso se realiza no interior de uma serpentina imersa em uma atmosfera de vapor.

■ EXEMPLO 8.1

Suponha-se que em um vaporizador, que deve atender a 1200 m³/h de oxigênio gasoso, o vapor d'água penetra a uma pressão igual a 2 kgf/cm², para a qual o calor total do vapor saturado seco é igual a 645,7 kcal/kgf.

Calcular a vazão de oxigênio e a necessidade de vapor d'água.

Solução:

A água, ao sair do vaporizador em estado líquido, acha-se submetida à pressão de 1 kgf/cm², e o calor total da água para esta pressão é de 99,1 kcal/kgf.

Será calculada a quantidade de vapor necessária para vaporizar o oxigênio, considerando que o oxigênio entre a uma pressão de 140 psi (10 kgf/cm²) quando se acha a −250 °F (−157 °C), sendo a potência calorífica do líquido igual a $Q_1 = -31$ Btu/lb.

Ao sair, o oxigênio encontra-se na mesma pressão de 140 psi (10 kgf/cm²), mas a 32 °F (0 °C). Tem-se que: $Q_2 = 104$ Btu/lb.

Observam-se as diferenças de entalpia:

O vapor d'água fornece a quantidade de calor:

$$Q' = 645,7 - 99,1 = 546,6 \text{ Btu/lb}$$

O oxigênio recebe:

$$Q'' = 104 + 31 = 135 \text{ Btu/lb}$$

Mas, 1 Btu/lb = 0,555 kcal/kgf, portanto:

$$Q'' = 135 \times 0,555 = 75 \text{ kcal/kgf}$$

Observando que o peso específico do oxigênio é igual a 1,33 kgf/m³ a 25 °C e 1 kgf/cm² de pressão, obtém-se, para a vazão do oxigênio: 1200 × 1,33 = 1596 kgf/h.

Mas, a quantidade de vapor necessário para vaporizar 1 kgf/h de oxigênio é, como já apresentado, igual a 75 kcal/kgf e, portanto, tem-se: 1596 × 75 = 119.700 kcal/h. Como o vapor fornece 546,6 kcal/kgf, obtém-se a necessidade de vapor d'água de: 118.700 ÷ 546,6 = 219 kgf/h.

8.9 ESQUEMA BÁSICO DO SISTEMA DE ARMAZENAGEM DE OXIGÊNIO LÍQUIDO

A Fig. 8.1 mostra um esquema típico de sistema de armazenagem de oxigênio líquido, contendo um tanque com paredes duplas, entremeadas com *perlite*.

Em (A), observa-se o engate para suprimento de oxigênio líquido vindo em caminhões-tanques e por (B) o oxigênio é lançado no tanque.

Havendo necessidade de aumentar a pressão interna no tanque, recorre-se à derivação (C – D – E).

A linha (F) contém uma válvula de segurança (G) e um disco de ruptura (H) de modo a assegurar proteção contra excesso de pressão.

O oxigênio líquido sai do tanque pela tubulação (I), passa pelo vaporizador (J) e, em seguida, por uma estação de regulagem de pressão (K), seguindo para o consumo.

No diagrama são vistas as válvulas de segurança (VS), as válvulas de redução de pressão (VRP), a válvula de retenção (VR) e as válvulas de globo (VG).

8.10 PROTEÇÃO DAS TUBULAÇÕES PARA OXIGÊNIO

As tubulações que conduzem oxigênio devem ser cuidadosamente protegidas contra agentes destruidores de natureza mecânica e elétrica.

8.10.1 Proteção mecânica

As tubulações devem ser *soldadas*. Se enterradas, devem receber o recobrimento que as proteja contra cargas acidentais como seria a passagem de veículos. Devem ser colocadas afastadas convenientemente de linhas que conduzam fluidos perigosos em contato com o oxigênio, ou que contenham gases quentes, e de pontos de saída livre de vapor.

8.10.2 Proteção catódica

A tubulação de oxigênio enterrada deve ter proteção catódica adequada. Onde houver trechos de tubulação aérea ligados a trechos enterrados, a união dos trechos deve ser feita com juntas isolantes, de modo a separar o trecho aéreo do que possui proteção catódica, isto é, do trecho enterrado.

As juntas mecânicas em trechos aéreos devem ser ligadas e aterradas, de modo que a carga elétrica seja escoada para a terra e não se acumule na linha.

8.11 INSTALAÇÃO HOSPITALAR TÍPICA

Na Fig. 8.2 está representado um esquema de instalação central de oxigênio para um hospital, onde se podem observar os reservatórios de oxigênio líquido dotados de gaseificador.

O alimentador permite derivações para diversos pavilhões do hospital. Na portaria existe um painel de alarme, capaz de detectar vazamentos e de acusar insuficiência de suprimento pelo esvaziamento do tanque, a fim de ser posto em ação o tanque de reserva.

Ressalta-se que em cada ramal servindo a um setor do hospital deve poder ser isolado com válvula de bloqueio.

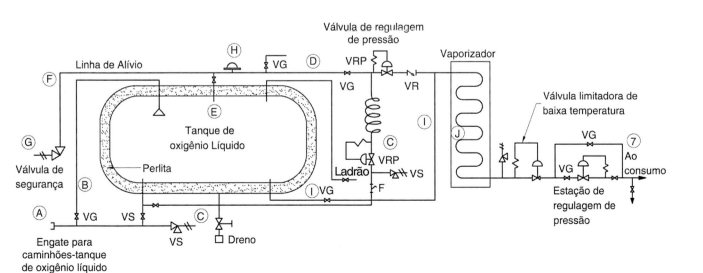

Fig. 8.1 Esquema de armazenagem de oxigênio líquido.

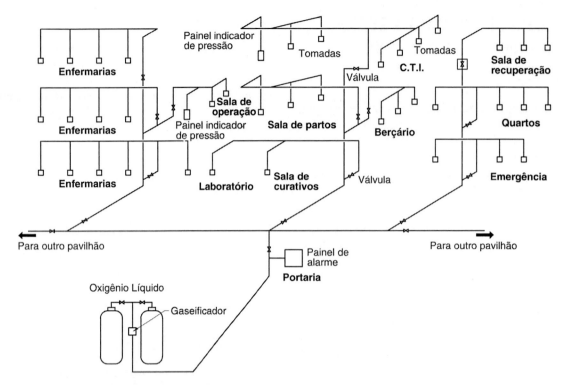

Fig. 8.2 Esquema parcial de instalação para oxigênio em hospital.

9

Materiais Empregados em Instalações

9.1 INTRODUÇÃO

Nos capítulos anteriores foram indicados os materiais mais empregados em cada gênero de instalação que estava sendo tratado.

As exposições realizadas serão completadas com a descrição e indicação das dimensões de alguns outros materiais que, pela sua importância, convém ser apresentados, de modo a facilitar o trabalho de coligir dados para o projeto, elaborar os desenhos e redigir as especificações técnicas. Para mais detalhes, deverão ser consultados os catálogos dos fabricantes, alguns dos quais estão mencionados nas referências bibliográficas deste capítulo. São apresentadas também as principais normas técnicas brasileiras atualizadas, que especificam os materiais descritos.

Podemos classificar esses materiais em:

- tubos;
- conexões;
- válvulas.

Essas três categorias de materiais abrangem uma enorme variedade de tipos, dadas à diversidade de fluidos encontrados em instalações e as amplas faixas de pressão e temperatura com que podem vir a ter que operar.

Serão selecionados os mais comumente usados, pois uma classificação pormenorizada e uma descrição detalhada dos inúmeros tipos implicariam a necessidade de uma longa exposição e a transcrição de inúmeros catálogos relativos aos mesmos.

9.2 TUBOS

Os tubos que serão tratados a seguir são, principalmente, os de:

- aço-carbono (*carbon-steel*);
- ferro fundido (*cast-iron*);
- cobre (*copper*);
- PVC (cloreto de polivinil);

238 Capítulo 9

– CPVC (policloreto de vinila clorado);
– polipropileno;
– polietileno.

9.2.1 Tubos de aço-carbono para condução de líquidos (*pipes*)

Esse tipo de tubulação obedece às normas do DIN, da ASTM e das seguintes normas brasileiras, entre outras:

- NBR 5580:2007: *Tubos de aço-carbono para usos comuns na condução de líquidos – Especificação*;
- NBR 5590:1995: *Tubos de aço-carbono com ou sem solda longitudinal, pretos ou galvanizados – Especificação*;
- NBR 9797:1987: *Versão Corrigida: 1993, Tubo de aço-carbono eletricamente soldado para condução de água de abastecimento – Especificação*;
- NBR 6321:2011: *Tubos de aço-carbono sem solda longitudinal, para serviços em altas temperaturas*.

A NBR 5580:2007 (antiga EB-182 da ABNT) prevê três classes de tubos de aço, que são;

– pesada (P);
– média (M);
– leve (L).

Os tubos de aço podem ser:

- soldados (*welded pipe*), isto é, *com costura*, e podem ser de topo (*butt weld*) ou sobrepostos (*lap weld*);
- sem costura (*seamless pipe*), obtidos por:
  - laminação (*rolling*);
  - extrusão (*extrusion*);
  - fundição (*casting*), para aços especiais;
  - forjagem (*forging*).

Os tubos de aço-carbono podem ser revestidos externamente com produtos anticorrosivos, tais como:

- epóxi em pó (*Fusion Bonded Epoxy* – FBE);
- polietileno extrudado em tripla camada (3C PE);
- polipropileno extrudado em tripla camada (3C PP).

Alguns dados sobre os tubos classe média e classe pesada são apresentados a seguir:

a) *Tubo preto e galvanizado classe média* (M), segundo a NBR 5580:2007 ou DIN 2440 (ver Tabela 9.1)

Trata-se de tubos de aço-carbono, de baixo teor de carbono, chamados de classe média, podendo ser fabricados soldados ou não. Suas principais características são:

– pressão de ensaio: 32 kgf/cm²;
– emprego: água, gás, vapor, ar comprimido. É designado pelos instaladores como *tubo de ferro galvanizado*;

Tabela 9.1 Tubos de aço galvanizados e pretos, Classe M, segundo a norma DIN 2440

Diâmetro interno nominal		Diâmetro externo	Espessura da parede	Pesos teóricos			
				Com luvas		Sem luvas	
				Galv.	Preto	Galv.	Preto
(")	(mm)	(mm)	(mm)	(kgf/m)	(kgf/m)	(kgf/m)	(kgf/m)
1/4	8	13,5	2,35	0,700	0,654	0,696	0,650
3/8	10	17,2	2,35	0,918	0,858	0,912	0,852
1/2	15	21,3	2,65	1,32	1,23	1,31	1,22
3/4	20	26,9	2,65	1,70	1,59	1,69	1,58
1	25	33,7	3,25	2,63	2,46	2,61	2,44
1 1/4	32	42,4	3,25	3,39	3,17	3,36	3,14
1 1/2	40	48,3	3,25	3,91	3,64	3,86	3,61
2	50	60,3	3,65	5,53	5,17	5,46	5,10
2 1/2	65	76,1	3,65	7,09	6,63	6,97	6,51
3	80	88,9	4,05	9,24	8,64	9,06	8,47
4	100	114,3	4,50	13,27	12,40	12,95	12,10
5	125	139,1	4,85	17,87	16,70	17,33	16,20
6	150	165,1	4,85	21,19	19,80	20,54	19,20
8	200	219,1	6,30	36,59	34,20	35,52	33,20

– comprimentos: os tubos pretos possuem de 4 e 8 m; os galvanizados, têm de 4 a 7 m; e em geral, possuem 6 m;
– pontas: lisas ou rosqueadas (rosca Whitworth, conforme DIN 2999).

b) *Tubo preto classe pesada* (P), segundo a NBR 5580:2007 ou DIN 2441 (ver Tabela 9.2)

São tubos soldados ou sem costura, para serviço de vapor, ar comprimido e gás, conhecidos como *tubos de aço para vapor*. Suas principais características são:

– pressão de ensaio: 40 kgf/cm²;
– comprimentos iguais aos dos tubos, conforme o DIN 2440, referidos no item anterior;
– fornecidos com rosca e luvas, em comprimentos de 4 a 7 m; em geral, possuem 6 m.

c) *Tubo de aço sem costura Mannesmann para instalações comuns*

São fabricados em dois tipos, principalmente: Schedule 40 e Schedule 80.

O *Schedule Number* é uma grandeza usada para classificar as espessuras ou pesos dos tubos em *séries*, e é obtido dividindo-se o valor de 1000 vezes a pressão de trabalho *P* expressa em psig (*pounds per square inch gage*) pela tensão admissível *S* do material em psi (*pounds per square inches*), isto é,

$$Sch = \frac{1000 \times P}{S}$$

O *Schedule Number* é, portanto, um número de série, compreendida pelos seguintes números: 10, 20, 30, 40, 50, 80, 100, 120, 140 e 160.

O *Schedule 40* corresponde à antiga designação do Standard "S", isto é, ao *40S* e à Classe Normal, Série 40 da antiga EB-331 da ABNT (ver Tabela 9.3).

São tubos que obedecem às especificações da ASTM A-53 (qualidade média, uso geral), A-106 (alta qualidade, temperaturas elevadas), A-120 (baixa qualidade) Gr A e B.

Os tubos Sch 40 são usados para fluidos com temperaturas médias, obedecendo às especificações da ASTM A-53, e elevadas, obedecendo às da ASTM A-106 e A-120. Suas principais características são:

– pressão de ensaio: 50 kgf/cm²;
– comprimentos: possuem de 4 a 8 m;
– a ponta do tubo pode ser lisa ou chanfrada, ou, ainda, rosqueada, para receber luva ou conexão;
– os tubos de grade A são de aço de baixa taxa de carbono e têm carga de ruptura de 3300 kgf/cm², e os de grade B, de 4100 kgf/cm², sendo de aço de carbono médio.

Tabela 9.2 Tubos de aço pretos (pesados), Classe P, segundo a norma DIN 2441

Diâmetro interno nominal		Diâmetro externo	Espessura da parede	Pesos teóricos	
				Com luvas	Sem luvas
(")	(mm)	(mm)	(mm)	(kgf/m)	(kgf/m)
1/4	8	13,5	2,90	0,773	0,769
3/8	10	17,2	2,90	1,03	1,02
1/2	15	21,3	3,25	1,46	1,45
3/4	20	26,90	3,25	1,91	1,90
1	25	33,7	4,05	2,99	2,97
1 1/4	32	42,4	4,05	3,87	3,87
1 1/2	40	48,3	4,05	4,47	4,43
2	50	60,3	4,50	6,24	6,17
2 1/2	65	76,1	4,5	8,02	7,90
3	80	88,9	4,85	10,30	10,10
4	100	114,3	5,40	14,70	14,40
5	125	139,7	5,40	18,30	17,80
6	150	165,1	5,40	21,80	21,20
8	200	219,1	7,10	38,20	37,20

240 Capítulo 9

Tabela 9.3 Tubos Mannesmann sem costura Sch 40 (40S) ASTM (A-53, A-106, A-120, Gr A e B)

Diâmetros nominais			Espessura da parede		Peso teórico com luvas		Peso teórico sem luvas		Pressão de ensaio em lbf/pol² (psi)			
Interno	Externo								A-53 e A-106		A-120	
(")	(")	(mm)	(")	(mm)	(lb/pé)	(kgf/m)	(lb/pé)	(kgf/m)	Gr A	Gr B	Gr A	Gr B
1/4	0,540	13,7	0,088	2,24	0,44	0,66	0,42	0,63	700	700	700	700
3/8	0,675	17,2	0,091	2,31	0,59	0,88	0,57	0,85	700	700	700	700
1/2	0,840	21,3	0,109	2,77	0,87	1,29	0,85	1,27	700	700	700	700
3/4	1,050	26,7	0,113	2,87	1,16	1,72	1,13	1,68	700	700	700	700
1	1,315	33,4	0,133	3,38	1,72	2,56	1,68	2,50	700	700	700	700
1 1/4	1,660	42,2	0,140	3,56	2,31	3,45	2,27	3,38	1000	1100	1000	1100
1 1/2	1,900	48,3	0,145	3,68	2,81	4,18	2,72	4,05	1000	1100	1000	1100
2	2,375	60,3	0,154	3,91	3,76	5,60	3,65	5,43	2300	2500	1000	1100
2 1/2	2,875	73,0	0,203	5,16	5,90	8,76	5,79	8,62	2500	2500	1000	1100
3	3,500	88,9	0,216	5,49	7,80	11,60	7,58	11,28	2200	2500	1000	1100
3 1/2	4,000	101,6	0,226	5,76	9,50	14,11	9,11	13,56	2000	2400	1200	1300
4	4,500	114,3	0,237	6,02	11,30	16,81	10,79	16,06	1900	2200	1200	1300
5	5,563	141,3	0,258	6,55	15,23	22,67	14,62	21,76	1700	1900	1200	1300
6	6,625	168,3	0,280	7,11	19,90	29,59	18,97	28,23	1500	1800	1200	1300
8	8,625	219,1	0,322	8,18	30,00	44,66	28,55	42,49	1300	1600	1300	1600
10	10,750	273,0	0,365	9,27	–	–	48,48	60,23	1200	1400	1200	1400
12	12,747	323,8	0,375	9,52	–	–	49,73	74,00	–	–	1100	–

O *Schedule 80* (80S) corresponde ao antigo XS (*Extra Strong*). Obedecem às normas de ASTM A-53, A-106, A-120, Gr A e B (ver Tabela 9.4).

Pela antiga norma EB-331, da ABNT, são designados por tubos de classe reforçada, Classe R – Série 80.

Os tubos A-120 não devem ser usados para vapor, hidrocarbonetos e fluidos tóxicos, inflamáveis ou sob pressão. Podem ser usados para água, ar comprimido e gás, em temperaturas abaixo de 200 °C. Em geral, os que obedecem à ASTM A-53 são mais usados que os A-106, por serem mais baratos.

Suas principais características são:

– comprimento de fabricação: de 2 a 7 m;
– utilizam a rosca standard americana ASA B2-1945, cone 1:16.

Além disso, observa-se que para se obter o peso teórico dos tubos galvanizados, deve-se aumentar em 7 % o peso teórico dos tubos pretos.

Os tubos são designados pelo seu *diâmetro nominal*. Os diâmetros nominais nos tubos de 1/8" a 12" não correspondem a nenhuma dimensão física do tubo, porém de 14" até 36" coincidem com o diâmetro externo do tubo.

Para cada diâmetro nominal, o diâmetro externo é sempre o mesmo, mas o diâmetro interno varia de acordo com a espessura da parede. Observa-se nas Tabelas 9.3 e 9.4, por exemplo, que o tubo de diâmetro nominal de 10", no caso do Sch 40, tem espessura de 9,27 mm, enquanto no Sch 80, a espessura é de 15,09 mm. Assim, é importante notar que o diâmetro nominal de 10" corresponde a 273 mm, e não à medida real de 10", que é igual a 254 mm.

9.2.2 Tubos de ferro fundido

As principais normas brasileiras que dizem respeito aos tubos de ferro são, principalmente:

- NBR 15420:2006: *Tubos, conexões e acessórios de ferro dúctil para canalizações de esgotos – Requisitos*;
- NBR 7675:2005: *Tubos, conexões de ferro dúctil e acessórios para sistemas de adução e distribuição de água para canalizações de esgotos – Requisitos*;

Materiais Empregados em Instalações 241

Tabela 9.4 Tubos Mannesmann sem costura Sch 80 (80S) ASTM (A-53, A-106, A-120, Gr A e B)

Diâmetros nominais			Espessura da parede		Peso teórico com luvas		Peso teórico sem luvas		Pressão de ensaio em lbf/pol² (psi)			
									A-53 e A-106		A-120	
Interno	Externo								Gr A	Gr B	Gr A	Gr B
(")	(")	(mm)	(")	(mm)	(lb/pé)	(kgf/m)	(lb/pé)	(kgf/m)	Gr A	Gr B	Gr A	Gr B
1/4	0,540	13,7	0,119	3,02	0,56	0,83	0,54	0,80	850	850	850	850
3/8	0,675	17,2	0,126	3,20	0,76	1,13	0,74	1,10	850	850	850	850
1/2	0,840	21,3	0,147	3,73	1,11	1,65	1,09	1,62	850	850	850	850
3/4	1,050	26,7	0,154	3,91	1,50	2,24	1,47	2,19	850	850	850	850
1	1,315	33,4	0,179	4,55	2,22	3,31	2,17	3,23	850	850	850	850
1 1/4	1,660	42,2	0,191	4,85	3,07	4,56	3,00	4,47	1500	1600	1500	1600
1 1/2	1,900	48,3	0,200	5,08	3,74	5,56	3,63	5,40	1500	1600	1500	1600
2	2,375	60,3	0,218	5,54	5,15	7,67	5,02	7,47	2500	2500	1500	1600
2 1/2	2,875	73,0	0,276	7,01	7,90	11,76	7,66	11,40	2500	2500	1500	1600
3	3,500	88,9	0,300	7,62	10,55	15,75	10,25	15,25	2500	2500	1500	1600
3 1/2	4,000	101,6	0,318	8,08	12,95	19,27	12,51	18,62	2800	2800	1700	1800
4	4,500	114,3	0,337	8,56	15,55	23,19	14,98	22,29	2700	2800	1700	1800
5	5,563	141,3	0,375	9,53	21,50	32,02	20,78	30,92	2400	2800	1700	1800
6	6,625	168,3	0,432	10,97	29,70	44,15	28,57	42,51	2300	2700	1700	1800
8	8,625	219,1	0,500	12,70	45,10	67,16	43,39	64,56	2100	2400	1700	2400
10	10,750	273,0	0,594	15,09	–	–	64,40	95,84	2000	2300	1600	1900

- NBR 7560:2012: *Tubo de ferro fundido dúctil centrifugado, com flanges roscados ou montados por dilatação térmica e interferência – Especificação*;
- NBR 11185:1994: *Projeto de tubulações de ferro fundido dúctil centrifugado, para condução de água sob pressão – Procedimento*;
- NBR 8318:1983: *Tubo de ferro fundido dúctil centrifugado para pressão de 1 MPa – Especificação*.

Com relação aos tubos de ferro fundido do tipo cinzento ou laminar utilizados em esgotos sanitários, estes já foram abordados na Seção 2.9.1.1 do Capítulo 2.

Será destacado nesta seção o ferro fundido dúctil, também designado por *ferro fundido nodular*. Este é obtido pela introdução controlada de uma pequena quantidade de magnésio em um ferro fundido com baixos teores de enxofre e fósforo. O carbono se deposita na massa sob a forma de esferas, o que determina uma estrutura muito mais uniforme e resistente que a verificada no ferro fundido cinzento, onde o carbono toma a forma de veias ou escamas.

A resistência à tração do ferro dúctil é de 40 kgf/mm², enquanto a do ferro fundido cinzento é de 18 kgf/mm². Essa resistência mecânica, aliada à boa resistência à corrosão, tem levado o ferro dúctil ou nodular a ser especificado em lugar do ferro fundido comum, nas instalações com líquidos sob pressão.

Em geral, os tubos de ferro fundido dúctil são empregados nas canalizações de coletores e linhas de recalque de esgoto sanitário urbano em grandes cidades. Nesta aplicação, são particularmente apreciadas as seguintes vantagens:

- rigidez e resistência aos choques e às cargas ovalizantes (carga do terreno, cargas rodantes etc.);
- resistência à pressão, especialmente em caso de golpes de aríete em canalização de recalque.

Os tubos de ferro fundidos de ponta e bolsa com junta elástica são especialmente indicados para:

- canalizações adutoras e subadutoras, estações de bombeamento e estações de tratamento de água;
- redes urbanas de distribuição de água potável;
- projetos de irrigação;
- canalizações de esgotos urbanos, sobretudo em linhas de recalque;
- canalizações de água e redes de incêndio nas indústrias.

Junta elástica

Com relação às juntas elásticas, estas são utilizadas tanto para os tubos como para as conexões e as válvulas de gaveta. Ela é composta de uma junta de borracha sintética, geralmente polímero de estireno-butadieno, de montagem deslizante, constituída pelo conjunto formado pela ponta de um tubo, pela bolsa contígua de outro tubo ou conexão e pelo anel de borracha.

A estanqueidade é obtida pela compressão do anel de borracha entre a ponta de um tubo e a bolsa de outro. A parte interna da bolsa possui um alojamento do anel situado logo na entrada da bolsa, o qual é limitado por um batente circular que evita o deslizamento do anel para o fundo da bolsa; e um compartimento posterior ao batente do anel que possibilita os deslocamentos angulares e longitudinais dos tubos.

Para a montagem da junta elástica, basta fazer penetrar à força a ponta do tubo na bolsa contígua, estando esta já munida do anel de borracha, podendo ser facilitada com a utilização de um lubrificante.

As vantagens do emprego da junta elástica são: facilidade de montagem, mobilidade, isolamento elétrico e estanqueidade.

A junta elástica obedece às seguintes normas brasileiras:

- NBR 14243:1998: *Juntas de ferro fundido dúctil tipo "Gibault" – Requisitos*;
- NBR 7676:1996: *Anel de borracha para juntas elástica e mecânica de tubos e conexões de ferro fundido – Tipos JE, JM e JE2GS – Especificação*;
- NBR 13747:1996: *Junta elástica para tubos e conexões de ferro fundido dúctil – Tipo JE2GS – Especificação*;
- NBR 7677:1982: *Junta mecânica para conexões de ferro fundido dúctil*;
- NBR 7674:1982: *Junta elástica para tubos e conexões de ferro fundido dúctil*.

Classes de tubos de ferro dúctil

A classe, ou série do tubo, é caracterizada pela letra K seguida do número inteiro 7 ou 9; então tem-se as Séries K-7 e K-9. Os tubos da Série K-7 têm menor espessura e, portanto, menor peso que os da Série K-9.

A Fig. 9.1 mostra o tubo de ferro dúctil, ponta e bolsa, classes K7 (TK7JGS) e K9 (TK9JGS), com revestimento interno de argamassa de cimento e externo com zinco e pintura betuminosa, fabricada pela Saint-Gobain Canalização. As Tabelas 9.5 e 9.6 apresentam as dimensões e massas destes tubos, além da pressão de serviço (PSA), pressão máxima de serviço (PMS) e a pressão de teste admissível (PTA).

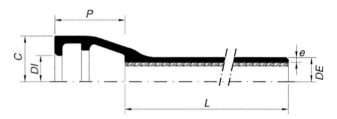

Fig. 9.1 Tubo de ferro fundido dúctil, ponta e bolsa, Classes K7-JGS e K9-JGS, da Saint-Gobain Canalização.

Tabela 9.5 Tubo Classe K7-JGS da Saint-Gobain Canalização

DN (mm)	Dimensões						Massas		Pressões		
	L	DE	DI	C	P	e	Parcial	Total	PSA	PMS	PTA
	(m)	(mm)	(mm)	(mm)	(mm)	(mm)	(kg/m)	(kg)	(MPa)	(MPa)	(MPa)
150	6	170,0	173,0	243,0	100,5	5,2	23,3	139,8	6,4	7,7	8,2
200	6	222,0	225,0	296,0	106,5	5,4	31,9	191,4	5,3	6,3	6,8
250	6	274,0	277,0	353,0	105,5	5,5	40,3	241,8	4,4	5,2	5,7
300	6	326,0	329,0	410,0	107,5	5,7	49,8	298,8	3,8	4,6	5,1
350	6	378,0	381,0	465,0	110,5	5,9	64,9	389,4	3,4	4,1	4,6
400	6	429,0	432,0	517,0	112,5	6,3	77,9	467,4	3,0	3,6	4,1
450	6	480,0	483,0	575,0	115,5	6,7	91,7	550,2	2,9	3,5	4,0
500	6	532,0	535,0	630,0	117,5	7,0	106,1	636,6	2,8	3,3	3,8
600	6	635,0	638,0	739,0	122,5	7,7	137,9	827,4	2,6	3,1	3,6
700	7	738,0	741,0	863,0	147,5	8,4	176,5	1235,5	2,4	2,9	3,4
800	7	842,0	845,0	974,0	147,5	9,1	216,3	1514,1	2,3	2,8	3,3
900	7	945,0	948,0	1082,0	147,5	9,8	259,4	1815,8	2,3	2,7	3,2
1000	7	1048,0	1051,0	1191,0	157,5	10,5	316,2	2213,4	2,2	2,6	3,1
1200	7	1255,0	1258,0	1412,0	167,5	11,9	411,9	2883,3	2,1	2,5	3,0

Tabela 9.6 Tubo Classe K9-JGS da Saint-Gobain Canalização

DN (mm)	Dimensões						Massas		Pressões		
	L	DE	DI	C	P	e	Parcial	Total	PSA	PMS	PTA
	(m)	(mm)	(mm)	(mm)	(mm)	(mm)	(kg/m)	(kg)	(MPa)	(MPa)	(MPa)
80	6	98	101,0	168,0	92,5	6,0	14,5	87,0	6,4	7,7	8,2
100	6	118	121,0	189,0	94,5	6,0	18,1	108,6	6,4	7,7	8,2
150	6	170	173,0	243,0	100,5	6,0	27,3	163,8	6,4	7,7	8,2
200	6	222	225,0	296,0	106,5	6,3	36,7	220,2	6,2	7,4	7,9
250	6	274	277,0	353,0	105,5	6,8	48,0	288,0	5,5	6,6	7,1
300	6	326	329,0	410,0	107,5	7,2	60,4	362,4	4,9	5,9	6,4
350	6	378,0	381,0	465,0	110,5	7,7	79,7	478,2	4,6	5,5	6,0
400	6	429,0	432,0	517,0	112,5	8,1	94,7	568,2	4,2	5,1	5,6
450	6	480,0	483,0	575,0	115,5	8,6	111,8	670,8	4,1	4,9	5,4
500	6	532,0	535,0	630,0	117,5	9,0	129,3	775,8	3,8	4,6	5,1
600	6	635,0	638,0	739,0	122,5	9,9	168,4	1010,4	3,6	4,3	4,8
700	7	738,0	741,0	863,0	147,5	10,8	215,1	1505,7	3,4	4,1	4,6
800	7	842,0	845,0	974,0	147,5	11,7	264,1	1848,7	3,2	3,9	4,4
900	7	945,0	948,0	1082,0	147,5	12,6	317,2	2020,4	3,1	3,7	4,2
1000	7	1048,0	1051,0	1191,0	157,5	13,5	375,0	2625,0	3,0	3,6	4,1
1200	7	1255,0	1258,0	1412,0	167,5	15,3	505,3	3537,1	2,9	3,5	4,0
1400	8,17	1462,0	1465,0	15920,0	245,0	17,1	678,0	5539,0	2,8	3,3	3,8
1500	8,16	1565,0	1568,0	1710,0	265,0	18,0	764,0	6234,2	2,7	3,2	3,7
1600	8,16	1668,0	1671,0	1816,0	265,0	18,9	851,0	6944,2	2,7	3,2	3,7
1800	8,14	1875,0	1878,0	2032,0	275,0	20,7	1035,0	8424,9	2,6	3,1	3,6
2000	8,13	2082,0	2085,0	2253,0	290,0	22,5	1241,0	10089,3	2,6	3,1	3,6

A Fig. 9.2 mostra os tipos de tubo de ferro fundido dúctil com flanges, sendo com dois flanges (TFL), com flange e ponta (TFP) e com flange e bolsa (TFB) fabricados pela Saint-Gobain Canalização. Esses tubos podem possuir as pressões nominais de 10 kgf/cm², 16 kgf/cm² e 25 kgf/cm².

Revestimento

Todos os tubos em fabricação normal são revestidos internamente com argamassa de cimento aplicada por centrifugação. O cimento usado normalmente na preparação da argamassa é um cimento de alto-forno AF-320, conforme a NBR 5735:1991 (antiga EB-208).

Além disso, uma demão de *seal coat* preto pode ser aplicada no revestimento de cimento. As espessuras do revesti-

mento de cimento são definidas conforme a NBR 8682:1993: *Revestimento de argamassa de cimento em tubos de ferro fundido dúctil – Especificação*.

Com relação ao revestimento externo, geralmente utiliza-se ligas de zinco e pintura betuminosa. Em alguns casos de assentamento de tubos em solos com características não usuais poderá exigir revestimentos especiais. As principais normas brasileiras que tratam desta temática são:

- NBR 12588:1992: *Aplicação de proteção por envoltório de polietileno para tubulações de ferro fundido dúctil – Procedimento*;
- NBR 11827:1991: *Revestimento externo de zinco em tubos de ferro fundido dúctil – Especificação*.

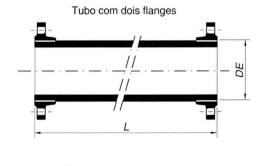

Tubo com dois flanges

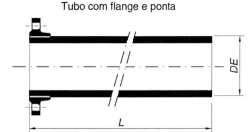

Tubo com flange e ponta

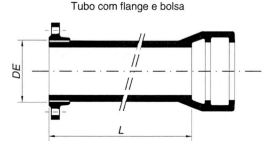

Tubo com flange e bolsa

Fig. 9.2 Tubos com flanges de ferro fundido dúctil.

9.2.3 Tubos de cobre

Os tubos de cobre são particularmente recomendáveis em instalações de água quente e água gelada, sendo excelente opção quando as considerações de custo ou os recursos disponíveis viabilizem o seu uso para a distribuição da água fria.

Em instalações industriais, o tubo de cobre é muito usado, seja nas instalações de frio e condicionamento de ar, seja nas de oxigênio, gás, vácuo, ar comprimido, instrumentação etc.

Essas múltiplas aplicações devem-se às propriedades do cobre, entre as quais sobressaem:

- ausência de formação de incrustações por oxidação;
- elevada condutibilidade térmica;
- regular resistência química;
- boa resistência mecânica;
- possibilidade de permitir a fabricação de tubos com margens de tolerância mínimas.

Tipos de tubos de cobre sem costura

Os tubos rígidos de cobre apresentam, no mínimo, 99,90 % de cobre e, no máximo, 0,04 % de fósforo em sua composição.

São fabricados de acordo com as especificações da NBR 13206:2004, que estabelece os requisitos a que devem satisfazer os tubos de cobre leve, médio e pesado, sem costura, para condução de água fria, água quente, gases combustíveis, gases refrigerantes, gases medicinais e outros fluidos, em instalações residenciais, comerciais, industriais, hospitalares e de combate a incêndio.

De acordo com a referida norma brasileira, as tubulações rígidas de cobre devem ser fornecidas em três classes: Classe E, Classe A e Classe I, correspondendo ao seu uso e pressões de serviço.

As tubulações pertencentes à Classe I possuem maior espessura de parede e por esta razão são indicadas para instalações de alta pressão para fins industriais.

As tubulações da Classe E são recomendadas para instalações hidráulicas prediais de águas fria e quente e de combate a incêndio por hidrantes e *sprinklers*.

E as tubulações da Classe A são indicadas para todas as aplicações dos tubos de Classe, bem como para instalações de gases combustíveis e medicinais.

A Tabela 9.7 apresenta as especificações técnicas dos tubos rígidos de cobre para cada uma destas classes mencionadas.

Para especificação de tubos de cobre devem também ser consultadas as seguintes normas brasileiras:

- NBR 7417:1982: *Tubo extraleve de cobre, sem costura, para condução de água e outros fluidos*;
- NBR 14745:2010: *Tubo de cobre sem costura flexível, para condução de fluidos – Requisitos*;
- NBR 5020:2003: *Tubos de cobre sem costura para uso geral – Requisitos*.

Entre os fabricantes de tubos de cobre, pode-se citar: Eluma Indústria e Comércio S.A., no Brasil, e a Nibco Industrial, nos Estados Unidos.

9.2.4 Tubos de PVC rígido

No Capítulo 2 foram apresentados os tubos e conexões de PVC utilizados em instalações de esgotos sanitários. Aqui, serão discutidos os tubos empregados em instalações com líquidos sob pressão.

Os tubos de PVC oferecem vantagens que os recomendam, desde que o líquido ou o ambiente não estejam em temperatura superior a 60 °C e a pressão de serviço seja no máximo igual a 7,5 kgf/cm^2, o que corresponde aos tubos Classe 15. O tubo Classe 15, também chamado Classe A, é aquele que é ensaiado na fábrica com pressão de 15 kgf/cm^2; o tubo Classe 10 é ensaiado com 10 kgf/cm^2, e assim por diante (Tabela 9.8). Portanto, a classe é caracterizada pela pressão de ensaio.

Tipos de tubos de PVC

Os tubos de PVC são fabricados obedecendo à especificação brasileira da NBR 5680:1977, da ABNT, que fixa, entre

Materiais Empregados em Instalações **245**

Tabela 9.7 Tubos de cobre rígido, segundo a NBR 13206:2004

Diâmetro nominal (DN)		Diâmetro externo (DE)	Classe E			Classe A			Classe I		
			Espessura parede	Massa	Pressão de serviço	Espessura parede	Massa	Pressão de serviço	Espessura parede	Massa	Pressão de serviço
(mm)	(")	(mm)	(mm)	(kg/m)	(kgf/cm²)	(mm)	(kg/m)	(kgf/cm²)	(mm)	(kg/m)	(kgf/cm²)
15	1/2	15	0,50	0,203	41,0	0,70	0,280	60,0	1,0	0,392	88,0
22	3/4	22	0.60	0,360	34,0	0,90	0,532	50,0	1,1	0,644	60,0
28	1	28	0,60	0,460	26,0	0,90	0,683	40,0	1,2	0,901	55,0
35	1 1/4	35	0,70	0,673	25,0	1,10	1,045	40,0	1,4	1,318	45,0
42	1 1/2	42	0,80	0,923	24,0	1,10	1,261	35,0	1,4	1,593	42,0
54	2	54	0,90	1,339	21,0	1,20	1,775	28,0	1,5	2,206	34,0
66	2 1/2	66,7	1,00	1,839	20,0	1,20	2,200	24,0	1,5	2,737	28,0
79	3	79,4	1,20	2,627	19,0	1,50	3,271	24,0	1,9	4,122	27,0
104	4	104,4	1,20	3,480	14,0	1,50	4,337	18,0	2,0	5,755	20,0

Tabela 9.8 Tubos de PVC rígido Série A – Tubos para instalações prediais. Dimensões e pesos (20 °C). Pressão de serviço 7,5 kgf/cm²

Referência	Tolerância sobre diâmetro externo médio	Tolerância sobre espessura mínima de parede	Tabela I Tubos com juntas solitárias			Tabela II Tubos com juntas rosqueáveis		
			Diâmetro externo médio	Espessura mínima de parede	Peso médio aproximado	Diâmetro externo médio	Espessura mínima de parede	Peso médio aproximado
(")	(mm)	(mm)	(mm)	(mm)	(kg/m)	(mm)	(mm)	(kg/m)
3/8	+ 0,2	+ 0,3	16	1,5	0,105	16,7	2	1,140
1/2	+ 0,2	+ 0,3	20	1,5	0,133	21,2	2,5	0,220
3/4	+ 0,2	+ 0,3	25	1,7	0,188	26,4	2,6	0,280
1	+ 0,2	+ 0,3	32	2,1	0,295	33,2	3,2	0,450
1 1/4	+ 0,3	+ 0,4	40	2,4	0,430	42,2	3,6	0,650
1 1/2	+ 0,3	+ 0,4	50	3,0	0,660	47,8	4,0	0,820
2	+ 0,3	+ 0,4	60	3,3	0,870	59,6	4,6	1,170
2 1/2	+ 0,3	+ 0,4	75	4,2	1,370	75,1	5,5	1,750
3	+ 0,4	+ 0,6	85	4,7	1,760	87,9	6,2	2,300
4	+ 0,4	+ 0,6	110	6,1	2,950	113,5	7,6	3,700

outros aspectos, os diâmetros externos, os comprimentos e as séries de tubos de PVC, de seção circular, fabricados por extrusão, abrangendo as séries soldável e roscável.

Os tubos de PVC para sistemas de adução e distribuição de água são fabricados obedecendo às seguintes normas:

- NBR 5647-1:2007: *Sistemas para adução e distribuição de água – Tubos e conexões de PVC 6,3 com junta elástica e com diâmetro nominais até DN 100, Parte 1: Requisitos gerais*;
- NBR 5647-2:1999: *Sistemas para adução e distribuição de água – Tubos e conexões de PVC 6,3 com junta elástica e com diâmetros nominais até DN 100, Parte 2: Requisitos específicos para tubos com pressão nominal PN 1,0 MPa*;
- NBR 5647-3:2000: *Sistemas para adução e distribuição de água – Tubos e conexões de PVC 6,3 com junta elástica e com diâmetros nominais até DN 100, Parte 3: Requisitos específicos para tubos com pressão nominal PN 0,75 MPa*;
- NBR 5647-4:2000: *Sistemas para adução e distribuição de água – Tubos e conexões de PVC 6,3 com junta elástica e com diâmetros nominais até DN 100, Parte 4: Requisitos específicos para tubos com pressão nominal PN 0,60 MPa*.

Existem tubos de PVC com as seguintes características:

- com ponta e bolsa, empregando anel de borracha – *PBA*. Para uso até 6 kgf/cm² na Classe12 e 7,5 kgf/cm² na Classe 15;
- com ponta e bolsa, para soldar – *PBS*. São mais indicados para instalação predial e geralmente fabricados nos diâmetros de 20 a 110 mm (1/2" a 4"). Os requisitos para tubos e conexões de PVC, com juntas soldáveis, a serem empregados em sistemas prediais de água fria, com pressão de serviço de 750 kPa (7,5 kgf/cm²), são definidos pela NBR 5648:1999, da ABNT;
- com junta flangeada – *F*. Usados em instalações aparentes e onde se preveja haver necessidade de desmontagens;
- com extremidades lisas, para serem rosqueados com o emprego de tarraxa e receberem conexões rosqueadas ou, então, sem rosca, serem soldados a conexões também sem rosca. Para instalações prediais de água fria, geralmente, os tubos e conexões roscáveis são fabricados nos diâmetros de 1/2" a 6";
- com ponta e bolsa do tipo DEFOFO (diâmetro equivalente ao dos tubos de ferro fundido). A NBR 7665:2007 apresenta os requisitos principais para os tubos de PVC 12 DEFOFO com junta plástica, para uso em sistemas de adução e distribuição de água.

Entre os fabricantes de tubos de PVC, pode-se citar: Tigre S.A., Amanco Brasil Ltda., Tubozan – Indústria Plástica Ltda., PVC Brazil Tubos e Conexões, Plastilit – Produtos Plásticos do Paraná Ltda., entre outros.

9.2.5 Tubos de CPVC e de polipropileno

Os tubos de policloreto de vinila clorado (CPVC) e os de polipropileno copolímero random (PPR) são atualmente utilizados nas instalações prediais de água quente devido à capacidade que esses materiais plásticos possuem de resistirem às altas temperaturas.

O CPVC e o PPR têm substituído o cobre nas instalações prediais de água quente, devido ao menor custo e trabalhabilidade desses materiais.

O CPVC é um termoplástico parecido com o PVC, porém com a vantagem de suportar temperaturas de até 80 °C. As tubulações de CPVC geralmente não precisam de isolamento térmico porque possuem baixa condutividade térmica quando comparadas com outros materiais.

A Empresa Tigre produz a linha Aquatherm® (tubos e conexões) em CPVC, destinada à instalação predial de água quente, nos diâmetros de 15 mm (1/2") a 54 mm (2").

O PPR é uma resina de última geração resistente a temperaturas de até 95 °C, possuindo também baixa condutividade térmica, evitando a transmissão de calor para a parte externa da tubulação, eliminando a necessidade de isolamento térmico. A união entre as peças é feita pelo processo de termofusão a 260 °C, dispensando o uso de solda, roscas e colas.

A Empresa Amanco Brasil Ltda. é uma das fabricantes de tubos e conexões de PPR no Brasil, baseando-se na norma europeia ISO 15874: *Sistemas de tubulações de plástico para instalações de água quente e fria – prolipropileno* (PP); e na NBR 7198:1993: *Projeto e execução de instalações prediais de água quente*. As tubulações de PPR da Amanco são vendidas em barras de 4 m de comprimento, nos diâmetros de 20 a 110 mm para pressões normais de 12, 20 e 25 kgf/cm² (PN 12, PN 20 e PN 25, respectivamente).

9.2.6 Tubos de polietileno

Os tubos de polietileno são muito utilizados na instalação predial de água fria para execução de ramais. Geralmente, são fabricados com esta finalidade em bobinas de 50 a 100 m e com diâmetros de 20 a 32 mm.

A empresa Amanco Brasil Ltda. produz tubos para ramal predial de água da linha Pefort, composta por tubos de polietileno na cor preta, de acordo com a NBR 8417:1999: *Sistemas de ramais prediais de água*.

Os tubos de polietileno devem ter espessuras de paredes dimensionadas em relação à pressão de operação de 1 MPa e de 1,2 MPa, conforme recomendações da NBR 8417:1999.

Os tubos de polietileno de alta densidade, conhecidos por PEAD, são utilizados para passagem e distribuição de gás combustível. Eles são fabricados com resinas do tipo PE 80 ou PE 100, pigmentadas nas cores amarela e laranja, respectivamente. A seleção do tipo de resina a ser utilizada deve atender aos requisitos de espessura mínima e pressão, conforme a NBR 14462:2000: *Sistemas para distribuição de gás combustível para redes enterradas – Tubos de polietileno PE 80 e PE 100 – Requisitos*.

Os tubos de polietileno PE 100, destinados à execução de redes aterradas de distribuição de gás combustível, geralmente são utilizados para máxima pressão de operação de 700 kPa.

As instalações de tubos e conexões de polietileno para transporte de gás natural devem ser enterradas ou embutidas nas paredes. Para projeto e execução de gás, com o uso de tubos e conexões de polietileno, além das normas já apresentadas, devem ser consultadas as seguintes normas da ABNT: NBR 14464:2000: *Sistemas para distribuição de gás combustível para redes enterradas – tubos de polietileno PE 80 e PE 100 – execução de solda de topo;* e NBR 14465:2000: *Sistemas para distribuição de gás combustível para redes enterradas – tubos de polietileno PE 80 e PE 100 – execução de solda por eletrofusão.*

9.3 CONEXÕES OU ACESSÓRIOS (*FITTINGS*)

Conexões são elementos de ligação de tubulações entre si e de tubulações a peças e equipamentos, permitindo sua montagem, mudança de direção, mudança de diâmetro, derivações e vedação de extremidades.

Existem conexões adequadas a cada tipo de tubulação a que se destinam.

9.3.1 Conexões de ferro maleável e aço

Há vários tipos. Desta forma, serão consideradas as principais.

Conexões rosqueadas de ferro maleável

São as empregadas em instalações prediais e tubulações industriais secundárias (água, ar comprimido, condensado de vapor de baixa pressão) e fabricadas em diâmetros de até 4".

As conexões, quando fabricadas segundo a ASTM A-197, podem ser pretas ou galvanizadas e em diâmetros de 1/4" a 6".

O ferro maleável é uma liga constituída basicamente de ferro, carbono e silício, obtido por fusão, com teor de carbono acima de 2 %, apresentando, na solidificação, todo o carbono na forma combinada e, após tratamento térmico adequado, grafite tipo nodular.

Os limites de aplicação das conexões são determinados pela combinação *pressão × temperatura*, em função das suas dimensões e do material de que são fabricados. Existem conexões da Classe 150 (média pressão) e da Classe 300 (alta pressão), cuja especificação é dada pela NBR 6925:1995: *Conexão de ferro fundido maleável Classes 150 e 300, com rosca NPT para tubulação,* da ABNT.

As especificações técnicas das Conexões Classe 150 lb/in² (10 kgf/cm² nominal), designadas simplesmente por Classe 150 ou Classe 10, estão apresentadas na Tabela 9.9.

A Fig. 9.3 apresenta as conexões Tupy com os números e as determinações correspondentes.

As especificações técnicas das Conexões Classe 300 lb/in² (20 kgf/cm² nominal), designadas simplesmente por Classe 300 ou Classe 20, estão apresentadas na Tabela 9.10. São conexões para alta pressão, para instalações sujeitas a choques, vibrações e mudanças de temperatura; portanto, condições de serviço muito severas.

A Fig. 10.4 apresenta algumas sugestões da Tupy para ligações comuns de conexões, mostrando as ligações recomendadas e não recomendadas, de modo que se possa elaborar um projeto funcional e econômico.

Conexões de aço para solda de topo (Butt welding pipe fittings)

São conexões de aço de elevada resistência, contendo manganês, silício, fósforo; e, para certos greides, cromo e molibdênio.

Tabela 9.9 Conexões Tupy NPT, média pressão, Classe 150 – Pressões máximas de serviço

Temperatura (°C)	Pressões máximas de serviço (conforme ASME B 16.3)	Pressões máximas de serviço para união (conforme ASME B 16.39)	Pressões máximas de serviço (conforme NBR 6925:1995)
	Diâmetro nominal (1/4" a 6")		
	(psi)	(psi)	(MPa)
–29 a 6	300	300	2,1
93	265	265	1,8
121	225	225	1,5
149	185	185	1,3
177	150	150	1,0
204	–	110	0,7
232	–	75	0,5

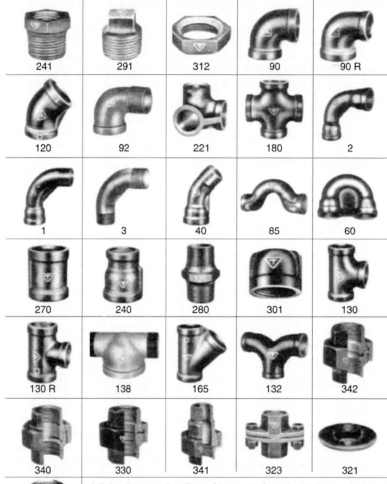

Nº	Denominação
241	Bucha de redução
291	Bujão
312	Contraporca
90	Cotovelo
90R	Cotovelo de redução
120	Cotovelo 45°
92	Cotovelo macho-fêmea
221	Cotovelo com saída lateral
180	Cruzeta
2	Curva fêmea
1	Curva macho-fêmea
3	Curva macho
40	Curva 45° macho-fêmea
85	Curva de transposição
60	Curva de retorno
270	Luva

Nº	Denominação
240	Luva de redução
280	Niple duplo
301	Tampão
130	Tê
130R	Tê de redução
138	Tê para hidrante industrial
165	Tê 45°
132	Tê de curva dupla
342	União assento cônico de bronze
340	União assento cônico de ferro
330	União assento plano
341	União assento cônico de ferro MF
323	União com flanges ovais
321	Flange com sextavado
25	Luva para eletrodutos

Fig. 9.3 Conexões Tupy Classe 10 (150 lb) ou Classe 150.

Tabela 9.10 Conexões Tupy NPT, alta pressão, Classe 300 – Pressões máximas de serviço

Temperatura (°C)	Pressões máximas de serviço (conforme NBR 6925:1995 e ASME B 16.3) Diâmetro nominal			Pressões máximas de serviço para união (conforme NBR 6925:1995 e ASME B 16.39) Diâmetro nominal
	1/4" a 1"	11/4" a 4"	21/2" a 6"	1/4" a 4"
	(psi)	(psi)	(psi)	(psi)
–29 a 6	2000	1500	1000	600
93	1785	1350	910	550
121	1575	1200	825	505
149	1360	1050	735	460
177	1150	900	650	415
204	935	750	560	370
232	725	600	475	325
260	510	450	450	280
288	300	300	300	230

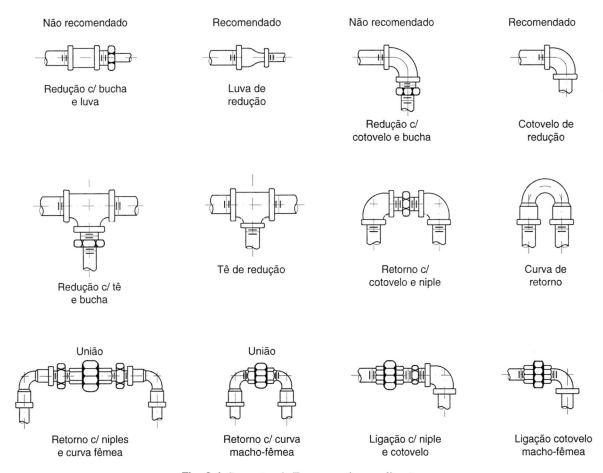

Fig. 9.4 Sugestões da Tupy para algumas ligações.

Nos tipos inoxidáveis, contêm elevado teor de níquel. Obedecem à norma ASTM A-234 e são fabricadas nos diâmetros nominais de 1/2" a 24".

As pontas das conexões são chanfradas, de modo a permitirem a solda de topo a outras conexões, tubos ou flanges.

São empregadas em instalações industriais de processamento para condições severas de pressão e temperatura, geralmente para diâmetros acima de 2".

A Multiplic Conexões de Aço é uma das fabricantes de conexões aço-carbono para solda de topo no Brasil.

Conexões de aço para solda de encaixe (ou de soquete)

Usadas em instalações industriais para diâmetros até 1 1/2". Obedecem à NBR P-PB-158:1971: *Conexões de aço forjado, de encaixe para solda e com rosca*. Não devem ser empregadas em serviços sujeitos à alta corrosão ou erosão.

9.3.2 Conexões de cobre

As conexões em cobre ou em ligas de cobre usadas na união por soldagem ou brasagem capilar devem atender às especificações técnicas da NBR 11720:2007: *Conexões para união de tubos de cobre por soldagem ou brasagem capilar — Requisitos*, da ABNT.

Nas instalações de tubulações de cobre utilizam-se conexões de cobre e de bronze. As conexões podem ser rosqueadas em uma das extremidades e lisas na outra para serem soldadas por capilaridade, ou podem ser apenas lisas para soldagem.

A parte rosqueada é destinada à ligação do tubo de cobre a tubos de outros materiais, como, por exemplo, o tubo de ferro galvanizado, ou à ligação de duas conexões.

Em geral, ao ligar-se o tubo de cobre ao de ferro galvanizado, liga-se o cobre em seguida ao ferro (considerando-se o sentido de escoamento da água), pois com esse recurso fica atenuado o efeito da corrosão galvânica que ocorre em virtude de os metais cobre e zinco em contato estarem na presença da água com pH diferente de 7 e de haver deposição dos íons de cobre conduzidos pela água sobre a superfície do tubo de ferro provocando sua corrosão.

A Eluma S.A. produz conexões soldáveis de cobre nos diâmetros de 15 a 28 mm, e a partir de 35 mm, são produzidos em bronze.

Soldagem das conexões Nibco® aos tubos de cobre

Para a perfeita adesão das peças, é necessário que as superfícies de cobre e suas ligas se apresentem em condições de limpeza, ajustagem e temperatura adequadas.

Graças à tensão superficial entre o cobre e a solda derretida, esta se distribui de maneira uniforme em toda a extensão de contato das duas superfícies, assegurando perfeita vedação, aderência e resistência ao cisalhamento. A Nibco apresenta em seus catálogos a sequência de operações que deve ser obedecida para a obtenção de uma soldagem perfeita.

Conexões de latão Yorkshire

A Yorkshire Fittings Limited é uma das empresas líderes mundiais na fabricação de conexões de cobre e latão de alta qualidade, conforme mostra a Fig. 9.5.

No interior da conexão, em uma ranhura circunferencial, encontra-se já depositada a solda necessária. Após o preparo da superfície do tubo de cobre e da conexão, isto é, depois de lixados com lixa fina e cobertos com pasta de soldar, coloca-se o tubo no interior da conexão e aquece-se *moderadamente*.

Esse aquecimento pode ser realizado com uma "lamparina" de bombeiro. Com o calor, a solda abandona a ranhura, e, por capilaridade, estabelece uma fina película que liga perfeitamente as superfícies do tubo e da conexão em contato.

9.3.3 Conexões de ferro fundido e ferro dúctil

As conexões de ferro *fundido cinzento* de ponta e bolsa para junta elástica são fabricadas para diâmetros de 50 a 250 mm e empregam anel de borracha sintético.

As conexões genericamente chamadas de *ferro fundido* são fabricadas em diâmetros nominais de 50 a 1200 mm e podem ser empregadas para qualquer classe de tubo (cinzento ou ferro dúctil).

As conexões são fabricadas nos seguintes tipos:

– ponta e bolsa em ferro dúctil, com junta elástica (Fig. 9.6);
– bolsas com junta mecânica, em ferro cinzento ou em ferro dúctil (Fig. 9.7).

As *conexões flangeadas* são fabricadas em diâmetros nominais de DN 50 a DN 600 mm, em ferro fundido cinzento. Nos diâmetros superiores a DN 600 mm, tais peças são fabricadas em ferro dúctil até o diâmetro de 1200 mm.

– ponta e bolsa, ou bolsa e bolsa, de ferro fundido, com junta elástica;
– ponta e bolsa, ou bolsa e bolsa, de ferro dúctil, junta elástica;
– bolsa e bolsa, de ferro fundido, com junta de chumbo;
– conexões flangeadas em ferro fundido e em ferro dúctil.

As Figs. 9.8, 9.9 e 9.10 apresentam alguns desses tipos de conexões.

9.3.4 Conexões de polipropileno

A Tecnoplástico Belfano Ltda. fabrica os tubos e conexões *Tubelli* em polipropileno, material que permite o emprego em instalações de água quente. As conexões podem ser do tipo rosqueado ou soldado, e os tubos podem também receber flanges. Quando usados para água quente, devem ser tomadas as cautelas adotadas para o caso dos tubos de cobre no que tange à dilatação e seus efeitos.

A partir de 1999, a Tecnoplástico Belfano Ltda. iniciou também a produção de tubos e conexões em polietileno de alta densidade (PEAD) até o diâmetro de 500 mm (20"), conforme as normas DIN 8074 e ISO 4427.

Materiais Empregados em Instalações 251

Fig. 9.5 Conexões Yorkshire.

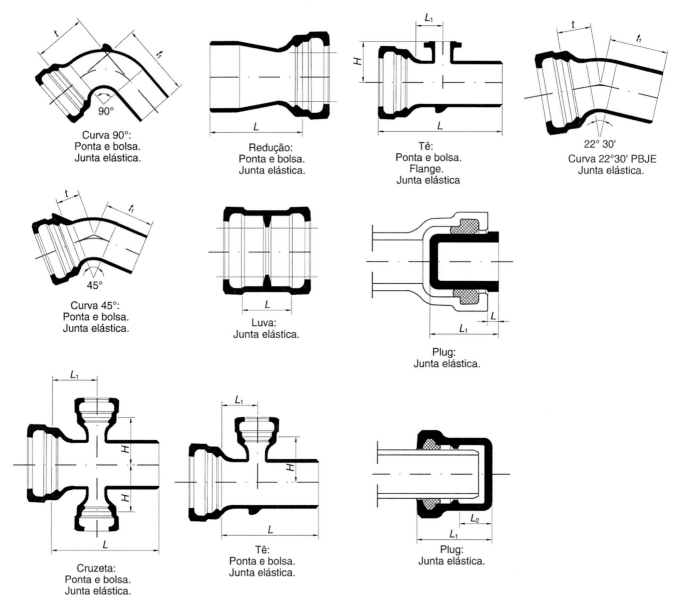

Fig. 9.6 Conexões de ponta e bolsa com junta elástica.

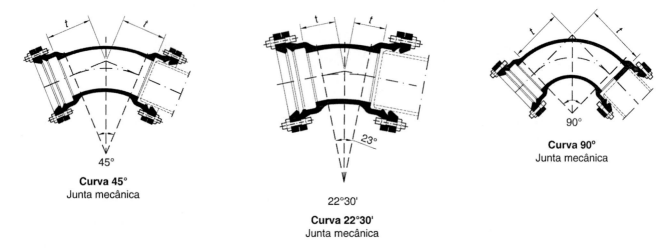

Fig. 9.7 Conexões com junta mecânica.

Materiais Empregados em Instalações   253

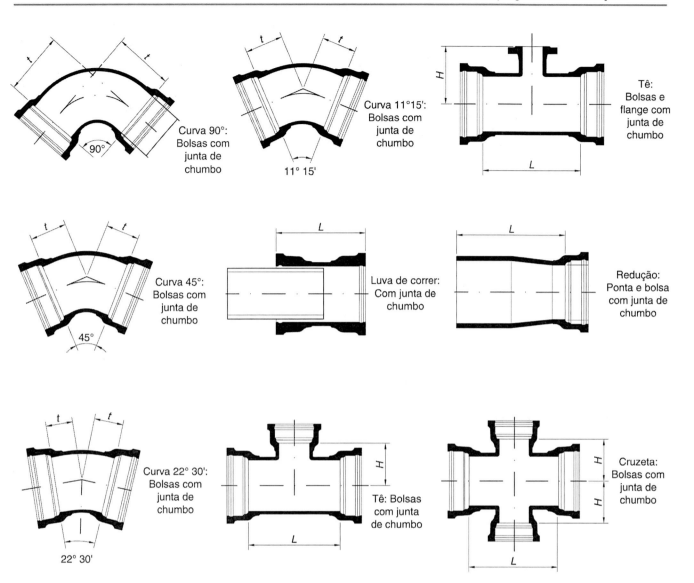

Fig. 9.8 Conexões de bolsa e bolsa e de ponta e bolsa, com junta de chumbo.

Fig. 9.9 Conexões flangeadas com junta de chumbo.

254 Capítulo 9

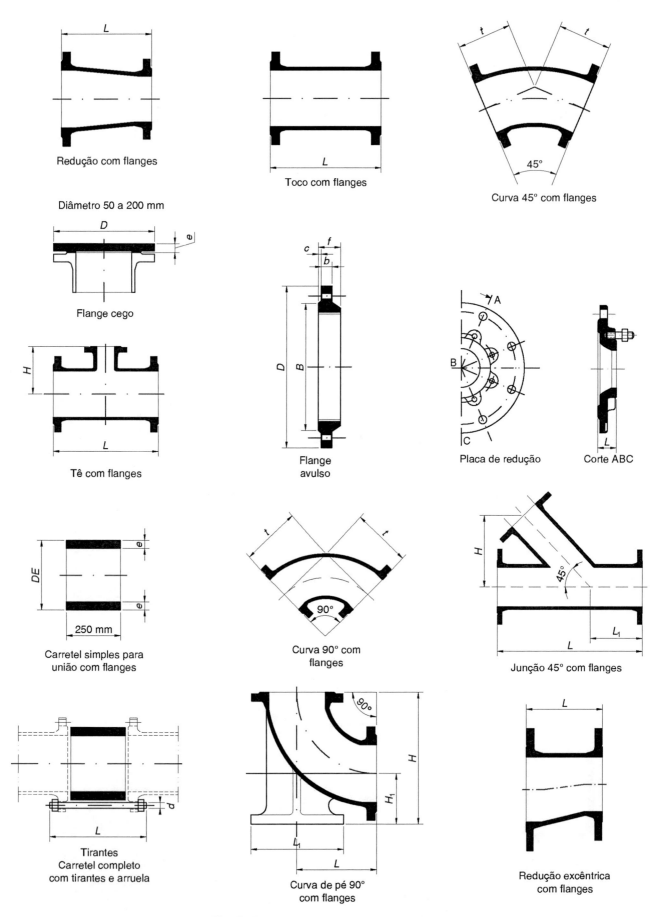

Fig. 9.10 Conexões flangeadas de ferro fundido.

Materiais Empregados em Instalações **255**

9.3.5 Conexões de PVC e CPVC

Existem conexões de PVC para as seguintes finalidades:

- *Para água e líquidos* que não atacam o PVC.
- *Para esgotos sanitários*. Já demos indicações sobre os mesmos no Capítulo 2.
- *Para irrigação*. É o caso da chamada "Linha Tigre Azul", cujas conexões são projetadas e fabricadas de modo a permitir engate e desengate rápido, com o emprego de anel de borracha.

No primeiro caso, essas conexões podem ser:

- *rosqueadas*, conforme mostra a Fig. 9.11;
- *lisas*, para soldagem, com adesivo especial;
- *mistas*, contendo uma extremidade lisa e outra rosqueada.

A Tigre S.A. fabrica tipos mistos de conexão (joelho, luva e tê), onde existe internamente uma bucha de latão rosqueada que permite a adaptação a peças rosqueadas sujeitas a esforços periódicos como torneiras e registros, assegurando uma resistência adicional, desejável para os casos mencionados. São fabricados apenas nos diâmetros de 1/2" e 3/4".

No caso das conexões de CPVC, a Tigre S.A. fabrica a linha Aquatherm® nos diâmetros de 15 a 114 mm (1/2" a 4"), para execução de instalações prediais de água quente. As conexões de CPVC são do tipo soldável utilizando adesivo especial. A linha Aquatherm® ainda pode ser utilizada para condução de outros líquidos, de acordo com a resistência química do CPVC fornecida no catálogo do fabricante. São também fabricadas conexões da linha Aquatherm® com uma extremidade lisa e a outra rosqueada, para transição com tubulações roscáveis e demais peças, conforme mostra a Fig. 9.12.

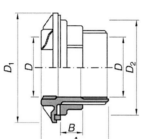

Adaptador roscável com anel para caixa-d'água

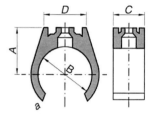

Braçadeiras para tubo roscável

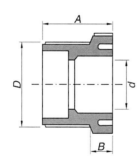

Bucha de redução roscável

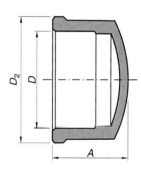

Cap roscável

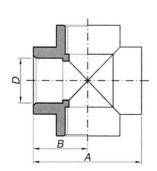

Cruzeta roscável

Fig. 9.11 Conexões de PVC rígido, da Tigre.

256 Capítulo 9

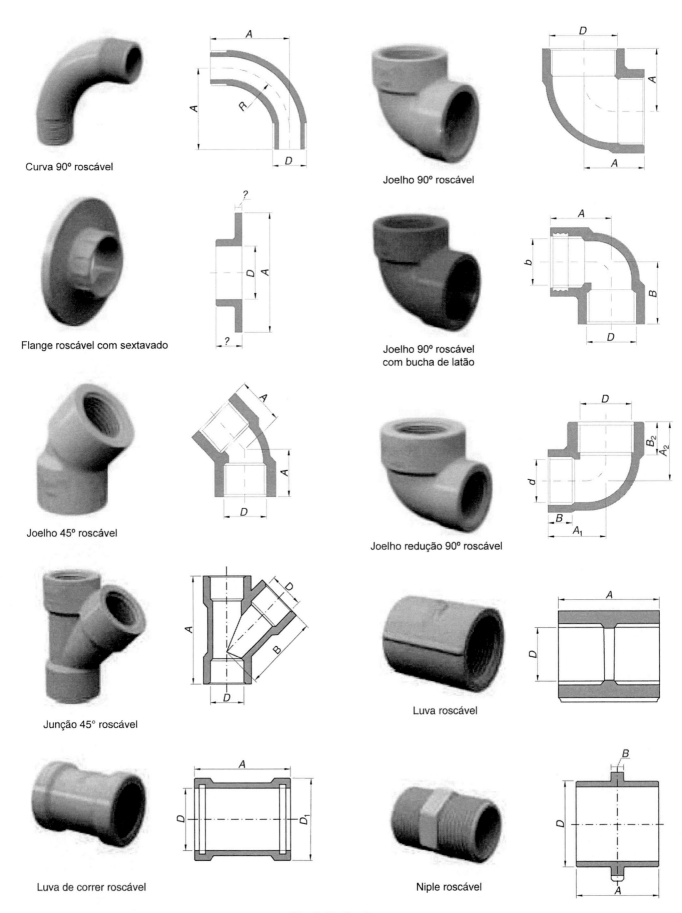

Curva 90° roscável

Joelho 90° roscável

Flange roscável com sextavado

Joelho 90° roscável com bucha de latão

Joelho 45° roscável

Joelho redução 90° roscável

Junção 45° roscável

Luva roscável

Luva de correr roscável

Niple roscável

Fig. 9.11 Continuação.

Materiais Empregados em Instalações 257

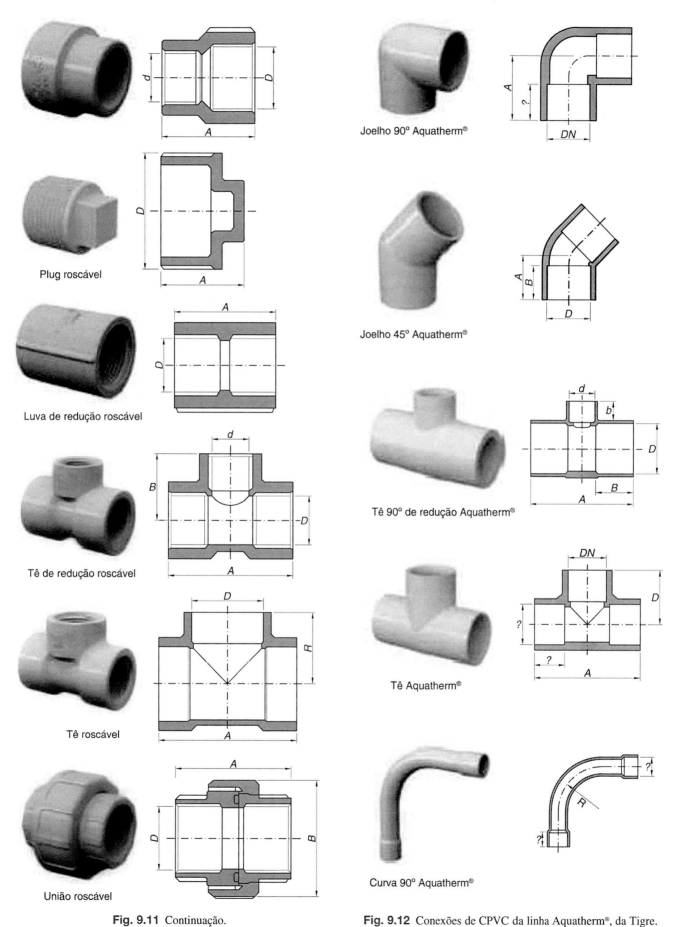

Fig. 9.11 Continuação.

Fig. 9.12 Conexões de CPVC da linha Aquatherm®, da Tigre.

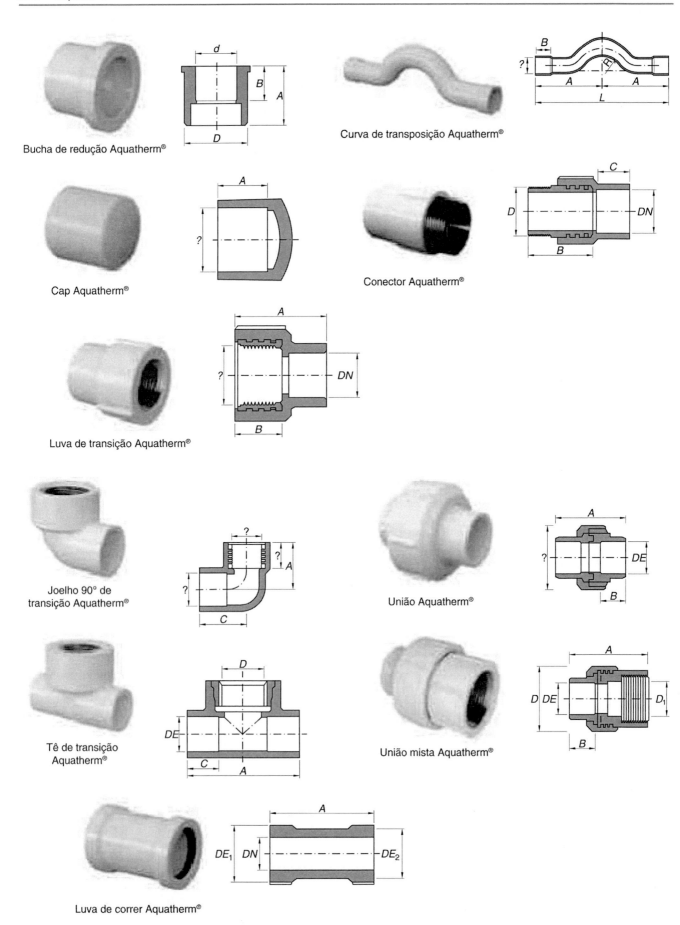

Fig. 9.12 Continuação.

9.4 VÁLVULAS

As válvulas são dispositivos destinados a estabelecer, controlar e interromper a descarga de fluidos nos encanamentos. Algumas garantem a segurança da instalação e outras permitem desmontagens para reparos ou substituição de elementos da instalação. Existe uma grande variedade de tipos de válvulas, e, em cada tipo, existem diversos subtipos, cuja escolha depende não apenas da natureza da operação a realizar, mas também das propriedades físicas e químicas do fluido considerado, da pressão e da temperatura a que se achará submetido, e da forma de acionamento pretendida.

As válvulas, quando destinadas à água e de comando manual, são designadas por alguns fabricantes com o nome de *registros*.

9.4.1 Classificação das válvulas

Em relação à natureza do acionamento, as válvulas podem ser classificadas como: acionadas manualmente, comandadas por motores ou acionadas pelas forças provenientes do próprio líquido em escoamento.

Acionadas manualmente

Essas podem ser de:

- *volante*, de ação direta ou de ação indireta; neste caso, comandadas por correntes quando a válvula se acha em local elevado, fora do alcance do operador;
- *manivela*, acionadas por sistemas de engrenagens, para reduzir o esforço do operador.

Comandadas por motores

Quando as válvulas são muito grandes, ou se acham em posição de difícil acesso, longe do operador, ou, ainda, quando devam ser comandadas por instrumentos ou equipamentos de controle automático próximos ou afastados, o comando pode ser por motor:

- *hidráulico*, geralmente por servomecanismos óleo-dinâmicos.
- *elétrico*:
  - com motor e redutor de velocidade de engrenagens ligados à haste da válvula. Usa-se em válvulas grandes;
  - com solenoide, agindo pela ação de um eletroímã que provoca o deslocamento da haste da válvula. É empregado em tipos de pequenas dimensões.
- *pneumático*, do tipo *diafragma*, possibilitando a abertura rápida sob a ação de ar comprimido, ou pelo efeito de vácuo.

Acionadas pelas forças provenientes do próprio líquido em escoamento

Funcionam quando nelas ocorre uma modificação no regime, ou, ainda, pela ação de molas ou pesos, quando tal modifi-

cação se verifica. São designadas pelo nome de *válvulas automáticas*.

Outra divisão das válvulas, muito comum, é a que estabelece a distinção entre *válvulas de bloqueio* (*block valves*) e *válvulas de regulagem* (*throttling valves*).

9.4.2 Válvulas de bloqueio

As válvulas de bloqueio destinam-se a funcionar completamente abertas ou completamente fechadas.

O tipo mais comum e consagrado pelo emprego é a *válvula* ou *registro de gaveta* (*gate valve*), caracterizada pelo movimento retilíneo alternativo de uma peça de vedação — a *gaveta* — ao longo de um *assento* ou *sede*.

Válvula de gaveta

A perda de carga nessas válvulas, quando completamente abertas, é desprezível, entretanto, quando parcialmente abertas, produzem perda de carga elevada e, em instalações de vapor sob certas condições, estão sujeitas à cavitação. Embora não sejam aconselháveis de um modo geral para regulagem, todavia, quando se pretende reduzir a descarga, alterando o ponto de funcionamento da bomba, são utilizadas com abertura parcial, de modo a criarem a perda de carga necessária para conseguir o objetivo almejado.

Este motivo e o custo relativamente reduzido explicam seu largo emprego em instalações hidráulicas prediais, nos barriletes, ramais de água e nas elevatórias de água, ar comprimido e vapor.

O inconveniente para certas aplicações é que, em alguns tipos menos aperfeiçoados, sua estanqueidade não é perfeita, quando a pressão é elevada e a temperatura do líquido, considerável.

Materiais empregados nas válvulas da gaveta

- **Bronze.** São usados para vapor até 150 psi, e para água, óleo ou gás até 300 psi em dimensões de 1/2" a 3". Para as válvulas de 4" e 6", a pressão permitida para o vapor é de 125 psi. Conforme a pressão de serviço, os registros são fabricados em duas séries:
  - *registros ovais*: mais robustos, gaveta em forma de "cunha", usados normalmente nas redes municipais de abastecimento de água tratada ou bruta. Até 300 mm de diâmetro, a pressão de serviço é de 16 atm (PN 16);
  - *registros chatos*: possuem a gaveta com faces paralelas ou em cunha; resistem, porém, a pressões menores. Nos tamanhos até 300 mm, a pressão de serviço é de 10 atm.
- **Ferro dúctil.** A estes recomenda-se a consulta do modo como são fabricados sem a distinção que há nos tubos de ferro fundido cinzento – entre série oval e série plana.

A Fig. 9.13 apresenta a nomenclatura e a especificação dos materiais das peças constitutivas de uma válvula de gaveta de ferro dúctil com flanges e com cunha de borracha da Saint-Gobain Canalização.

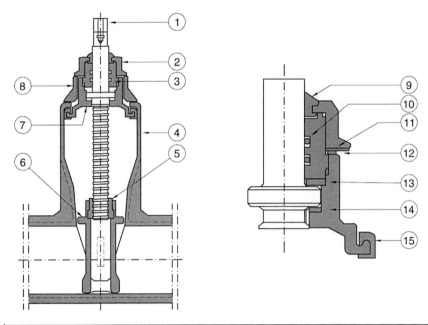

Item	Descrição	Materiais	Revestimento
1	Haste	Aço Inoxidável AISI 420	–
2	Porca da bucha	Ferro Fundido Dúctil	Epóxi pó com aplicação eletrostática e espessura mínima 250 μm
3	Bucha	Latão	–
4	Corpo	Ferro Fundido Dúctil	Epóxi pó com aplicação eletrostática e espessura mínima 250 μm
5	Porca de Manobra	Latão	–
6	Cunha	Ferro Fundido Dúctil	EPDM
7	Tampa	Ferro Fundido Dúctil	Epóxi pó com aplicação eletrostática e espessura mínima 250 μm
8	Suporte de fixação	Ferro Fundido Dúctil	Epóxi pó com aplicação eletrostática e espessura mínima 250 μm
9	Anel entre haste e porca	Cloropreno	–
10	Anéis O'ring	Elastômero tipo NBR	–
11	Anel de vedação	Aço Inoxidável AISI304	–
12	Anel entre tampa e porca	Elastômero tipo NBR	–
13	Anel da bucha	Poliamida tipo 6-6 (Náilon)	–
14	Anel de deslize	Poliamida tipo 6-6 (Náilon)	–
15	Anel de vedação da tampa	EPDM	–

Fig. 9.13 Peças e materiais constitutivos da válvula de gaveta de ferro dúctil da linha EURO 20, da Saint-Gobain Canalização.

Válvulas de esfera (ball valves)

São válvulas de bloqueio, de fechamento rápido, muito usadas para ar comprimido, vácuo, vapor, gases e líquidos puros.

O controle do fluxo faz-se por meio de uma esfera, possuindo uma passagem central e localizada no corpo da válvula. O comando é, em geral, manual, com o auxílio de uma alavanca (ver Fig. 9.14).

As válvulas de esfera são fabricadas em materiais metálicos ou em PVC. A Tigre S.A. fabrica válvulas ou registros de esfera de PVC para água fria nos diâmetros 1/2" a 2" para a linha roscável e nos diâmetros de 20 a 60 mm para a linha soldável. A Fig. 9.15 mostra os quatro tipos de válvulas de esfera da Tigre S.A.: VS soldável, VS roscável, VS compacto soldável e VS compacto roscável.

Materiais Empregados em Instalações **261**

Fig. 9.14 Válvula de esfera.

Válvulas de macho (plug-cock valves)

Possuem uma peça cônica (macho) com um orifício ou passagem transversal de seção retangular ou trapezoidal que se encaixa no corpo da válvula, de tal modo que, quando o eixo geométrico do orifício coincide com o eixo do tubo, o escoamento é máximo (Fig. 9.16).

As *torneiras de macho* são aplicações dessas válvulas em instalações prediais, para tanques, regas de jardim etc.

Válvulas borboleta (butterfly valves)

Este tipo de válvula tem a finalidade de regular e bloquear o fluxo em uma canalização, utilizada principalmente em estações de tratamento de água e sistemas de adução e de distribuição de água. A Fig. 9.17 apresenta uma válvula borboleta com flanges fabricada pela Saint-Gobain Canalização.

Registro esfera vs. soldável

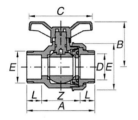

Registro esfera vs. compacto Tigre soldável

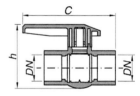

Registro esfera vs. roscável

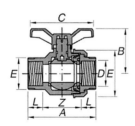

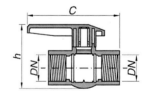
Registro esfera vs. compacto Tigre roscável

Registro de chuveiro branco

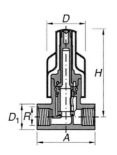

Fig. 9.15 Válvulas de esfera em PVC, da Tigre S.A.

Fig. 9.16 Válvula de macho Walworth.

Fig. 9.17 Válvula borboleta com flanges em ferro fundido, da Saint-Gobain Canalização.

9.4.3 Válvulas de regulagem (*throttling valves*)

Estas válvulas permitem um eficiente controle do escoamento, graças ao *estrangulamento* que provocam. Além disso, elas possibilitam também o bloqueio total do líquido. Não devem, todavia, ser superdimensionadas para o fim a que se destinam, pois isso as obrigaria a operar sempre parcialmente fechadas, o que é prejudicial ao escoamento e até mesmo afeta a durabilidade das válvulas.

Os tipos mais comuns são considerados a seguir.

Válvulas de globo *(globe valves)*

O nome origina-se do formato de seu corpo. Esse tipo possui uma haste parcialmente rosqueada em cuja extremidade, oposta ao volante de manobra, existe um alargamento, tampão ou disco para controlar a passagem do fluido por uma abertura.

Essas válvulas servem para regulagem da descarga, pois podem trabalhar com o tampão de vedação do orifício em qualquer posição, embora acarretem fortes perdas de carga, mesmo com abertura máxima. Além disso, elas conseguem

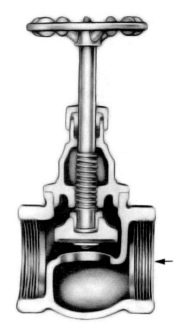

Fig. 9.18 Válvula de globo Deca.

uma vedação absolutamente estanque em tamanhos pequenos, pois o disco se apoia sem folga no *assento*.

Esse tipo de válvulas é usado, em geral, para diâmetros até 250 mm, em serviços de regulagem e fechamento que exigem estanqueidade, para água, fluidos frigoríficos, óleos, líquidos, ar comprimido, vapor e gases. A Fig. 9.18 apresenta o corte de uma válvula de globo fabricada pela Deca.

Registros de pressão

Os chamados *registros de pressão* são modelos pequenos de válvulas de globo, usados em instalações de distribuição de sub-ramais, como é o caso dos chuveiros. A Fig. 9.19 mostra um registro de pressão Deca. Podem ser rosqueados ou não, e geralmente são de bronze.

A haste rosqueada desloca-se em virtude da rosca correspondente da peça, chamada de *castelo* (*bonnet*), que fica na parte superior do corpo da válvula.

O sentido do escoamento deve ser tal que o fluido tenda a elevar o disco e a haste, havendo, assim, menos risco de vazamento pelas gaxetas do que se o sentido fosse o inverso.

As válvulas de globo, quando possuem a extremidade da haste com formato afilado, chamam-se *válvulas de agulhas* (*needle valves*) e se prestam a uma regulagem fina de descarga, conforme mostra a Fig. 9.20.

Válvulas de diafragma

São válvulas de regulagem, dotadas de três peças principais:

– corpo;
– diafragma ou membrana;
– castelo (parte superior) com haste de comando.

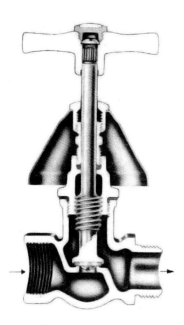

Fig. 9.19 Registro de pressão Deca.

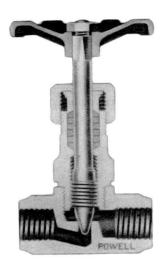

Fig. 9.20 Válvula de agulha.

São muito usadas em instalações de ar comprimido e gases, e encontram emprego de instalações industriais com líquidos e gases caros, corrosivos ou perigosos, que não podem vazar pela gaxeta. O diafragma é a peça que assegura a estanqueidade e participa da vedação e regulagem. Pode ser de borracha sintética neoprene, mas empregam-se também o teflon (resina tetrafluoretilênica – M.R. DuPont) e as borrachas sintéticas:

- *hycar*: para GLP;
- *hypalon*: óleos e produtos químicos, oxidantes;
- butil: gases, álcalis, ácidos, ésteres.

A Fig. 9.21 apresenta o corte de uma válvula de diafragma.

Fig. 9.21 Válvula de diafragma.

9.4.4 Válvulas de controle da pressão de montante. Válvula de alívio (*relief valve*) e válvula de segurança (*safety valve*)

São empregadas para diminuir o efeito de golpe de aríete. Quando a pressão no interior da tubulação ultrapassa um valor compatível com a resistência de uma mola calibrada para certa ajustagem (*set pressure*), ela se abre automaticamente, permitindo a saída do fluido. Algumas válvulas possuem contrapeso que, colocado em uma haste adequada, proporciona a força que mantém a válvula fechada até certo valor da pressão na tubulação.

Quando usadas em instalações de líquidos, essas válvulas são chamadas de válvulas de alívio (*relief valves*) — abrem na proporção em que aumenta a pressão — e, quando nas de ar, outros gases e vapor, chamam-se *válvulas de segurança* (*safety valves*) — abrem total e rapidamente (*pop action*) —, embora tal distinção de nomenclatura nem sempre seja adotada.

A Fig. 9.22 mostra uma mostra uma válvula de alívio e reguladora de pressão de retorno, Série 171, da Niagara S.A.

9.4.5 Válvulas de controle simples

Essas válvulas são destinadas a controlar o nível de líquido, a descarga, a pressão ou a temperatura de um líquido, comandadas a distância por instrumentos automáticos ou sensores. Em geral, assemelham-se a válvulas de globo, cuja haste é comandada por um diafragma que se deforma sob a ação de ar comprimido, que, por sua vez, é regulado por instrumento automático que recebe o estímulo de sensores ou aparelhos que detectam alterações no nível ou na temperatura do fluido, conforme o objetivo a ser alcançado (ver Fig. 9.23).

Os fabricantes fornecem gráficos de variação da descarga em função da porcentagem de abertura da válvula, de modo a ser possível uma regulagem muito precisa da descarga, o que, em certas operações industriais, é indispensável.

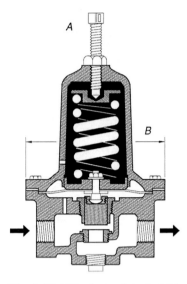

Fig. 9.22 Válvula de alívio de 1/4".

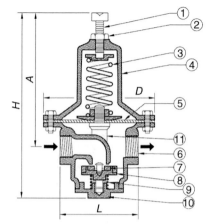

1. Parafuso de ajuste; 2. Contraporca; 3. Mola; 4. Tampa;
5. Diafragma; 6. Corpo; 7. Disco; 8. Porta-disco;
9. Mola auxiliar; 10. Tampão-guia; 11. Garfo

Fig. 9.24 Válvulas de redução de pressão da Niagara.

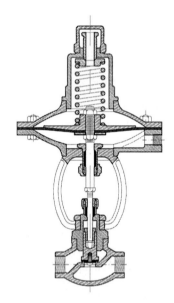

Fig. 9.23 Válvula de controle simples.

9.4.6 Válvulas de redução de pressão

Essas válvulas funcionam automaticamente em virtude da atuação do próprio líquido em escoamento, independentemente da atuação de qualquer força exterior.

Elas têm por finalidade regular a pressão a jusante da própria válvula, mantendo-a dentro de limites preestabelecidos.

Existem modelos onde opera uma válvula-piloto auxiliar, fazendo parte da própria válvula, e que, submetida à pressão de montante, permite ou não a passagem do fluido de modo que este possa operar a válvula principal.

Para atuar obedecendo aos valores prefixados da pressão, necessitam de molas, cuja tensão é graduável. São fabricadas com características especiais para água, ar comprimido, vapor, óleos etc.

A Fig. 9.24 mostra o corte de uma válvula de redução de pressão da Niagara S.A., que pode ser utilizada nos sistemas indiretos de distribuição de água. Os números indicados na referida figura representam: (1) Parafuso de ajuste; (2) contraporca; (3) mola; (4) tampa; (5) diafragma; (6) corpo; (7) disco; (8) porta-disco; (9) mola auxiliar; (10) tampão-guia; (11) garfo.

9.4.7 Válvulas de retenção

Esse tipo de válvula fecha automaticamente, por diferença de pressões provocadas pelo próprio escoamento do líquido, quando há tendência à inversão no seu sentido de escoamento.

As aplicações dessas válvulas são nas instalações de bombeamento, nas linhas de aspiração (válvula de pé) e nas linhas de recalque.

As válvulas de retenção podem ser do tipo *levantamento* ou *plug* (*lift check valve*), do tipo *portinhola* (*swing check valve*), usada para quaisquer diâmetros, ou com retenção por uma esfera (*ball check valve*). Esta última é usada para bombeamento de óleo em tubos de diâmetros apenas até 2".

A Fig. 9.25 apresenta uma válvula de pé do tipo *levantamento* ou *plug*, para fundo de poço em bronze fundido, fabricada pela Niagara S.A.

As válvulas de portinhola podem ser usadas tanto na posição horizontal quanto na posição vertical. São as mais usadas e apresentam a menor perda de carga.

A Fig. 9.26 apresenta uma válvula de retenção em bronze, do tipo horizontal, com portinhola e com rosca. A Niagara fabrica em diâmetros de 1/2" a 4".

9.4.8 Registro automático de entrada de água em reservatórios

Esse tipo de registro possui uma boia ou flutuador que se desloca em função do nível de água no reservatório, fechando a entrada da água ao atingir determinado nível. Quando de

Materiais Empregados em Instalações **265**

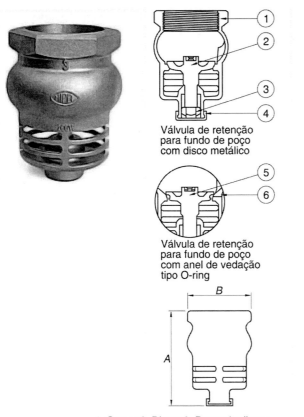

Válvula de retenção para fundo de poço com disco metálico

Válvula de retenção para fundo de poço com anel de vedação tipo O-ring

1. Corpo; 2. Disco; 3. Porca do disco;
4. O-ring; 5. Disco porta do O-ring; 6. Tampão

Fig. 9.25 Válvula de pé para fundo de poço, em bronze fundido, da Niagara.

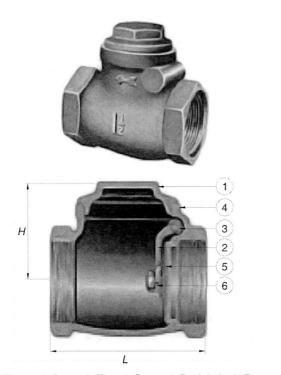

1. Tampa; 2. Braço; 3. Eixo; 4. Corpo; 5. Portinhola; 6. Porca.

Fig. 9.26 Válvula de retenção, em bronze fundido, tipo horizontal, com portinhola, da Niagara.

pequenas dimensões, é chamado de torneira de boia, e, para descargas maiores, é denominado registro automático de entrada.

Existem dois tipos de registro automático:

- para colocação na parte superior dos reservatórios, com o flutuador ligado diretamente à alavanca (ver Fig. 9.27);
- para colocação na parte inferior do reservatório, com o flutuador ligado por uma corrente à alavanca.

9.5 TUBOS E CONEXÕES DIVERSAS

Serão apresentados mais alguns tipos de tubos e conexões de grande utilidade, principalmente em instalações industriais.

Tubos e conexões de FRP (*fiber reinforced plastic*)

Trata-se de um material de fibra de vidro com plástico, conhecido como *fiberglass*. Eles são indicados para o transporte de líquidos e soluções de produtos químicos devido à resistência a corrosão e à abrasão. Uma das aplicações ocorre em indústrias petrolíferas e plataformas de petróleo *off-shore*, para o transporte de óleo, águas oleosas e água salgada.

Tubos e conexões de plásticos à base de flúor (PTFE)

O politetrafluoretileno (PTFE) é um material altamente resistente à corrosão e às temperaturas até 150 °C. Pertencem a essa linha: os tubos e conexões de fibra de vidro FRP com revestimento de PTFE flangeados; e os tubos e conexões de aços revestidos internamente com PTFE.

Esses produtos são fabricados pela Aflon Plásticos Industriais Ltda. e outros.

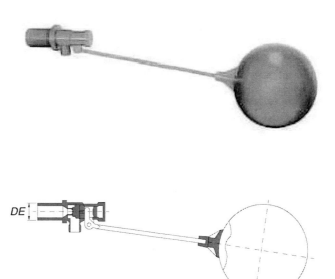

Fig. 9.27 Torneira-boia para caixa-d'água, da Tigre.

Tubos e conexões de RPVC (PVC Reforçado)

É um material que possui estrutura monolítica, composta de um núcleo de PVC estruturado, reforçado externamente com fios contínuos de vidro e resina poliéster, à qual é incorporada carga de alumina triidratada, com revestimento externo de vermiculita expandida, como, por exemplo, os tubos e conexões Tigrefibra.

A Interfibra Industrial S.A. é uma das fabricantes de tubo e conexões de RPVC, nos diâmetros de 25 a 700 mm, no caso de junta rígida (flangeada, ponta e bolsa com anel de borracha). As pressões de trabalho variam de 2 a 20 kgf/cm², conforme o tipo de junta e a temperatura do produto transportado.

Seu uso está nas obras de saneamento ambiental e em aplicações em que os materiais convencionais sejam destruídos pela corrosão.

Tubos e conexões de PVC rígido revestidos com fibras de vidro e resina poliéster (PVC + PRFV)

Esses materiais são indicados para o caso de líquidos e soluções de produtos químicos muito agressivos, nas indústrias químicas, petroquímicas, siderúrgicas e de papel e celulose.

Tubos de poliéster armados com fios de vidro e enchimento de areia siliciosa com junta elástica

Esses tubos são conhecidos como *polyarm,* conforme indicado no Capítulo 2, com a finalidade de condução de esgotos sanitários. Eles obedecem à NBR 10845:1988, da ABNT.

Tubos de náilon e outros

Os tubos de náilon, Nylotec® (náilon fundido), UHMW 1900 (polietileno de ultra-alto peso molecular), Teflon®, Celeron®, acrílico, Lexan® (policarbonato) são fabricados e distribuídos pela Day Brasil S.A., antiga Dayco do Brasil Ind. Com. Ltda. – São Paulo.

Particularmente, o Nylon Technyl PSA, da Rhodia S.A., são tubos utilizados para fins especiais, pois este náilon especificado apresenta excelente comportamento frente à maioria dos agentes químicos, inclusive quando submetido a elevadas temperaturas.

Tubos de vidro, pirex e quartzo

São tubos recomendados para aplicações específicas em laboratórios e plantas de processos de instalações químicas.

Tabelas Úteis

As tabelas a seguir são de caráter geral e estão apresentadas com a finalidade de facilitar a aplicação dos vários assuntos tratados nos capítulos anteriores.

Tabela 1 Comprimento

Unidades inglesas usuais	Equivalente métrico
1 polegada (*inch*)	0,0254 m
1 pé (*foot*)	0,3048 m
1 jarda = 3 pés	0,9144 m
1 milha inglesa	1609,3 m
Unidades métricas	**Equivalente inglês**
1 centímetro	0,0328 pé = 0,394 polegada
1 metro	3,281 pés = 39,37 polegadas
1000 metros (1 quilômetro)	5/8 de milha inglesa

Tabela 3 Volume

Unidades do sistema inglês	Equivalente métrico
1 pé cúbico	28,317 litros
1 galão americano	3,7853 litros
1 galão imperial	4,546 litros
1 polegada cúbica (cu in)	16,387 cm^3
1 barril	119,215 litros
Medidas métricas	**Equivalente inglês**
1 litro	0,0353 pé cúbico
	0,264 galão americano
	0,220 galão imperial
1 m^3	1,308 jarda cúbica

Tabela 2 Área

Unidades inglesas	Equivalente métrico
1 polegada quadrada (1 sq in)	6,4516 cm^2
1 pé quadrado (1 sq ft)	0,0929 m^2
Unidades métricas	**Equivalente inglês**
1 centímetro quadrado	0,155 polegada quadrada
1 metro quadrado	10,76 pés quadrados
1 hectare (10.000 m^2)	2,471 acres

Tabela 4 Peso

Unidade inglesa	Equivalente métrico
1 onça = 8 oitavas	28,35 gramas
1 libra peso = 16 onças	0,454 quilograma
Unidades métricas	**Equivalente inglês**
1 grama	15,43 grãos = 0,053 onça
1 quilograma peso (kgf)	2,205 libras peso
1 tonelada métrica = 1000 kgf	1,102 tonelada líquida

Tabela 5 Pressão

1 baria = 1 dyn/cm² = 10⁻⁶ bar	= 0,1 Pa
1 pé de coluna d'água	= 62,425 libras por pé quadrado
	= 0,4335 libra por polegada quadrada
	= 0,0295 atmosfera
	= 8826 polegada de mercúrio a 30 °F
	= 773,3 pés de ar a 32 °F e pressão atmosférica
1 libra por pé quadrado	= 0,01602 pé de coluna d'água
1 libra por polegada quadrada (psi)	= 2,307 pés de coluna d'água
1 atm de 29,922 polegada de mercúrio (760 mm de mercúrio)	= 33,9 pés de altura d'água
	= 14,696 psi
1 polegada de mercúrio	= 1,133 pé de coluna d'água
1 pé de altura d'água	= 0,001 293 pé de coluna d'água
1 pé de altura d'água do mar	= 1,026 pé de coluna d'água pura
1 pé de altura d'água	= 62,355 libras por pé quadrado
	= 0,43302 libra por polegada quadrada (psi)
760 mm coluna de mercúrio (mmHg)	= 29,922 polegada coluna de mercúrio
1 polegada de altura d'água a 62 °F	= 0,5774 onça = 0,036 085 libra/in²
1 atmosfera (atm)	= 1,083 kgf/cm⁻² = 14,696 lb/sq in = 1.013.250 barias
1 libra de água por polegada quadrada a 62 °F	= 2,3094 pés de coluna d'água
1 polegada de altura de mercúrio	= 0,491 19 libras/in²
1 kgf/cm²	= 14,2233 lb/in² (ou psi)
	= 0,9678 atm
	= 10 mca
1 kgf/m²	= 0,204 lb/in² (ou psi)
1 metro de coluna d'água (mca)	= 0,1 kgf/cm²
	1 kPa (quilopascal) = 0,10 mca 1 mca = 10 kPa ≅ 0,1 kgf/cm² 1 atm ≅ 100 kPa

Tabela 6 Descarga

1 pé cúbico por segundo	= 448,83 galões americanos por minuto
1 m³/hora	= 0,028 m³ por segundo
	= 4,40 gpm

Tabela 7 Fatores de conversão

Multiplicar	por	para obter
Are	0,02471	Acre
Are	100	Metro quadrado
Atmosfera	76	Centímetros de coluna de mercúrio
Atmosfera	10.333	Quilograma-força por m²
Atmosfera	14,70	Libra por polegada quadrada
Atmosfera	33,9	Pé de altura d'água
Cavalo-vapor	1,014	Cavalo-vapor (métrico)
Cavalo-vapor	0,7457	Quilowatt
Cavalo-vapor	33.000	Pé · libra por minuto
Cavalo-vapor	550	Pé · libra por segundo
Centiare	1,0	Metro quadrado
Centímetro	0,3937	Polegada
Centímetro quadrado	$1,076 \times 10^{-3}$	Pé quadrado
Centímetro quadrado	0,1550	Polegada quadrada
Centímetro cúbico	$2,642 \times 10^{-4}$	Galões americanos
Centímetro cúbico	$3,531 \times 10^{-5}$	Pé cúbico
Centímetro cúbico	$6,102 \times 10^{-2}$	Polegada cúbica
Centímetro cúbico	$1,308 \times 10^{-6}$	Jarda cúbica
Centímetro por segundo	0,03281	Pé por segundo
Dina	$1,02 \times 10^{-3}$	Grama-força
Galão americano	3785	Centímetro cúbico
Galão americano	3,785	Litro
Galão americano	$3,785 \times 10^{-3}$	Metro cúbico
Galão americano	0,1337	Pé cúbico
Galao americano	231	Polegada cúbica
Galão americano	$4,951 \times 10^{-3}$	Jarda cúbica
Galão americano p/minuto	0,06308	Litro por segundo
Galão americano p/minuto	$2,228 \times 10^{-3}$	Pé cúbico por segundo
Grama-força	980,7	Dina
Jarda	91,44	Centímetro
Jarda	0,9144	Metro
Jarda	3,0	Pé
Jarda	36,0	Polegada
Jarda quadrada	0,8361	Metro quadrado

continua

Tabela 7 Fatores de conversão (*Continuação*)

Multiplicar	por	para obter
Jarda cúbica	764,6	Litro
Jarda cúbica	0,7646	Metro cúbico
Jarda cúbica por minuto	12,74	Litro por segundo
Jarda cúbica por minuto	0,45	Pé cúbico por segundo
Libra	0,4536	Quilograma
Libra	444,8	Dina
Libra de água	0,016 02	Pé cúbico
Libra de água	27,68	Polegada cúbica
Libra por pé	1,488	Quilograma-força por metro
Libra por pé quadrado	4,882	Quilograma-força por m^2
Libra por pé cúbico	0,01602	Grama por cm^3
Libra por pé cúbico	16,02	Quilograma-força por m^3
Libra por pé cúbico	$5,787 \times 10^{-4}$	Libra por polegada cúbica
Libra por polegada	178,6	Grama por centímetro
Libra por polegada quadrada	0,07	Quilograma-força por cm^2
Libra por polegada quadrada	2,307	Pé de altura d'água
Libra por polegada quadrada	2,036	Polegada de mercúrio
Libra por polegada cúbica	27,68	Grama por cm^3
Libra por polegada cúbica	$2,768 \times 10^{-4}$	Quilograma por m^3
Litro	0,2642	Galão americano
Litro	0,035 31	Pé cúbico
Litro	61,02	Polegada cúbica
Litro	0,2642	Galão americano
Litro	$1,308 \times 10^{-3}$	Jardas cúbicas
Litro por minuto	$4,503 \times 10^{-3}$	Galão por segundo
Litro por minuto	$5,885 \times 10^{-4}$	Pé cúbico por segundo
$\log_{10} N$ ou $\log N$	2,303	$\log_e N$ ou $\ln N$
$\log_e N$ ou $\ln N$	4,343	$\log_{10} N$ ou $\log N$
Metro	3,281	Pé
Metro	39,37	Polegada
Metro	1,094	Jarda
Metro quadrado	$2,471 \times 10^{-4}$	Acre
Metro quadrado	$3,861 \times 10^{-7}$	Milha quadrada
Metro quadrado	10,76	Pé quadrado
Metro quadrado	1,196	Jarda quadrada

continua

Tabela 7 Fatores de conversão   (*Continuação*)

Multiplicar	por	para obter
Metro cúbico	1.057	Quarto (líquido)
Metro cúbico	264,2	Galão americano
Metro cúbico	35,31	Pé cúbico
Metro cúbico	61.023	Polegada cúbica
Metro cúbico	1,308	Jarda cúbica
Metro por minuto	1,667	Centímetro por segundo
Metro por minuto	0,06	Quilômetro por hora
Metro por minuto	0,03728	Milha por hora
Metro por minuto	3,281	Pé por minuto
Metro por minuto	0,05468	Pé por segundo
Metro por segundo	3,6	Quilômetro por hora
Metro por segundo	0,06	Quilômetro por segundo
Metro por segundo	2,237	Milha por hora
Metro por segundo	0,03728	Milha por minuto
Metro por segundo	196,8	Pé por minuto
Metro por segundo	3,281	Pé por segundo
Mícron	1×10^{-4}	Centímetro
Milímetro	0,039 39	Polegada
Milímetro quadrado	$1,550 \times 10^{-3}$	Polegada quadrada
Milha	$1,609 \times 10^{-5}$	Centímetro
Milha	1,609	Quilômetro
Milha	1.760	Jarda
Milha quadrada	2,59	Quilômetro quadrado
Milha por hora	1,609	Quilômetro por hora
Milha por hora	26,82	Metro por minuto
Milha por hora	0,8684	Nó por hora
Milha por hora	88	Pé por minuto
Milha por hora	1,467	Pé por segundo
Milha por minuto	2.682	Centímetro por segundo
Milha por minuto	1,609	Quilômetro por minuto
Milha por minuto	0,8684	Nó por minuto
Newton	101,972	Grama-força
Nó	1,853	Quilômetro
Nó	1,152	Milha
Pé	30,48	Centímetro

continua

272 Tabelas Úteis

Tabela 7 Fatores de conversão   (*Continuação*)

Multiplicar	por	para obter
Pé	0,3048	Metro
Pé	12	Polegada
Pé quadrado	929	Centímetro quadrado
Pé quadrado	0,0929	Metro quadrado
Pé quadrado	144	Polegada quadrada
Pé cúbico	$2,832 \times 10^4$	Centímetro cúbico
Pé cúbico	7,481	Galão americano
Pé cúbico	28,32	Litro
Pé cúbico	0,028 32	Metro cúbico
Pé cúbico	1.728	Polegada cúbica
Pé cúbico	0,038 04	Jarda cúbica
Pé cúbico por minuto	472	Centímetro cúbico por segundo
Pé cúbico por minuto	0,1247	Galão por segundo
Pé cúbico por minuto	62,4	Libra de água por minuto
Pé cúbico por minuto	0,4720	Litro por segundo
Pé cúbico por segundo	448,8	Galão americano por minuto
Pé cúbico por segundo	28,32	Litro por segundo
Pé cúbico por segundo	374	Galão imperial por minuto
Pé de altura d'água	0,0295	Atmosfera
Pé de altura d'água	304,8	Quilograma por metro quadrado
Pé de altura d'água	62,5	Libra por pé quadrado
Pé de altura d'água	0,8826	Polegada de mercúrio
Pé por minuto	0,5080	Centímetro por segundo
Pé por minuto	0,01829	Quilômetro por hora
Pé por minuto	0,3048	Metro por minuto
Pé por minuto	0,01136	Milha por hora
Pé por minuto	0,01667	Pé por segundo
Pé por segundo	30,48	Centímetro por segundo
Pé por segundo	1,097	Quilômetro por hora
Pé por segundo	18,29	Metro por minuto
Pé por segundo	0,6818	Milha por hora
Pé por segundo	0,01136	Milha por minuto
Pé por segundo	0,5921	Nó por hora
Polegada	2,540	Centímetro
Polegada quadrada	6,452	Centímetro quadrado

continua

Tabela 7 Fatores de conversão   (*Continuação*)

Multiplicar	por	para obter
Polegada quadrada	645,2	Milímetro cúbico
Polegada cúbica	0,017 32	Quarto (líquido)
Polegada cúbica	$4,329 \times 10^{-3}$	Galão americano
Polegada cúbica	$1,639 \times 10^{-2}$	Litro
Polegada cúbica	$1,639 \times 10^{-5}$	Metro cúbico
Polegada cúbica	5787×10^{-4}	Pé cúbico
Quilograma-força	980.665	Dina
Quilograma-força	2,205	Libra
Quilograma-força	$1,102 \times 10^{-3}$	Tonelada curta
Quilograma-força por metro	0,67 20	Libra por pé
Quilômetro	0,6214	Milha
Quilômetro	3.281	Pé
Quilômetro	1.094	Jarda
Quilômetro quadrado	241,1	Acre
Quilômetro quadrado	0,3861	Milha quadrada
Quilômetro quadrado	$10,76 \times 10^{-6}$	Pé quadrado
Quilômetro quadrado	$1,196 \times 10^{-6}$	Jarda quadrada
Quilômetro por hora	27,78	Centímetro por segundo
Quilômetro por hora	16,67	Metro por minuto
Quilômetro por hora	0,6214	Milha por hora
Quilômetro por hora	0,5396	Nó por hora
Quilômetro por hora	54,68	Pé por minuto
Quilômetro por hora	0,9113	Pé por segundo
Quilowatt	1,341	Cavalo-vapor (CV)
Quilowatt	101,99	Quilogrâmetro por segundo (kgm/s)
Quilowatt	737,6	Pé-libra por segundo
Quilowatt	0,239	Quilocalorias por segundo
Tonelada curta	907,2	Quilograma
Tonelada curta	2000	Libra
Tonelada longa	1.016	Quilograma
Tonelada longa	2.240	Libra
Tonelada métrica	1.000	Quilograma
Tonelada métrica	2.205	Libra

Tabela 8 Conversão de temperaturas

De Fahrenheit (°F) para Celsius (°C)
$$°C = \frac{5}{9} \times (°F - 32)$$
De Celsius (°C) para Fahrenheit (°F)
$$°F = \frac{9}{5} \times (°C + 32)$$
De Celsius (ºC) para Kelvin (K)
$K = °C + 273$

Tabela 9 Equivalências importantes

1 t/m² 1 kgf/m²	= 0,914 t/pé² = 0,0624 lb/pé²
1 t/pé² 1 lb/pé³	= 10,936 t/m² = 16,02 kg/m³
1 l/m² 1 kgm 1 CV 1 kg/CV	= 0,0204 gal/pé² = 7,233 lb · pé = 0,9863 HP = 2,235 lb/HP
1 gal/pé² 1 lb · pé 1 HP 1 lb/HP	= 48,905 l/m² = 0,1382 kgm = 1,0139 CV = 0,447 kg/CV
1 kcal = Cal	= 3,968 Btu
1 Btu	= 0,252 kcal = 0,252 Cal = 2,928 × 10⁻⁴ kWh = 1,0548 kW
1 Btu/pé 1 Btu/pé²/h/°F	= 2,713 kcal/m² = 4,88 kcal/m²/h/°C
1 Btu/pé 1 Btu/lb	= 8,899 kcal/m³ = 0,555 kcal/kgf
1 kcal/m² 1 kcal/m²/h/°C	= 0,369 Btu/pé = 0,206 Btu/pé²/h/°F
1 kcal/m³ 1 kcal/kgf	= 0,1123 Btu/pé³ = 1,8 Btu/lb
1 atmosfera (atm)	= 1,0335 kg/cm² = 76 cm de Hg (a 0 °C)
	= 14,7 lb/in² = 29,92 in de Hg (a 32 °F)
	= 10,347 m de água (a 15 °C)
	= 33,947 pés de água (a 62 °F)
	= 0,01 kgf/cm = 1,0 kgf/cm²

continua

Tabela 9 Equivalências importantes   (*Continuação*)

1 pé de água	$= 0{,}434$ lb/in^2
1 HP	$= 42{,}44$ Btu/min $= 33\ 000$ lb/pé/min $= 10{,}7$ kcal/min $= 0{,}7457$ kW $= 76$ kgm/s $= 1{,}014$ CV
1 HP · hora	$= 2547$ Btu $= 1{,}98 \times 10^{-6}$ lb · pé $= 2{,}684 \times 10^{-6}$ J $= 641{,}7$ kcal $= 2{,}737 \times 10^{5}$ kgm
1 Joule (J)	$= 1{,}0 \times 10^{7}$ erg $= 0{,}101972$ kgm $= 2{,}39 \times 10^{-4}$ kcal $= 0{,}7376$ lb·pé $= 9{,}486 \times 10^{-4}$ Btu
1 Watt · hora (Wh)	$= 3{,}415$ Btu $= 2655$ lb · pé $= 0{,}8605$ kcal $= 367{,}1$ kgm

Bibliografia

CAPÍTULO 1   INSTALAÇÕES DE ÁGUA FRIA POTÁVEL

Normas, Portarias e Resoluções Brasileiras

ASSOCIAÇÃO BRASILEIRA DE NORMAS TÉCNICAS (ABNT). *NBR 5626 – Instalação predial de água fria.* Rio de Janeiro: ABNT, 1998.

Conselho Nacional do Meio Ambiente (CONAMA). Resolução nº 01, de 23 de janeiro de 1986. *Dispõe sobre critérios básicos e diretrizes gerais para a avaliação de impacto ambiental.* DOU, de 17 de fevereiro de 1986, Seção 1, p. 2548-2549.

Livros e Publicações

BOTELHO, M. H. C.; RIBEIRO JR., G. A. *Instalações hidráulicas prediais utilizando tubos plásticos.* 4. ed. São Paulo: Blucher, 2014.

CARVALHO JR., R. *Instalações hidráulicas e o projeto de arquitetura.* 5. ed. São Paulo: Blucher, 2015.

COELHO, R. S. A. *Instalações hidráulicas domiciliares.* São Paulo: Hemus, 2000.

CREDER, H. *Instalações hidráulicas e sanitárias.* 6. ed. Rio de Janeiro: LTC, 2006.

MACINTYRE, A. J. *Instalações hidráulicas e sanitárias prediais e industriais.* 4. ed. Rio de Janeiro: LTC, 2013.

Catálogos

Crane Corporation.
Deca – Duratex S.A.
Jacuzzi do Brasil Ltda.
KSB – Bombas centrífugas.
Muller Company.
Niagara S.A.
Saneago.
Tigre – Tubos e conexões.

CAPÍTULO 2   INSTALAÇÕES DE ESGOTOS SANITÁRIOS

Normas, Portarias e Resoluções Brasileiras

ASSOCIAÇÃO BRASILEIRA DE NORMAS TÉCNICAS (ABNT). *NBR 15491 – Caixa de descarga para limpeza de bacias sanitárias*: Requisitos e métodos de ensaio. Rio de Janeiro: ABNT, 2007.

_____. *NBR 8160 – Sistemas prediais de esgoto sanitário*: Projeto e execução. Rio de Janeiro: ABNT, 1999.

_____. *NBR 13969 – Tanques sépticos*: Unidades de tratamento complementar e disposição final dos efluentes líquidos – Projeto, construção e operação. Rio de Janeiro: ABNT, 1997.

_____. *NBR 7229 – Projeto, construção e operação de sistemas de tanques sépticos.* Rio de Janeiro: ABNT, 1993.

_____. *NBR 12905 – Válvula de descarga – Verificação de desempenho.* Rio de Janeiro: ABNT, 1993.

_____. *NBR 12209 – Projeto de estações de tratamento de esgoto sanitário.* Rio de Janeiro: ABNT, 1992.

_____. *NBR 12207 – Projeto de interceptores de esgoto sanitário.* Rio de Janeiro: ABNT, 1992.

_____. *NBR 5645 – Tubo cerâmico para canalizações.* Rio de Janeiro: ABNT, 1990.

_____. *NBR 7367 – Projeto e assentamento de tubulações de PVC rígido para sistemas de esgoto sanitário.* Rio de Janeiro: ABNT, 1988.

_____. *NBR 9651 – Tubo e conexão de ferro fundido para esgoto.* Rio de Janeiro: ABNT, 1986.

_____. *NBR 9649 – Projeto de redes coletoras de esgoto sanitário.* Rio de Janeiro: ABNT, 1986.

_____. *NBR 9648 – Estudo de concepção de sistemas de esgoto sanitário.* Rio de Janeiro: ABNT, 1986.

_____. *NBR 14745 – Tubo de cobre sem costura flexível, para condução de fluidos:* Requisitos. Rio de Janeiro: ABNT, 2010.

_____. *NBR 5020 – Tubos de cobre sem costura para uso geral:* Requisitos. Rio de Janeiro: ABNT, 2003.

Livros e Publicações

CREDER, H. *Instalações hidráulicas e sanitárias.* 6. ed. Rio de Janeiro: LTC, 2006.

DACACH, N. G. *Saneamento básico.* Rio de Janeiro: LTC, 1979.

GARCEZ, L. N. *Elementos de engenharia hidráulica e sanitária.* São Paulo: Blucher, 1976.

HAMMER, M. J. *Sistemas de abastecimento de água e esgotos.* Rio de Janeiro: LTC, 1979.

JORDÃO, E. P.; PESSOA, C. A. *Tratamento de esgotos domésticos.* 4. ed. Rio de Janeiro: ABES, 2005.

MACINTYRE, A. J. *Instalações hidráulicas e sanitárias prediais e industriais.* 4. ed. Rio de Janeiro: LTC, 2013.

NETTO, J. M. de A. *et al. Sistemas de esgotos sanitários.* São Paulo: CETESB-BNH-ABES, 1977.

PAES LEME, F. *Planejamento e projeto dos sistemas urbanos de esgotos sanitários.* Convênio ABES-BNH e ABES/CETESB, 1977.

Catálogos

Aflon Plásticos Industriais Ltda.

Ancobras – Anticorrosivos do Brasil Ltda. Cimentos sintéticos Keranol.

Companhia Hansen Industrial – Tubos e Conexões Tigre S.A.

Deca – Duratex S.A.

Docol Metais Sanitários Ltda. (Válvulas de descarga).

Fabrimar S.A. Indústria e Comércio (Válvulas Silent-flux).

Metalúrgica Oriente S.A. (Válvulas Oriente Super).

Montana Hidrotécnica Ltda. (Caixas de descarga).

Pfaudler Equipamentos Industriais Ltda.

Pulvitec Indústria e Comércio Ltda.

Saint-Gobain Canalização Ltda.

Sika S.A. Produtos químicos para construção.

Tigrefibra Industrial S.A.

CAPÍTULO 3   INSTALAÇÕES DE ÁGUAS PLUVIAIS

Normas, Portarias e Resoluções Brasileiras

ASSOCIAÇÃO BRASILEIRA DE NORMAS TÉCNICAS (ABNT). *NBR 10844 – Instalações prediais de águas pluviais.* Rio de Janeiro: ABNT, 1989.

Livros e Publicações

ARMCO. *Manual da técnica de bueiros e drenos.* Rio de Janeiro: ARMCO Industrial e Comercial, 1943.

BOTELHO, M. H. C.; RIBEIRO JR., G. A. *Instalações hidráulicas prediais utilizando tubos plásticos.* 4. ed. São Paulo: Blucher, 2014.

278 Bibliografia

CARVALHO JR., R. *Instalações hidráulicas e o projeto de arquitetura*. 5. ed. São Paulo: Blucher, 2015.

COELHO, R. S. A. *Instalações hidráulicas domiciliares*. São Paulo: Hemus, 2000.

CREDER, H. *Instalações hidráulicas e sanitárias*. 6. ed. Rio de Janeiro: LTC, 2006.

GARCEZ, L. N. *Hidrologia*. São Paulo: Blucher, 1967.

MACINTYRE, A. J. *Instalações hidráulicas e sanitárias prediais e industriais*. 4. ed. Rio de Janeiro: LTC, 2013.

OLIVEIRA, F. M. de. *Drenagem de estradas*: Boletim Técnico nº 5. São Paulo: Associação Rodoviária do Brasil, 1947.

PFAFSTETTER, O. *Chuvas intensas no Brasil*. Departamento Nacional de Obras de Saneamento, 1957.

Catálogos

Químicos para Construção.

Tigre – Tubos e Conexões.

CAPÍTULO 4   INSTALAÇÕES DE PROTEÇÃO E COMBATE A INCÊNDIO

Normas, Portarias e Resoluções Brasileiras

ASSOCIAÇÃO BRASILEIRA DE NORMAS TÉCNICAS (ABNT). *NBR 13714 – Sistemas de hidrantes e de mangotinhos para combate a incêndio*. Rio de Janeiro: ABNT, 1996.

_____. *NBR 11861 – Mangueira de incêndio*: Requisitos e métodos de ensaio. Rio de Janeiro: ABNT, 1998.

_____. *NBR 7229 – Projeto, construção e operação de sistemas de tanques sépticos*. Rio de Janeiro: ABNT, 1993.

_____. *NBR 14870 – Esguichos de jato regulável para combate a incêndio – Parte 1*: Esguicho básico de jato regulável. Rio de Janeiro: ABNT, 2013.

CORPO DE BOMBEIROS MILITAR DO ESTADO DO RIO DE JANEIRO (CBMERJ). NOTA TÉCNICA Nº 2-02 – *Sistemas de hidrantes e de mangotinhos para combate a incêndio*. Aprovada pela Portaria CBMERJ nº 1071, de 27 de agosto de 2019.

RIO DE JANEIRO. Decreto-lei nº 247, de 21 de julho de 1975. Código de segurança contra incêndio e pânico (COSCIP), no âmbito do Estado do Rio de Janeiro.

_____. Decreto nº 42, de 17 de dezembro de 2018. Regulamenta o Decreto-lei nº 247, dispondo sobre o código de segurança contra incêndio e pânico (COSCIP), no âmbito do Estado do Rio de Janeiro.

_____. Decreto nº 46.925, de 5 de fevereiro de 2020. Altera o Decreto-lei nº 42, dispondo sobre o código de segurança contra incêndio e pânico (COSCIP), no âmbito do Estado do Rio de Janeiro.

Normas Estrangeiras

National Fire Protection Association (NFPA). *Fire protection handbook*. 19. ed. Massachusetts: NFPA, 2003.

_____. *NFPA 72*: national fire alarm and signaling code. Massachusetts: NFPA, 2019.

_____. *NFPA 13*: Standard for the installation of sprinkler systems. Massachusetts: NFPA, 2019.

Livros e Publicações

BARE, W. K. *Introduction to fire science and fire protection*. New York: John Wiley, 1978.

_____. *Fundamentals of fire prevention*. New York: John Wiley, 1977.

BELK, S. *Legislação e normas de segurança contra incêndio e pânico*. São Paulo: Ivan Rossi, 1976.

CHAVEAU, H. *Seguridad contra incendio en la empresa*. Barcelona: Blume, 1969.

HICKS, T. G.; EDWARDS, T. W. *Pump application engineering*. New York: McGraw-Hill, 1971.

KARASSIK, I. J.; MESSINA, J. P., COOPER, P.; HEALD, C. C. *Pump handbook*. 4. ed. New York: McGraw-Hill, 2008.

MEIDL, J. H. *Flammable hazardous materials*. California: Glencoe Publishing, 1970.

PURINGTON, R. G. *Fire-fighting hydraulics*. New York: McGraw-Hill, 1974.

Catálogos

Bucka Spiero, Com. Ind. e Importação Ltda. – Manual Komet. Equipamentos para Espuma Mecânica.
Bucka, Spiero, Com. Ind. e Importação S.A.
Cerberus – Proteção contra Incêndio, Sistemas de Segurança.
Elkhart do Brasil Ind. e Com. Ltda.
Ericsson do Brasil S.A.
Fire protection smoke detectors – LM Ericsson.
Fire protection systems control boards – LM Ericsson.
Fire Protection thermal detectors – LM Ericsson.
Neo-Rex do Brasil Ltda.
NLF Hidroválvula Ltda.
O "caça-fumaça" – Siemens.
Proteção automática contra incêndio por meio de equipamentos automáticos de *sprinkler grinnell* – Resmat Ltda.
Siemens S.A.
Spig S.A. Engenharia e Comércio (fabricante sob licença da Angus Fire Armour Limited – Inglaterra).
Sulzer fire – protection technology. Sprinkler systems – Sulzer.
Sulzer Weise S.A.
Telma S.A.
Walter Kidde S.A. Ind. e Comércio.
Walther automatic fire protection – Delta Incêndio Eng. Ltda.

CAPÍTULO 5   INSTALAÇÕES DE ÁGUA GELADA

Livros e Publicações

American Society of Heating, Refrigerating and Air Conditioning Engineers (ASHRAE). *Handbook*: Fundamentals. Atlanta, EUA: SI Edition, 2013.
CARRIER Air Conditioning Company. *Handbook of air conditioning system design*. New York: McGraw-Hill, 1977.
COSTA, E. C. da. *Refrigeração*. 3. ed. São Paulo: Blucher, 2002.
LAMPE, G. et al. *Instalaciones de ventilación y climatización en la planificación de obras*. Madrid: H. Blume Ediciones, 1977.
OLIVEIRA JÚNIOR, N. de. *Instalações de água filtrada e refrigerada*. Rio de Janeiro, 1949.
SILVA, R. B. *Instalações frigoríficas*. São Paulo: Escola Politécnica da USP, 1975.
TORREIRA, R. P. *Elementos básicos de ar condicionado*. São Paulo: Hemus, 1983.
TRANE. *Air conditioning manual*. Dublin: The Trade Company, 1960.
ZEMANSKI, M. N. *Calor e termodinâmica*. 5. ed. Rio de Janeiro: Guanabara Dois, 1978.

Catálogos

Coldex Trane. Ar condicionado.
GEA do Brasil Intercambiadores S.A.
Geltec Comércio e Indústria S.A. (Bebedouros Elegê).
Mecalor Indústria e Comércio de Refrigeração Ltda.
Parker Hannifin Ind. Com. Ltda.
Sabroe do Brasil Ltda.
Sulzer do Brasil S.A.

CAPÍTULO 6   INSTALAÇÕES DE ÁGUA QUENTE

Normas, Portarias e Resoluções Brasileiras

ASSOCIAÇÃO BRASILEIRA DE NORMAS TÉCNICAS (ABNT). *NBR 7198 – Projeto e execução de instalações prediais de água quente*. Rio de Janeiro: ABNT, 1993.

_____. *NBR 5899 – Aquecedor de água a gás tipo instantâneo – Terminologia*. Rio de Janeiro: ABNT, 1994.

_____. *NBR 12483 – Chuveiros elétricos – Padronização*. Rio de Janeiro: ABNT, 1992.

_____. *NBR 8130 – Aquecedor de água a gás tipo instantâneo – Requisitos e métodos de ensaio*. Rio de Janeiro: ABNT, 2004.

Livros e Publicações

AVIAL, M. R. *Instalaciones en los edificios*. Madri: Editorial Dossat, 1950.

BOTELHO, M. H. C.; RIBEIRO JR., G. A. *Instalações hidráulicas prediais utilizando tubos plásticos*. 4. ed. São Paulo: Blucher, 2014.

CARVALHO JR., R. *Instalações hidráulicas e o projeto de arquitetura*. 5. ed. São Paulo: Blucher, 2015.

COELHO, R. S. A. *Instalações hidráulicas domiciliares*. São Paulo: Hemus, 2000.

CREDER, H. *Instalações hidráulicas e sanitárias*. 6. ed. Rio de Janeiro: LTC, 2006.

GALLIZIO, A. *Instalaciones sanitarias*. Barcelona: Editorial Científico-Médico, 1964.

GAY, C. M.; FAWCETT, C. V. *Mechanical and electrical equipment for buildings*. New York: John Wiley, 1951.

GOLDENBERG, J. *Energia no Brasil*. Rio de Janeiro: LTC, 1979.

GUEMAS, C. *Le chauffage central*. Paris: Dunod, 1957.

HALACY JR., D. S. *Energia solar:* uma nova era. São Paulo: Cultrix, 1966.

LURA, A. E. *Solar energy for domestic heating and cooling*. Oxford: Pergamon Press, 1979.

MACINTYRE, A. J. *Instalações hidráulicas e sanitárias prediais e industriais*. 4. ed. Rio de Janeiro: LTC, 2013.

MARTZ, C. W. *Solar energy source book*. 2. ed. Washington: Solar Energy Institute of America SEINAM, 1978.

MELLO, H. B. *et al. O hospital e suas instalações*. Ministério de Saúde, 1967.

PRADO, L. C. do. Energia solar: problemas envolvidos. *Revista Problemas Brasileiros,* jun. 1980.

SZOKOLAY, S. V. *Energía solar y edificación*. Barcelona: Editorial Blume, 1978.

Catálogos

Aalborg – Pontin Caldeira S.A., Itu, São Paulo.

Aqualar – Captores solares. Instalação.

Aquecedor Solar – Cumulus S.A. Ind. e Com.

Aquecedores Cosmopolita.

Aquecedores Cumulus S.A. – Indústria e Comércio S.A., São Paulo.

Aquecedores Holliday.

Aquecedores Junkers.

Aquecedores Kent.

Aquecedores Namarra – Saunas.

Aquecedores TG-Matic.

Ata – Combustão Técnica S.A.

Companhia Geral de Indústrias Geraltherm – Aquecedores.

Companhia Paulista de Caldeiras Compac, São Paulo.

Domel Metalúrgica Ltda., São Paulo.

Espectro Sol Indústria e Comércio Ltda. – Energia Solar. Fabricação de equipamentos e instalações.

Faet – Fábrica de Aparelhos Eletro-Térmicos S.A.

H. Bremer & Filhos Ltda., Santa Catarina.

Hidrosolar S.A. – Captores solares. Instalação.

Hoffman Pancostura Máquinas Ltda. – Caldeiras, São Paulo.

Mecânica Fravo – Aquecedores de Água Central e Gás, São Paulo.

Morganti S.A. – Indústria Metalúrgica Thermerô, Porto Alegre.

Novosol Engenharia Solar Ltda. – Captores solares. Instalação.

Polionda – Comércio e Indústria Tuffy Habib S.A. Painéis solares.

Prosolar Projetos e Instalações – Coletores solares.

Sauna-Lar – Duchas, saunas.

Solaris – Aquecedor solar da Faet – Fábrica de Aparelhos Eletro-Térmicos S.A.

Solartec – Captores solares. Instalação.

Tenge Indústria Ltda., São Paulo.

Termus – Equipamentos Térmicos Industriais Ltda., São Paulo.

Ullmann Ar Condicionado Ltda. – Aquecedores solares.

CAPÍTULO 7 INSTALAÇÃO DE GÁS COMBUSTÍVEL

Normas, Portarias e Resoluções Brasileiras

ASSOCIAÇÃO BRASILEIRA DE NORMAS TÉCNICAS (ABNT). *NBR 15526 – Redes de distribuição interna para gases combustíveis em instalações residenciais e comerciais*: Projeto e execução. Rio de Janeiro: ABNT, 2012.

_____. *NBR 5419-1 – Proteção contra descargas atmosféricas – Parte 1*: Princípios gerais. Rio de Janeiro: ABNT, 2015.

_____. *NBR 5580 – Tubos de aço-carbono para usos comuns na condução de fluidos*: Especificação. Rio de Janeiro: ABNT, 2015.

_____. *NBR 5590 – Tubos de aço-carbono com ou sem solda longitudinal, pretos ou galvanizados*: Requisitos. Rio de Janeiro: ABNT, 2015.

_____. *NBR 6925 – Conexão de ferro fundido maleável, de classes 150 e 300, com rosca NPT para tubulação*. Rio de Janeiro: ABNT, 1995.

_____. *NBR 6943 – Conexões de ferro fundido maleável, com rosca NBR NM-ISO 7-1, para tubulações*. Rio de Janeiro: ABNT, 2000.

_____. *NBR 12712 – Projeto de sistemas de transmissão e distribuição de gás combustível*. Rio de Janeiro: ABNT, 2002.

_____. *NBR 12727 – Medidor de gás tipo diafragma, para instalações residenciais*: Requisitos e métodos de ensaios. Rio de Janeiro: ABNT, 2014.

_____. *NBR 13523 – Central de gás liquefeito de petróleo – GLP*. Rio de Janeiro: ABNT, 2008.

_____. *NBR 13206 – Tubo de cobre leve, médio e pesado, sem costura, para condução de fluidos*: Requisitos. Rio de Janeiro: ABNT, 2010.

_____. *NBR 13419 – Mangueira de borracha para condução de gases GLP/GN/GNF*: Especificação. Rio de Janeiro: ABNT, 2001.

_____. *NBR 13103 – Instalação de aparelhos a gás para uso residencial*: Requisitos. Rio de Janeiro: ABNT, 2013.

_____. *NBR 14177 – Tubo flexível metálico para instalações de gás combustível de baixa pressão*. Rio de Janeiro: ABNT, 2008.

_____. *NBR 14745 – Tubo de cobre sem costura flexível, para condução de fluidos*: Requisitos. Rio de Janeiro: ABNT, 2010.

_____. *NBR 14461 – Sistemas para distribuição de gás combustível para redes enterradas – Tubos e conexões de polietileno PE 80 e PE 100*: Instalação em obra por método destrutivo (vala a céu aberto). Rio de Janeiro: ABNT, 2000.

_____. *NBR 14955 – Tubo flexível de borracha para uso em instalações de GLP/GN*: Requisitos e métodos de ensaio. Rio de Janeiro: ABNT, 2003.

_____. *NBR 14788 – Válvulas de esfera*: Requisitos. Rio de Janeiro: ABNT, 2001.

_____. *NBR 14463 – Sistema para distribuição de gás combustível para redes enterradas – Conexões de polietileno PE 80 e PE 100*: Requisitos. Rio de Janeiro: ABNT, 2000.

_____. *NBR 14105 – Medidores de pressão – Parte 1*: Medidores analógicos de pressão com sensor de elemento elástico: Requisitos de fabricação, classificação, ensaios e utilização. Rio de Janeiro: ABNT, 2013.

_____. *NBR 15345 – Instalação predial de tubos e conexões de cobre e ligas de cobre*: Procedimento. Rio de Janeiro: ABNT, 2013.

_____. *NBR 15590 – Regulador de pressão para gases combustíveis*. Rio de Janeiro: ABNT, 2008.

_____. *NBR 15277 – Conexões com terminais de compressão para uso com tubos de cobre*: Requisitos. Rio de Janeiro: ABNT, 2012.

Normas e Resoluções Estrangeiras

AMERICAN SOCIETY FOR TESTING AND MATERIALS (ASTM). *A105, API 5-L Standard specification for carbon steel forgings for piping applications.* USA: ASTM, 2014.

_____. *B36.10M-2004 Welded and seamless wrought steel pipe.* USA: ASTM, 2004.

_____. *D2513-2006 Standard specification for thermoplastic gas pressure Pipe, Tubing, and Fittings.* USA: ASTM, 2006.

_____. *F1973-2005 Standard specification for factory assembled anodeless risers and transition fittings in polyethylene (pe) and polyamide 11 (pa11) fuel gas distribution systems.* USA: ASTM, 2005.

_____. *F2509-2005 Standard specification for field-assembled anodeless riser kits for use on outside diameter controlled polyethylene gas distribution pipe and tubing.* USA: ASTM, 2005.

AMERICAN SOCIETY OF MECHANICAL ENGINEERS (ASME). *B16.9 Factory-made wrought steel buttwelding fittings.* USA: ASME, 2001.

_____. *B16.3-1998 Malleable iron threaded fittings – classes 150 and 300.* USA: ASME, 1999.

BRITISH STANDARDS (BS). *EN 88-1 Pressure regulators and associated safety devices for gas appliances. Pressure regulators for inlet pressures up to and including 50 kPa.* UK: British Standards Institution (BSI), 2011.

DEUTSCHES INSTITUT FÜR NORMUNG (DIN). *3387-1 Separable unthreaded pipe connections for metal gas pipes – Part 1*: Connections for pipes with smooth ends. Germany: German National Standard, 2008.

INTERNATIONAL ORGANIZATION FOR STANDARDIZATION (ISO). *10838-1 Mechanical fittings for polyethylene piping systems for the supply of gaseous fuels – Part 1*: Metal fittings for pipes of nominal outside diameter less than or equal to 63 mm. American National Standards Institute (ANSI), 2000.

Livros e Publicações

CREDER, H. *Instalações hidráulicas e sanitárias.* 6. ed. Rio de Janeiro: LTC, 2006.

MACINTYRE, A. J. *Instalações hidráulicas e sanitárias prediais e industriais.* 4. ed. Rio de Janeiro: LTC, 2013.

Catálogos

Aquecedores Cosmopolita.
Aquecedores Geraltherm – Cia. Geral de Indústrias.
Aquecedores Junkers – Cia. Geral de Indústrias.
Aquecedores Junkers – Robert Bosch do Brasil.
Gazlux Aquecedores S.A.

CAPÍTULO 8   INSTALAÇÃO DE OXIGÊNIO

Normas, Portarias e Resoluções Brasileiras

AGÊNCIA NACIONAL DE VIGILÂNCIA SANITÁRIA (ANVISA). Resolução RDC nº 50, de 21 de fevereiro de 2002. *Regulamento técnico para planejamento, programação, elaboração e avaliação de projetos físicos de estabelecimentos assistenciais de saúde.*

ASSOCIAÇÃO BRASILEIRA DE NORMAS TÉCNICAS (ABNT). *NBR 12188 – Sistemas centralizados de oxigênio, ar, óxido nitroso e vácuo para uso medicinal em estabelecimentos assistenciais de saúde.* Rio de Janeiro: ABNT, 2003.

_____. *NBR 13730 – Aparelho de anestesia – seção de fluxo contínuo*: requisitos de desempenho e projeto. Rio de Janeiro: ABNT, 1996.

_____. *NBR 13587 – Estabelecimento assistencial de saúde*: concentrador de oxigênio para uso em sistema de oxigênio medicinal. Rio de Janeiro: ABNT, 1996.

_____. *NBR 13164 – Tubos flexíveis para condução de gases medicinais sob baixa pressão.* Rio de Janeiro: ABNT, 1994.

_____. *NBR 11906 – Conexões roscadas e de engate rápido para postos de utilização dos sistemas centralizados de gases de uso medicinal sob baixa pressão.* Rio de Janeiro: ABNT, 1992.

BRASIL. Ministério da Saúde. Aprova as normas e os padrões sobre construções e instalações de serviço de saúde. Portaria nº 400, de 6 de dezembro de 1977.

Livros e Publicações

BRASIL. Ministério da Saúde. Secretaria de Assistência à Saúde. Série Saúde e Tecnologia – Textos de Apoio à Programação Física dos Estabelecimentos Assistenciais de Saúde – Instalações Prediais Ordinárias e Especiais – Brasília, 1995. 61 p.

_____. *Projeto de normas disciplinadoras das construções hospitalares.* Ministério da Saúde, 1965.

MELLO, H. B. et al. *O hospital e suas instalações.* Ministério de Saúde, 1967.

SENESKY, J. Safe Storage and Handling of Compressed Gases. *Revista Plant Engineering,* dec. 27, 1979.

Catálogos

Brumark Com. Ind. e Representações Ltda. Analisador de oxigênio.

Especificações da Aga S.A.

Especificações da Linde A.G.

Especificações da S.A. White Martins

CAPÍTULO 9 — MATERIAIS EMPREGADOS EM INSTALAÇÕES

Normas, Portarias e Resoluções Brasileiras

ASSOCIAÇÃO BRASILEIRA DE NORMAS TÉCNICAS (ABNT). *NBR 5580 – Tubos de aço-carbono para usos comuns na condução de fluidos*: Especificação. Rio de Janeiro: ABNT, 2007.

_____. *NBR 7665 – Sistemas para adução e distribuição de água – Tubos de PVC 12 DEFOFO com junta elástica*: Requisitos. Rio de Janeiro: ABNT, 2007.

_____. *NBR 11720 – Conexões para união de tubos de cobre por soldagem ou brasagem capilar*: Requisitos. Rio de Janeiro: ABNT, 2007.

_____. *NBR 15420 – Tubos, conexões e acessórios de ferro dúctil para canalizações de esgotos*: Requisitos. Rio de Janeiro: ABNT, 2006.

_____. *NBR 7675 – Tubos e conexões de ferro dúctil e acessórios para sistemas de adução e distribuição de água*: Requisitos. Rio de Janeiro: ABNT, 2005.

_____. *NBR 5647-1 – Sistemas para adução e distribuição de água – Tubos e conexões de PVC 6,3 com junta elástica e com diâmetros nominais até DN 100 – Parte 1*: Requisitos gerais. Rio de Janeiro: ABNT, 2004.

_____. *NBR 13206 – Tubo de cobre leve, médio e pesado, sem costura, para condução de fluidos*: Requisitos. Rio de Janeiro: ABNT, 2004.

_____. *NBR 14462 – Sistemas para distribuição de gás combustível para redes enterradas – Tubos de polietileno PE 80 e PE 100*: Requisitos. Rio de Janeiro: ABNT, 2000.

_____. *NBR 14464 – Sistemas para distribuição de gás combustível para redes enterradas – Tubos e conexões de polietileno PE 80 e PE 100*: Execução de solda de topo. Rio de Janeiro: ABNT, 2000.

_____. *NBR 14465 – Sistemas para distribuição de gás combustível para redes enterradas – Tubos e conexões de polietileno PE 80 e PE 100 – Execução de solda por eletrofusão.* Rio de Janeiro: ABNT, 2000.

_____. *NBR 5647-2 – Sistemas para adução e distribuição de água – Tubos e conexões de PVC 6,3 com junta elástica e com diâmetros nominais até DN 100 – Parte 2*: Requisitos específicos para tubos com pressão nominal PN 1,0 MPa. Rio de Janeiro: ABNT, 1999.

_____. *NBR 5647-3– Sistemas para adução e distribuição de água – Tubos e conexões de PVC 6,3 com junta elástica e com diâmetros nominais até DN 100 – Parte 3*: Requisitos específicos para tubos com pressão nominal PN 0,75 MPa. Rio de Janeiro: ABNT, 1999.

284 Bibliografia

_____. *NBR 5647-4 – Sistemas para adução e distribuição de água – Tubos e conexões de PVC 6,3 com junta elástica e com diâmetro nominais até DN 100 – Parte 4*: Requisitos específicos para tubos com pressão nominal PN 0,60 MPa. Rio de Janeiro: ABNT, 1999.

_____. *NBR 5648 – Sistemas prediais de água fria – Tubos e conexões de PVC 6,3, PN 750 kPa, com junta soldável*: Requisitos. Rio de Janeiro: ABNT, 1999.

_____. *NBR 8417 – Sistemas de ramais prediais de água – Tubos de polietileno PE*: Requisitos. Rio de Janeiro: ABNT, 1999.

_____. *NBR 14243 – Juntas de ferro fundido dúctil tipo "Gibault"*: Requisitos. Rio de Janeiro: ABNT, 1998.

_____. *NBR 7560 – Tubo de ferro fundido dúctil centrifugado, com flanges roscados ou soldados*: Especificação. Rio de Janeiro: ABNT, 2012.

_____. *NBR 7676 – Anel de borracha para juntas elástica e mecânica de tubos e conexões de ferro fundido – Tipos JE, JM e JE2GS*: Especificação. Rio de Janeiro: ABNT, 1996.

_____. *NBR 13747 – Junta elástica para tubos e conexões de ferro fundido dúctil – Tipo JE2GS*: Especificação. Rio de Janeiro: ABNT, 1996.

_____. *NBR 5590 – Tubos de aço-carbono com ou sem costura, pretos ou galvanizados por imersão a quente, para condução de fluidos (em vigor e em revisão)*. Rio de Janeiro: ABNT, 1995.

_____. *NBR 6925 – Conexão de ferro fundido maleável classes 150 e 300, com rosca NPT para tubulação*. Rio de Janeiro: ABNT, 1995.

_____. *NBR 11185 – Projeto de tubulações de ferro fundido dúctil centrifugado, para condução de água sob pressão*. Rio de Janeiro: ABNT, 1994.

_____. *NBR 7198 – Projeto e execução de instalações prediais de água quente*. Rio de Janeiro: ABNT, 1993.

_____. *NBR 8682 – Revestimento de argamassa de cimento em tubos de ferro fundido dúctil*. Rio de Janeiro: ABNT, 1993.

_____. *NBR 12588 – Aplicação de proteção por envoltório de polietileno para tubulações de ferro fundido dúctil*. Rio de Janeiro: ABNT, 1992.

_____. *NBR 5735 – Cimento Portland de alto-forno*. Rio de Janeiro: ABNT, 1991.

_____. *NBR 11827 – Revestimento externo de zinco em tubos de ferro fundido dúctil*. Rio de Janeiro: ABNT, 1991.

_____. *NBR 10627 – Tubo de ferro fundido dúctil centrifugado para canalizações de gás combustível*. Rio de Janeiro: ABNT, 1989.

_____. *NBR 10628 – Junta elástica de tubos e conexões de ferro fundido dúctil para canalizações de gás combustível*. Rio de Janeiro: ABNT, 1989.

_____. *NBR 10515 – Revestimento interno com argamassa de cimento para tubos e conexões de aço-carbono*. Rio de Janeiro: ABNT, 1988.

_____. *NBR 10845 – Tubo de poliéster reforçado com fibras de vidro, com junta elástica, para esgoto sanitário*. Rio de Janeiro: ABNT, 1988.

_____. *NBR 9797 – Tubo de aço-carbono eletricamente soldado para condução de água de abastecimento*. Rio de Janeiro: ABNT, 1987.

_____. *NBR 8057 – Tubo de pressão de fibrocimento*. Rio de Janeiro: ABNT, 1984.

_____. *NBR 6321 – Tubo de aço-carbono, sem costura, para condução de fluidos utilizados em altas temperaturas*. Rio de Janeiro: ABNT, 2011.

_____. *NBR 8056 – Tubo coletor de fibrocimento para esgoto sanitário*. Rio de Janeiro: ABNT, 1983.

_____. *NBR 8318 – Tubo de ferro fundido dúctil centrifugado para pressão de 1 MPa*. Rio de Janeiro: ABNT, 1983.

_____. *NBR 5594 – Tubos de aço-carbono, sem costura, para caldeiras e superaquecedores de alta pressão*. Rio de Janeiro: ABNT, 1982.

_____. *NBR 7542 – Tubo de cobre médio e pesado, sem costura, para condução de água*. Rio de Janeiro: ABNT, 1982.

_____. *NBR 7417 – Tubo extraleve de cobre, sem costura, para condução de água e outros fluidos*. Rio de Janeiro: ABNT, 1982.

_____. *NBR 7674 – Junta elástica para tubos e conexões de ferro fundido dúctil*. Rio de Janeiro: ABNT, 1982.

_____. *NBR 7677 – Junta mecânica para conexões de ferro fundido dúctil*. Rio de Janeiro: ABNT, 1982.

_____. *NBR 5680 – Dimensões de tubos de PVC rígido*. Rio de Janeiro: ABNT, 1977.

Normas Estrangeiras

AMERICAN SOCIETY FOR TESTING AND MATERIALS (ASTM). *A-53 Standard specification for pipe, steel, black and hot-dipped, zinc-coated, welded and seamless.* Pennsylvania: ASTM International, 2002.

_____. *A-106 Standard specification for seamless carbon steel pipe for high-temperature service.* Pennsylvania: ASTM International, 2018.

_____. *A-120 Specification for pipe, steel, black and hot-dipped zinc-coated (galvanized) welded and seamless for ordinary uses.* Pennsylvania: ASTM International, 1984.

_____. *A-126 Standard specification for gray iron castings for valves, flanges, and pipe fittings.* Pennsylvania: ASTM International, 2004.

_____. *A-197 Standard specification for cupola malleable iron.* Pennsylvania: ASTM International, 2020.

_____. *A-234 Standard specification for piping fittings of wrought carbon steel and alloy steel for moderate and high temperature service.* Pennsylvania: ASTM International, 2019.

_____. *B-62 Standard specification for composition bronze or ounce metal castings.* Pennsylvania: ASTM International, 2017.

_____. *C-836 Standard specification for high solids content, cold liquid-applied elastomeric waterproofing membrane for use with separate wearing course.* Pennsylvania: ASTM International, 2018.

DEUTSCHES INSTITUT FÜR NORMUNG (DIN). *DIN 2440 Steel tubes; medium-weight suitable for screwing.*

_____. *DIN 2441 Steel tubes; heavy-weight suitable for screwing.*

_____. *DIN 2999 Whitworth pipe threads for tubes and fittings.*

_____. *DIN-8074 Polyethylene (PE) pipes – dimensions.*

Livros e Publicações

HUTCHISON, J. W. *ISA handbook of control valves.* Pittsburgh: Instrument Society of America, 1976.

PROCOBRE. *O cobre nas instalações hidráulicas.* Instituto Brasileiro do Cobre. Disponível em: <https://organizacaotc.files.wordpress.com/2014/04/hidro-o-cobre-nas-instalac3a7c3b5es-hidraulicas.pdf>. Acesso em: setembro de 2020.

SILVA, R. B. *Tubulações.* São Paulo: Escola Politécnica da Universidade de São Paulo: 1975.

TELLES, P. C. da S. *Tubulações industriais.* 5. ed. Rio de Janeiro: LTC, 1979.

_____. *Materiais para equipamentos de processo.* Rio de Janeiro: Interciência, 1976.

Catálogos

Tubos e conexões

Amanco Brasil Ltda. Soluções Amanco. Linha Infraestrutura, 2006. Disponível em: <www.amanco.com.br>.

Amanco Brasil Ltda. Soluções Amanco. Linha Predial, 2. ed. 2007. Disponível em: <www.amanco.com.br>.

Cia. Hansen Industrial – Tubos e conexões Tigre de PVC rígido.

Laminação Nacional de Metais – Tubos de cobre "hidrolar" e conexões de bronze Yorkshire.

Aflon Plásticos Industriais Ltda. PTFE – Catálogo Técnico, 1998. Disponível em: <www.aflonindustrial.com.br>.

Aflon Plásticos Industriais Ltda. – PTFE reforçado. Tubos de aço ou plástico reforçados com fibra de vidro.

Nibco Industrial S.A. (NISA) – Tubos e conexões de cobre.

Pfaudler Equipamentos Industriais Ltda. – Revestimento a vidro, de tubos, conexões, válvulas e equipamentos.

Polyarm – Fibra de vidro, resina poliéster e areia.

Polyplaster Comércio e Indústria Ltda. – Resina poliéster com fibra de vidro.

Pulvitec do Brasil Indústria e Comércio Ltda. – Revestimento com epóxi e plásticos sobre tubos e conexões.

S.A. Tubos Brasilit – Cimento-amianto; PVC – linha hidráulica; linha de esgotos.

Saint-Gobain Canalização – Linha Adução Água (versão 2006). Disponível em: <www.saint-gobain-canalizacao.com.br>.

Saint-Gobain Canalização – Linha Integral Esgoto (versão 2006). Disponível em: <www.saint-gobain-canalizacao.com.br>.

Sanpress – Comercial de tubos e conexões Ltda.

Tigre S.A. Ficha Técnica Aquatherm®. Disponível em: <www.tigre.com.br>.

Tigrefibra Industrial S.A. – PVC + PRFV e RPVC junta elástica.

Tupy Fundições Ltda. – Conexões Tupy. Catálogo Técnico (CT 1007), 2007. Disponível em: <www.tupy.com.br>.

Vallourec & Mannesmann Tubes (V & M do Brasil) – Tubos Condutores. Disponível em: <www.vmtubes.com.br>.

Válvulas

Ascoval Indústria e Comércio Ltda.

Cia. Industrial Dox.

Civa Comércio e Indústria de Válvulas S.A. (atualmente Tetralon Ind. e Com. de Equipamentos Industriais Ltda.).

Ciwal S.A. Acessórios Industriais Ltda.

Crane Company.

Deca – Duratex S.A. (Válvulas P).

Ermeto – Equipamentos Industriais Ltda.

Hiter Indústria e Comércio Controles Térmicos e Hidráulicos.

Niagara Comercial S.A.

Saint-Gobain Canalização – Válvulas e Acessórios (versão 2006). Disponível em: <www.saint-gobain-canalizacao.com.br>.

Walworth Valves.

Páginas da Internet

Normas técnicas

ABNT – Associação Brasileira de Normas Técnicas – www.abnt.org.br

ASTM – American Society for Testing and Materials – www.astm.org

DIN – Deutsches Institut für Normung – www.din.de

Conexões de aço, bronze e latão

Multiplic Conexões de Aço Ltda. – www.multiplicconexoes.com.br

Yorkshire Fittings Ltd – www.yorkshirefittings.co.uk

Tubos e conexões de aço-carbono

Companhia Siderúrgica Nacional (CSN) – www.csn.com.br

Dutex Tubos Inox – www.dutex.com.br

Vallourec & Mannesmann Tubes (V & M do Brasil) – www.vmtubes.com.br

Tubos e conexões de cobre

Eluma Indústria e Comércio S.A. – www.paranapanema.com.br/eluma

Procobre – Instituto Brasileiro do Cobre – www.procobre.org

Tubos e conexões de ferro fundido

Saint-Gobain Canalização – www.saint-gobain-canalizacao.com.br

Tubos e conexões de plástico

Amanco Brasil Ltda. – www.amanco.com.br
Plastilit Produtos Plásticos do Paraná Ltda. – www.tilit.com.br
PVC Brazil Tubos e Conexões – www.pvcbrazil.com.br
Tigre S.A. – www.tigre.com.br
Tubozan Indústria Plástica Ltda. – www.tubozan.com.br

Tubos e conexões – outros materiais

Aflon Plásticos Industriais Ltda. – www.aflonindustrial.com.br
Day Brasil S.A. – http://daybrasil1.locaweb.com.br
Interfibra Industrial S.A. – www.interfibra.com.br
Rhodia S.A. Engineering Plastics – www.rhodia-ep.com.br

Válvulas e registros

Ciwal S.A. Acessórios Industriais – www.ciwal.com.br
Niagara Comercial S.A. – www.niagara.com.br
Nibco Inc. – www.nibco.com
Walworth Valves – www.twcwalworth.com

Índice Alfabético

A

Acessórios, 22, 247
Acionadas pelas forças provenientes do próprio líquido em escoamento, 259
Água(s), 142
  de infiltração, 71
  fria potável, 1
  gelada, 172
  imundas, 70
  pluviais, 129
  quente, 184, 203
    estimativa de consumo, 185
    industriais, 184
    prediais, 184
  residuárias, 70
    domésticas ou despejos domésticos, 70
    industriais, 71
  servidas, 70
  tipos de, 70
Altura
  manométrica, 23, 26
    da bomba, 201
    de elevação, 23
  pluviométrica, 131
  representativa
    da pressão, 16
    da velocidade, 16
  útil de elevação, 23, 201
Aparelhos
  a gás, 210, 228
  de área de serviço, 54
  de banheiro, 55
  de cozinha, 54
  de descarga, 85
  sanitários, 84
Aproveitamento da água de resfriamento, 186
Aquecedores, 205
  a gás, 193
    individuais, 192
  com energia solar, 204
  de pressão, 188
  elétricos, 188
    de acumulação (*boilers*), 188, 191
  solar, 207
Aquecimento
  com gás, 192
  de água, 185
    com vapor, 196

    direto da água
      com combustão de óleo, 196
    elétrico, 187
Aquífero
  confinado, 65
  livre, 65
Ar quente, 186
Área(s)
  abrangidas, 166
  de contribuição, 131
  de risco, 144
Aspersão, 142
Aspersor, 66

B

Bactérias
  aeróbias, 105
  anaeróbias, 105
  facultativas, 105
Barrilete, 49, 230
  de distribuição, 33
Bebedouros
  número de, 177
  individuais do tipo gabinete, 178
Berçário, 230
Bombas, 21
  centrífuga, 21, 22
  de circulação, 180
  de emulsão de ar, 65
  de incêndio, 153
  em bronze, 161
  empregadas, 21
  para combate a incêndio, 160
  standard, 161
Bridge, 2
Bromotrifluormetano, 143
Bronze, 259

C

Caixa-d'água, 5
Caixa(s)
  coletora, 102
  de descarga, 85
  de incêndio, 158
  do ralo, 139
  embutida, 85
  sifonadas, 71, 90
  silenciosa, 86

290 Índice Alfabético

Caixilho de neoprene, 8
Cálculo das instalações de água quente, 197
Caldeira, 196
Calhas, 133
    de seção retangular, 135
    de seção semicircular, 134
Câmara
    de decantação, 105
    de digestão, 105
    de escuma, 105
Canaletas, 133
    de seção retangular, 135
    de seção semicircular, 134
Canalização preventiva, 155
Canhão, 142
Capacidade
    de reservatórios, 13
    do reservatório de água gelada potável, 178
    do *storage*, 198
    dos *boilers* ou aquecedores, 189
    volumétrica, 210
Captação de água de poços, 65
Captador, 205
Captor, 205
Carga
    hidráulica, 200
    térmica de refrigeração, 181
Carregador de ar, 6
Castelo, 262
    de água, 158
Cavalete, 3
Cavitação, 29
Central de gás, 210
Chuva
    crítica, 130
    de projeto, 132
Circuito
    básico, 205
    de água filtrada, 181
    de refrigeração por compressão, 172
Cisterna, 5
Classes de incêndio, 142
Cloreto de polivinila ou polivinil clorado (PVC), 78
Colar
    de luneta, 2
    de tomada, 2
Colégios internos e estabelecimentos análogos, 198
Coletor(es)
    prediais, 92
    solar, 205
Coluna(s), 167
    de alimentação, 33, 38
    de incêndio, 153
    de ventilação, 94, 99
Comando de bomba, 25
Comburente, 229
Combustíveis sólidos, 186

Comissionamento, 210, 227
Compressão adiabática, 174
Compressor(es), 67, 175
    de parafuso, 175
    frigorífico, 173
        escolha do, 180
    rotativo volumétrico de palhetas, 175
Comprimentos equivalentes ou virtuais, 19
Condensação, 175
Condensador, 173, 175
    de água, 175
    de ar, 176
Condutores de águas pluviais, 136
    horizontais, 138
    verticais, 136
Conexões, 247
    de aço para solda
        de encaixe (ou de soquete), 250
        de topo (*butt welding pipe fittings*), 247
    de cobre, 250
    de ferro
        fundido e ferro dúctil, 250
        maleável e aço, 247
    de latão Yorkshire, 250
    de polipropileno, 250
    de PVC e CPVC, 255
    rosqueadas de ferro maleável, 247
Consumidor, 210
Consumo
    de água
        gelada, 177
        nos prédios, 9
        quente, 185
    de óleo nas caldeiras, 197
    máximo
        possível, 35
        provável, 35, 200
    por pessoa, 9
Criogenia, 229

D

Defletor, 210
Demanda bioquímica de oxigênio (DBO), 105
Densidade relativa do gás, 210
Depósito, 170
Descarga
    a ser bombeada, 24
    característica, 4
    nos bebedouros, 177
    real efetiva, 4
Descomissionamento, 210, 228
Desconector, 71
Determinação da perda de carga, 17
Diagrama(s)
    de Hunter-Rouse, 17
    de Moody, 17
    entrópico, 174

Diâmetro(s)
  das tubulações de aspiração e de recalque, 25
  do bico, 166
  mínimo dos sub-ramais, 186
Difusor, 67
Digestão do lodo, 105
Dilatação dos encanamentos, 204
Dimensionamento, 215
  das tubulações, 33
  de fossas sépticas, 106
  dos encanamentos de água quente, 200
  dos *sprinklers*, 166
Dióxido de carbono, 144
Disco
  oscilante, 4
  rotativo, 4
Disposição de efluente de fossas sépticas, 114
Dispositivo(s)
  de entrada e saída, 105
  de segurança, 210, 227

E

Edificações, 144
Ejetores, 67
Elaboração de projeto de esgotos prediais, 122
Elevação da água por bombeamento, 21
Emprego de mangueiras, 158
Emulsificação com água, 143
Energia
  elétrica, 186
  solar, 186
Equação(ões)
  clássicas de hidráulica de canais (uso), 133
  de Colebrook-White, 17
  de Darcy-Weisbach, 17
Equipamento para produção de água gelada, 175
Escuma, 105
Esgoto(s)
  a serem tratados, 105
  de gordura, 91
  primário, 71
  secundário, 71
  sanitários, 70
  tratamento de, 104
Espuma, 143, 170
  mecânica, 143
Estação(ões)
  de válvulas de redução de pressão, 5
  hidropneumática, 63
Evaporador, 173, 176
Extravasor, 15

F

Fator(es)
  de carga, 4
  de cavitação, 31
  de simultaneidade, 210

Fecho hídrico, 71
Ferro
  dúctil, 259
  fundido, 75
Fiberglass, 265
Filtro(s), 67, 233
  anaeróbios, 116
    de fluxo ascendente, 116
Formador de espuma, 143
Fórmula
  de Fair-Whipple-Hsiao, 17
  de Forchheimer, 25
  de Hazen-Williams, 18
Fornecimento de água, 63
  à rede de *sprinklers*, 168
Fossas sépticas, 106
Fréon 1301, 143
Frequência, 131
Frigorias por hora, 181
Funcionamento da bomba, 22

G

Ganho de calor nas linhas de água gelada, 179
Gás
  carbônico, 144
  combustível, 209
  engarrafado, 209
  liquefeito de petróleo, 209
  natural, 209
Gaxetas de vedação, 8
Gerador, 207
Gradiente
  de energia, 16
  de pressão, 16
Grelhas, 140
  hemisféricas, 140
  planas, 140

H

Halon 1301, 143
Hidrante(s), 142, 149
  de coluna, 149
  de passeio ou de recalque, 149, 153
  urbano ou de coluna, 150
Hidrômetro(s), 3
  taquimétricos, 4
Hidropneumática, 5

I

Incêndio
  água de poço no combate a, 7
  classes de, 142
Instalação(ões)
  central de água
    gelada potável, 178, 181
    quente, 194

compactas, 183
contra incêndio, 142
das tubulações de gás combustível, 225
de água(s)
    fria potável, 1
    gelada, 172
    pluviais, 129
    quente, 184, 203
        industriais, 184
        prediais, 184
de aparelhos a gás, 228
de aquecedores a gás, 193
de aquecimento de água, 185
de bebedouros individuais do tipo gabinete, 178
de combate a incêndio
    com água, 149
    com espuma, 170
    relativamente ao material incendiado, 142
de esgoto(s)
    primário, 71
    sanitários, 70
    secundário, 71
de gás combustível, 209
de oxigênio, 229
de proteção e combate a incêndio, 141
de suprimento de oxigênio, 230
hidropneumática, 63
hospitalar típica, 235
mista, 205
no sistema sob comando com hidrantes, 152
sanitárias em nível inferior ou da via pública, 102
típica de *sprinklers*, 168
Intensidade de precipitação, 131
Isolamento
    de tanque de água gelada, 178
    dos encanamentos, 204

J

Junta elástica, 242

L

Laminagem, 175
Lei de Boyle-Mariotte, 63, 64
Lençol freático, 65
Ligação
    de caixa de descarga, 53
    de válvula de descarga, 52
    do ramal predial, 2
Limitadores de vazão, 3
Limite
    de sensibilidade, 4
    inferior de exatidão, 4
Linha
    de carga total, 16
    energética, 16
    piezométrica, 16

Localização de medidores, 212
Lodo, 105
    digerido, 105

M

Mangueiras de incêndio, 151
Manutenção, 228
Material(is)
    dos encanamentos, 203
    empregados em instalações, 237
Medidas de prevenção de incêndio, 142
Medidor
    coletivo, 210
    individual, 210
Método
    do máximo consumo
        possível, 34
        provável, 35
    empírico, 17
    racional ou universal, 17
Mictórios, 55, 84
Mistura ar-GLP, 210

N

Nebulização, 143
Nível
    dinâmico do poço, 65
    estático do lençol, 65
NPSH (*net positive suction head*), 30
    required, 31
Número
    de Reynolds, 17
    de *sprinklers*, 166
    de Wobbe, 210
    mínimo de aparelhos para diversas serventias, 9

O

Oxidação biológica, 105
Oxigênio, 229
    aplicações do, 230
    líquido, 231

P

Peças de utilização e tubulações, 185
Peças injetoras, 67
Pena-d'água, 3
Perda(s) de carga, 16, 186
    acidentais ou localizadas, 19
    máxima, 217
    normal, 17
    total, 19
Período
    de armazenamento, 105
    de detenção dos despejos, 105, 107
    de digestão, 105

Pescoço de ganso, 3
Piezocarga, 16
Plano
    de carga, 16
    energético, 16
Pó químico seco, 144
Poços
    artesianos, 65
    freáticos, 65
    surgentes, 65
Politetrafluoretileno, 265
Ponto de utilização, 210
Potência
    adotada, 210
    calorífica da caldeira, 198
    computada, 210
    frigorífica, 181
    motriz, 28
    nominal do aparelho a gás, 210
Potencial hidráulico, 200
Precipitação, 129, 130
Prédios
    consumo de água em, 9
    de apartamentos e hotéis, 198
    hidrantes no interior de, 149
Prescrições, 14
Pressão(ões)
    de ar, 67
    de operação, 210
    estática máxima, 185
    mínimas de serviço, 185
Processo de refrigeração, 172
Produção de água quente, 186
    nas instalações centrais, 195
Projeto da instalação
    de água fria e potável, 55
    para água gelada potável, 176
    predial de esgotos, 122
Proporcionador, 170
Proteção
    catódica, 235
    das tubulações para oxigênio, 235
    e combate a incêndio, 141
    mecânica, 235
Prumada(s)
    coletiva, 210
    de alimentação, 33
    individual, 210
Pulverização, 143
PVC, 78

R

Ralos, 139
    sifonados, 71, 90
Ramal(is), 33, 34, 167
    de abastecimento, 1

de descarga, 92
de esgotos, 92
de ventilação, 94, 99
externo, 1, 2
interno, 7
    de alimentação ou alimentador predial, 1
predial, 2
    propriamente dito, 1
Recirculação
    por bombeamento, 180
    por convecção natural, 180
Recomissionamento, 228
Rede(s)
    de distribuição interna, 210
    de incêndio, 142
    de *sprinklers*, 165
        riscos grandes, 166
        riscos médios, 165
        riscos pequenos ou baixos, 165
    preventiva, 155
Refrigeração, 172
    individual da água, 178
Registro(s)
    automático de entrada de água em reservatórios, 264
    chatos, 259
    de fecho, 3
    de gaveta, 22
    de passeio, 3
    de pressão, 262
    ovais, 259
Regulador de pressão, 210
Reservatório, 13, 205
    hidropneumático, 63
    inferior, 14
    superior, 14

S

Sala
    de cirurgia e emergência, 230
    de parto, 230
Sistema(s)
    air-lift, 67
    ascendente, 194
    automático de combate a incêndio, 152
    com pré-ação, 163
    com tubulações
        molhadas (*wet-pipe systems*), 162
        secas (*dry-pipe-system*), 163
    de abastecimento de água predial, 4
    de absorção
        contínua, 207
        para resfriamento da água, aproveitando a energia
            solar, 207
    de armazenagem de oxigênio líquido, 235
    de chuveiros automáticos, 162
    de circuito fechado, 194
    de coleta dos despejos, 90

294 Índice Alfabético

de inundação (*deluge system*), 163
descendente, 194
direto de abastecimento de água predial, 4
hidropneumático ou de pressurização de água, 6
indireto de abastecimento de água predial, 5
misto, 194
    de abastecimento de água, 6
públicos de esgotos, 70
    separador absoluto, 70
    unitário, 70
ramificado, 51
sob comando, 149
Sphreonix, 143
unificado, 49
Soldagem das conexões nibco® aos tubos de cobre, 250
Sprinkler, 162
    exigências quanto ao emprego de, 163
    instalação típica de, 168
    rede de, 165
        riscos grandes, 166
        riscos médios, 165
        riscos pequenos ou baixos, 165
Sub-ramais, 33, 167
Subcoletores, 92
Sumidouro, 105, 116
Suplemento, 3

T

Tanques para armazenamento de oxigênio líquido, 233
Taquicarga, 16
Taxa
    de acumulação do lodo, 107
    de ocupação, 9
Temperatura
    da água, 177
    de disparo do *sprinkler*, 166
Tempo
    de recorrência, 131
    de retorno, 131
Termossifão, 186
Tomada de incêndio, 149
Torneiras de macho, 261
Trompas de água, 67
Tubo-luva, 211
Tubo(s), 237
    de aço-carbono para condução de líquidos (*pipes*), 238
    de cobre, 244
        sem costura, 244
    de CPVC e de polipropileno, 246
    de ferro
        dúctil, 242
        fundido, 240
    de náilon, 266
    de poliéster armados com fios de vidro e enchimento de areia siliciosa com junta elástica, 266
    de polietileno, 246

de PVC, 244
    rígido, 244
de queda, 92
    de tanques e máquinas de lavar roupa, 101
de vidro, pirex e quartzo, 266
e conexões, 74
    de FRP (*fiber reinforced plastic*), 265
    de plásticos à base de flúor, 265
    de PVC rígido revestidos com fibras de vidro e resina poliéster, 266
    de RPVC, 266
ventilador, 94
    de alívio, 99
    de circuito, 99
    individual, 94
    primário, 94
    secundário, 94
    suplementar, 99, 100
Tubulação
    de retorno, 181
    de esgotos, dimensões das, 88
    de gás combustível
    de oxigênio, 231
Turbocompressores, 175

U

Unidades Hunter de Contribuição (UHC), 88

V

Valas
    de filtração, 106, 116
    de infiltração, 114
Válvula(s), 259
    acionadas manualmente, 259
    borboleta (*butterfly valves*), 261
    comandadas por motores, 259
    da gaveta, 259
    de agulhas, 262
    de alívio, 211, 263
    de bloqueio, 232, 259
        automática, 211
        manual, 211
    de controle
        da pressão de montante, 263
        de fluxo, 233
        simples, 263
    de descarga, 86
    de diafragma, 262
    de esfera (*ball valves*), 260
    de expansão, 173
    de gaveta, 22, 259
    de globo (*globe valves*), 262
    de macho (*plug-cock valves*), 261
    de redução de pressão, 5, 264
    de regulagem, 262
        de fluxo, 233

de retenção, 22, 158, 264
    com um crivo, 22
de segurança, 233, 263
válvula de redução de pressão, 232
Vapor, 186
Vaporização
    com expansão isotérmica, 174
    do oxigênio líquido, 234
Vaporizadores
    atmosféricos, 234
    de vapor d'água, 234
Vasos sanitários, 72, 84
    autoaspirantes ou autossifonados, 72
    comuns ou não aspirantes, 72
Vazão, 129, 232
    a ser considerada no dimensionamento do alimentador
      predial, 13

das peças de utilização, 185
de plena carga, 4
do bico, 166
mínima, 24
Velocidade(s)
    da água nos alimentadores na instalação
      central, 177
    de precipitação, 131
    máxima de escoamento da água, 186
    na linha de recalque, 26
Ventilação
    em circuito, 100
    sanitária, 94
Volume
    real do reservatório, 197
    total do reservatório, 64